기술, 에너지 및 생활과 환경

정성화 지음

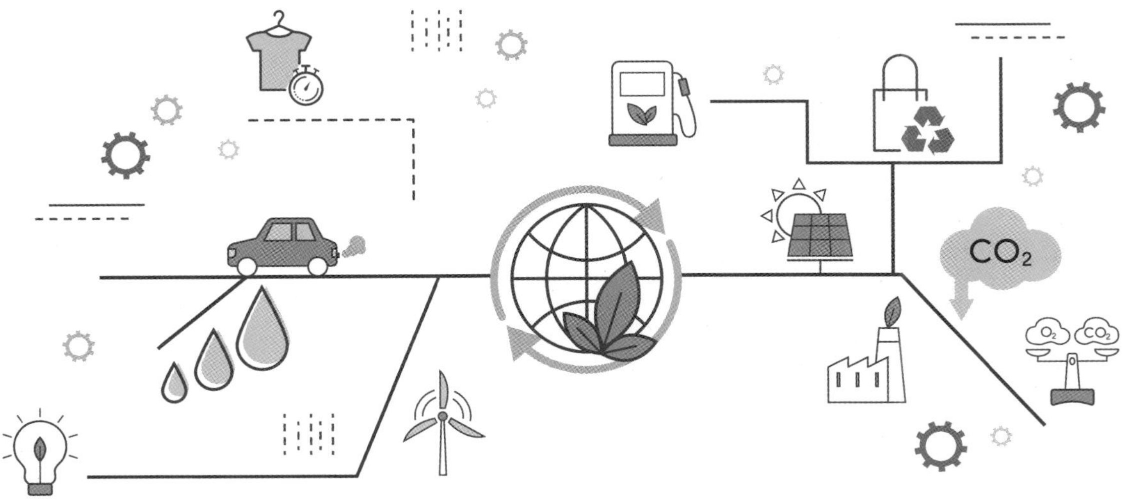

자유아카데미

머리말

우리는 매일 아침 새로운 기술과 상품을 접하게 되는 매우 급변하는 세상에 살고 있다. 인류가 지난 산업혁명 이전까지 오랜 기간 발전시킨 문명에 비해 그 이후의 발달 속도는 기술 수준 및 짧은 기간을 고려하면 가히 폭발적이다. 발전하는 과학기술 덕분에 우리는 다양한 문명의 혜택을 누리게 되었지만, 반대로 지나치게 빠른 발전 속도로 인해 다양한 문제 역시 초래되고 있으며 마침내 인류의 존망을 걱정하는 지경에 이르게 되었다. 최근에는 특히 점점 악화하고 있는 기후와 환경에 의한 위기에 주목하고 있으며, 이는 인류는 물론이고 전 지구의 생명체의 삶에 큰 위협으로 진화하고 있다.

이렇게 빠른 속도로 과학기술이 발전하고 인구가 증가하면, 과연 어느 정도까지 지구가 지탱해 낼 수 있을까? 지구에는 몇 명의 인구가 사는 것이 적당할까? 이런 의문들과 함께, 현세대와 미래 세대까지 고려했을 때 과연 언제까지 인류가 기술을 계속 개발하고 경쟁하며 환경에 위협이 되는 삶을 영위해야 하는지 고민하게 된다. 많은 환경 오염이나 기후 변화의 원인이 인간임은 누구나 동의할 것이다. 아이러니하게도 화학과 화학공학을 포함한 과학기술은 이러한 문제의 큰 원인이면서 이러한 문제를 완화 혹은 해결할 열쇠를 쥐고 있기도 하다.

특별한 조치가 없다면 환경은 계속 나빠질 것이며, 기후 문제 역시 점점 복잡해지고 있다. 이러한 상황에 막연히 걱정만 하기보다는 주위의 환경 변화에 대한 이해를 높이고 나아가 자신을 지킬 방안을 생각해 두어야 한다. 이런 필요에 부응하기 위해 이 책 『기술, 에너지 및 생활과 환경』을 통해 다양한 환경 오염 및 그 대처를 알아보고자 한다. 이 책은 2020년에 출간되었던 『과학기술, 자연과 환경』의 9개 주제를 바탕으로, 실생활 및 에너지와 관련된 7개 주제를 새롭게 추가하고 기존 내용들을 최신 내용으로 업데이트하여 5개의 Part와 16개의 장으로 구성하였다. Part 1에서는 '기술 발전과 환경 그리고 우리의 미래'에 대한 개요를 기술하고, Part 2에서는 다양한 환경오염 및 지구온난화와 대처 방안을 살펴본다. Part 3에서는 수소, 원자력, 태양광 등의 에너지와 관련한 환경 및 안전을 알아본다. Part 4에서는 차량, 패션, 골프장 등 보다 생활과 밀접한 주제를 다루며, 마지막 Part 5에서는 인류세와 녹색화학, 지속 가능성 등 환경과 관련된 인류의 전망을 간략히 정리하였다. 이후 부록에서 내용과 관련된 기초 및 과학 용어와 환경 관련 용어를 정리하여 제공하고 있다.

이 책은 환경, 에너지, 건강, 지구 및 미래에 관심을 가진 일반인들이 궁금해하는 환경오염 및 화학물질에 대한 내용을 포함하기 위해 노력하였으며, 지구환경을 지키기 위한 방안도 요약하였다. 이 책을 읽음으로써 기술의 발전, 에너지, 생활에 따른 환경 위기와 대처 방안 등에 대한 이해를 높일 수 있을 것으로 기대한다. 대학교 교양 수업 교재로의 사용도 추천한다. 교재로 사용할 경우 이공계 학생들은 서적의 전체 내용을 공부하고 이해하길 권하며, 인문사회 및 예체능계 학생들은 16장의 녹색화학을 제외한 전체를 공부하되 '참고'라고 적힌 네모 안의 내용은 참고 자료로 활용할 수 있을 것이다. 특히 화학, 환경공학, 화학공학, 응용화학 등을 공부하는 학생들에게는 화학과 관련된 기술들이 어떻게 지구 환경과 자원, 에너지 등에 영향을 미치고 있는지 되짚어보며 환경 복원을 위한 기술에는 무엇이 있는지 생각해보는 좋은 기회가 될 것으로 기대한다.

좋은 책을 위해 최선을 다했으나 오류가 있을 경우 양해를 바란다. 출간 후 나올 수 있는 수정 사항 등은 자유아카데미 홈페이지(www.freeaca.com) 자료실에 제공할 예정이니 참고하기를 바란다. 끝으로, 책이 출간되도록 도움을 준 모든 분들께 감사의 말을 전한다.

2024년 8월

정성화

차례

PART 5 환경과 우리의 미래

PART

1

개요

1장

기술 발전과 환경 그리고 우리의 미래

1.1 기술 및 문명의 발전과 환경과 인류의 위기

2024년 현재 지구에는 80억 명 이상의 인구가 살고 있다. 만약 과학기술이 오늘날과 같이 발전하지 않았다면 세계 인구는 어느 정도에 머물렀을까? 한 자료에 의하면, 질소 비료 등의 합성 비료로 인해 현재의 인구가 합성 비료가 없을 때와 비교하여 거의 2배로 되었다고 한다(참고문헌 1). 2015년을 기준으로 예를 들면, 당시 세계 인구 73.8억 명 중에서 비료 없이도 38.4억 명이 살고 있었겠지만, 나머지 35.4억명은 합성 비료 때문에 증가한 인구라고 볼 수 있다(5장 참고). 인구 증가만 보아도 과학기술의 진보는 인류의 발전에 지대한 공헌을 했다고 볼 수 있다. 그러나 늘어난 인구와 무분별한 자원개발, 과도한 에너지 소비 등으로 인해, 과학기술이 지구와 인류의 미래에 결과적으로 악영향을 주었다고 생각할 수도 있다. 예를 들어 최근 모두가 염려하는 기후변화나 지구온난화(지구온난화라는 말의 약한 느낌을 고려, 최근에는 '지구가열화'라고 언급된다)도 결국 과도한 화석 연료 사용, 인구 증가, 나아가 크게 발전한 과학기술과 인류 문명 때문에 일어나는 문제라고 볼 수 있다. 즉, 기술 발전이 도리어 우리에게 큰 걱정 거리를 안겨준 셈이다. 인류의 생존과 번영에 과학기술이 매우 크게 이바지한 것은 사실이지만, 반대로 지나친 과학기술의 발전이 인류와 지구의 존망에 큰 악영향을 줄 수 있는 상황이 된 것이다.

세계경제포럼(WEF)은 최근에 '전 세계 위험 보고서 2024(The Global Risks Report 2024)'를 발표했다. 한국과학기술기획평가원(KISTEP)에서 "세계경제포럼(WEF) Global Risks 2024 주요 내용 및 시사점이란 보고서"를 통해 그 내용을 정리하여 시사점을 도출하였다(참고문헌 2). 그 보고서에 따르면 현재, 2년 내, 10년 내에 직면할 글로벌 위기 요인은 표 1.1에 정리된 바와 같이 다양하다. 현재 글로벌 위기의 가장 큰 위험 요인은 '기상 이변'이고, 향후 2년 내에는 '역정보 및 허위정보'가 1위로 예측되나 '기상 이변'이 2위를 기록했다. 10년 내 직면할 위험으로는 '기상 이변'이 1위였고, 2위는 '급격한 지구 시스템 변화', 3위는 '생물다양성 손실 및 생태계 붕괴', 4위는 '천연자원 부족'으로 꼽혔다. 기후, 자연, 자원, 환경과 관련된 주제가 1~4위에 예측되면서 큰 위험으로 정리되었으며, 상위 10개의 위험에 환경오염을 포함하여 기후와 환경 등과 관련된 위험이 5개나 포함되었다. 그만큼 앞으로 10년이면 기후 혹은 환경과 관련된 위험이 전 세계적으로 가장 큰 위험이 되리라 예상된 것이다.

그림 1.1은 동일 보고서에서 정리한 지난 5년간(2020~2024)의 글로벌 장기 리스크 순위 변동을 보여 주고 있다. 그림 1.1에서 보는 바와 같이, 지난 5년간의 장기 글로벌 리스크 추

표 1.1 현재 및 단·장기별 글로벌 리스크 요인(상위 10위)

현재의 글로벌 위기 요인		향후 2년 내 직면할 글로벌 위기 요인		향후 10년 내 직면할 글로벌 위기 요인	
1	기상 이변	1	역정보 및 허위정보	1	기상 이변
2	AI가 생성한 역정보 및 허위정보	2	기상 이변	2	급격한 지구 시스템 변화
3	사회·정치 양극화	3	사회 양극화	3	생물다양성 손실 및 생태계 붕괴
4	생활비 위기	4	사이버 위협	4	천연자원 부족
5	사이버 위협	5	국가 간 무력 충돌	5	역정보 및 허위정보
6	경기 침체	6	경제적 기회 불평등	6	AI 기술의 부작용
7	핵심 상품 및 자원의 공급망 붕괴	7	인플레이션	7	비자발적 이주
8	국가 간 무력 충돌 확대 및 발발	8	비자발적 이주	8	사이버 위협
9	핵심 인프라에 대한 공격	9	경기 침체	9	사회 양극화
10	식량 공급망 붕괴	10	환경 오염	10	환경 오염

경제 환경 사회 기술 지정학

이에서도, 기후 및 환경 문제들이 지속적으로 상위권을 차지하고 있다. COVID-19로 인해 2021~2023년에 기후나 환경과 무관한 리스크가 상위 5위 내에 포함되기도 하였으나, 전반적으로는 기상 이변, 급격한 지구 시스템 변화, 생물다양성 손실/생태계 붕괴, 기후적응 실패 등이 2020년 이후 지속적으로 심각한 리스크로 예측되었다.

WEF의 전 세계 위험 보고서 외에도 우리를 위협하는 3대 위기로 기후 위기, 식량 위기, 인공지능의 위기를 들기도 하며, 에너지 위기, 환경 위기, 질병의 위기가 인류 3대 위기라고 언급하는 곳도 있다. 주목할 점은 어떤 경우라도 환경 혹은 기후 위기가 빠지지 않는다. 그만큼 우리의 기후와 환경은 점점 악화되고 있으며, 인류는 물론이고 지구의 생명체의

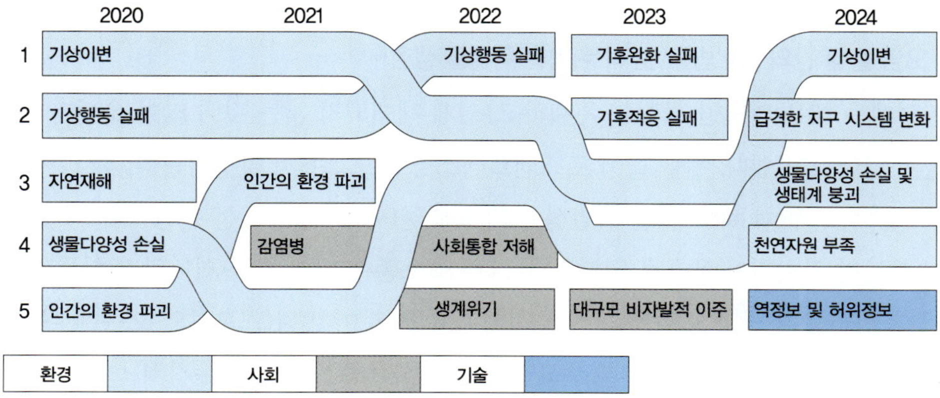

그림 1.1 지난 5년간(2020~2024년) 글로벌 장기 리스크 순위 변동

삶에 큰 위협이 될 지경에 이르렀다.

1.2 환경 위기의 특징

• 오염원과 오염

복잡한 현대의 상황을 고려하면 단순히 몇 개의 원인과 결과로 설명되지 않는 문제들이 더욱 많다. 그중 현대의 환경 문제는 복잡하기 그지없다. 오염원의 종류는 헤아릴 수 없이 많으며, 나날이 개발되는 기술로 인해 오염 물질의 숫자도 기하급수적으로 늘어나고 있다. 한 예로 어떤 제품에서 인체에 유해한 환경호르몬이 나온다고 발표되면, 시장에는 대체품이 바로 개발되어 나올 것이다. 그러나 이러한 대체품 역시 나쁜 영향이 알려지기 전까지 그 위험성을 알지 못한 채 사용하게 된다. 환경 사고가 발생하고 나서야 그 물질의 유해성을 알게 되는 경우도 많다.

또한 한 종류의 오염 물질은 물과 공기 및 토양 중에 하나만 오염시키는 것이 아니고 하나를 오염시키면 나머지도 오염시킬 수 있다. 예를 들어 사용 후 방치된 플라스틱 용기는 분해되어 미세플라스틱이 되는데, 이는 강물과 바닷물을 오염시키고 공기 중으로도 날려 우리가 마시는 대기도 오염시킨다. 따라서 우리는 바다에서 얻는 식품(생선, 어패류, 소금 등)은 물론이고, 마시는 공기, 심지어 생수를 통해서도 미세플라스틱을 섭취하는 상황이 되었다. 약품 및 생활용품(pharmaceutical and personal care products) 역시 사용 후 혹은 사용 전 버려지거나 부주의로 자연에 노출되면 강물을 거쳐 동식물을 오염시키고 토양도 오염시키게 된다.

• 오염 물질 간의 2차 반응 및 더 위험한 위험물 생성

환경에는 매우 다양한 물질이 존재하고, 쉽게 제어되지 않는 것이 많아 우리가 모르는 일들이 일어나기 쉽다. 예를 들어 로스앤젤레스형 스모그에서 발생하는 퍼옥시아실 질산염(PAN, peroxyacyl nitrates)는 휘발성 유기 화합물(VOC)이 중요한 원인이며 NO_2 존재하에서 복잡한 광화학 반응으로 얻어진다. 그리고 오존은 현재 가장 제어하기 힘든 오염 물질 중의 하나로 발생과 소멸에 대해 알려지지 않은 것이 많다(스모그와 오존에 대해서는 2장을 참고하라). 또한 6장에서 다루고 있는 동물사료로 사용되는 유기 비소 화합물은 사용 후 비료로 땅에 뿌려지면 위험한 무기 비소 화합물로 전환되어 더욱 심각하게 땅과 물을 오염시킬 수 있다. 즉, 환경오염 물질이 한번 배출되면 주변에 항상 존재하는 햇빛이나 산소, 물과 반응하여 인간에게 어떤 영향을 미칠지 쉽게 가늠하기 어렵다.

• **전 지구적인 환경오염 문제**

한 지역에서 발생한 환경오염은 얼마 지나지 않아 다른 지역, 심지어 다른 나라까지 영향을 줄 수 있다. 북서풍이 불면 중국의 미세먼지가 우리나라로 날아오고, 낙동강 상류에서 버린 플라스틱이 부산을 거쳐 남해안 무인도를 오염시킨다. 5장에서 살펴보겠지만, 지구 어디에선가 버린 플라스틱이 2700 km 이상을 여행하여 인간으로부터 가장 멀리 떨어진 곳의 물에서마저 미세플라스틱으로 발견되었고, 지구에서 가장 깊은 마리아나 해구조차 인간이 버린 쓰레기로 오염되었다고 한다. 지구에서 가장 높은 에베레스트산에도 등산객이 버린 쓰레기가 늘고 있으며, 우주 공간에도 다양한 잔해가 떠돌고 있는 것처럼 지구 어디에도 깨끗한 곳이 사라지고 있다. 후쿠시마 원전의 방사능 오염 물질이 태평양을 거쳐 미국으로 갈 수도 있고, 태평양 가운데 버려진 핵폐기물이 해류를 타고 동해까지 올 수도 있다.

• **증가되는 오염 물질의 농도**

무심코 버린 오염 물질이 우리의 먹거리 및 삶을 위협할 수 있다. 5장에서 설명되는 바와 같이, DDT 농약 같은 일부 오염 물질은 생물 농축을 거쳐 물에서 물새의 몸속으로 가면서 농도가 천만 배로 증가할 수 있다. 생선에 존재하는 수은의 함량도 생선의 몸집이 커질수록 증가한다고 알려져 있고 방사성 물질도 이와 유사한 경향을 보인다. 물이 과플루오린화 화합물로 오염되면 정수처리를 하여도 없어지지 않고 물을 끓여도 오히려 그 농도가 높아진다. 따라서 환경은 오염 후 정화하는 것보다는 오염을 시키지 않는 것이 더욱 중요하다고 할 수 있다.

• **환경 위기의 악순환**

현재 우리가 가장 걱정하는 환경 문제 중의 하나는 지구온난화(지구가열화)이다. 지구온난화로 인해 환경이 앞으로 어떠한 양상을 띠게 될지는 가늠하기 어려울 정도이다. 간단한 예로는, 지구온난화 혹은 기후 변화의 가속화로 온도가 급격히 올라가면, 줄어든 강수량과 높은 온도로 인해 숲이 건조해져 산불이 쉽게 발생하고, 산불의 규모도 크게 증가하여, 결국 대형 산불이 발생하기 쉽다. 큰 산불이 발생하면 이산화 탄소 배출도 급증하고, 이는 지구온난화를 가속한다. 따라서 **지구온난화 → 산불 증가 → 지구온난화 가속화**의 악순환이 발생하게 된다. 이와 유사한 예로 지구의 온도가 상승하면, 동토층 등에 잠자고 있는 메테인 등의 온실가스가 대기로 분출되어 지구온난화를 더욱 가속할 것으로 우려되고 있다. 즉, 환경 위기는 악순환이 될 수 있는 큰 위험이 있다.

• **모르고 일으키는 환경오염 및 환경사고**

최근 환경에 대한 관심이 높아짐에 따라 우리나라도 환경을 지키기 위해 많은 노력을 기울이고 있다. 그러나 기술발전 속도가 매우 빨라 자기도 모르는 사이 유해 물질을 배출할 수도 있고 무심코 한 행동이 큰 사회 문제로 이어지기도 한다. 6장에서는 미국에서 발생한 리버커널 사건을 다루고 있다. 이는 후커케미컬에서 매우 위험한 화학 폐기물을 땅에 묻고 그 땅을 기증하고 떠난 후 발생한 의도하지 않은 큰 사고였다. 당시의 느슨한 법망 및 환경오염 혹은 화학물질의 유해성을 잘 모르고 무시한 결과가 아주 심각한 사회 문제로 이어진 하나의 예이다.

어떤 기술을 처음으로 발명하여 산업화하는 경우에는 누구도 예상할 수 없는 위험이 내재해 있다. 관련법도 그러한 위험을 미연에 방지할 수가 없으므로 본의 아니게 큰 피해가 뒤따르게 된다. 무심코 방류한 폐수나 대기로 방출한 폐가스에 위험한 요인이 숨어 있을 수 있는 것이다. 방사능의 유해성이 잘 알려져 있지 않던 시절에 퀴리 부인이 방사능 연구를 열심히 한 후 방사능 피폭으로 골수암과 백혈병 등에 걸려 사망한 것은 잘 알려진 일화이다.

• **자정 능력을 넘는 오염 물질의 배출**

공기, 물, 토양은 자정 능력이 있기에 어느 수준 이내로 오염되어도 일정 시간이 지나면 원래대로 돌아간다. 그러나 현대에는 많은 자연이 이미 오염되어 있거나 오염이 지속되면서 자정 능력을 넘는 수준으로 오염될 수 있다. 이러한 경우 특단의 조치를 하지 않으면 자연의 자정 능력이 무력해지고, 우리의 환경을 그 이전과 같이 되돌릴 수 없게 될지도 모른다.

1.3 환경 위기에 대한 향후 전망

지구와 태양의 수명은 약 50억 년 남았다고 한다. 그렇다면 인간은 언제까지 지구에서의 삶을 영위할 수 있을까? 40만 년 전부터 지금까지 네 번의 빙하기가 있었으므로, 대략

10만 년에 한 번씩 빙하기가 왔다고 볼 수 있다(3장 참조). 다음 빙하기까지는 크게 온도가 내려가는 시기가 없다고 한다면, 인간이 그때까지 큰 문제 없이 살 수 있을까? 조선 시대의 경신대기근과 을병대기근이라고 불린 시기는 임진왜란이나 병자호란보다 더 살기 어려운 상황이었다고 한다. 당시가 지구의 평균 기온이 1°C 정도 떨어지는 소빙하기였기 때문이다. 그럼 적당한 온난화는 오히려 인류에게 축복이 될까? 혹은 인간이 배출하는 이산화 탄소를 포함한 온실가스 때문에 다음 빙하기가 늦어질 수도 있을까? 아니면 아예 영원히 빙하기가 오지 않을 수도 있을까? 역으로 지구 온도가 높아져 영원히 사람이 살 수 없게 되는 것은 아닐까? 즉, 아주 짧은 시간 안에 인류가 지구에서 사라질 수도 있는 것은 아닐까? 만약 "팔레오세-에오세 극열기"라 불린 시기보다 지구 온도가 더 높아지면 인간을 비롯한 생명체들은 환경에 적응하여 살아남을 수 있을까? 지금까지 5번 진행된 대멸종처럼 언젠가는 제6차 대멸종(15장 참조)이 올 것인데 지구온난화나 환경오염으로 매우 빨리, 특히 인간의 기여로 대멸종이 우리를 덮칠 수 있는 것은 아닐까?

참고

팔레오세-에오세 극열기 Paleocene-Eocene Thermal Maximum(PETM)

팔레오세 후반에서 에오세 초반 사이에 있었던 온난기로 약 5,580만 년 전부터 대략 17만 년 동안 계속된 기후변화 사건이다. PETM의 발단은 이산화탄소 등의 순환에 극심한 변화가 있었기 때문이라고 생각되어지고 지구의 온도가 약 5°C 정도 급격히 증가하였다가 하강하였다.

이러한 질문에 답을 쉽게 할 수는 없지만, 적어도 인류가 지금처럼 자원을 소비하고 지구를 오염시키며 온실가스를 배출을 줄이지 않는다면, 인류의 미래가 매우 어둡다는 사실은 명확하다. 더 늦기 전에 강력한 조치와 노력이 필요한 상황이다. 많은 인간은 사람이 지구의 주인이고 사람이 가장 중요하다고 생각하지만, 실은 사람이 가장 지구를 아프게 하고 사람이 지구에서 사라지면 모든 지구의 문제가 해결될 것이라는 이야기도 있다. 인간이 없는 지구에는 환경문제도, 핵전쟁도, 지구온난화도 없을 것이다.

우리의 환경은 얼마나 위기일까? 일본 환경단체인 아사히그라스 재단(The Ashahi Glass Foundation)[1]은 1992년부터 매년 환경위기시계(Environmental Doomsday Clock)를 발표해 오고 있다(참고문헌 3). 전 세계 환경전문가(90여 개국의 정부, 지방자치단체, NGO, 학계, 기업 소속의)를 대상으로 매년 한 차례 설문조사를 실시해 전문가들이 느끼는 인류 생존 위기감을 시간으로 표시하는 것으로서, 지구환경이 얼마나 악화되었는지를 시각화

1 한국녹색재단(Korea Green Foundation)이 얼마 전까지 아사히그라스재단과 함께 환경위기시계에 기여하였다.

하여 보여 준다. 환경위기시계는 '00:01~03:00는 불안하지 않음, 03:01~06:00는 조금 불안함, 06:01~09:00은 꽤 불안함, 09:01~12:00는 매우 불안함'으로 구분해 표시하는데 환경위기시계가 12시가 되면 '인류생존이 불가능한 마지막 시간', 즉 '인류의 멸망'을 의미한다. 조사를 처음 시작한 1992년에는 7시 49분으로 시작하여 2020년까지 그 시간이 지속적으로 늘어나 9시 47분이 되었고, COVID-19로 인해 약간 상황이 호전되어 2023년에는 9시 31분으로 조사되었다(**그림 1.2**). 환경위기시계는 2001년에 9시 8분으로 9시를 넘어선 후 지금까지 "매우 불안함"에 해당하지 않은 시간을 보인 적이 없으므로, 현재 상태로는 인류의 멸망까지 결코 긴 시간이 남은 것은 아니라는 경고이다.

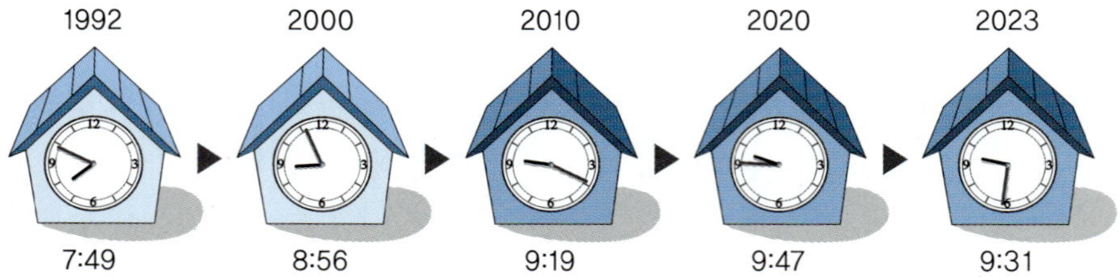

그림 1.2 **환경위기시계** 2023년에는 9시 31분을 가리켜 "매우 불안함" 상태임을 알 수 있다.

수많은 환경 문제가 지나치게 많은 인구와 과학기술의 발전 때문에 생기는 현상이라고 한다면, 현세대와 미래 세대까지 고려하여 언제까지 인류는 기술을 계속 개발하고 경쟁하면서 삶을 영위해야 하는가 하는 생각마저 든다. 좋은 기술도 시간이 지나면서 '꼭 필요한 기술이었나?'하는 생각이 들 수도 있다. 예를 들자면 플라스틱이 처음 발명되었을 때 그 소재를 접하고 꿈의 소재라 했었으나 앞에서 언급한 것처럼 현재 우리의 건강과 삶을 위협하는 지경에 도달하였다.[2]

우리 인류는 다양한 위협에 시달렸지만 잘 극복하였다. 적어도 환경 측면에서는 인류는 발생하는 많은 문제를 잘 해결하였으나 새로운 문제를 계속 만나게 되었다. 자동차가 발명되기 전 프랑스 파리를 위시한 큰 도시들에서의 가장 큰 환경 문제는 말똥이었다고 한다. 귀족들이 타고 다니던 마차 때문에 도시가 늘 말똥으로 덮여 있었고 큰 골치였으나 자동차의 발명으로 그 문제는 잊혔다. 산업혁명 초창기 런던 같은 대도시는 아황산 가스의 농도가 높아짐에 따라 런던스모그가 발생하였고, 템스강이 심하게 오염되었다. 그러나 현

2 우리의 삶에 기여한 플라스틱의 효과를 무시할 수는 없다(5장 참조). "만약 플라스틱이 없었고 나무 같은 다른 소재를 사용했다면 우리의 환경은 더욱 오염되었을 것이고 에너지 요구는 더욱 높았을 것이다. 따라서 오히려 플라스틱의 기여로 현재의 지구가 유지될 수 있었다"라는 주장 역시 충분히 설득력이 있다.

재 런던은 환경적으로 우수한 도시로 거듭났다. 한동안 산성비 및 질소 산화물로 인한 문제도 대두되었으나, 현재에는 많이 해결되었다. 비슷하게 성층권의 오존층 파괴 및 이로 인한 지구로의 자외선 유입을 걱정하였으나 범지구적인 노력으로 오존층이 회복될 것으로 전망된다. 지난 2023년 1월의 유엔 전망에 따르면 오존층이 복구되고 있고 극지방을 제외한 전 세계 오존층이 2040년까지 완전히 회복되리라 예측하고 있다(2장 참조).

그러나 요즘은 오존(성층권의 오존이 아닌 지표 근처 대류권의 오존)이나 로스앤젤레스형 스모그 같은 환경 문제가 우리를 괴롭히고 있다. 특히 인도, 중국, 한국 등의 아시아 국가는 겨울이면 미세먼지로 큰 고통을 받고 있고 많은 바다도 미세플라스틱으로 오염되어 향후 인류의 생존이 위협받고 있다. 특히 플라스틱의 생산, 사용 및 폐기량의 증가와 함께 분석 기술이 발달하면서, 우리 도처에 아주 작은 나노플라스틱이 존재하고 있다는 사실을 알게 되었다. 결국 물 한 잔이나 커피 한 컵을 마셔도 매우 많은 숫자의 나노플라스틱을 마시는 상황에 이르게 되었다(5장 참조).

2024년 현재 우리 인류가 가장 걱정하는 문제는 지구온난화(혹은 지구가열화)일 것이다. 지나치게 많이 사용하는 화석 연료 및 크게 증가하는 인구는 필연적으로 온실가스를 많이 발생시켜 지구 온도를 계속 증가시키고 있고 바다도 산성으로 바뀌게 하고 있다. 세계적으로 화석 연료의 사용을 줄이고 태양광이나 풍력 등의 재생에너지를 이용한 발전이 크게 늘어 지구온난화 문제의 해결 가능성을 볼 수 있음에 다행이라고 말할 수 있다.

과학기술, 특히 화학, 화학공학 및 재료 공학 분야는 크게 발전하며 다양한 사회적, 환경적 문제들도 발생시켰는데, 이제는 이 기술들을 통해 당면한 문제들을 풀어가야 할 것이다. 실제 현재 신재생에너지(7장 참조)를 비롯하여 태양광 발전(10장 참조), 핵융합(8장 참조) 등의 기술이 개발되고 있으며, 인류는 이러한 미래 에너지를 활용하여 환경 문제를 충분히 극복해 나가리라 믿는다.

반면, 늘어나는 차량에 의한 환경 공해와 온실가스 배출(11장 참조), 옷 한 벌을 너무 쉽게 사서 버리는 우리의 삶(12장 참조), 나아가 다양한 생산, 소비, 삶의 질을 위한 우리의 행동으로 지구환경은 꾸준히 위협을 받고 있다.

1.4 환경 위기에 대한 우리의 자세

지구온난화, 미세플라스틱과 미세먼지의 위협, 강물과 바닷물의 오염 및 대기의 오염은 나날이 심해지고 있다. 인류 전체가 강력하게 조치하지 않으면 얼마지 않아 마음대로 숨을 쉴 수도, 물을 마실 수도 없을지도 모른다. 지나친 과학기술의 발전으로 인해 지구는 점점 몸살을 앓고 있고, 이대로 가다간 인류는 물론이고 지구의 생명체가 대량으로 사라지는 대멸종이 올지도 모른다는 위기감이 증가하고 있다(15장 참조). 이러한 환경오염 및 악화를 방지하기 위한 모두의 노력이 절실하다.

COVID-19는 우리에게 너무 큰 악몽이었지만, 반대로 경제 활동을 줄이면 환경문제가 줄어들 수 있음과 인류가 지속할 가능성을 보여 주기도 하였다. 구글코리아에서 집계한 2022년의 한국 최다 검색어 1위를 '기후변화'가 차지했을 정도로 우리나라 사람들은 다행히 지구온난화나 그에 따른 효과와 방지에 관심이 많다. 이제는 단순히 관심을 넘어 실제 행동과 노력을 보일 때이다.

우리는 물론이고 지구 생명체를 지키기 위해 우리 개개인은 어떠한 노력을 해야 할까? 우선 자연을 도구로 보지 말고 인간도 자연의 일부라는 생각을 가지는 것이 아주 중요하다. 즉, 자연과 조화된 삶을 살아가는 것이 매우 필요하다. 기술이 발전되면서 자연에 대한 인간의 시각이 바뀌어 산업혁명 후에는 자연을 인간의 의지와 능력에 따라 개발할 수 있는 자원으로 인식하게 되었다. 이에 따라 2018년 기준 지구 육지의 77%가 인간에 의해 점령되었다고 한다(6장 참조). 자연을 이용 가능한 자원으로 생각한 결과 나무를 베어 내고 땅을 파헤쳐 길을 내거나 집을 짓고 강물의 흐름을 막는 등 자연에 대한 무차별적인 개발 행위가 가해졌고 결국, 오늘날 우리 인류는 환경오염이라는 심각한 문제를 떠안게 되었다. 자연에 대한 시각의 변화가 필요하고 기술개발 및 활용에 대해 심각하게 생각해야 할 때가 된 것이다.

나아가, 대량 생산과 소비를 지양하는 지혜가 요구된다. 요즘 대형 상점에서 파는 대부분의 제품은 불행히도 석유에서 얻어지지 않은 것이 별로 없다. 일부의 나무, 면화, 유리 혹은 금속 제품을 제외하고는 그 원료를 석유에서 얻어 가공하여 만들어진다. 나무 혹은 금속 등으로 된 제품들도 가공 시에는 전기를 사용했을 것이며 적어도 공장에서 상점까지 이동하는 데에는 석유를 사용했을 것이다. 가능한 적게 쓰고, 아끼고, 재활용하고 일회용품을 쓰지 않는 습관이 필요하다. 가까운 거리를 이동할 때는 걷거나 자전거를 이용하는 것도 좋다.

또한, '환경 발자국', 즉 탄소, 물, 생태발자국을 줄이도록 노력해야 한다. 지구 생태용량 초과의 날(Earth Overshoot Day)로 정의된 바에 따르면 우리는 후손의 자원을 가불하여 살고 있다. 다르게 말하면 세계인의 평균적인 삶을 살면 약 1.7개의 지구가 필요하고 한국인처럼 살면 약 3.9개의 지구가 필요한 상황이다(5장 참조). 물 한 방울도 아껴 사용하고 온실가스의 발생을 최소화하는 삶을 살도록 해야 할 것이다. 특히 음식 배달을 줄이고, 일회용품이나 포장재를 멀리하고, 옷 한 벌 사는 것도 한 번 더 생각해 보고, 가능하면 걷고 자전거를 타고 대중교통을 활용하는 삶의 지혜가 필요하다.

! 중요

지구 생태용량 초과의 날 Earth Overshhot Day

물, 공기, 토양 등 자원에 대한 인류의 수요가 지구의 생산/정화 능력을 초과하게 되는 각 년도의 날짜를 의미하며 이날 인류는 한 해에 주어진 생태 자원을 모두 소진하게 되고, 그 이후는 미래 세대를 위한 자원을 빌려 사용함을 의미한다.

깨끗한 환경은 인류 전체의 자산이며 후세를 위해서도 꼭 필요한 것이다. 따라서 우리 모두는 환경 파수꾼이 되어 작은 오염도 놓치지 않고 신고하거나 방지하도록 애써야 한다. 정부에서도 환경신문고 제도를 운영(신고전화 128)하여 환경오염 및 사고를 줄이고자 노력하고 있으며, 신고 후 위반 사실이 확인될 경우 포상금까지 주어 시민들의 적극적인 신고를 독려하고 있다.

참고

환경신문고 제도

누구나 환경오염 행위를 목격하였을 경우 국번 없이 전화번호 128번으로 신고할 수 있는 제도이다. 신고대상은 오·폐수 무단방류 등 수질오염 행위, 자동차 매연 등 대기오염 행위, 쓰레기를 아무 데나 버리거나 불법 소각하는 행위, 유독물을 유출하거나 불법 방치하는 행위, 희귀식물 도채, 야생동물 밀렵, 산림훼손 행위 등이다. 신고자는 환경오염 행위 발견 일시, 장소, 오염 행위자, 오염행위 내용 등을 구체적으로(자동차 매연인 경우 차량번호) 알려주면 되며, 신고내용 위반 사실이 확인된 경우 신고자에게 최저 3만원에서 최고 300만원까지(지자체에 따라 다를 수 있음) 포상금을 지급한다.

PART

2

다양한 환경오염

2장

대기 오염

대기는 우리가 숨을 쉬고 살아가는 데 필수적이지만 평소에는 거의 의식하지 못하고 있다. 이 장에서는 '대기'가 무엇인지 살펴보고 대기 오염 현황과 그에 따른 대처 방안을 정리하고 있다.

2.1 개요

사람이 뭔가를 먹거나 마시지 않고서 견딜 수 있는 시간은 얼마나 될까? 보통 사람의 경우 물을 마시지 않으면 약 3일 정도 견딜 수 있고 음식을 먹지 않으면 약 1주일 정도 견딘다고 한다. 반면에 맨몸으로 잠수하면 30초에서 2분 정도 견딜 수 있다고 한다. 즉, 인간이 숨을 쉬지 않고 버틸 수 있는 시간은 몇 분밖에 되지 않는다. 이러한 사실은 먹고 마시는 것에 비해 공기가 우리의 생명과 삶에 매우 중요함을 보여 준다. 그렇지만 살면서 주위의 공기를 의식하는 경우는 별로 없다. 누구나 공기는 공짜라고 생각하고, 언제나 좋은 공기를 무한정으로 마실 수 있는 것으로 생각하고 있다. 그런데 최근에는 공기 오염 혹은 대기 오염, 미세먼지, 오존 주의보 등의 말이 자주 들린다.

그림 2.1은 국내에서 흔히 보이는 기상 상태 및 대기 오염 정도를 보여 주는 전광판에서 볼 수 있는 내용들이다. 예전에는 시간, 온도, 습도, 강수량, 풍향 및 풍속 등이 주요 관심사였지만 요즘은 초미세먼지와 미세먼지 농도 및 오존 상황에 더 큰 관심을 가진다. 좀 더 환경에 관심이 있는 사람들은 이산화 질소, 아황산가스(이산화 황) 및 일산화 탄소의 농도도 살펴볼 것이다. 특히 초미세먼지와 미세먼지는 좋거나 나쁜 정도와 함께 그 농도도 숫자로 보여 주고 있는데 이러한 사실은 모두가 그 농도에 민감하다는 것을 시사한다. 그만큼 오늘날의 대기는 오염되었으며, 일반 사람들도 관심을 가지고 이러한 지표를 보거나 활용한다는 것을 알 수 있다. 다시 말하면, 모두가 대기와 공기, 대기 오염에 관심을 가지고 있고 앞으로 더욱 큰 관심을 가져야 할 정도로 대기 오염은 심각해지고 있다.

참고

대기와 공기의 비교

대기(atmosphere)는 지구를 둘러싸고 있는 기체들의 집합을 일컫는 말이고 공기(air)는 지구 대기의 하층부에 있는 기체들의 집합을 말한다. 즉, 대기가 조금 더 넓은 개념이라고 볼 수 있지만("방 안 공기가 나쁘다"나 "대기 오염은 전세계 공통이다" 등의 말을 보면 쉽게 구분될 수 있고 "방 안 대기가 좋지 못하다" 등은 잘 쓰지 않는 표현이다) 혼용도 많이 한다.

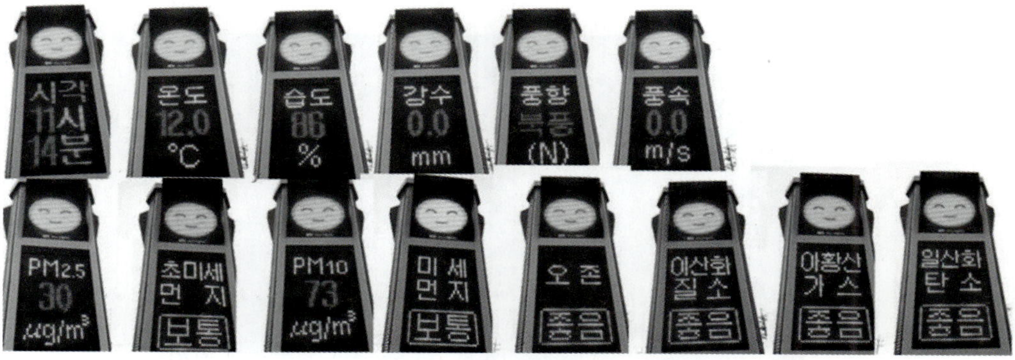

그림 2.1 기상 상태 및 대기 오염 정도를 보여 주는 전광판

2.2 대기권의 구조와 특성

대기권은 지구를 싸고 있는 공기층을 말하며 대기권의 영역은 지표면으로부터 약 1000 km에 이르고 다음과 같이 4개의 층으로 구분된다.

- 대류권(지표면~고도 약 11 km): 대류 현상과 구름, 비, 눈 등의 기상 현상이 일어나는 층으로 고도가 높아질수록 기온은 하강한다.
- 성층권(대류권 계면~고도 약 50 km): 오존층을 포함하는 층으로 오존층에서 태양 복사 에너지의 자외선을 흡수하여 고도가 높아질수록 기온이 상승한다.
- 중간권(성층권 계면~고도 약 80 km): 수증기가 거의 존재하지 않아 기상 현상이 일어나지 않으며 높이 올라갈수록 기온이 하강하므로 대류 현상이 일어난다.
- 열권(고도 약 80 km 이상): 전리층과 오로라, 유성 등이 나타나는 층으로 공기 분자가 태양 복사 에너지를 다량 흡수하여 고도가 높아질수록 기온이 급격히 상승한다.

그림 2.2는 위에서 기술된 4개의 층으로 구분된 대기권의 개략적인 특성 및 높이를 보여 주고 있다.

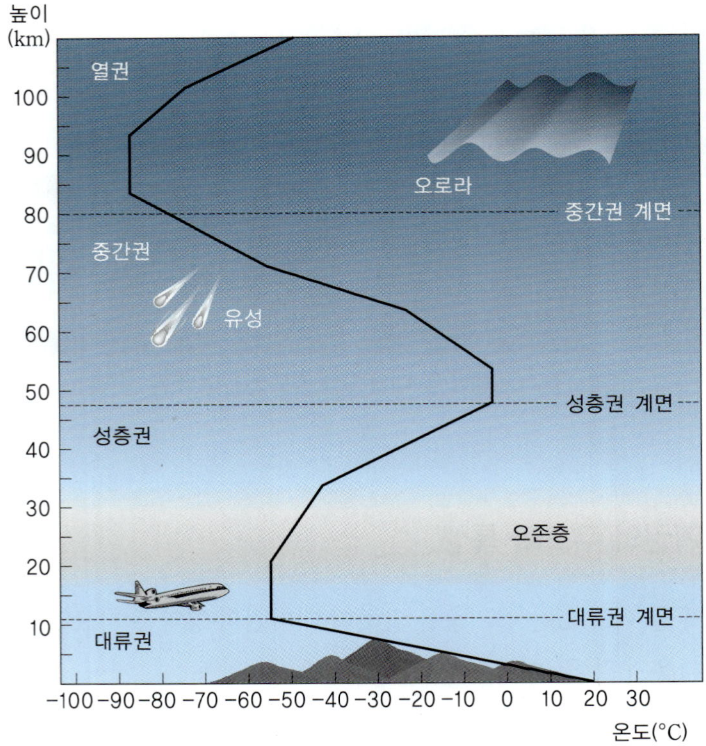

그림 2.2 4개의 층으로 구분되는 대기권

2.3 대기의 조성

지구 표면으로부터 1,000 km까지의 공간인 대기에서 공기의 밀도는 고도가 증가함에 따라 감소하여 30 km 이내에 공기의 90%가 존재하고, 공기의 많은 부분은 16 km 이내에 분포한다. 만약 공기층이 없다면 지구의 보온효과(3장 참조)가 없게 되어 달과 같이 황량하며, 낮과 밤의 온도 차이가 200°C가 넘어 생명체가 거의 살 수 없을 것이다. 또한, 초창기 지구에 비해 가벼운 기체는 우주로 빠져나갔고 광합성 등으로 조성이 변하였다. 현재의 공기을 표 2.1에 나타내었다.[1]

1 이산화 탄소 농도는 산업혁명 이후 크게 증가하고 있다.

표 2.1 현재 지구 공기의 성분(부피비)*

성분	용량(%)	성분	용량(%)
질소(N_2)	78.084	헬륨(He)	0.000524
산소(O_2)	20.946	크립톤(Kr)	0.0001(1 ppm)
아르곤(Ar)	0.934	제논(Xe)	미량
이산화 탄소(CO_2)	>0.0415 (>415 ppm)	오존(O_3)	미량
네온(Ne)	0.001818	과산화 수소(H_2O_2)	미량
메테인(CH_4)	0.000187	수증기	0~3(가변적)

*지표 부근의 부피 비율을 나타낸 것임

2.4 대기와 건강과 생명

2016년의 OECD 자료에 의하면 전 세계의 10대 사망위험 요인은 **그림 2.3**과 같다. 사망위험요인 중에서 대기 중의 미세먼지와 실내 오염은 각각 6위 및 8위의 위험요인으로 나타났다.

또한 OECD에서는 대기 오염으로 인한 조기 사망자를 **그림 2.4**와 같이 정리, 예측하였는데, 대기 오염으로 인한 2060년의 사망자는 2010년의 사망자 대비하여 크게 증가할 것으로 보인다. 특히 한국의 경우, 현재의 사망자에 비하여 약 3배 증가할 것으로 예측되어 그 심각성이 매우 높다.

대기 오염에 의한 연간 사망자 수를 성별, 연령별 및 질환별로 **그림 2.5**와 같이 정리할 수 있다. 15세 미만의 어린 사람보다는 15세 이상의 사망자 수가 많은데, 이는 짧은 기간의

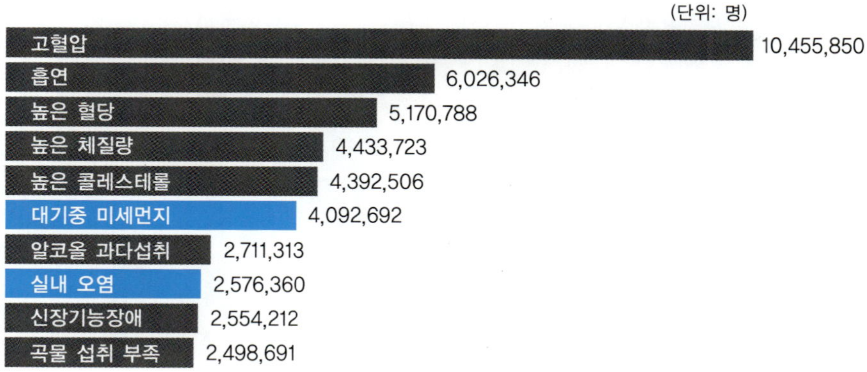

자료: IHME-HEI(2016)

그림 2.3 전 세계의 10대 사망위험 요인과 사망자 수(2016년 기준)

(단위: 명, 10만 명당 연간 기준)

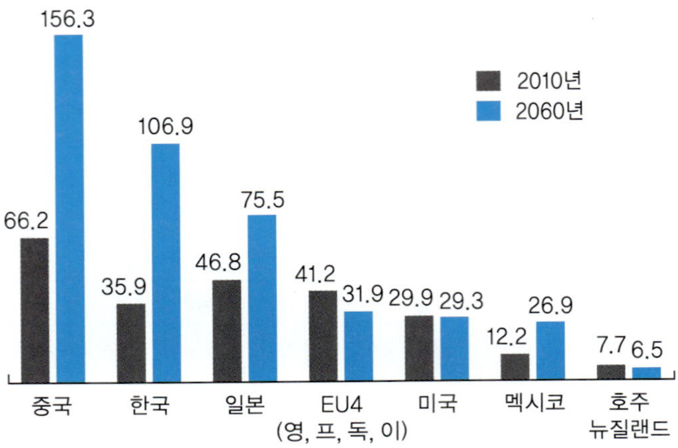

자료: OECD(2016)

그림 2.4 국가별 대기 오염으로 인한 조기 사망자 현황(10만 명당 사망자 수, 2010년 및 2060년)

나쁜 대기보다는 오랜 기간 나쁜 대기에 의한 영향이 누적되어 사망에 이르게 됨을 알 수 있다. 남성이 여성보다 조금 더 사망자가 많으나 유의한 차이를 보이지는 않는다. 질환별 사망자 수는 놀랍게도 폐암이 중요한 요인이 아니고 허혈성 심장질환 > 뇌졸중 > 급성하부 호흡기질환~만성폐쇄성질환 > 폐암의 순서로 중요성이 감소하였다. 즉, 대기 오염은 다양하고 위험한 질환을 유도하고 폐 외에도 심장과 뇌에 특히 심각한 영향을 끼친다.

(단위: 명, 10만 명당 연간 기준)

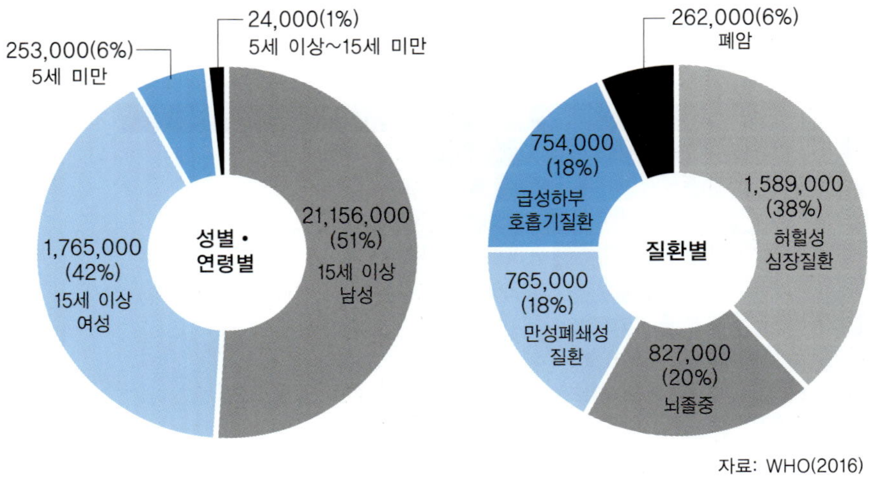

자료: WHO(2016)

그림 2.5 성별/연령별 및 질환별로 정리한 대기 오염에 의한 연간 사망자 수와 비율

2.5 유해 대기 오염 물질의 개요

대기환경보전법에서 지정되어 있는 특정대기유해오염 물질은 카드뮴 및 그 화합물, 사이안화 수소, 납 및 그 화합물, 폴리염화 비페닐, 크로뮴 및 그 화합물, 비소 및 그 화합물, 수은 및 그 화합물, 프로필렌 옥사이드, 염소 및 염화 수소, 플루오린화물, 석면, 니켈 및 그 화합물, 염화 바이닐, 다이옥신, 페놀 및 그 화합물, 베릴륨 및 그 화합물, 벤젠, 사염화 탄소, 이황화 메틸, 아닐린, 클로로폼, 폼알데하이드, 아세트알데하이드, 벤지딘, 1,3-뷰타다이엔, 다환(多環) 방향족 탄화수소류, 에틸렌 옥사이드, 다이클로로메테인, 스타이렌, 테트라클로로에틸렌, 1,2-다이클로로에테인, 에틸벤젠, 트라이클로로에틸렌, 아크릴로나이트릴, 하이드라진 등 총 35종으로 규정하고 있다.[2] 이름을 들어도 어떤 물질인지, 무슨 용도로 사용되는지 알기도 어렵고 우리가 어떤 주의를 기울여야만 우리 스스로를 보호할 수 있을지도 쉽게 알 수 없다.

대기환경보전법에 의한 특정대기유해 물질의 지정 및 관리도 한계성을 가질 수밖에 없다. 위에 기술된 것 외에도 우리 주위에는 너무나 많은 유해 물질이 있으며, 만약 유해 물질로 지정된 것과 유사한 특성/용도를 가진 대체제를 개발한다고 하여도 법률로 지정되기까지 시간적 간극이 생겨 이를 바로 해결하기가 어렵다. 특히 세계 최초의 기술이 개발되어 현장에 적용하거나, 새로운 물질을 개발하여 우리 주위에서 사용될 때는 다양한 위험 요인이 있을 수 있고 그 위험이 규명되기까지 시간이 많이 걸릴 수 있다. 아무도 가 본 적 없는 길을 갈 때는 더욱 주의를 기울이는 것처럼 새로운 공정을 가동할 때는 원료와 생산품의 안정성은 물론이고 공정의 안전성과 폐가스 및 폐수 등의 방류 및 안전사고 등에 큰 관심을 기울여야 한다.

대기 오염을 일으키는 다양한 오염원은 여러 가지 반응을 통해 우리 주위에 노출되는데, **그림 2.6**과 같이 대기 오염 물질은 1차 물질과 2차 물질로 나눌 수 있다. 1차 오염 물질은 자연배출원(화산폭발 등)과 인간배출원(자동차 같이 움직이면서 오염 물질을 배출하는 이동배출원 및 공장같이 한 자리에서 오염원을 배출하는 고정배출원으로 나눌 수 있다)으로부터 나오는 이산화 탄소, 일산화 탄소, 아황산가스, 질소 산화물, 메테인 같은 탄화수소 등의 부유 입자 등을 일컫는다. 2차 오염 물질은 1차 오염 물질 간의 반응 혹은 오염 물질과 주위 환경에 존재하는 물과의 반응 및 기타 2차 반응으로 얻어지는 물질을 말

2 이러한 대기 오염 물질 중의 중요한 것들의 특성 및 위험성 등은 본 책의 다른 부분에서 계속 설명될 것이다.

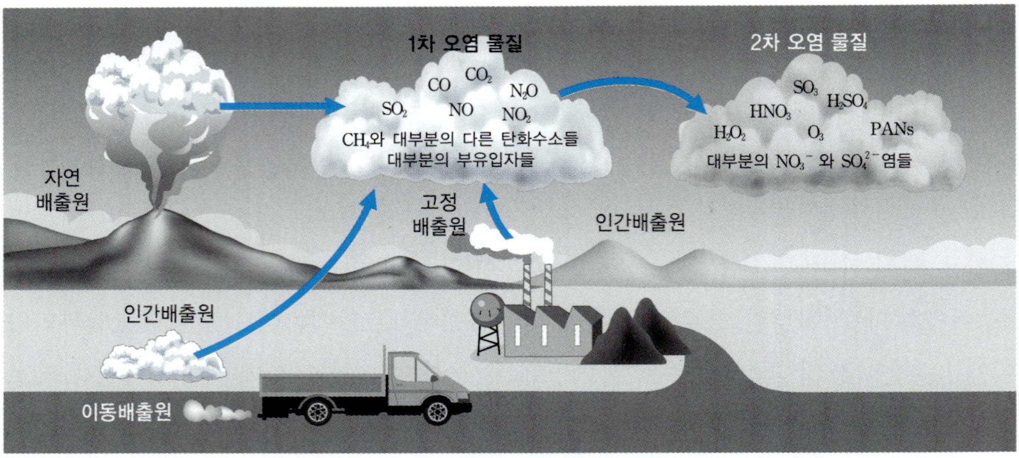

그림 2.6 배출원에 따른 대기 오염 물질의 개략적 생성 모습 및 1차와 2차의 대기 오염 물질 간의 관계

하며, 대표적인 것으로는 질산, 황산, 삼산화 황, 오존, 과산화 수소 등이 있고, 음이온인 질산염(nitrate, NO_3^-)과 황산염(sulfate, SO_3^{2-})도 포함된다. 퍼옥시아실 질산염(peroxyacyl nitrates, PANs)이라고 하는 복잡한 구조의 2차 오염 물질도 알려져 있다.

2.6 대기 오염 물질의 특성

대기 오염 물질은 다음과 같은 일반적인 특성을 가진다.

우선 지역, 계절 및 시간별 농도 변화가 심하다. 그림 2.7은 오염 물질들의 하루 중 시간에 따른 농도 변화를 보여 주는 카네기멜룬 대학의 자료이다. 이 자료에 따르면 오존은 햇빛이 강한 낮에 크게 증가한다. 이는 광화학 반응, 즉 2차 반응으로 오존이 생성되기 때문이다.

또한 오염 물질은 단순히 몇 개의 성분으로 구성되지 않고 복잡하며, 성분 간의 반응으로 2차 오염 물질을 유도하기도 한다.

대기 오염 물질은 다양한 종류 및 발생원(자연적 및 인공적)이 있다. 이동원으로는 차량(차, 비행기, 선박, 오토바이 등), 흡연자, 캠핑/바비큐(이동 취사)를 들 수 있고 고정원으로는 공장(발전소, 철강, 시멘트, 석유화학, 소각로), 세차장, 세탁소, 가정, 식당 등을 들 수 있다.

마지막으로 대기 오염 물질에 대한 개념은 시대/환경에 따라 변화한다. 석탄과 정제되

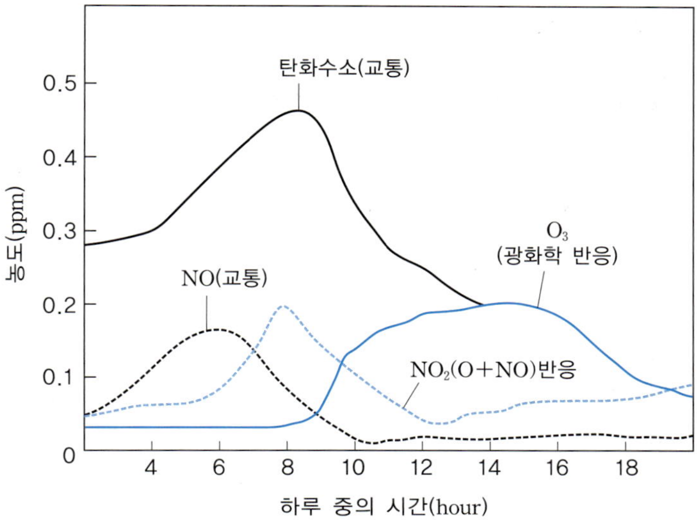

그림 2.7 하루 동안의 시간에 따른 오염 물질의 농도 변화를 보여 주는 그래프

지 않은 기름을 연료로 사용할 때는 아황산가스(이산화 황)가 심각한 오염 물질이다. 1980년대 초반까지는 서울에서의 아황산가스(이산화 황) 농도가 요즘의 약 20배였다. 그러나 석유의 황 함유량이 규제되고 도시 난방에 LNG를 사용하면서 아황산가스 오염은 해소되었다. 이후로는 자동차 보유 대수가 급증하면서 질소 산화물과 오존이 문제로 대두되었다. 질소 산화물의 농도도 성능이 좋은 질소 산화물 선택 환원 촉매가 개발되고 적용되면서 지난 10년간 많이 개선되었다. 최근, 특히 여름에는 오존 농도가 높아져 오존경보가 발표될 때가 많고 지나친 화석 연료의 사용으로 이제는 대기 중의 이산화 탄소의 농도를 걱정하고 있다. 물론 이산화 탄소는 직접적으로 위해를 가하는 물질은 아니지만 지구온난화의 원인으로 지목되고 있는 기체이다(3장 참조). 이외에도 미세먼지 등이 새로운 대기 오염 문제로 관심을 받고 있다.

2.7 국내의 대기 오염 물질과 그 원인

2023년 6월 환경부가 발표한 '2022년 연간 대기 오염 물질 배출량 통계'에 따르면 굴뚝 자동측정기기(Tele-Monitoring System, TMS)(참고문헌 1)가 부착된 사업장의 대기 오염 물질 배출량은 표 2.2와 같이, 33만 46톤(2018년) → 27만 7,695톤(2019년) → 20만 5,091톤(2020년) → 19만 1,825톤(2021년) → 21만 5,205톤(2022년)의 경향을 보였다. 그러나 TMS를

표 2.2 최근 5년간 TMS 부착사업장의 대기 오염 물질 배출량(톤)

구분		2018년	2019년	2020년	2021년	2022년
사업장 수		626	631	648	826	887
굴뚝 수		1,702	1,738	1,791	2,524	2,988
굴뚝당 배출량		194	160	115	76	72
오염 물질 배출량 (톤)		330,046	277,695	205,091	191,825	215,205
	먼지	6,438	5,767	4,577	4,735	4,869
	황 산화물	98,110	74,200	51,706	47,202	60,188
	질소 산화물	222,183	194,795	145,935	137,092	147,509
	염화 수소	559	601	584	578	519
	플루오린화 수소	1	1	2	1	1
	암모니아	3	4	3	2	3
	일산화 탄소	2,752	2,327	2,284	2,215	2,116

부착한 사업장의 굴뚝 1개당 오염 물질 배출량은 194, 160, 115, 76, 72톤으로 꾸준히 감소되고 있다. 따라서 최근 3년의 거의 일정한 배출량(약 20만톤)은 측정 굴뚝 수 확대가 주요한 요인으로 분석됐다. 측정 굴뚝 수는 1,702개(2018년) 이후 1,738개(2019년), 1,791개(2020년), 2,524개(2021년), 2,988개(2022년)로 꾸준히 늘었다.

그림 2.8과 같이 연도별 대기 오염 물질 배출량, 대형 사업장 수, 대형 사업장 굴뚝 1개당 오염 물질 배출량 등을 요약할 수 있고 큰 경향을 쉽게 파악할 수 있다.

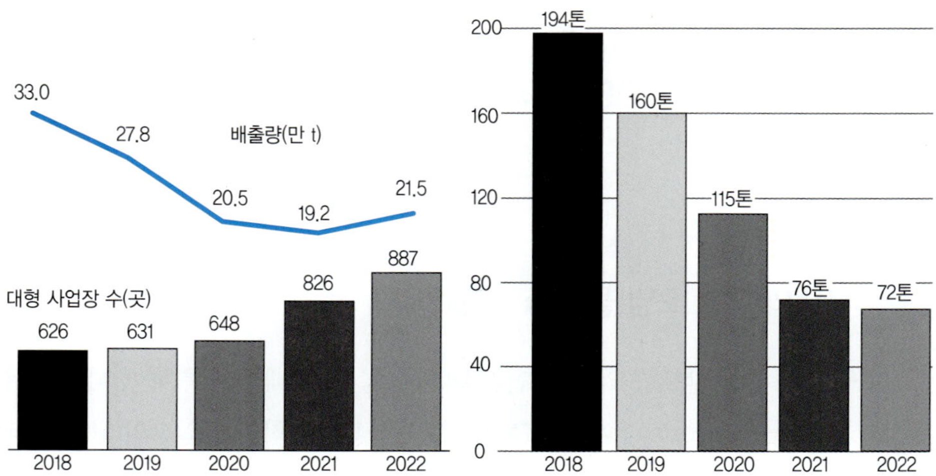

그림 2.8 연도별 대기 오염 물질 배출량 및 대형 사업장 수(왼쪽), 대형 사업장 굴뚝 1개당 오염 물질 배출량(오른쪽)

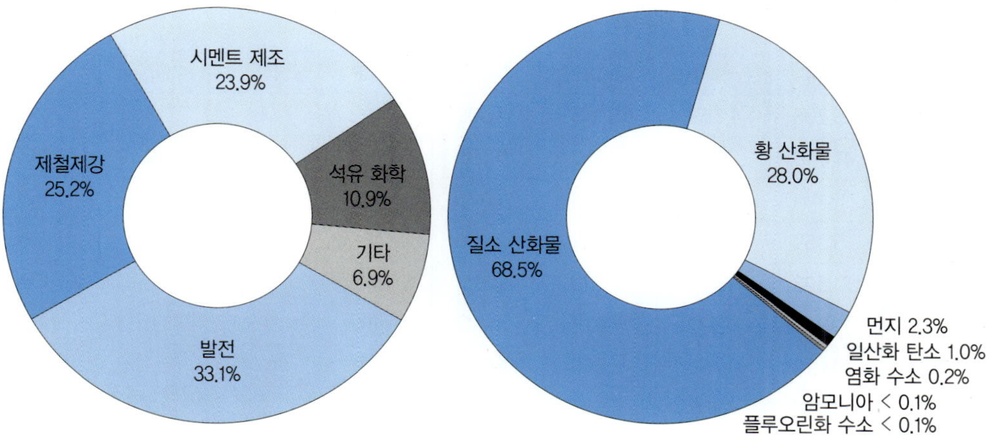

그림 2.9 대기 오염 물질 배출에 미치는 산업별 비중(2022년 기준)(왼쪽), 대기 오염 물질 배출 비중 (2022년 기준)(오른쪽)

업종별 배출량 순위는 그림 2.9 왼쪽과 같이 발전업이 7만 1,247톤(33%)으로 가장 큰 비중을 차지했으며, 제철·제강업 5만 4,242톤(25%), 시멘트제조업 5만 1,379톤(24%), 석유 화학 제품업 2만 3,396톤(11%) 순으로 나타났다.

그림 2.9(오른쪽)과 같이, 대기 오염 물질 배출량 총 21만 5205톤 중에서 질소 산화물은 69%인 14만 7,509톤을 차지했고 황 산화물과 먼지, 일산화 탄소는 각각 6만 188톤(28%), 4,865톤(2%), 2,116톤(1%) 순으로 나타났다.

지역별로는 그림 2.10과 같이 충남, 전남, 강원, 충북, 경북, 경남, 울산, 경기 등의 순서를 보였다.

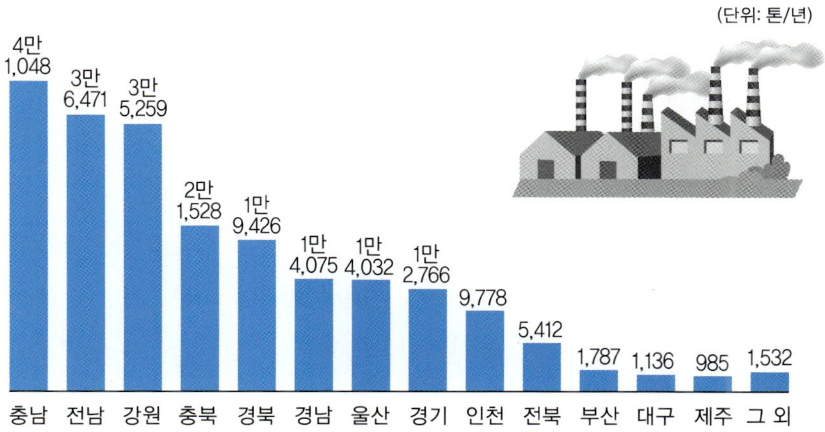

그림 2.10 시도별 대기 오염 물질 총배출량(2022년 기준)

표 2.3 시도별 대기 오염 물질별 배출량(2022년 기준)

(단위: 톤/년)

구분	합계	먼지	SO_x	NO_x	HCl	HF	NH_3	CO
합계	215,205	4,869	60,188	147,509	519	1	3	2,116
충남	41,048	1,217	19,030	20,535	83	–	0	183
전남	36,471	711	14,933	20,685	8	1	1	132
강원	35,259	820	2,157	32,236	16	–	–	30
충북	21,528	333	113	20,821	109	–	–	152
경북	19,426	372	7,828	11,147	16	0	0	63
경남	14,075	456	6,495	6,968	21	–	–	135
울산	14,032	338	2,583	10,824	31	0	2	254
경기	12,766	84	1,782	10,377	85	–	–	438
인천	9,778	254	3,091	6,276	12	–	–	145
전북	5,412	156	1,674	3,289	79	–	–	214
부산	1,787	32	170	1,514	17	–	–	54
대구	1,136	34	176	778	9	–	–	139
제주	985	39	125	788	4	–	–	29
서울	564	7	2	507	13	–	–	35
세종	489	7	7	393	4	–	–	78
대전	315	8	19	250	11	–	–	27
광주	134	1	3	121	1	–	–	8

표 2.3에서 정리된 바와 같이 모든 지자체에서 질소 산화물과 황 산화물이 가장 많이 배출된다. 다만, 강원도와 충청북도에서는 황 산화물 배출이 상대적으로 적은데, 이는 이 지역에서 화석 연료를 적게 사용하기 때문으로 보인다.

그림 2.11은 2015년 기준의 대기 오염 물질 다량 배출 사업장을 보여 주고 있다. 무엇보다도 화력 발전소가 대기 오염 물질을 크게 배출하고 있음을 알 수 있다.

질소 산화물

앞의 환경부 발표와 같이 우리나라의 대기 오염 물질 중 질소 산화물이 약 69%로 가장 큰 부분을 차지하고 있다. 주요 질소 산화물로는 일산화 질소(NO), 이산화 질소(NO_2), 산화 이질소(N_2O)(아산화 질소 혹은 웃음기체라고도 하며, 온실가스의 하나)가 있고(3장 참조) 그중 환경적으로 큰 문제가 되는 것(예로 광화학 스모그 유도 및 건강에 악영향을 줄 수 있음)은 NO와 NO_2이다. 질소 산화물은 고온에서 질소와 산소의 반응으로부터 발생한

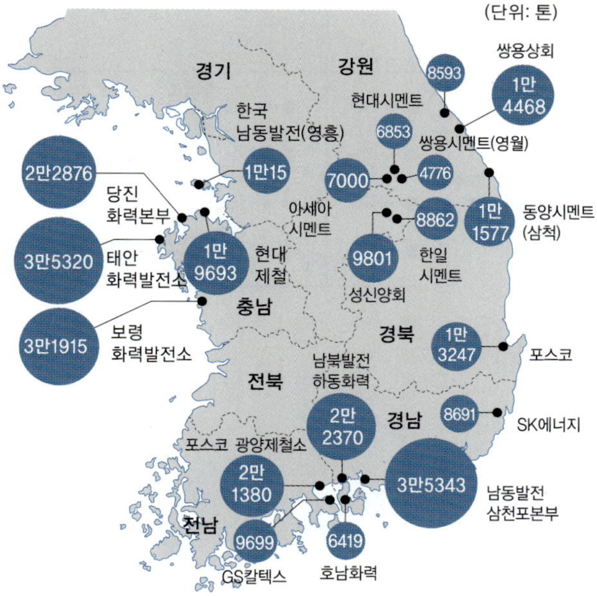

그림 2.11 대기 오염 물질 다량 배출 사업장 및 배출량

다. 공기 중에 질소와 산소는 풍부하므로 반응기, 연소기, 엔진 등이 공기가 존재하는 조건에서 가동되어 고온의 환경이 되면 질소 산화물이 발생할 수 있는 것이다. 물론 질소 산화물의 주요 배출원인은 토양의 박테리아, 번개, 유기물의 산화 등 자연적인 요인이 인공적인 요인보다 더 크다. 비록 자동차와 공장 같은 인위적 요인 및 산업현장으로부터 배출되는 양은 비교적 소량(3~15%)이지만 자연의 균형을 깨트리는 요인이 되므로 관심을 가지고 배출을 줄여야 한다.

특히 일산화 질소는 색, 냄새 및 맛이 없는 기체이며 화석 연료의 연소 과정에서 직접적으로 발생하는 질소 산화물의 대부분을 차지한다. 일산화 질소는 다음의 반응식에 표기된 바와 같이 산소(혹은 오존)와 빠르게 반응하여 이산화 질소로 변화된다.

$$\text{NO(일산화 질소)} + \tfrac{1}{2}\,\text{O}_2 \longrightarrow \text{NO}_2\text{(이산화 질소)}$$

$$\text{혹은 NO(일산화 질소)} + \text{O}_3 \longrightarrow \text{NO}_2\text{(이산화 질소)} + \text{O}_2$$

반면, 이산화 질소는 적갈색의 유독성 기체로서 독성이 크며 불안정한 기체이다. 이산화 질소는 광화학적 산화로 질산염이 될 수 있으며, 다음 반응식과 같이, 수증기와 결합하여 질산 혹은 아질산이 되어 최종적으로 산성비가 될 수 있다.

$$2\text{NO}_2 + \text{H}_2\text{O} \longrightarrow \text{HNO}_3\text{(질산)} + \text{HNO}_2\text{(아질산)}$$

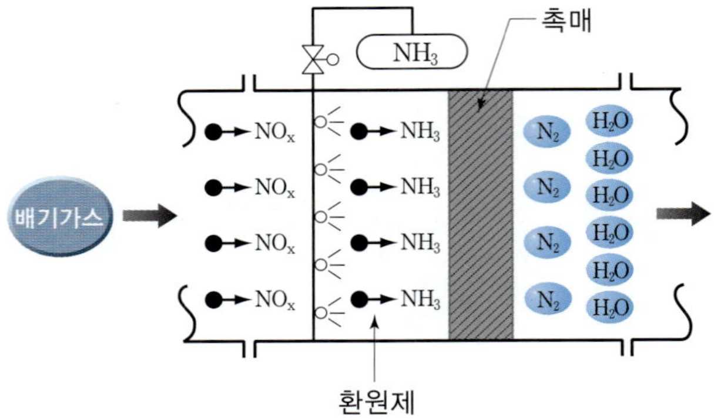

그림 2.12 $DeNO_x$ 공정에서 NO_x가 제거되는 메커니즘

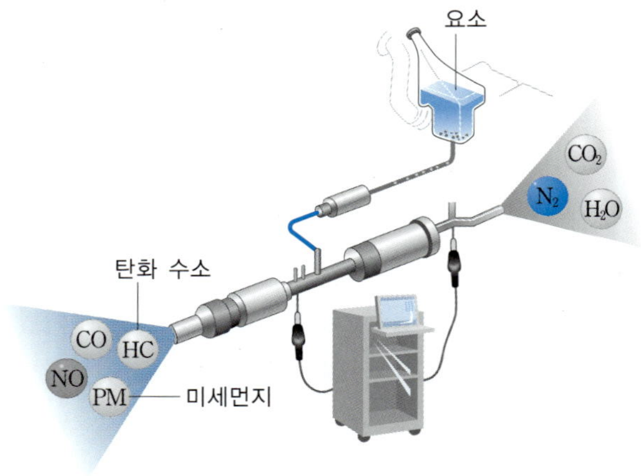

그림 2.13 요소를 사용하여 NO_x를 제거하는 SCR 시스템의 개요도

질소 산화물은 천식, 섬유성 폐색성, 기관지초염, 폐암을 유발하며 식물의 생장을 억제하고 잎의 형태도 변화하게 한다. 질소 산화물을 환경적으로 무해하게 처리하는 방법으로는 'DeNOx 공정' 혹은 '선택적 촉매환원(Selective Catalytic Reduction, SCR)' 기술이 알려져 있으며, 적당한 촉매 존재하에 NOx를 질소로 환원(부산물로 물이 얻어짐)하는 기술이다. 환원제로는 암모니아(NH_3) 혹은 요소(urea)가 주로 사용되고 있다. 요소를 사용할 때는 사용의 편의를 위해 요소를 물에 녹인 요소수가 주로 통용된다. 그림 2.12는 DeNOx 공정에서 NOx가 제거되는 메커니즘(기작)을 보여 주고 있다. 그림 2.13은 요소를 사용하여 NOx를 제거하는 SCR 시스템의 개요도이다.

이산화 황(혹은 아황산가스, SO_2)

산소와 황으로 이루어진 이산화 황은 다양한 원인으로 발생한다. 우선 화산 활동 등의 자연적 발생 요인이 있으며 황 성분을 함유한 연료의 연소 반응 혹은 산화 반응이 가장 주요한 요인으로 약 70%를 차지한다. 즉, $S + O_2 \longrightarrow SO_2$의 반응으로 이산화 황이 발생하며, 특히 석탄의 경우 황철광(FeS_2, pyrite 혹은 fool's gold라고 함)을 포함한다. 석탄이 연소되면 $4FeS_2 + 11O_2 \longrightarrow 2Fe_2O_3 + 8SO_2$의 반응으로 인해 SO_2가 다량 발생할 수 있다.

경유와 휘발유 등을 포함한 액체 연료는 연소 혹은 산화 반응 전에 황 성분을 수소를 이용하여 황화 수소(H_2S, 4장 참고)로 변환하여 황을 제거할 수 있다. 석유에서 황을 황화 수소로 변환시켜 제거하는 수소화 탈황 공정의 반응식을 그림 2.14에 나타내었다. 황 제거 반응에 의해 일차적으로 얻어지는 매우 위험한 기체인 H_2S는 최종적으로 클라우스 공정($2H_2S + O_2 \longrightarrow 2S + 2H_2O$)을 이용하여 원소 황(S, 고체)으로 변환하여 제거된다. 얻어진 고체 황은 보관하기가 용이하지만 발생되는 황의 양이 매우 많아 정유공장 주위에서는 산처럼 쌓인 황 더미를 쉽게 발견할 수 있다. 이러한 황 더미는 언젠가는 처리해야 할 물질이다. 따라서 황을 유용한 자원으로 활용하고자 하는 노력이 계속되고 있으나 발생하는 황을 처리하기에는 아직 부족한 실정이다.

석탄으로 대표되는 고체연료의 경우 석유처럼 연소 전에 황을 제거하기보다는 연소 후 얻어진 SO_2를 제거하는 것이 보다 현실적이며 다음과 같은 두 가지 반응 중의 하나를 이용하여 제거될 수 있다.

[반응1] $SO_2 + Na_2CO_3 \longrightarrow Na_2SO_3 + CO_2$

[반응2] $SO_2 + CaO$[3] $\longrightarrow CaSO_3$

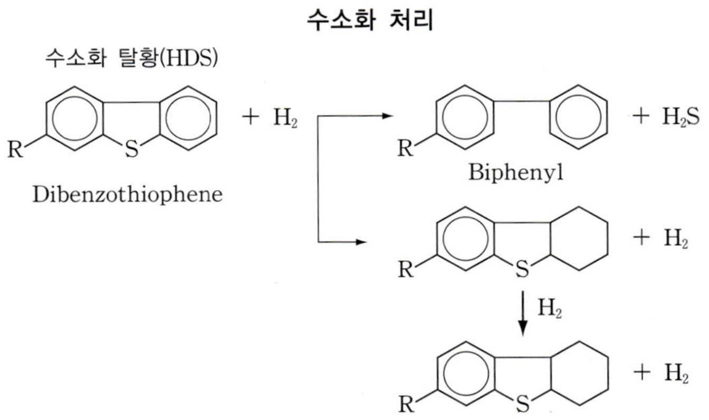

그림 2.14 석유에서 황을 황화 수소로 변환시켜 제거하는 수소화 탈황 공정의 반응도

3 CaO는 $CaCO_3$가 분해되어 얻어지며, 분해 과정에서 CO_2도 발생한다.

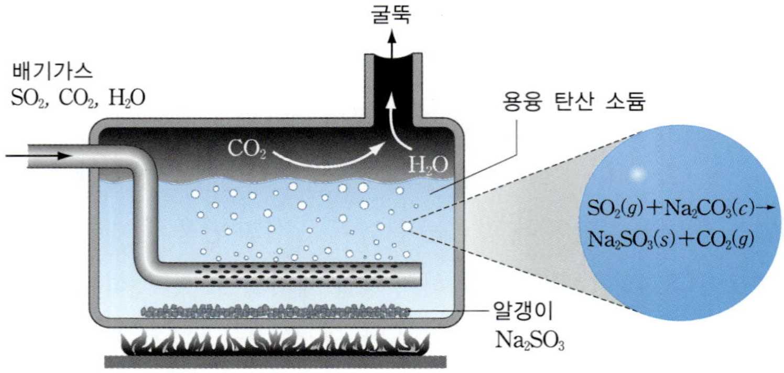

그림 2.15 [반응1]에 따라 이산화 황을 Na_2SO_3로 변환하여 제거하는 공정의 개념도

얻어진 Na_2CO_3와 $CaSO_3$는 고체이며 별도로 보관한다. 각각의 반응에 따라 이산화 황을 제거하는 공정의 개념도를 그림 2.15와 그림 2.16에서 보여 주고 있다.

또한 금속 제련소에서도 다음 반응들을 통해 이산화 황이 발생될 수 있다. 은과 구리 등은 산화물 광석보다는 황화물 광석에서 주로 생산되기 때문이다.

$$Ag_2S + O_2 \longrightarrow 2Ag + SO_2$$

$$CuS(\text{혹은 } Cu_2S) + O_2 \longrightarrow Cu(\text{혹은 } 2Cu) + SO_2$$

이산화 황은 2차 반응이 가능하고 유해한 성질을 갖는다. 즉, $2SO_2 + O_2 \longrightarrow 2SO_3$의 반응 후 $SO_3 + H_2O \longrightarrow H_2SO_4$(황산)의 반응을 거쳐 산성비의 원인의 하나인 황산이 얻어진다. 이산화 황은 결과적으로 황산의 미세 부유 방울 및 황산염(SO_4^{2-}, 황산과 염기의 반응으로 얻어짐)의 부유 입자로 구성된 에어로졸[4]로 전환되어 폐 등에 심각한 손상을 초

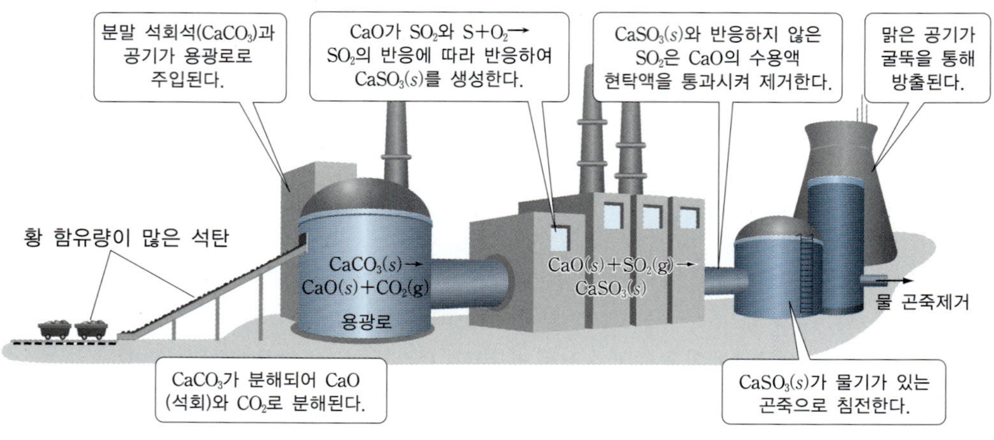

그림 2.16 [반응2]에 따라 이산화 황을 $CaSO_3$로 변환하여 제거하는 공정의 개념도

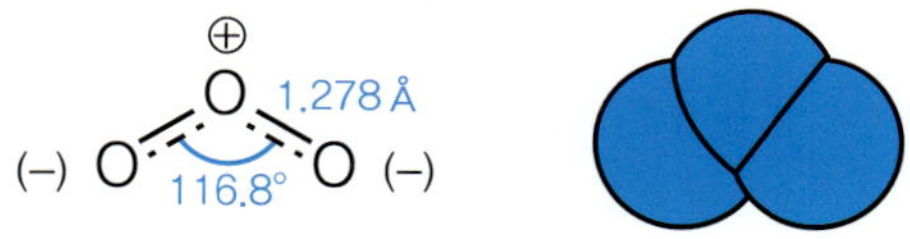

그림 2.17 산소 원자 3개로 이루어진 오존의 화학 구조 및 분자 모양

래한다. 이산화 황, 황산 방울 및 황 입자는 시정을 감소시키고 호흡장애를 유발하는 사실도 알려져 있다.

오존(O_3)

오존은 산소 원자 3개로 이루어진 산소의 동소체[5]로 자극적인 냄새가 나는 불안정한 기체이다. 그 화학 구조 및 분자 모양을 **그림 2.17**에 나타내었다. 오존은 현재 인간이 제어하기 가장 어려운 오염 물질 중의 하나이다. 오존은 흡입하면 점막을 허물고 세포벽을 손상시키는 유해한 물질이다. 그러나 오존은 강력한 산화 작용을 가져 소독 및 살균, 바이러스나 미생물의 불활성화 또는 치료 등에 이용할 수 있다는 장점으로 활용 가치가 큰 기체이다.

오존의 독성

1996년에 김영삼 전 대통령이 청와대에서 조깅을 하다가 갑자기 숨이 막히는 일이 발생했다. 이를 계기로 서울대학교 환경의학연구소가 조사 분석한 결과 "오존 농도 최고치가 0.1 ppm 올라가면 그 직후 사망자가 7% 증가한다"라는 내용을 포함한 보고서를 냈다. 또한 2010년 국립환경과학원의 조사 결과도 "오존 농도가 0.01 ppm 늘어나면 사망률이 0.9% 증가한다"라고 밝혀 서울대 보고서와 비슷한 결론을 유추할 수 있었다.

오존은 일반적으로 0.1~0.3 ppm 이상에서는 인체에 유해하고, 0.1 ppm에서는 천식 환자의 발작을 심화시키며, 0.3 ppm 이상에서는 눈과 목구멍의 점막을 자극한다. EU에서는 오존으로 인한 유럽인 조기 사망자가 한 해 21,400명에 달한다고 추산하고 있다. 캘리포니아주 위생부의 보고에 따르면 오존 농도가 0.24 ppm 이하와 0.5 ppm 이상인 날에는 65세 이상인 사람의 사망률이 두 배 가까운 차이가 있었다고 한다. 또한 로스앤젤레스에서 오존의 농도가 3.0 ppm 이상인 날이 5일 연속되었을 때, 보통 때보다 사망자가 5배 이상이었다고

4 에어로졸: 가라앉지 않고 대기(공기) 중에 계속 떠 있는 액체와 고체 입자들(혹은 분산매가 공기인 콜로이드를 말함).

5 동소체: 동일 원소의 원자로부터 만들어지지만, 결합하는 방식이나 원자 배열이 다른, 따라서 서로 성질이 다른 물질을 일컫는다. 산소 O_2와 오존 O_3, 그리고 다이아몬드와 흑연은 동소체의 좋은 예이다.

표 2.4 오존 농도별 경보 단계 및 주요 대처 방안

구분	오존 농도	대처 방안
주의보	0.12 ppm 이상	• 실외 운동 경기를 삼가고 노약자, 유아, 환자 등의 실외 활동 자제 • 불필요한 자동차 운행을 자제하고 대중 교통 시설을 이용
경보	0.3 ppm 이상	• 실외 운동 경기 및 노약자, 유아, 환자 등의 실외 활동 제한 • 발령 지역 유치원, 학교의 실외 학습과 자동차 통행 제한
중대 경보	0.5 ppm 이상	• 실외 운동 경기 및 노약자, 유아, 환자 등의 실외 활동 중지 • 발령 지역 유치원, 학교의 휴교 및 자동차 통행 금지

한다. 이처럼 오존은 독성이 심하고 우리 건강에 나쁜 영향을 주는 기체 오염 물질이다. 지구 표면의 평균 오존 농도는 0.02 ppm이나 스모그 발생 시에는 0.5 ppm을 초과하기도 한다.

오존은 2019년 현재 대표적으로 매년 지표가 나빠지는 오염 물질이다(참고문헌 2). 예로 서울의 평균 오존 농도는 1989년 0.008 ppm에서 2001년 0.015 ppm, 2017년에는 0.025 ppm으로 증가하였다. 또한 2019년 현재 전국적으로 0.12 ppm 이상의 오존 주의보 발령이 10년 전에 비해 10배 이상 늘었고 그 추세는 더욱 악화될 것으로 예상된다.

우리나라에서는 오존의 유해성을 고려하여 1996년부터 오존 경보제를 실시하고 있다. 표 2.4는 오존 농도별 경보 단계 및 주요 대처 방안을 보여 주고 있다. 오존은 기체이므로 미세먼지와 달리 마스크를 써도 우리가 호흡을 하면 마실 수밖에 없는 물질이다. 따라서 오존 농도가 높은 날 우리가 할 수 있는 유일한 대처방안은 외출을 삼가고 오존 농도가 낮은 실내에 머무는 것이며, 오존 농도가 높은 경우 자동차 운행을 줄이고 NO_x 배출을 최소화하도록 노력해야 한다.

이러한 배경으로 인해 최근에는 우리 주위에서 오존 경보를 흔히 듣게 되고, 도심에서는 오존 농도를 알려 주는 계기판을 쉽게 볼 수 있다.

오존 생성의 예

간단하게는 경유차에서 많이 방출되는 이산화 질소 분자가 빛을 받아 산소 원자를 발생시키면, 이 산소 원자가 공기 중의 산소 분자와 반응하여 오존을 형성한다.

$$NO_2 + h\nu \text{ [빛에 의한 분해]}^{6} \longrightarrow NO + O$$

$$O_2 + O \longrightarrow O_3 \text{ (오존)}$$

6 hv는 흔히 빛을 의미한다.

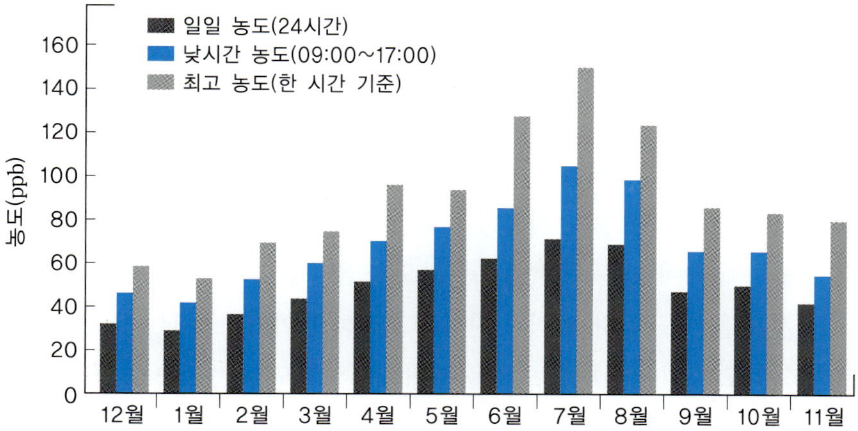

그림 2.18 2004년 12월부터 2005년 11월 사이 카이로 지표면의 월별 O_3 농도 추이

또한, 일반적인 오존 생성 반응은 휘발성 유기 화합물(VOCs: Volatile Organic Compounds, 4장 참조)이 중요한 역할을 하는 것으로 알려져 있다. 즉, VOCs + NOx + 열 + 태양광 ⟶ O_3(오존) + 2차 오염 물질의 반응이 일어난다고 알려져 있으나 자세한 발생 메커니즘은 좀 더 연구가 필요하다. 어쨌든, 이러한 반응식들을 미루어 보았을 때 알 수 있는 것은 오존은 맑고 따뜻하고 건조하며 자동차가 많은 도시에서 발생하기 쉽다는 것이다.

그림 2.18은 오존의 농도가 계절별 및 시간별로 심하게 변화하는 것을 보여 준다(참고문헌 3). 이러한 특징으로 인해 오존은 그만큼 관리하기가 어렵다.

그림 2.19는 인도의 한 지역의 오염물 농도 및 온도와 습도 등을 하루 동안 측정한 결과

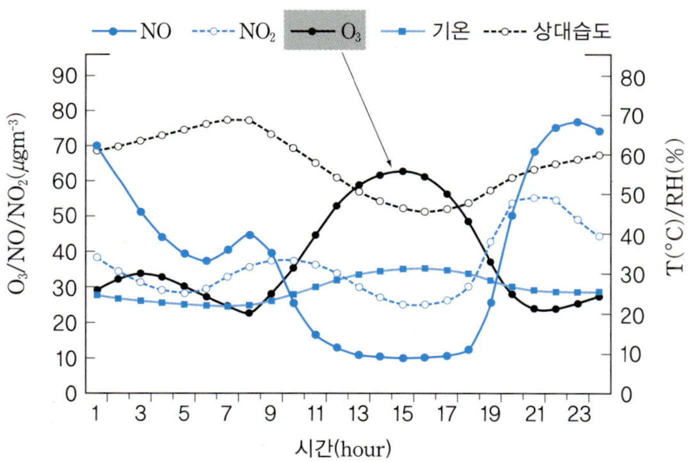

그림 2.19 인도(Jodhpur, Rajasthan)의 일간 오염물 농도, 기온 및 상대습도 추이
(2012년 12월~2013년 11월 평균)

(참고문헌 4)이며 오존은 기온이 가장 높은 오후 3시경에 가장 높은 농도를 보이고 반대로 NO와 NO_2는 그 시간에 가장 낮은 특성을 보인다. 즉, NO와 NO_2가 오존을 생성하는데 기여함을 알 수 있다.

오존의 생성 및 소멸 등의 메커니즘은 아직 완전하게 밝혀진 것이 아니기 때문에 이들에 대한 더 많은 연구가 필요하다. 자동차가 오존 생성의 중요한 원인으로 지목되지만, 어떤 경우엔 자동차 운행이 적은 주말에 오존 농도가 올라갈 때도 있고 교외 지역보다 도심의 오존 농도가 낮을 때도 있다. 이러한 현상을 고려하면 아마도 어떤 물질은 오존을 생성하는 원료가 되기도 하지만 반대로 오존을 분해하는 역할도 하는 것으로 생각된다.

성층권에서의 오존층의 의미와 중요성

지표면에서의 오존은 우리의 건강을 위협하는 환경오염 물질이지만, 지구 성층권에서의 오존은 파장이 240~310 nm인 빛을 잘 흡수하여 지구에 도달하지 못하게 하여 자외선(보통 10~400 nm의 빛)으로부터 우리와 지구를 지켜 주는 아주 중요한 역할을 한다. 자외선은 **그림 2.20**과 같이 장파장에서 단파장으로 갈수록 UVA, UVB, UVC로 분류된다. UVC는 매우 짧은 파장으로 인해 지구에 도달할 수가 없고 UVA는 에너지가 낮아 큰 위험이 없으며, 오히려 비타민 A 합성 등에 도움이 된다. 그러나 UVB는 피부암을 유발할 수 있으며 현재 높은 강도로 지구에 도달하지는 않으나 성층권의 오존층 농도가 감소하면 UVB의 강도가 높아져 위험할 수 있다. 실제 오존층의 농도가 낮은 남반구의 호주나 칠레의 경우 직접적인 영향을 받고 있는데, 호주 노인의 2/3가 피부암에 걸린다고 하고 칠레에서는 1년에 약 200명이 피부암으로 사망한다고 알려져 있다.

성층권의 오존 형성

대기권 상층부에서는 산소 분자가 광해리(빛에 의한 분리)되어 산소 원자가 될 수 있고 이렇게 얻어진 산소 원자와 산소 분자 간의 반응으로 오존이 형성된다.

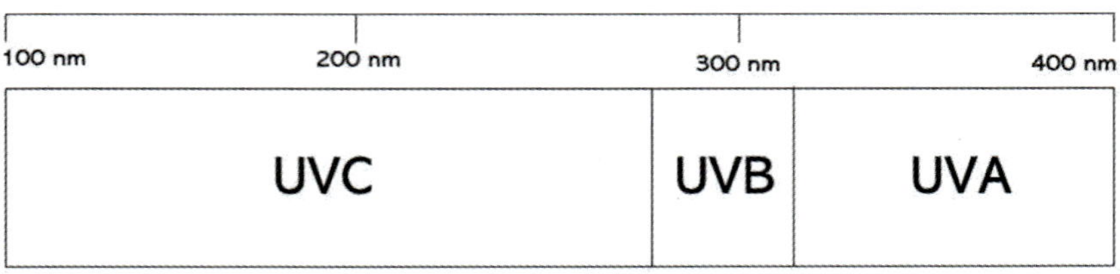

그림 2.20 자외선의 분류

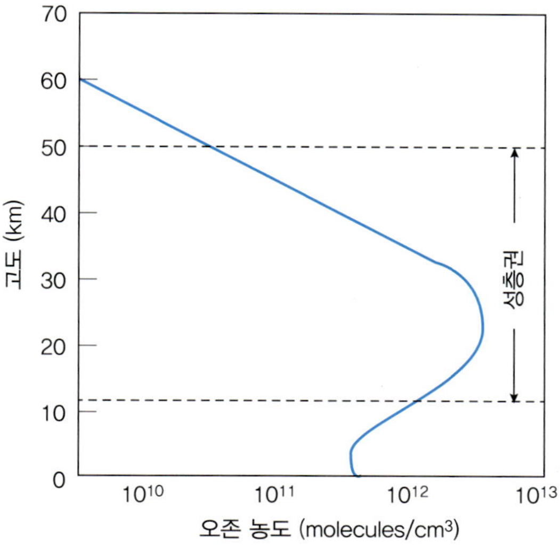

그림 2.21 **성층권을 포함한 대기권에서의 고도에 따른 오존 농도의 변화**
농도가 지수로 표기되었음에 유의하라.

$$O_2 + h\nu \longrightarrow 2O$$
$$O + O_2 \longrightarrow O_3$$

따라서, **그림 2.21**과 같이 성층권에서의 오존 농도는 고도에 따라 변화하나 그 농도는 꽤 높으며 안정적이었다.

그러나 1974년에 Rowland와 Molina가 성층권의 오존층이 파괴되고 있으며, 그 주요 원인이 프레온가스(CFCs, chlorofluorocarbons, 염화플루오린화 탄소)임을 밝혀내었다. 즉, 프레온의 염소(Cl)가 대기권 상층부에서 오존과 반응함으로써 오존층 파괴가 일어날 수 있음을 발견하였다.

결과적으로 CFCs 분자(대표적인 구조는 **그림 2.22** 참조)가 190~225 nm의 파장을 갖는 빛을 흡수하면 CFCs 분자의 C–Cl 결합이 쉽게 깨져 염소를 발생시키고 생성된 염소 원자(Cl)는 아래 반응식과 같이 오존과 반응하여 오존을 파괴한다.

$$Cl + O_3 \longrightarrow ClO + O_2$$

그림 2.23은 염소 원자 Cl이 오존을 파괴하고 얻어진 2분자의 ClO가 Cl_2O_2가 되고 이어서 햇빛에 의해 O_2 + 2Cl의 반응이 진행하여 결국 다시 Cl 원자 2개를 발생시켜 오존의 파괴가 더욱 가속화되는 개념을 보여 주고 있다. 특히 염소 원자가 한번 발생하면 순환하면서 오존을 계속하여 파괴함을 알 수 있다. 따라서 소량의 염소라도 성층권에 존재하면 오

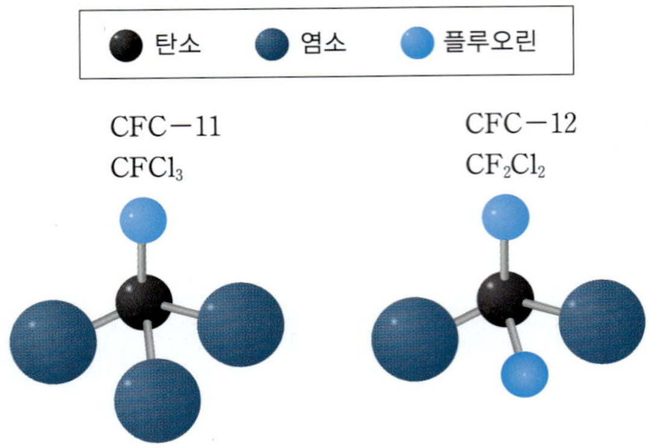

그림 2.22 대표적인 CFCs 분자의 구조

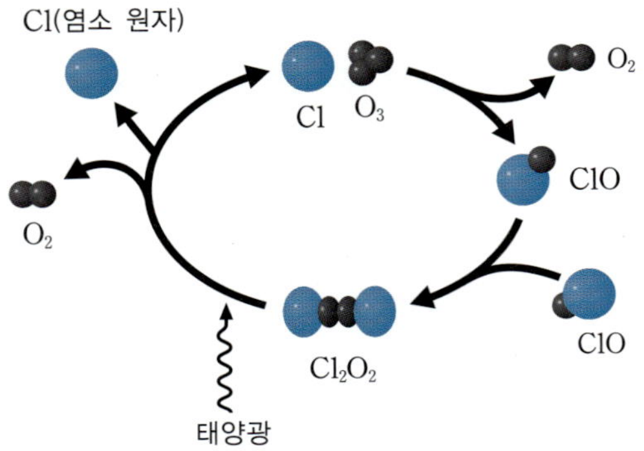

그림 2.23 염소 원자 Cl이 오존을 파괴하는 개념도

존을 계속하여 파괴하게 된다.

그림 2.24는 2006년 위성에서 관측한 남반구에 존재하는 전체 오존 농도를 보여 주는 그림이다. 오존 구멍이라 불리는 오존이 아주 낮은 지역이 존재함을 알 수 있다. 그런데 인구가 많고, 이에 따른 경제 활동이 활발하여 프레온가스 혹은 CFCs가 많이 사용되는 북반구가 아닌, 오염배출원이 적은 남반구에서 오존층 파괴 혹은 오존 구멍이 더 심한 이유는 무엇일까?

남극에서는 극지 특유의 회오리 바람과 영하 80°C의 찬 기온, 그리고 독특한 남극 성층권의 구름(북극의 경우 이러한 구름의 양이 약 1/10 정도임)이 상호작용해서 위로 올라가는 공기의 흐름인 상승기류를 만들고, 이 상승기류에 의해 오존층에 구멍이 생긴다. 즉, 남극 이외에는 지상에서 사용한 CFC 등의 오존층을 파괴할 수 있는 물질이 오존층이 있는 성층권에 도달하기 전에 파괴되어 오존에 영향을 주기 어렵다. 오존층 파괴는 단시간 관측 혹은 간단한 실험으로 설명할 수 없으므로 이러한 설명 외에 다양한 학설이 있다.

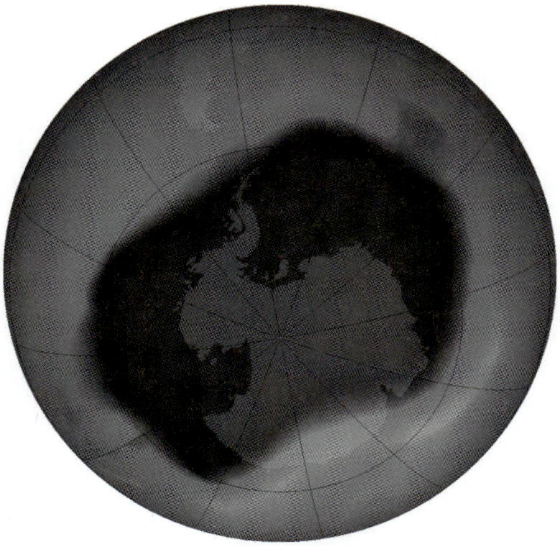

그림 2.24 지구 남반구의 오존 농도 지도(2006년) 어두운 부분이 낮은 농도를 나타낸다.

> **! 중요**
>
> CFC(Chlorofluorocarbons)
>
> 염화플루오린화 탄소 CFCs는 에어로졸의 분사제와 냉매로 수년간 사용되어 왔다. 물에 녹지 않는 성질을 갖고 있고(따라서 대기에서 비로 씻겨나가지 않는다), 반응성이 작아 자연적으로 잘 분해되지 않는다. 프레온가스의 대체 물질로 수소화염화플루오린화 탄소(HCFCs)가 사용되었으나, 이 물질도 2차 규제 물질로 분류되어 2030년까지 퇴출할 예정이다. HCFCs의 오존 파괴 정도는 낮았지만 지구온난화에 미치는 악영향이 이산화 탄소의 2000배 정도인 것으로 확인됐기 때문이다. 염소가 없는 수소플루오린화 탄소(HFC)도 사용되었으나, 2021년 미국에서는 생산 및 사용을 단계적으로 중단할 것을 제안했다(향후 15년 동안 85%까지 줄이도록). 수소플루오린화 탄소도 지구온난화를 초래하는 매우 강력한 온실가스로 작용하기 때문이다.

한편, 지난 2023년 1월에는 구멍 난 오존층이 복구되고 있어 얼마 후면 오존층에 대해 더 이상 염려할 필요가 없으리라는 유엔의 전망이 발표되기도 했다. 인류는 프레온가스 등 오존층 파괴 물질의 사용을 규제하는 몬트리올 의정서를 1987년 체결(1989년 1월 정식 발효)하였고, 그러한 파괴 물질의 생산과 사용을 금지하며 대체품을 개발하는 노력을 기울여 왔다. 그 결과 오존층이 꾸준히 회복되고 있다는 관측이 이어졌으며, 마침내 2023년 1월 "극지방을 제외한 전 세계 오존층이 2040년까지 완전히 회복되고 북극은 2045년, 남극은 2066년경에 오존층 복구가 될 것"이라는 유엔 보고서가 발표되었다. 이는 국제사회가 합심하여 노력하면 환경 문제를 해결할 수 있다는 것을 의미하는 아주 중요한 사례가 되었다.

스모그

스모그(smog)는 도시의 매연을 비롯하여 대기 속의 오염 물질이 안개 모양의 기체가 된 것을 말하며, 영어의 'smoke(연기)'와 'fog(안개)'의 합성어이다. 스모그가 발생하면 시계가 감소하고, 동물은 호흡기 질환에 걸리기 쉬우며, 식물은 말라 죽을 수도 있다. 스모그는 바람이 없고 열역전(thermal inversion) 현상이 일어날 때 주로 발생하며, 지역적으로는 분지형[7] 지형에서 잘 발생한다.

참고

열역전(thermal inversion)

일반적으로 대류권에서는 고도가 증가하면 기온이 내려간다. 그런데 그림 2.25와 같이 어떤 요인으로 인해, 고도가 올라갈 때 오히려 기온이 올라가는 층이 생기는 현상을 열역전이라고 한다. 열역전 현상이 생기면 공기의 상하 대류가 줄어들고 오염된 공기가 정체되기 쉽다.

그림 2.25는 고도에 따른 온도 분포를 보여 준다. 오른쪽 그림은 열역전층이 존재하는 지역을 나타내는데, 열역전층 아랫부분의 찬 공기가 상대적으로 무거워 위로 올라가지 못해 공기가 오랫동안 정체될 수 있다. 열역전이 일어나면 오염된 공기가 정체되어 공기 정화가 어려워지는 등의 문제를 일으킬 수 있다.

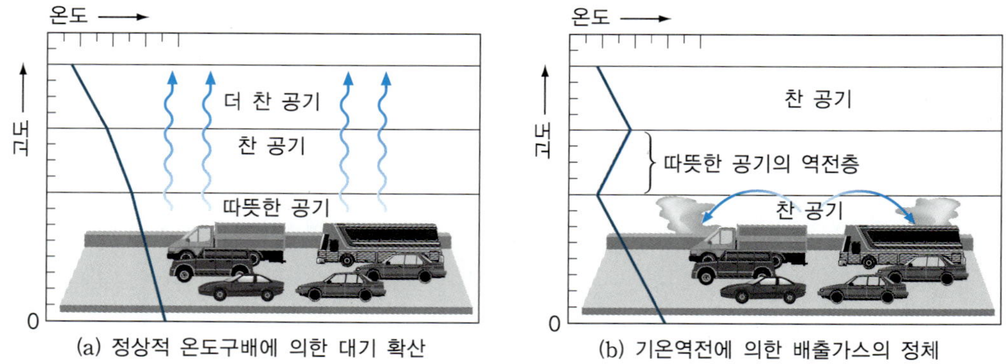

그림 2.25 **고도에 따른 온도 분포** 정상적인 온도 분포(왼쪽), 열역전 층이 존재하는 구간이 있음(오른쪽)

스모그는 런던형과 로스앤젤레스형으로 구분되며 각각의 스모그에 대해 이어서 기술한다.

7 분지: 산처럼 고도가 더 높은 지형으로 둘러싸인 평지를 의미한다.

런던형 스모그(산업 스모그)

석탄이나 석유 등의 연료 연소 후 발생하는 이산화 황이 런던형 스모그의 주요 성분이 된다. 일반적으로 검은색을 띠고 주로 겨울철에 나타난다. 이산화 황은 탄화수소와 질소 산화물과 함께 존재할 때 에어로졸을 쉽게 형성할 수 있을 뿐만 아니라, 수분과 반응하면 매우 위험한 황산으로 변환될 수 있다. 난방에 석탄의 사용을 줄이고 황 함유량이 낮은 석유를 사용하거나 천연가스 혹은 전기를 사용하면서 최근에는 런던형 스모그의 발생은 많이 줄었다.

런던형 스모그의 대표적 피해 사례는 다음과 같다. 1952년 12월 런던에서 5일간의 스모그로 인해 4천여 명이 사망하였다. 이후 수행된 2001년의 연구에 따르면 1952년 12월부터 1953년 2월까지 8,000여 명의 사망자가 늘어나 총사망자는 12,000여 명에 달한 것으로 추정되었다. 당시에는 런던형 스모그로 많은 사망자가 발생하였고, 큰 사회적인 문제였음을 알 수 있다.

로스앤젤레스형 스모그(광화학 스모그)

로스엔젤레스형 스모그의 주요 원인은 내연기관, 특히 자동차의 배기가스이며, 햇빛이 존재할 때 주로 발생하므로 '광화학 스모그'라고도 한다. 이 스모그의 주요 성분은 질소 산화물, 오존, 탄화수소(그 자체는 물론이고, 산소화 혹은 오존화된 것 포함) 및 유기과산화물(Organic peroxides) 등이며 퍼옥시아실 질산염(Peroxyacyl nitrates, PANs)도 포함한다. 런던형 스모그와 달리 광화학 스모그에는 이산화 황이 거의 존재하지 않는다. 계절적으로

참고

퍼옥시(과산소)아실 질산염(Peroxyacyl nitrates, PANs)

호흡기와 눈을 강력하게 자극하는 물질 및 독성 물질로, 로스앤젤레스형 스모그(광화학 스모그)에 나타난다. 다음의 화학적 구조를 가지며(R: 알킬기를 의미), 물에 비교적 잘 녹아(오존보다 잘 녹음) 이동도 용이하다. 피부암을 일으킬 수 있다고도 알려져 있다.

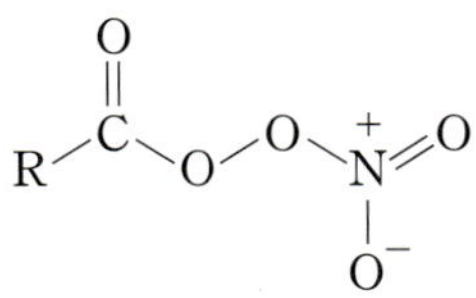

PAN의 형성은 VOC가 중요한 원인이며 NO_2 존재하에서 복잡한 광화학 반응으로 얻어진다. hydrocarbons(탄화수소) + O_2 + NO_2 + hv $\longrightarrow$ $CH_3COOONO_2$의 반응이 PAN 발생으로 이어지는 가능한 하나의 예이며, 일반적으론, $C_xH_yO_3 + NO_2 \rightarrow C_xH_yO_3NO_2$의 반응으로 PAN이 발생할 수 있다.

는 주로 여름철에 발생하며 스모그의 색이 황갈색이므로 광화학 스모그가 발생하면 도시의 대기가 황갈색으로 뒤덮인다. 오존이 중요한 요인이므로 맑고 따뜻하고 건조하며, 자동차가 많은 도시에서 광화학 스모그가 잘 발생한다.

자동차는 광화학 스모그의 중요한 원인이 되는데, 만약 중국에서 4억 인구가 휘발유 자동차를 2050년까지 운전한다고 가정하면, 이때 발생된 스모그가 한국, 일본 및 태평양을 거쳐 서태평양 전체를 뒤덮고 미국까지 확장될 수 있는 수준이라고 한다.

다이옥신

다이옥신(dioxin)은 두 개의 벤젠 고리(benzene ring)[8]에 염소가 여러 개 붙어 있는 화합물로 산소가 두 개인 다이옥신류(그림 2.26의 윗부분)와 산소가 한 개인 퓨란류(그림 2.26의 아랫부분)를 통칭하며, 210종의 이성질체가 존재한다. 도시 쓰레기의 소각, 염소를 사용한 펄프의 표백 등의 작업에서 원하지 않게 발생하며, 독성이 매우 강한 것으로 알려져 있다.

그림 2.27은 다이옥신의 발생 기작 및 우리 몸에 미치는 영향을 간략히 보여 주고 있다. 인체에 매우 유해하다는 것을 알 수 있다.

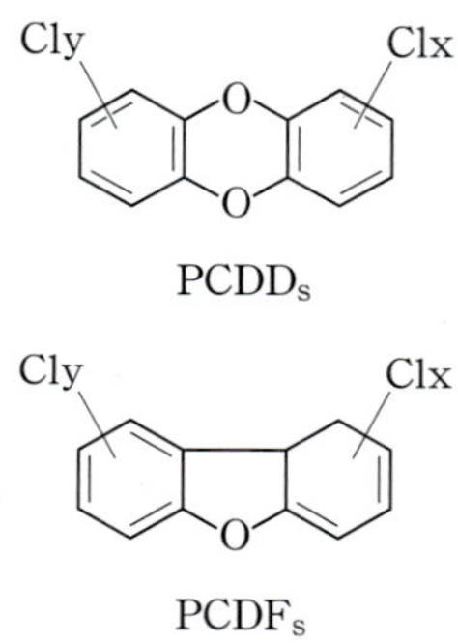

그림 2.26 다이옥신(Dioxin)의 대표적 화학 구조

산성비

산성비(Acid rain)는 공장이나 자동차 배기가스에서 배출되는 이산화 황(아황산가스)과 질소 산화물이 대기 중의 습기와 작용해 황산과 질산 등으로 변하고, 이 물질이 공중에 떠 있다가 비에 섞여 내리는 것으로, 빗물의 수소 이온 농도(pH)가 5.6보다 낮은 상태의 강산

8 벤젠: C_6H_6의 조성을 가진 6각형 평면의 분자. 벤젠 고리는 이러한 벤젠이 고리 형태로 존재함에 기초하여 어떤 화합물 안에 그 성분이 존재할 때 쓰는 용어이다.

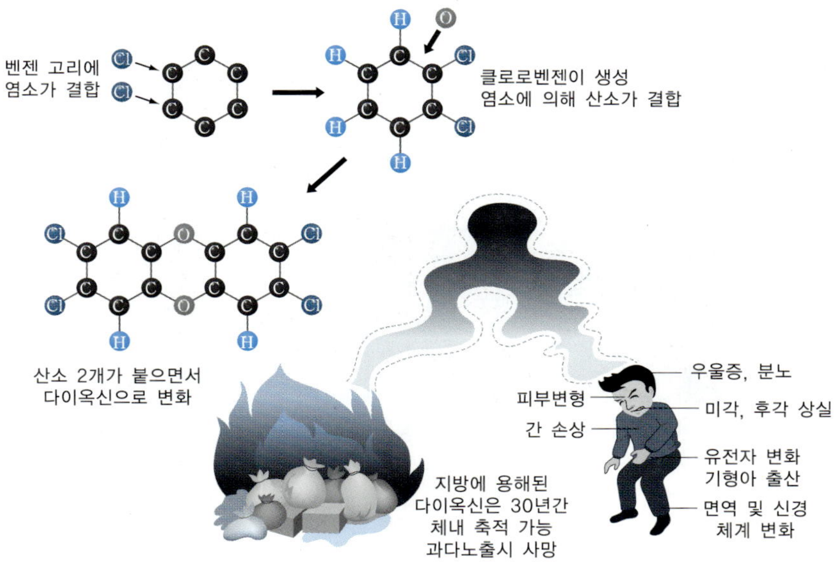

그림 2.27 다이옥신의 발생 메커니즘 및 다이옥신이 우리 몸에 미치는 영향들

성의 비를 말한다.[9] 그림 2.28은 자동차와 공장 등으로부터 배출되는 질소 산화물과 이산화 황 등이 산성비로 되는 과정 및 산성비가 우리 자연에 미치는 영향을 개략적으로 보여주고 있다.

산성비는 토양의 산성화는 물론이고 지표수 및 지하수의 오염을 심각하게 초래한다. 산

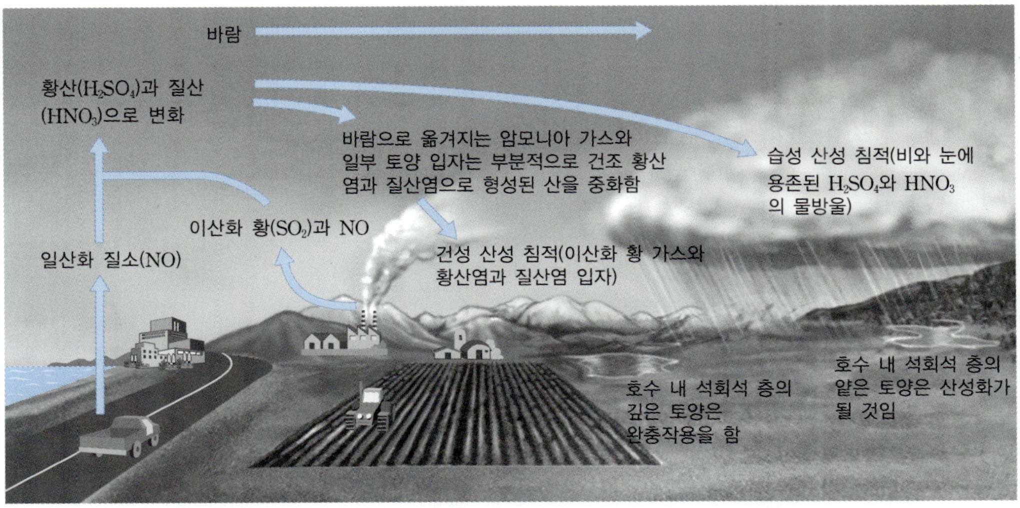

그림 2.28 산성비의 형성 과정 및 산성비가 자연에 미치는 영향

9 일반적인 비의 pH는 대기 중의 이산화 탄소(물과 만나 탄산으로 된다)로 인해 5.6~6.4의 약산성이다.

그림 2.29 산성비에 심하게 훼손된 조각상(© Dan Breckwoldt/Shutterstock)

성비가 내리면 토양의 pH가 감소함과 함께 토양 속에 있던 영양성분인 인, 칼슘, 마그네슘 등의 광물질이 씻겨 내려가게 되어 식물의 생육에 필요한 양분이 부족해진다. 산성비는 호수 및 하천 등은 물론이고 지하수의 pH도 감소시킬 수 있다. 또한 대리석과 석회석(탄산 칼슘이 주성분)은 산과 반응하므로 산성비는 이러한 것들로 만들어진 구조물을 부식시킬 수 있다. 조각상이나 구조물들이 심하게 훼손된 경우를 **그림 2.29**와 같이 자주 볼 수 있다.

산성비는 산림 및 동물에도 악영향을 미친다. 자연계는 오랫동안 산성비를 맞지 않고 잘 유지되어 왔으나 최근의 산성비로 인한 피해는 막대하며 산림의 훼손은 물론이고 동물의 개체 수가 급감하는 현상 등이 발생하고 있다. **그림 2.30**은 pH에 따른 산성 및 알칼리성과 더불어 몇 종류의 동물들이 견딜 수 있는 pH를 보여 주고 있다. 개구리는 pH 4에서도 견디나 대합조개는 pH 5.5도 견디지 못함을 알 수 있다. 즉, 동물들이 산성비에 견디는 정도는 서로 차이가 있고 개구리는 비교적 산성비에 강하나 대합조개는 아주 약함을 알 수 있다.

휘발성 유기 화합물

휘발성 유기 화합물(VOCs, volatile organic compounds)(4장 참조)은 증기압이 높아 상온/상압에서 기체 상태로 존재하는 모든 유기성 물질을 통칭하는 의미로 사용되고 있다. 대기환경보전법시행령 제39조 제1항에서는 석유화학제품·유기용제 기타물질로서 환경부장관이 관계중앙행정기관의 장과 협의하여 고시하는 물질로 정의하고 있으며, 환경부고시 제2001-36호(2001.3.8)에 따라 벤젠, 부타다이엔, 휘발유 등 37개 물질 및 제품을 규제

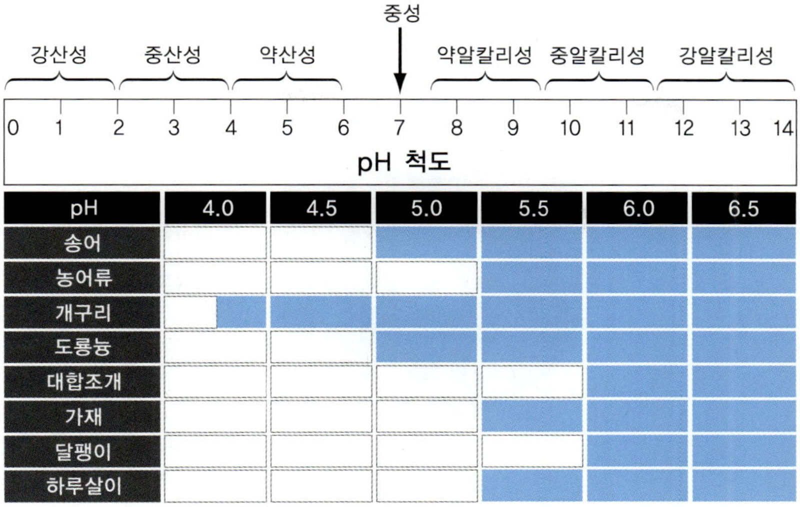

그림 2.30 pH 값에 따른 산성 및 알칼리성의 분류(위), 동물들이 견딜 수 있는 pH 범위(아래)

대상으로 하고 있다. 휘발성 유기 화합물은 대기 오염 물질이며 발암성을 지닌 독성 화학 물질이다. 특히 대기 중에서 광화학 반응을 일으켜 오존 등 광화학 산화성 물질을 생성시켜 광화학 스모그를 유발하는 물질이면서 지구온난화의 원인이 되는 물질이므로 국가마다 배출을 줄이기 위해 정책적으로 관리하고 있다.

- **VOC의 발생과 문제점**

VOC는 자연적으로도, 인공적으로도 발생한다. 예를 들어 메테인은 식물, 습지, 흰개미, 소와 양 같은 동물(트림) 등에서 발생하고 논, 쓰레기 매립지, 기름/천연가스 정(井) 등에서도 나온다. 벤젠, 헥세인 같은 용제는 다양한 공정(페인트, 화학공장)에서 배출되며, 차량, 주유소(휘발유), 플라스틱 등의 다양한 화학제품에서도 나온다. 그림 2.31은 2017년 EU 지역의 VOC의 주요 발생 요인을 보여주고 있다(참고문헌 5). 산업공정 및 관련 물품의 사용이 가장 큰 요인이며 농업에서도 11%의 무시하지 못할 정도의 VOC가 발생한다.

VOC는 위에서도 언급한 바와 같이 다음과 같은 다양한 문제점을 가진다.

> 오존 발생(스모그 유도), VOC 자체의 유해성, 2차 반응으로 다양한 오염 물질 유도, 악취 발생, 지구온난화(3장 참조).

따라서 VOC의 배출을 미리 방지하는 것이 매우 중요하다. 예를 들어 자동차 도색 작업이나 주유소 및 세탁소 등에서 대기로 배출되는 공기를 잘 정화해야 한다.

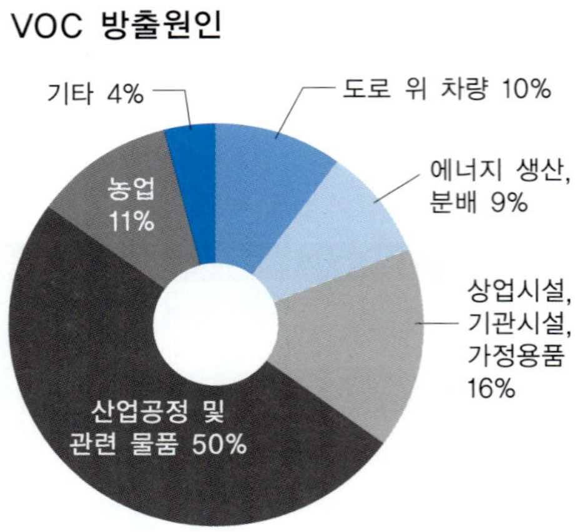

그림 2.31 EU-28 지역의 VOC 배출의 주요 원인

미세먼지(미세먼지와 초미세먼지)

요즘 밤하늘에서 별을 보기란 쉽지 않다. 이러다가는 "밤하늘의 별처럼 많다"란 말이 더 이상 유효하지 않을 수도 있겠다는 생각도 든다. 최근 일반적인 도시 환경에서는 북극성과 은하수는 물론이고 북두칠성마저도 관측하기가 어렵다. 그만큼 우리는 대기가 오염된, 미세먼지와 초미세먼지로 뒤덮인 환경에서 살고 있다. 미세먼지(PM, Particulate Matter)는 말 그대로 작은 먼지란 뜻의 물질로 그 특징은 다음과 같다.

• 미세먼지의 주요 성분(고체 미세먼지)

미세먼지는 금속 산화물, 토양 입자, 바다 소금, 비산재(발전소, 소각로), 탄소 알갱이, 더 작은 금속 등으로 이루어져 있으며 인간의 활동으로 얻어지는 황산염이나 질산염 및 중금속 같은 독성 물질도 함유되어 있다. 미세먼지는 크기에 따라 초미세먼지와 미세먼지(각각 2.5 및 10 μm 이하를 의미하며 PM2.5와 PM10로 표기한다)로 구분된다. 그림 2.32는 머리카락 및 바닷가 고운 모래와 대비한 미세먼지의 상대적 크기를 보여 주고 있다. PM2.5는 물론이고 PM10도 바닷가의 고운 모래보다 작다. 머리카락의 평균 크기가 60 μm 정도 되므로 PM10은 머리카락의 1/6 정도이며, PM2.5는 그보다 더욱 작고 PM10의 1/4 정도의 크기이다. 많은 오염 물질과 유사하게 미세먼지는 안개를 이루는 물방울에 주로 붙어서 존재한다.

이제 초미세먼지와 미세먼지는 일상이 되었다. 아침에 집을 나서기 전에 일기 예보를 보듯이 인터넷이나 앱으로 미세먼지 현황 및 예측을 자주 보게 된다. 그림 2.33의 왼쪽은 네이버의 '대기 오염정보' 사이트이며, 가운데는 에어코리아의 '초미세먼지 농도' 사이트이고 오른쪽은 '대기 오염정보(CAI, 앱 버전)'의 모습이다.

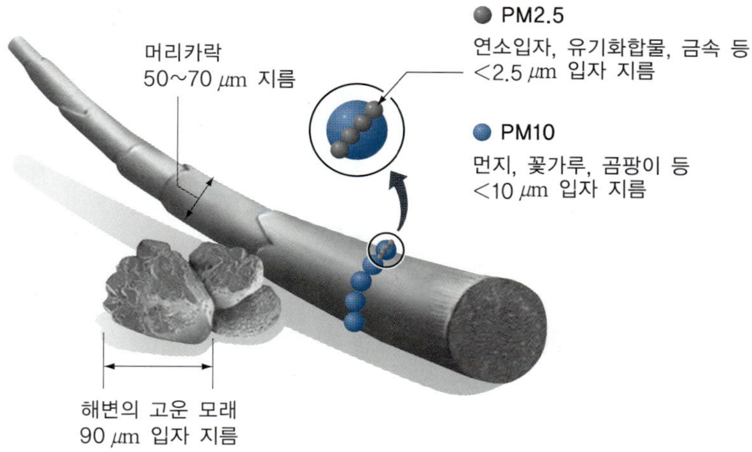

그림 2.32 머리카락 및 바닷가 고운 모래와 대비한 미세먼지의 상대적 크기

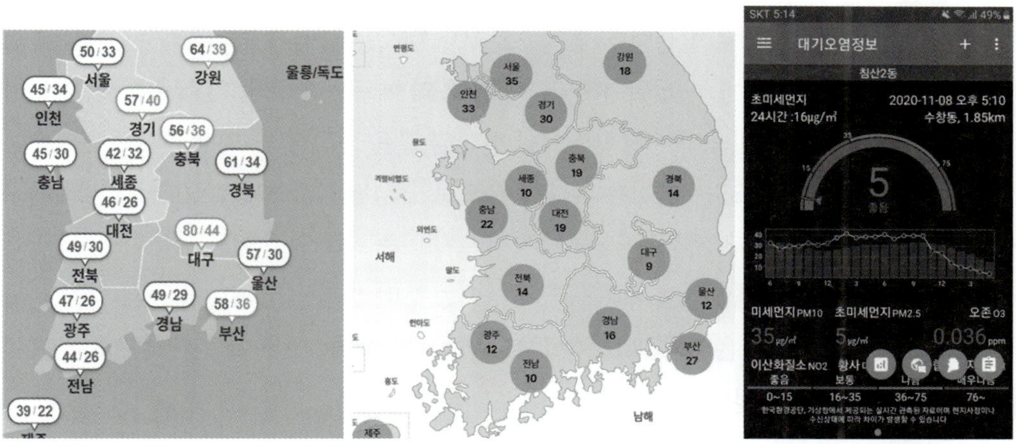

그림 2.33 미세먼지 농도(단위: μg/m3)를 보여 주는 다양한 사이트. 3가지 정보는 각각 다른 날짜의 결과이다.

• 미세먼지가 인체에 미치는 영향

그림 2.34는 크기에 따른 미세먼지가 체내의 어디까지 침투하는지를 보여 주는 개략도로, 그로 인해 일어날 수 있는 다양한 질병들을 함께 보여 주고 있다. 미세먼지는 그 크기가 작을수록 몸 깊숙이 들어가며 작은 것들은 폐에까지 영향을 준다. 그 외 미세먼지는 귀, 두피와 피부에 악영향을 미친다. 즉, 우리 몸의 다양한 기관이 미세먼지에 영향을 받으며 오히려 미세먼지에 무관한 기관을 언급하는 것이 더 쉬울 정도로 우리 몸은 미세먼지에 나쁜 영향을 받는다.

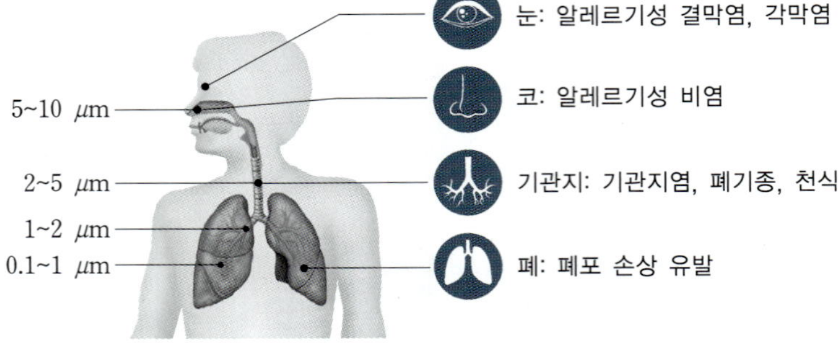

그림 2.34 크기에 따라 미세먼지가 들어갈 수 있는 체내의 기관 및 일어날 수 있는 다양한 질병들

• 미세먼지의 생성

미세먼지는 직접적으로도 발생될 수 있고 2차 반응으로도 얻어질 수 있다. 작물 경작 시의 흙먼지, 자동차에 의한 분진 및 배기가스, 나무의 연소, 담배 연기 등 다양한 원인에서 미세먼지가 직접적으로 발생한다. 공장으로부터 나오는 중금속 먼지/매연은 건강에 심각한 영향을 줄 수 있기에 특히 위험하다. 2차 반응의 예로는 연료의 연소 부산물, 암모니아, 용매, 물 등이 서로 반응하여 황산염이나 질산염 같은 전하를 띤 미세먼지로 변환되는 것을 들 수 있다. 그림 2.35는 양이온 및 음이온으로 구성된 PM2.5의 생성 경로를 보다 구체적으로 보여 주고 있다. 자동차 및 공장에서 발생하는 NOx와 SO_2는 수분과 만나 질산 및 황산 등으로 변화된 후, 경작 혹은 목축 활동으로부터 생기는 암모니아 등의 염기성 물질과 만나 전하를 띤 이온성의 PM2.5(sulfate, nitrate와 ammonium이 존재하므로 SNA이라고 불리는 PM2.5)가 얻어진다.

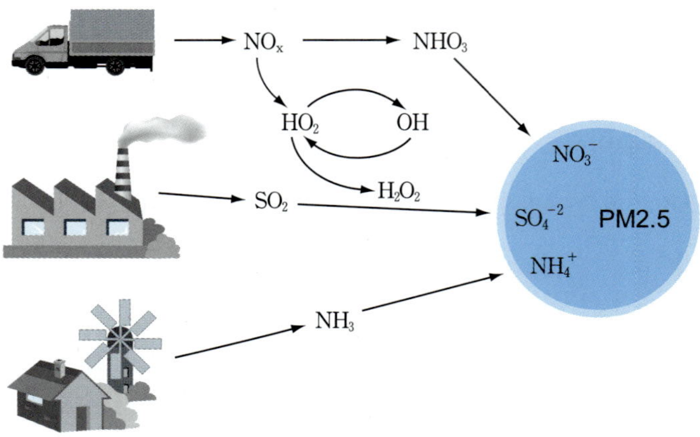

그림 2.35 양이온 및 음이온으로 구성된 PM2.5(sulfate, nitrate와 ammonium이 존재하므로 SNA이라고 불리는 PM2.5)의 구체적 생성 경로

표 2.5 초미세먼지의 주요 발생원

발생원	부연 설명 및 특성
원소 탄소	불완전 연소 과정에서 발생, 자동차 배기가스
유기 탄소	자동차 배기가스, 바이오매스 연소(산림 화재, 화전)
질소산화물(NOx)	연소 과정
휘발성 유기 화합물(VOCs)	도장 용재, 식물, 공업
암모니아	농업, 축산, 생활 관련
황 산화물(SOx)	화석 연료의 연소
금속 입자	산업 공정(금속 정련, 석유 정제, 첨가제 제조 등)
미네랄 입자	토양 기원(황사 등)

표 2.5는 초미세먼지의 주요 발생원을 정리한 자료이다(참고문헌 6). 지역 및 산업에 따라 각각의 원인이 다른 기여를 할 수 있음을 알 수 있다.

그림 2.36은 2014년 국내의 초미세먼지와 일산화 탄소 배출량을 보여 주고 있다(참고문헌 7). 화력 발전소가 많은 충남에서는 초미세먼지가 많이 발생하고 자동차와 공장이 많은 경기에서는 일산화 탄소가 많이 발생함을 알 수 있다.

우리나라의 초미세먼지 농도는 계절별 및 지역별로 큰 차이를 보인다. 그림 2.37은 겨울(2017년 12월)과 여름(2018년 7월)의 초미세먼지의 지역별 월평균 농도 및 초미세먼지 고농도(36 μg/m^3 이상) 일수를 보여 주는 자료이다(참고문헌 8).

그림 2.37 왼쪽에서 보는 바와 같이 우리나라의 수도권은 봄·겨울에 초미세먼지가 좋지 못함을 알 수 있다. 이는 추울 때 대도시에 많은 보일러가 가동되고 북서풍으로 인해 중국

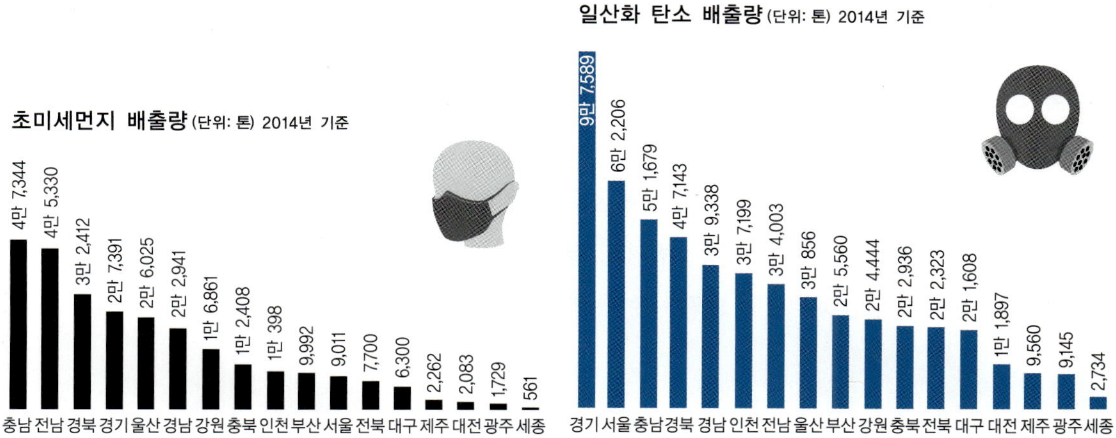

그림 2.36 국내의 행정구역별 초미세먼지와 일산화 탄소 배출량(2014년)

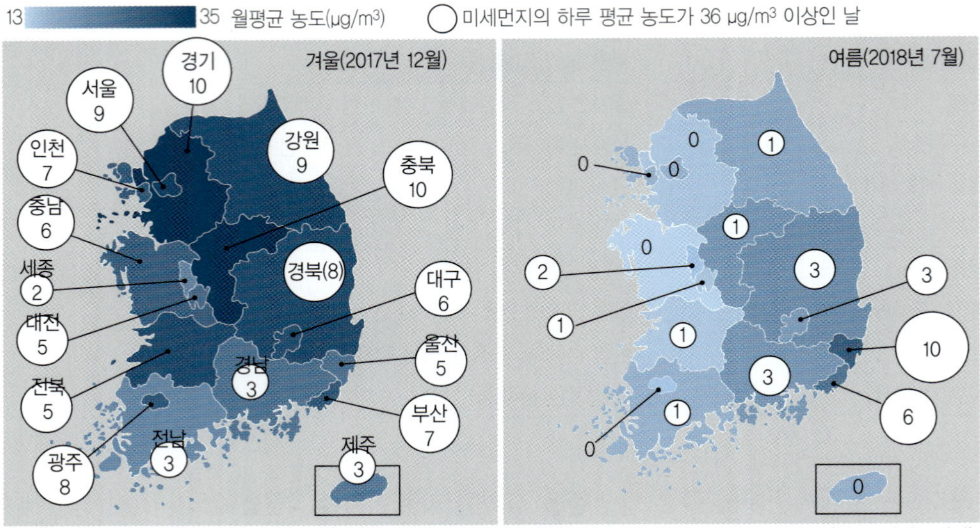

(자료: 에어코리아)

그림 2.37 우리나라 지역별 겨울과 여름의 초미세먼지 발생 현황

에서 발생하는 초미세먼지가 수도권에 나쁜 영향을 주기 때문이라고 볼 수 있다. 반면, **그림 2.37** 오른쪽에서 보듯이, 여름에는 영남권이 좋지 못하다. 그 이유는 산업단지에서 배출되는 휘발성유기화합물(VOC)의 광화학반응으로 2차 미세먼지가 생성되기 때문이다. 또한, 부산과 울산 인근의 많은 선박에서 배출되는 황과 질소 산화물 같은 공해 물질이 초미세먼지로 변화되고(11장 참조) 여름의 남동풍을 타고 영남 지역을 오염시키는 것으로 볼 수 있다(다행히 선박에 의한 환경 오염은 11장에 설명된 바와 같이 최근 많이 좋아지고 있다).

그림 2.38은 2016년 기준, 국가별 초미세먼지 농도를 보여 주고 있으며 인도, 아프리카 중부의 나라 등에서 미세먼지 농도가 특히 높음을 알 수 있다. 또한 **그림 2.39**는 1990년 이후 2016년까지의 몇 개국에서의 초미세먼지의 농도 변화를 보여 주고 있는데 중국은 매우 높은 농도를 보였으나 2014년 이후 감소 추세임을 알 수 있고 한국은 중간 정도의 수준을 보이나 2016년까지도 증가하고 있음에 주목해야 한다. 핀란드 및 캐나다는 공기의 질이 좋은 국가임을 알 수 있다. 다행스럽게도 우리나라도 2020년 초반에 미세먼지를 줄이기 위해 다방면에서 범정부적인 노력이 이루어지고 있다.

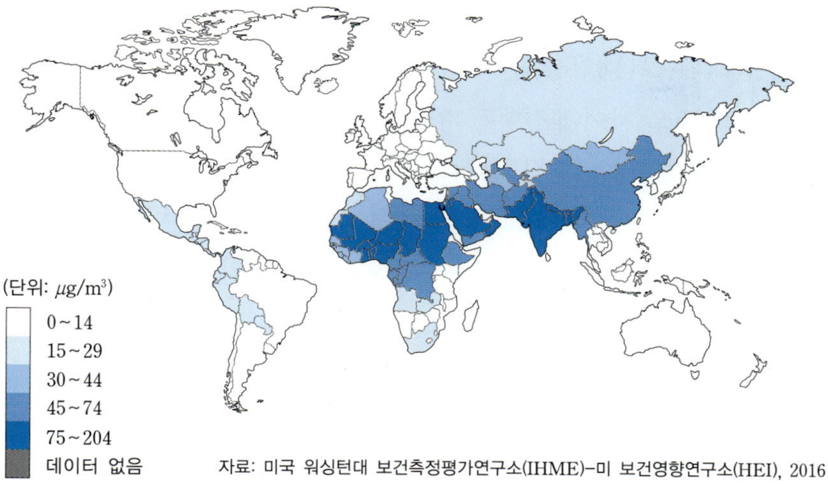

그림 2.38 2016년 국가별 초미세먼지(PM2.5) 농도

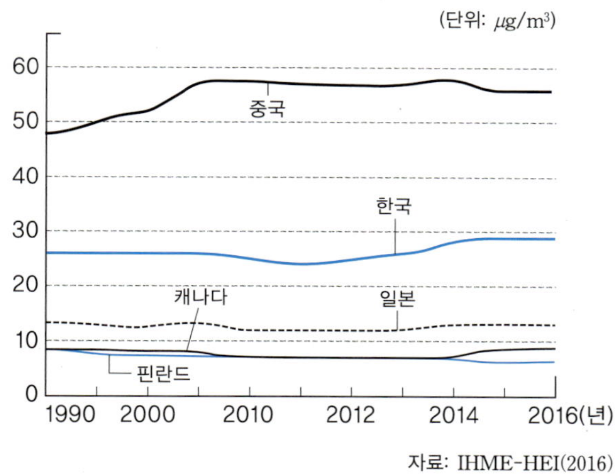

그림 2.39 몇 개국에서의 초미세먼지의 농도 변화

불꽃놀이 및 폭죽

인도 뉴델리의 연평균 초미세먼지 농도는 2018년 기준으로 무려 113.5 μg/m³에 이른다고 한다(참고문헌 9). 같은 기준으로 서울의 연평균 농도가 23.3 μg/m³이고 WHO의 안전기준 25 μg/m³임을 생각하면 이 농도는 매우 높은 수치이다. 또한 인도에서는 대기 오염으로 매년 124만 명 이상이 사망하는 것으로도 알려져 있다. 인도의 대기 오염이 심한 이유 중의 하나는 지나치게 많이 사용하는 폭죽이며 무분별한 쓰레기 소각도 중요한 요인이다.

인도에서는 매년 10~11월에 열리는 디왈리 축제에서 엄청난 양의 폭죽을 터뜨리고 있다. 이로 인해 이 시기의 도시는 거대한 연기에 휩싸인다. 축제 이후에는 보통 날씨가 추워지면서 난방과 취사를 위해 쓰레기, 특히 타이어나 의류 및 신발 등 환경에 매우 좋지 못한 쓰레기들을 태우면서 대기 오염이 더욱 극심해진다고 한다.

2019년 10월 25~29일 사이에 진행된 디왈리 축제에서는 뉴델리에서만 5000 t의 폭죽이 사용되었고 그로 인해 2019년 11월 1일 뉴델리 일부 지역에서는 초미세먼지 농도가 743 μg/m^{3}을 기록했다. 11월 3일에는 무려 1000 μg/m^{3}을 오르내렸다고 하며, 이 농도 1000 μg/m^{3}는 WHO의 안전기준 25 μg/m^{3}의 무려 40배 수준으로 도시 자체가 거대한 '가스실'이 된 셈이다. 이로 인해 인디라 간디 국제공항에서 30편 이상의 항공편이 시야 확보에 어려움을 겪어 우회했으며, 뉴델리 주 정부는 차량 홀짝제와 건설공사 중지(1주일간) 명령과 임시 휴교령도 내리는 등 여러 사회 문제를 초래했다. 인도 정부에서도 미세먼지를 줄이기 위해 여러 노력을 기울이고 있지만, 국민들이 폭죽놀이나 소각 등 뿌리 깊은 습관을 바꾸지 않고 있고 특히 빈민층들이 생존을 위해 소각하는 관습은 쉽게 고치지 못해 대기 오염 문제는 쉽게 해결되지 않고 있다. 중국에서도 춘절의 불꽃놀이 후 미세먼지 등으로 대기질이 크게 악화되어, 일부 지역에서는 불꽃놀이를 금지했다고 한다.

참고

디왈리 축제

인도 힌두교 최대 명절로 매년 10~11월에 5일간 열린다. 힌두 달력 여덟 번째 달(Kārtika, 카르티카) 초승달이 뜨는 날을 중심으로 닷새 동안 집과 사원 등에 등불을 밝히고 힌두교의 신들에게 감사의 기도를 올리는 전통 축제로 힌두교 3대 축제의 하나이다. 디왈리는 '빛이 어둠을 이긴 것을 축하하는 축제'이며 흔히 '빛의 축제'로 알려져 있다. 많은 인도인은 디왈리 때 더 많은 빛을 밝히면 더 큰 행운이 찾아온다고 믿기에 엄청난 양의 폭죽을 사용한다. 2018년 디왈리 축제에 뉴델리에서만 5000 t의 폭죽이 사용됐다고 타임스오브인디아 등 현지 언론이 보도했다.

우리나라에서도 현재 다양한 지역에서 불꽃놀이를 하고 있다. 불꽃놀이에는 소듐, 리튬, 포타슘, 구리, 바륨, 칼슘, 스트론튬 등의 다양한 화학 물질이 사용된다. 이때 사용된 금속 성분들은 산화되어 금속 산화물이 되는데, 이로 인한 미세먼지 및 환경오염의 가능성이 크다. 특히 구리와 타이타늄(각각 파란색과 은색을 내기 위해 사용됨) 같은 성분들은 중금속에 해당되어 더욱 심각할 수 있다. 금속 외에도 황은 산화되어 아황산가스가 되고 공기 중의 고온 연소 반응으로 질소 산화물이 발생할 수도 있다.

부산시에서는 불꽃놀이의 악영향을 고려하여 2011년 이후의 불꽃놀이에서는 대기질을 측정하고 있고 서울시에서도(서울시 보건환경연구원) 불꽃놀이 전후에 대기질을 측정하기 시작하였다. 불꽃놀이 후에는 대기질이 나빠지고 폭죽이 대기 오염 물질을 발생시키는 점은 확실하지만, 관람객이 타고 온 많은 차량도 대기질에 나쁜 영향을 줄 수 있어 좀 더 구체적이고 다양한 연구 및 분석이 필요하다. 이제는 불꽃놀이 및 폭죽이 꼭 필요한지 생각할 때이며, 레이저 쇼 등으로 대체할 필요가 있다.

참고

불꽃놀이에서의 화학

불꽃놀이에서는 화약과 색깔을 내는 성분을 사용하며, 모든 성분은 최종적으로 산화되어 아황산가스, 이산화 탄소 외에 금속 산화물들이 된다. 미세먼지 및 환경오염의 가능성이 크다.

(1) 화약의 주성분

초석[혹은 질산 포타슘(KNO_3)이라고 하며, 무게비로 약 70% 정도 차지하며 산화제로 작용 혹은 산소 공급함], 목탄(C, 연료), 황(S, 점화 온도를 낮추거나 점화 속도를 높여 줌)으로 구성된다.

(2) 불꽃놀이에서 색을 내는 성분은 아래와 같다.

빨강: Sr 혹은 Li(Sr은 진한 빨강)

주황: Ca

노랑: Na

초록: Ba

파란: Cu

보라: K(Sr 혹은 Cu) 화합물

은색: Al, Ti, Mg 금속 분말

이 성분 중 Cu와 Ti는 중금속이므로 더욱 유해할 수 있다.

우리나라의 많은 사람들은 최근의 높은 미세먼지 농도와 대기 오염의 원인으로 중국의 영향을 생각하고 있다. 국내의 연구진들 역시 몇 가지의 연구를 통해 그러한 사실을 입증하고 있다. 대전에 있는 한국표준과학연구원에서는 중국에서는 춘절에 폭죽놀이를 하고 한국에서는 설날에 폭죽놀이를 하지 않는 점에 착안하여 중국의 미세먼지가 한국으로 이동함을 증명한 연구결과를 발표하기도 하였다(참고문헌 10). 연구팀에서는 K(칼륨 혹은 포타슘)와 레보글루코산의 농도 변화에 우선 주목하였다. 칼륨은 폭죽의 주요 성분이고 레보글루코산은 나무나 풀 혹은 농작물 같은 바이오매스를 태울 때 칼륨과 함께 얻어지는 성분이기 때문이다. 그림 2.40과 같이 이 2가지 성분의 기여를 정리할 수 있다. 미세먼지가 심한 날 이 두 가지 성분의 농도를 분석하여 만약 칼륨이나 레보글루코산의 농도 하나가 매우 높다면 각각 폭죽 및 농작물 소각이 미세먼지의 농도를 높인 원인으로 해석할 수 있다. 연구 결과, 중국 춘절의 불꽃놀이 후 하루가 지나면 한국에서의 PM2.5와 칼륨의 농도

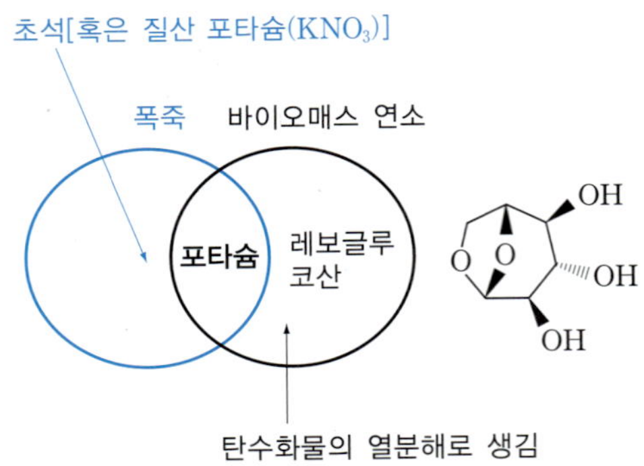

그림 2.40 미세먼지 수치가 높은 경우 포타슘과 레보글루코산의 대기 중 농도를 분석하여 미세먼지의 원인이 폭죽인지 혹은 바이오매스 연소인지를 알 수 있는 개념도

가 크게 높아짐(레보글루코산 농도의 약 7~8배로 높아짐)을 알 수 있었다. 반면 레보글루코산의 농도는 큰 변화가 없었다. 따라서 한국의 증가된 PM2.5 농도는 중국의 폭죽 사용으로 인해 일어난 현상임을 알 수 있었다.

또한 대전에 있는 한국지질자원연구원은 다양한 분석 방법으로 초미세먼지가 어떤 성분으로 구성되어 있는지에 대해 정성분석을 했다. 연구 결과, 초미세먼지 속에 함유된 다량의 희토류 원소를 발견할 수 있었다. 희토류는 중국이 세계 최고의 생산량(약 95%)과 매장량(약 36%)을 자랑하고 있고 특히 중국에서는 희토류 제련소가 가동되지만 우리나라는 희토류 제련이나 정련을 하지 않는다. 따라서 이런 연구를 통해 우리나라에서 발생하는 미세먼지는 적어도 일부나마 중국에서 온 것임을 밝혔다.

같은 연구원에서 2014년 초미세먼지를 분석해 역시 중국에서 유래한 것임을 보였다. 이들은 대전 지역에서 채취한 초미세먼지에 포함된 중금속 원소들의 화학적 존재 형태 및 함량을 분석했는데 초미세먼지의 평균 중금속 함량은 카드뮴 44 ppm, 비소 290 ppm, 납 2520 ppm, 아연 5490 ppm 등으로 매우 심각한 수준의 중금속으로 오염되어 있었다. 이 정도의 수치는 토양에 자연적으로 들어 있는 양에 비해 카드뮴은 126배, 비소는 40배, 납은 133배나 많은 것이다. 특히 채취한 초미세먼지의 납의 동위 원소 비율을 분석한 결과 미세먼지 속의 납과 중국에서 사용하는 납이 비슷한 동위 원소 비율을 보였고 우리나라에서 주로 사용하는 납(호주에서 생산된 납)과는 다른 비율을 보였다. 즉, 중금속으로 오염된 초미세먼지도 중국에서 유래함을 알 수 있었다. 향후 보다 정밀하고 광범위한 연구 분석을 통해 미세먼지 문제를 해결할 방안을 찾기를 기대해 본다.

비산재

연소 과정이나 파쇄 과정에서 날리게 되는 회분, 즉 재를 비산재(비산회, fly ash)라고 하며 주성분은 실리카(SiO_2)와 알루미나(Al_2O_3)이고 구형에 가까운 입자이다. 또한 석탄이나 중유 등을 연소했을 때 주로 생성되는 미세한 입자의 재를 말한다.

비산재는 연도(燃道) 가스 속에 부유하며, 대부분은 굴뚝으로부터 대기 속으로 배출된다. 대기 오염 공해의 원인 물질 중의 하나이기 때문에 집진기 등으로 포집하여 대기 속으로 배출되지 않도록 해야 한다. 그림 2.41은 오래된 화력 발전소의 모습을 보여 주고 있으며 비산재를 포함한 다량의 연기를 분출하고 있다. 그림 2.42는 비산재와 아주 고운 비산재의 크기를 보여 주고 있고 이들은 대부분 구형을 가짐을 알 수 있다.

그림 2.41 오래된 화력 발전소의 모습(© Idphotoro/Shutterstock)

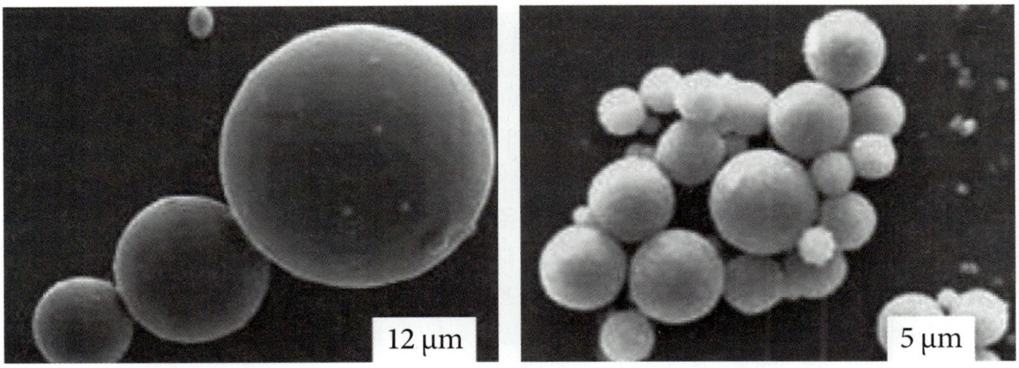

그림 2.42 비산재와 아주 고운 비산재의 크기

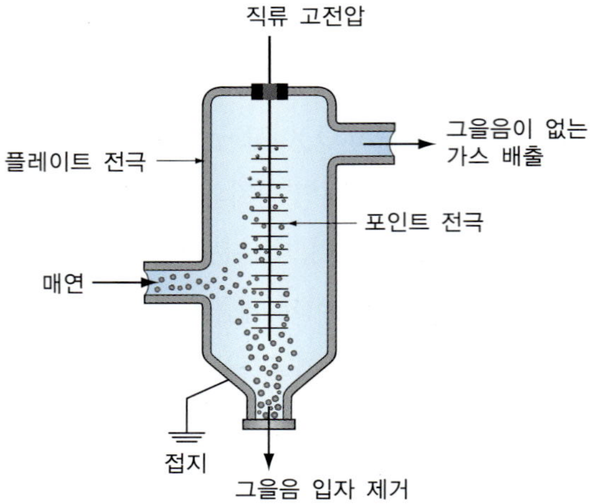

그림 2.43 코트렐 집진기의 개략도

참고

집진기(dust collector, 集塵機)

기체 속에 부유(浮遊)하고 있는 고체나 액체의 미립자를 모아서 제거하는 장치를 말한다. 집진의 방법은 중력에 의한 것, 여과에 의한 것, 관성·원심력에 의한 것, 음파를 이용한 것, 세정에 의한 것 등 다양하다. 비교적 큰 미립자(1 μm ~1 mm 정도까지)는 제거하기 쉬우나 인체에 악영향이 큰 더 작은 미립자를 제거하기는 어렵다. 현재 가장 효율이 좋은 것은 전기식이며, 전기식 집진기의 대표적인 것은 코트렐집진기(그림 2.43 참조)이다. 관·판·막대·철사와 같은 집진 전극에 직류의 고전압을 걸고 이들 사이에 미립자를 함유한 기체를 통과시켜 미립자를 양극과 음극을 가진 전기를 활용하여 집진한다. 입자의 크기·성질, 온도·압력의 영향을 거의 받지 않으며 집진효율은 98% 정도로 높으나 설비비가 비싼 단점이 있다.

! 중요

푸른 하늘의 날(International Day of Clean Air for Blue Skies)

매년 9월 7일로 지정된 유엔 기념일로, 우리나라가 제안해 지정된 첫 유엔 공식 기념일이다. 대기 오염에 대한 경각심을 제고하는 한편 오염 저감과 청정대기를 위한 노력과 국제적 협력을 강화하자는 취지로 지정된 날이다. 2019년 11월 26일 제74차 유엔총회 제2 위원회에서 결의안을 컨센서스(총의)로 채택했고, 최종적으로는 2019년 12월 19일 제74차 UN총회에서 '푸른 하늘을 위한 세계 청정 대기의 날' 기념일 지정 결의안이 채택되었다. 마침내 2020년 9월 7일 제1회 푸른 하늘의 날이 개최되었다. 이는 세계 여러 나라가 미세먼지로 고통받고 있는 가운데 대기 오염에 대한 경각심을 높이는 한편, 오염 저감과 청정대기를 위한 노력과 국제적 협력을 강화하자는 취지로 지정된 것이다.

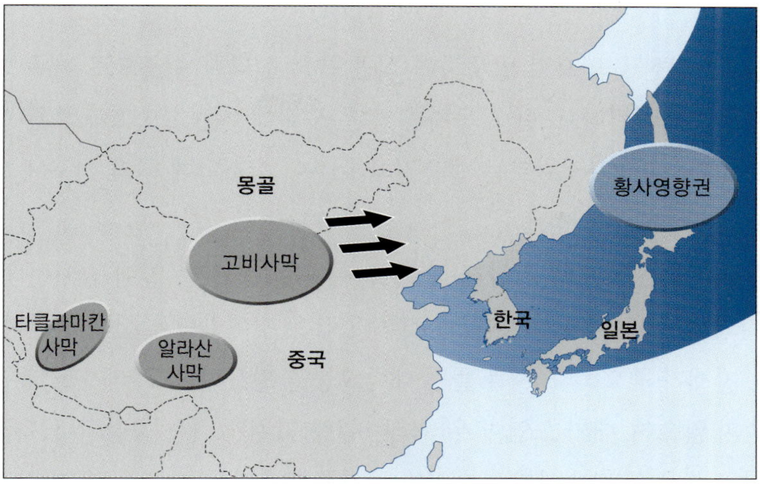

그림 2.44 고비사막으로부터 발생한 황사가 영향을 주는 지역

황사 현상

황사는 매년 건조한 봄철에 중국 서부와 고비사막에서 0.002~0.05 mm(2~50 μm)의 미세한 흙먼지가 편서풍을 타고 동쪽으로 이동하여 우리나라의 대기를 오염시키는 현상을 말한다. 황사는 발생하면 한 번에 약 100만 톤의 흙먼지가 한반도에 뿌려지는데, 최근 지구온난화와 토양의 사막화로 발원지 면적이 점점 확대되고 있어 발생 확률 및 흙먼지 양이 증가할 것으로 우려되고 있다. 황사 중에는 거대한 모래 폭풍으로 인해 1 km 밖을 볼 수 없는 경우도 있으며 심할 때는 200 m 밖도 볼 수 없는데, 이를 흑폭풍이라고 한다. 최근 50년간 흑폭풍은 60여 회 정도가 관측되었다.

오염물이 포함되지 않은 황사는 땅에 내린 후 비료로 작용하는 등 긍정적 측면도 있었으나 최근 중국의 산업화로 중금속과 산업폐기물 같은 위험한 물질이 포함된 황사가 날아와 문제가 되고 있다. 또한 매우 작은 황사 입자는 태평양을 건너 미국 서부까지 날아간다고 한다. 그림 2.44는 고비사막 등 황사의 주요 발원 지역 및 발생한 황사가 영향을 주는 지역을 보여 주고 있다.

2.8 요약

우리의 대기는 매우 급속히 오염되고 있고 그 원인도 매우 다양하다. 주요 1차 오염원은 NOx, SOx, VOC 등이며 2차 오염원은 오존, 질산(및 질산염), 황산(및 황산염), 산성비 등이 있다.

미세먼지는 다양한 원인으로 발생하며 최근 특히 심각한 수준으로 자주 그리고 높은 농도로 대기를 오염시킨다. 또한 자동차가 많은 도시에서는 스모그와 오존 등도 심각한 문제가 되고 있다. 전 지구적으로는 성층권의 오존이 감소함에 따라 지구에 도달하는 자외선의 강도가 높아질 수 있다.

일반 대중들이 대기의 오염 저감 및 방지를 위해 할 수 있는 일이 많지는 않지만, 우리의 환경과 나와 후손을 위해 할 수 있는 것부터 작은 것이라도 실천해야 한다. 우선 나부터 실천하는 자세가 중요하다. 예를 들면 대중교통을 활용하고, 쓰레기를 태우는 등의 불법 소각을 하지 않으며, 대기 오염이 우려되는 현장(악취가 나는 공장이나 자동차 수리 및 간판 작업 시 도색을 하면서 대기로 오염된 공기를 방출하는 현장 등)을 발견하면 '환경신문고(전화 128번)'를 이용하여 신고하는 등 환경파수꾼의 역할이 필요하다.

핵심어 다이옥신, 미세먼지, 불꽃놀이, 산성비, 스모그, 오존, 집진기, 폭죽, CFC, NOx, PM2.5, PM10, SOx, VOC

3장

지구온난화와 이산화 탄소

이 장에서는 지구온난화[1]와 그 원인으로 중요하게 거론되는 이산화 탄소(CO_2) 등의 온실가스에 대한 개요, 현황 및 대처 방안을 다룬다.

3.1 개요

우리는 작은 빙하 위에서 위태롭게 서 있는 북극곰이 찍힌 사진을 자주 접할 수 있다. 지구의 온도는 점점 증가하고 있고 영원히 녹을 것 같지 않던 빙하와 만년설마저 점차 녹고 있으며, 이대로 지구 온도가 올라가면 결국 북극의 얼음은 다 녹고 말 것이다.

빙하 같은 지표면의 얼음이 녹으면 해수면은 자연히 상승한다. 2020년 12월 14일 국토해양조사원 보도자료에 따르면 지난 30년간(1990~2019년) 우리나라 전 연안의 평균 해수면이 매년 3.12 mm씩 높아졌다고 한다. 그린란드의 얼음이 모두 녹는다고 가정하면 해수면이 7 m 정도 상승할 것이라고 하며 지구의 모든 얼음이 녹으면 해수면이 66 m 정도 높아져, 사람이 살고 있는 많은 지역이 물에 잠길 것으로 예측되고 있다. 해수면이 지금보다 1 m만 상승해도 한국은 여의도의 33배의 국토가 침수되고 네덜란드의 암스테르담 및 로테르담 같은 큰 도시들이 물에 잠길 것이다. 지구 온도 상승 외에 무분별한 지하수의 활용 또한 해수면 상승의 원인이 되고 있다.

태평양의 작은 섬나라들은 아예 국가가 모두 잠기는 아주 심각한 일들이 일어날 것으로 예측된다. 특히 투발루[2]는 인류 최초로 '환경 난민'이 될 문제에 처해 있어 2001년에 국토 포기를 선언하고 자국민들에게 이민을 장려하고 있는 상태라고 한다. 지금 추세면 투발루는 약 50년 후에는 물속에 잠기게 된다. 이외에도 몰디브나 마셜제도, 나우루 공화국 등도 조금씩 물에 잠기고 있다. 아이러니하게도 투발루 같은 나라들은 해수면 상승 혹은 지구온난화에 대한 책임이 거의 없지만 그 피해를 가장 크게 받고 있다.

이와 같은 실제 사례들을 통해 지구온난화의 심각성을 인지한다면 다음과 같은 의문이 들 수 있다.

- 지구온난화의 원인은 무엇인가?
- 지구온난화를 막기 위해 우리가 해야 할 일은 무엇인가?

1 지구온난화의 정확한 과학적 표현은 '기후 변화'이지만, 현재 일반 대중이 흔히 사용하고 있고 지구의 기온이 증가하는 점을 강조한 지구온난화가 일반적으로 많이 사용된다. 최근에는 지구온난화가 끝나고 이제는 지구가열화(global heating) 시대가 되었다고도 얘기한다.

2 평균 해발고도가 2 m 미만의 면적 3000 ha 정도의 작은 나라로 인구는 11,000명 정도이다.

• 우리가 노력하면 지구의 온도 상승 및 해수면 상승을 막을 수 있을까?
• 어느 정도로 지구 온도를 제어해야 우리 인류가 별 문제 없이 살아갈 수가 있을까?

네덜란드 위트레흐트대학 해양역학 교수인 헨크 데이크스트라 박사 연구팀은 2018년 '지구시스템 역학' 저널에 기고한 논문을 주목해 보자(참고문헌 1). 해당 논문은 인류가 2100년에 지구 온도 상승(산업화 이전의 지구 온도와 대비)을 1.5도 혹은 2도 이내로 막기 위해 어느 정도의 재생에너지(7장 참조)를 사용해야 하는지와 언제까지 인류가 그러한 노력을 할 수 있을지에 대한 연구이다.

이 연구에서는 "만약 인류가 지구 온도 상승을 막기 위한 노력을 너무 늦게 시작할 경우, 재생에너지를 충분히 많이 사용해도 이미 파국의 결과를 얻고 난 뒤일 수 있다"라고 말하고 있어 경종을 울린다. 이 논문에 따르면, 매년 2%씩 재생에너지 비중을 늘린다고 가정할 때 '2100년에 지구 온도 상승을 2도 이내'로 막기 위해 이를 시작할 수 있는 최종 시한이 2035년이라고 한다. 재생에너지를 5%씩 늘릴 수 있으면 그 시작 시한은 2045년이라고 분석하였다. 그리고 이산화 탄소 포집 기술을 이용할 경우 이 시한을 6~10년 더 늦출 수도 있다고 연구팀은 설명하였다.

그러나 1990년대 말에 재생에너지를 사용하기 시작한 이후 20년 가까이 흘렀지만 2017년 기준 그 비중이 3.6%에 그칠 정도로 느리게 증가한 점을 고려할 때 연구팀이 언급한 매년 2~5% 증가는 범지구적인 특단의 조치 없이는 사실상 불가능해 보인다. 즉, 2035년을 지나면 재생에너지 비중을 2%씩 늘려도 지구 온도 상승을 2100년까지 2도 이내로 막기는 불가능하고, 온도 상승을 1.5도로 억제하려던 더 어려운 목표는 달성이 불가능한 상황이 올 것으로 전망했다. 즉, **그림 3.1**의 왼쪽 윗부분을 보면 매년 2%씩 재생에너지를 늘려도 온도 상승을 1.5도로 억제하기에는 2019년 현재 이미 늦었다는 것을 알 수 있다. 현재 추세대로 에너지를 사용하고 이산화 탄소 등의 온실가스를 발생시키면 지구는 매우 뜨거워질 것이고 앞으로 어떠한 일들이 일어날지 예측할 수도 없는 파국이 올 것이다.

그래프의 상·하단은 이산화 탄소 포집 기술을 활용하지 않을 때와 할 경우의 차이를 나타낸다. 위 그림에서 가로 파선 들은 확률 2/3 지점을 나타내며, 맨 위의 오른쪽 그림을 보면 각각 재생에너지 비중을 매년 2%, 5% 늘리면 늦어도 각각 2035년, 2045년 전에 시작해야 '2100년에 지구 온도 상승을 2도 이내'로 유지할 수 있음(성공확률 2/3)을 보여 준다. 아래 그림들은 이산화 탄소를 포집, 대기의 농도를 줄일 경우이며, 위 그림 대비 약 6~10년 정도 시작 시기를 더 늦출 수 있다.

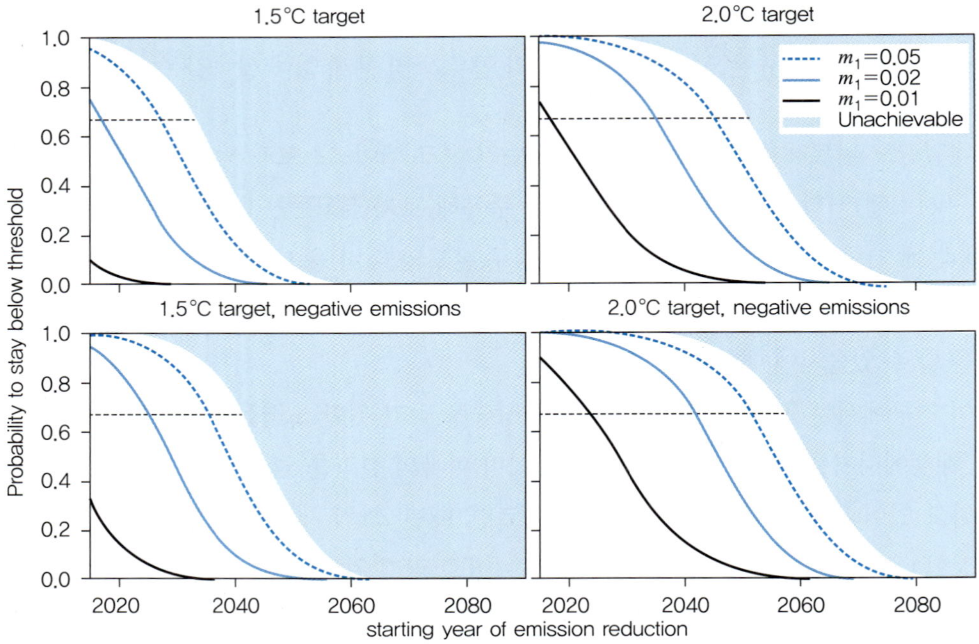

그림 3.1 **지구온난화 '돌아올 수 없는 선' 그래프** 재생에너지 비중을 연간 1%(검정선), 2%(색선), 5%(점선) 씩 늘렸을 때 지구 평균기온 상승 제한 목표 1.5도와 2도(산업화 이전 대비하여 2100년에 증가하는 온도)를 달성할 수 있는 가능성을 보여 준다. 면으로 채워진 부분은 목표 달성이 불가능한 영역을 나타낸다.

3.2 온실효과

온실효과는 대기 중의 이산화 탄소, 수증기, 메테인 등의 분자가 적외선을 흡수, 대기를 따뜻하게 만드는 현상을 일컫는다. 만약 온실효과가 전혀 없다면 지구의 밤낮의 온도 차이가 매우 커지므로 우리 인류는 물론이고 많은 생명체가 살 수 없을 것이다. 지구 대기에 존재해온 수증기와 이산화 탄소 등으로 인해 항상 있어 왔던 적당한 정도의 온실효과는 우리에게 꼭 필요한 현상이지만, 최근에 그 정도가 심해져 범지구적인 문제가 되고 있다.

온실효과의 증거로는 (1) 사막의 밤은 습도가 낮아 매우 춥고 (2) 겨울밤에 구름이 끼면 기온의 냉각 속도가 느리지만 습기가 낮거나 구름이 없으면 복사 냉각이 빠른 속도로 일어나(온도 하강 속도가 빠르다) 매우 춥다는 것 등을 들 수 있다. (3) 또 다른 증거로는 금성의 대기는 98%가 이산화 탄소인데, 태양으로부터의 거리에 비해 매우 높은 온도를 가진다는 점이다. 금성과 태양과의 거리를 단순히 고려하면 금성의 평균 온도는 300℃ 정도

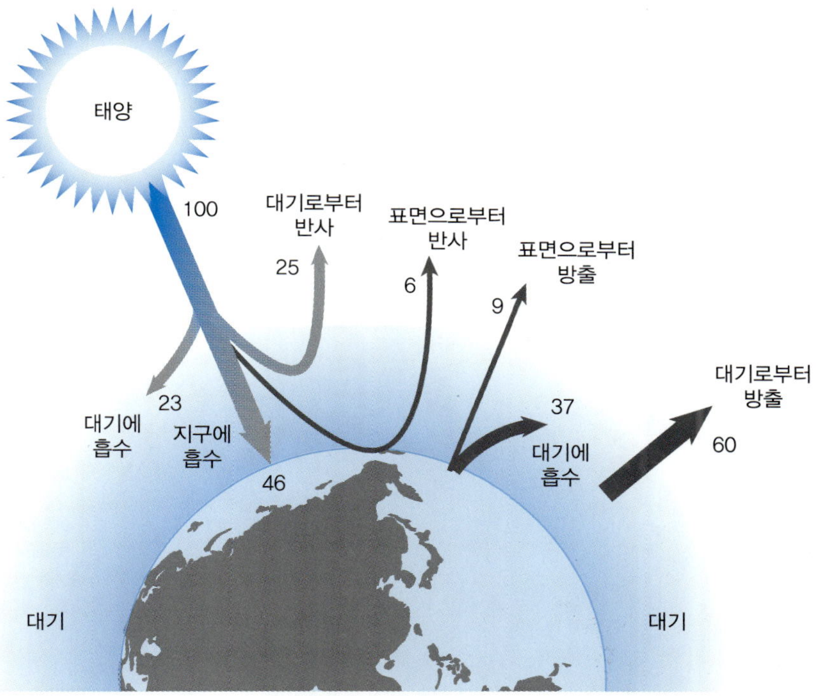

그림 3.2 지구 에너지 균형(수치들은 총 입사 복사선의 %임)

로 예측되지만 실제는 약 450℃라고 한다. 즉, 금성이 단순한 거리에 의해 예측되는 온도 대비하여 매우 높은 온도를 보이는 현상은 이산화 탄소에 의한 온실효과 때문이다.

그림 3.2는 태양으로부터 지구로 들어오고 나가는 지구 에너지의 균형을 정량적으로 보여 주는 것이다. 지구를 향한 태양의 에너지가 100이라면 그 중 46이 지구에 흡수된다. 흡수된 46 중 9가 다시 방출되고 37은 지구 대기에 흡수된다. 즉 지구에 흡수된 에너지의 약 80%는 지구 대기에 다시 흡수된다. 이러한 현상은 지극히 정상적인 오래된 과정이고 지구의 평균 온도가 약 15℃로 유지되는 이유이다. 지구는 대기로 인해 아주 긴 시간 비교적 적당한 온도를 유지하고 있었으며, 그 원인을 우리는 온실효과라고 한다. 지구에 이러한 온실효과가 없다면, 지금보다 온도가 약 33℃ 낮을 것으로 예상된다. 즉 오래전부터 있어 온 적당한 온실효과는 지구의 생명체들에게 필수적이며 중요한 과정이다. 그러나 산업혁명 후 그림 3.2에 '37'로 표기된 부분이 꾸준히 증가하고 있다. 이에 따라 대기 혹은 지구가 더워지는 문제가 발생하고 있다. 즉, 온실효과가 증가하여 이를 제어하지 않으면 지구의 기온이 너무 높아져 빙하가 녹고 해수면이 상승할 뿐만 아니라 예측할 수 없는 기후 변화와 이상 기후가 발생할 수 있기 때문에 범지구적인 문제 및 관심사가 되고 있다. 이제는

그림 3.3 온실효과 및 지구 온도 유지에 대해 대략적으로 정리한 자료

지구온난화를 지나 지구가열화(global boiling) 시대가 도래했다고 할 정도로 심각해지고 있다.

한편, 대기의 주성분인 산소와 질소 등의 기체는 이산화 탄소와 달리 적외선을 흡수하지 않으므로 온실효과와는 무관하다. **그림 3.3**은 온실효과 및 지구 온도 유지에 대해 대략적으로 정리한 것으로 성층권에 많이 존재하는 오존(2장 참조)의 기여까지 포함한 것이다. **그림 3.3**의 오른쪽에 3개의 동그라미로 표기된 것은 대기에 흡수된 에너지가 재복사되어 다시 지구로 돌아와 지구 온도를 유지하게 해주는 온실효과를 나타낸다. 적당한 정도의 온실효과는 지구 생명체를 위해 필요하나, 최근 이산화 탄소로 대변되는 온실가스의 증가로 너무 많은 에너지가 지구로 돌아와 지구 온도를 증가시키는 문제가 발생하고 있다.

그림 3.4와 같이 1880년 이후부터 현재까지 대기의 이산화 탄소 농도와 지구 기온은 아주 비슷한 경향을 보이고 있다(참고문헌 2). 또한 길게는 지난 40만 년간의 결과도 그러한 경향을 보인다. 즉, 이러한 사실은 대기 중의 이산화 탄소가 지구의 온도에 직접적인 영향을 주는 것으로 볼 수 있으며,[3] 이산화 탄소가 온실효과에 아주 중요함을 보여 주고 있다.

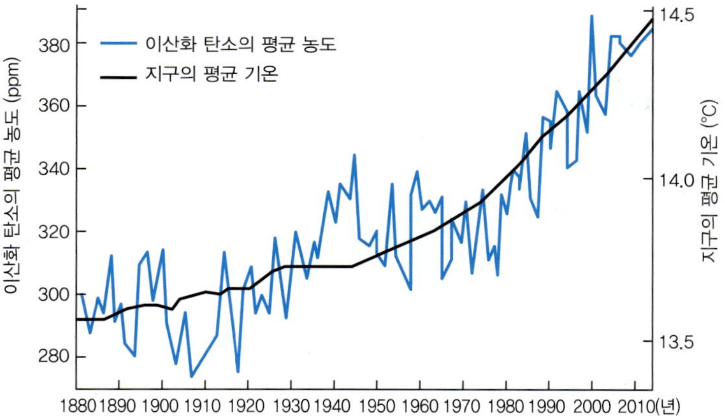

그림 3.4 시대별 이산화 탄소 농도와 지구의 평균 온도

만약 지구 대기의 CO_2 농도가 600 ppm(현재는 약 400 ppm)이 되면 지구 온도가 1.5~6.0℃(2.7~10.8°F) 증가할 것으로 예상되며, 40만 년간의 역사적 온도변화에 대비하여 이 온도 상승은 결코 작은 크기가 아님을 알아야 한다.

3.3 이산화 탄소

이산화 탄소의 특성

이산화 탄소(CO_2)는 직접적인 위험성은 낮은, 비교적 무해한 대기 중의 기체로, 식물은 이산화 탄소를 통해 광합성을 한다. 실제 대기 중에 400 ppm 이상이 존재하며, 인간이 호흡 후 배출하는 기체에도 4~5%의 이산화 탄소가 들어 있다. 그러나 화석 연료의 연소 등으로 인해 매년 막대한 양의 대기 중 이산화 탄소 농도가 증가하고 있다.

이산화 탄소는 매우 안정하여 제거하거나 다른 화합물로 바꾸기 쉽지 않다. 이산화 탄소를 제거하는 방법으로는 식물에 의한 광합성 및 대양에의 흡수가 대표적이다. 이는 옛날부터 존재해온 자연적인 메커니즘(기작)으로서, 이로 인해 제거되는 이산화 탄소의 양은 매년 약 100억 톤 정도로 거의 일정하다. 이에 반해 현재 인류가 배출하는 이산화 탄소의 양은 무척 많고 빠르게 증가하고 있어 문제가 된다.

그림 3.5에서 보듯이 최근에는 전 세계적으로 매년 약 350억 톤의 이산화 탄소가 발생하고 있다(참고문헌 3). 인구가 많은 아시아의 비중이 높으며, 유럽이나 북미에서는 그 발생량

3 반대로 지구의 기온이 높아 이산화 탄소의 농도가 높아진다고도 생각할 수 있으나, 이를 뒷받침할 과학적 증거는 매우 부족하다.

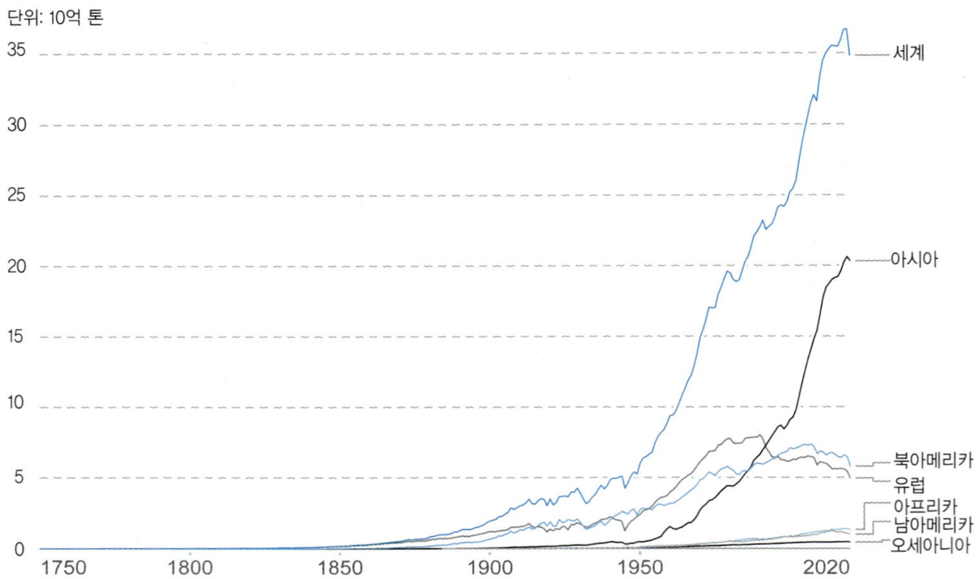

Source: CO_2 emissions dataset: Our sources and methodsHow do we construct our global data on CO_2 emissions? by Hannah RitchieFebruary 09, 2022, CC BY-SA 4.0, Wikimedia Commons

그림 3.5 시기에 따른 대륙별 및 전 세계적인 이산화 탄소 발생량 추이

이 감소하고 있다. 아프리카, 남미 및 오세아니아 대륙의 발생량은 절대적으로 매우 적다.

이산화 탄소의 배출량은 문명 발전에 따라 크게 증가한다. 예를 들어 한 사람이 1년간 배출하는 이산화 탄소의 양은 일반적인 미국인이 약 22톤에 이르는 반면, 인도의 농부는 약 1.8톤이라고 한다(세계 인류 1인당 평균 약 7.4톤, 한국인은 연간 약 12~13톤 배출한다). 즉, 문명 혹은 기술 발전에 따라 10배 이상의 발생량의 차이를 보인다.

그림 3.6은 2017년 기준의 CO_2 배출량을 네 가지로 정리한 것이다. 첫 번째 그래프는 1970년에서 2017년까지의 국가별 CO_2 누적 배출량을 보여 주고 있으며, 미국, 중국, EU28국, 러시아, 일본 순으로 많이 배출하였다. 두 번째와 세 번째 그래프는 2017년의 연간 배출량을 보여 주고 있는데 그해의 배출량은 중국, 미국, 인도, 러시아 등의 순이다. 2017년의 국가별 배출량 기준으로 한국은 세계 7위의 이산화 탄소 배출국(총량 기준)이다. 네 번째 그래프는 2017년의 인당 배출량을 보여 주며, 한국은 카타르, 쿠웨이트, 사우디아라비아, 미국 등에 이어 9위에 이르는 등 이산화 탄소 배출량 측면에서 결코 자유로울 수 없는 입장이다.

다음에 기술된 중요 개념 자료는 다양한 연료를 연소할 경우 무게당 발생하는 이산화 탄소의 양을 보여 주고 있다. 수소는 다른 연료와 달리 연소하여도 이산화 탄소의 배출이

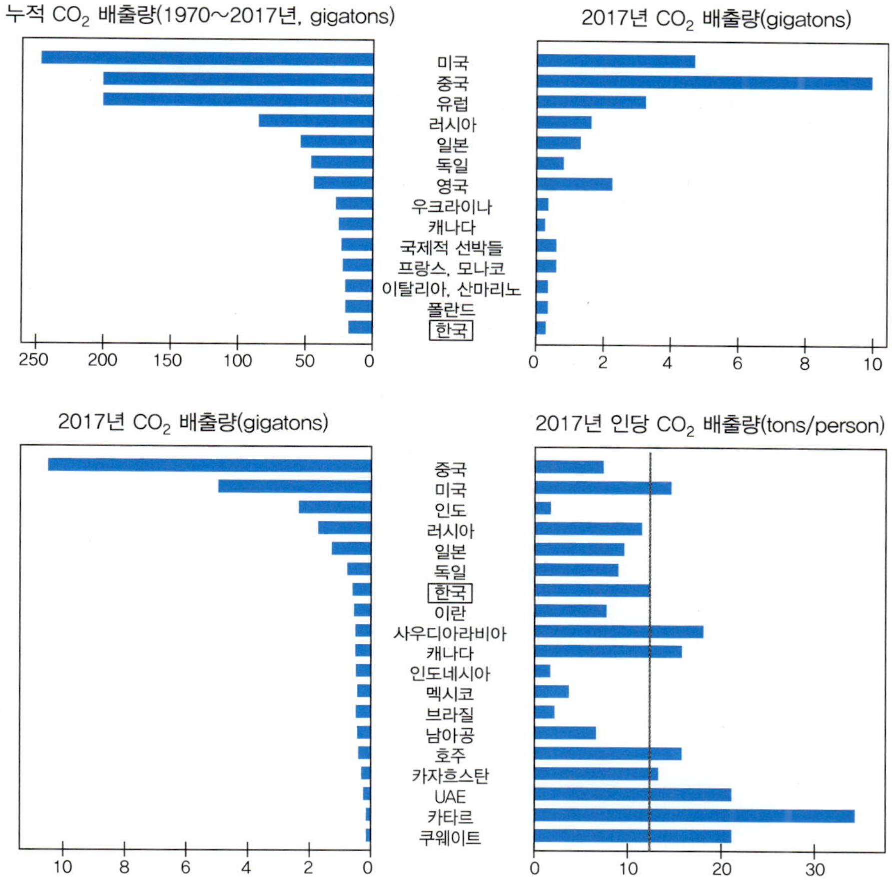

그림 3.6 국가별 CO_2 배출 현황

없는 바람직한 연료임을 알 수 있고 석탄은 연소 시 단위 무게 당 이산화 탄소의 발생량이 가장 높은 연료임을 알 수 있다(7장 참조). 얼핏 보기에 수소만 사용하면 이산화 탄소의 문제를 해결할 수 있을 것 같다. 그러나 현재 기술로는 화석 연료에서 주로 수소를 만들고 있고 그러한 공정에서 이산화 탄소가 당연히 배출되므로(현재 이산화 탄소를 포집 및 저장하는 기술이 일부 적용되고 있지만) 화석 연료를 사용하지 않는(예로, 물을 태양광을 이용하여 수소와 산소로 분해하는), 경제적인 수소 제조 기술 개발이 매우 중요하다.

! 중요

연료(fuel)의 연소 시 무게당 발생하는 CO_2의 양

- 수소: $2H_2(g) + O_2(g) \longrightarrow 2H_2O(g)$
  (CO_2 발생 없음, CO_2/fuel = 0)

- 메테인: $CH_4(g) + 2O_2(g) \longrightarrow CO_2(g) + 2H_2O(g)$

  16 g 메테인 $\longrightarrow$ 44 g CO_2 발생(CO_2/fuel = 2.75)

- 프로페인: $C_3H_8(g) + 5O_2(g) \longrightarrow 3CO_2(g) + 4H_2O(g)$

  44 g 프로페인 $\longrightarrow$ 132 g CO_2 발생(CO_2/fuel = 3.00)

- 휘발유(옥테인): $C_8H_{18}(l) + 12.5\ O_2(g) \longrightarrow 8CO_2(g) + 9H_2O(g)$

  114 g 휘발유 $\longrightarrow$ 352 g CO_2 발생(CO_2/fuel = 3.09)

- 경유(도데케인): $C_{12}H_{26}(l) + 18.5O2(g) \longrightarrow 12CO_2(g) + 13H_2O(g)$

  170 g 경유 $\longrightarrow$ 528 g CO_2 발생(CO_2/fuel = 3.11)

- 석탄: $C(s) + O_2(g) \longrightarrow CO_2(g)$

  12 g 석탄 $\longrightarrow$ 44 g CO_2 발생(CO_2/fuel = 3.67)

- 포도당: $C_6H_{12}O_6 + 6O_2 \rightarrow 6CO_2 + 6H_2O$

  180 g 포도당 $\longrightarrow$ 264 g CO_2 발생(CO_2/glucose = 1.47)

  ※ CO_2/fuel: 연소된 연료 무게당 발생되는 이산화 탄소 무게 비

Q1. 석탄 12톤 연소 시 발생하는 CO_2의 무게는 몇 톤일까?
Q2. 승용차가 50 L 휘발유 사용 시 발생하는 CO_2의 무게는 몇 kg일까?
(옥테인 기준, 비중 0.7, 114 g/mol)

A1. 석탄 12 g 연소 시 발생하는 CO_2의 무게가 44 g이므로 12톤 연소 시 44톤이 얻어질 수 있다.

A2. 50 L 휘발유는 35 kg에 해당한다.
114 g 휘발유 연소로 352 g의 CO_2가 발생하므로 114:352 = 35:x $\longrightarrow$ x = 108 kg

위 결과를 보면 석탄이나 휘발유는 연소하면 연료의 3배 무게 이상의 이산화 탄소를 발생시키고 자동차에 50리터의 휘발유를 주유 후 운행하면 대략 약 100 kg의 매우 많은 이산화 탄소가 발생함을 알 수 있다.

CO_2의 다른 문제점, 바다의 산성화

그동안 CO_2를 바다에 버리는 방법이 고려되어 왔지만, 이 방법을 사용하면 많은 CO_2 배출량으로 바다의 산성화(참고문헌 4)라는 또 다른 문제점이 발생할 수 있다. 실제 현재 약 100만 톤의 CO_2가 매일 바다로 흡수되고 있으며 지난 200년 동안 바다는 약 5500억 톤의 CO_2를 대기로부터 흡수하였고, 이는 CO_2의 인위적인 방출량의 1/3에 해당하는 양을 흡수한 것으로 추측된다. 그러나 이러한 일들로 인해 바닷물의 pH가 1800년 초에 비하여 현재는 0.1 만큼 감소되었다. pH가 0.1 감소하는 것은 숫자상으로는 적어 보이나 실제로는 양성자(H^+)의 농도가 $10^{0.1}$배만큼 높아진 것이며, 이는 1800년 초에 대비하여 약 26%나 증가

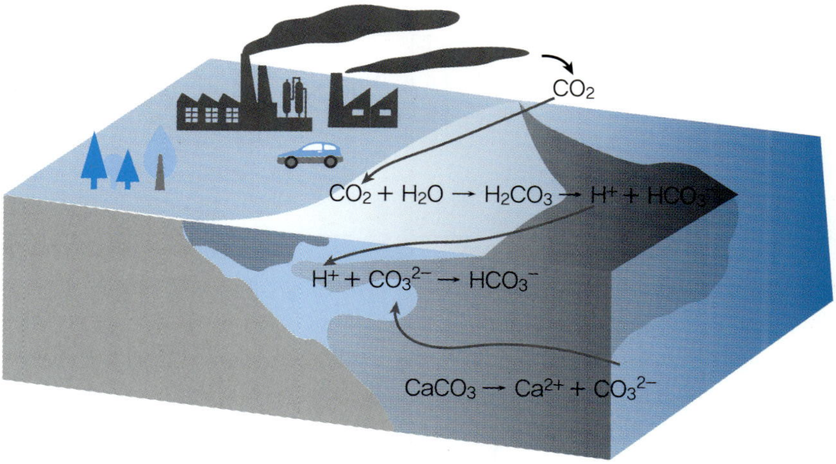

그림 3.7 이산화 탄소에 의한 대양의 산성화의 개념도

한 것이다. 바다의 산성화는 탄산 칼슘(산호, 성게, 연체동물의 껍질의 성분)의 용해도를 증가시킬 수 있으므로 생태계에 큰 혼란을 줄 수 있다. 또한 물고기의 중추신경계의 이상으로 물고기가 방향 감각을 상실할 수도 있다고 한다.

그림 3.7은 대기 중의 이산화 탄소가 바다로 녹아들어갈 때 양성자가 증가하는 현상과 이로 인해 탄산 칼슘이 용해되는 반응식을 포함한 바다의 산성화 및 그 문제점을 간략히 보여 주고 있다. 즉, CO_2가 용해되면 탄산(H_2CO_3)이 되고 탄산으로부터 소량이지만 양성자(H^+)가 얻어진다. 한편 탄산 칼슘도 매우 소량 용해되어 CO_3^{2-}가 얻어질 수 있다. 만약 양성자가 존재한다면 CO_3^{2-}는 양성자와 만나 HCO_3^-가 된다. 이 반응으로 인해 결국 CO_3^{2-}는 사라지게 되어 양성자가 공급되면 계속하여 CO_3^{2-}를 없애게 되고 결과적으로 탄산 칼슘의 용해가 일어나게 되는 것이다.

3.4 온실효과에 영향을 주는 주요 기체들

적외선을 흡수하는 기체는 온실효과를 줄 수 있으며, 잘 알려진 이산화 탄소 외에 메테인(CH_4), 오존(O_3) 및 아산화 질소(N_2O) 등이 온실효과를 줄 수 있는 기체들이다. 그림 3.7은 적외선 분광기로 측정한 대표적인 온실가스의 스펙트럼을 보여 주고 있다. 이러한 4가지 기체는 각각 흡수 파장은 다르지만 적외선 영역에서 흡수함을 알 수 있다. 프레온가스(2장 참조)라고 하는 염소, 플루오린, 탄소로 이루어진 가스도 적외선을 매우 잘 흡수하며,

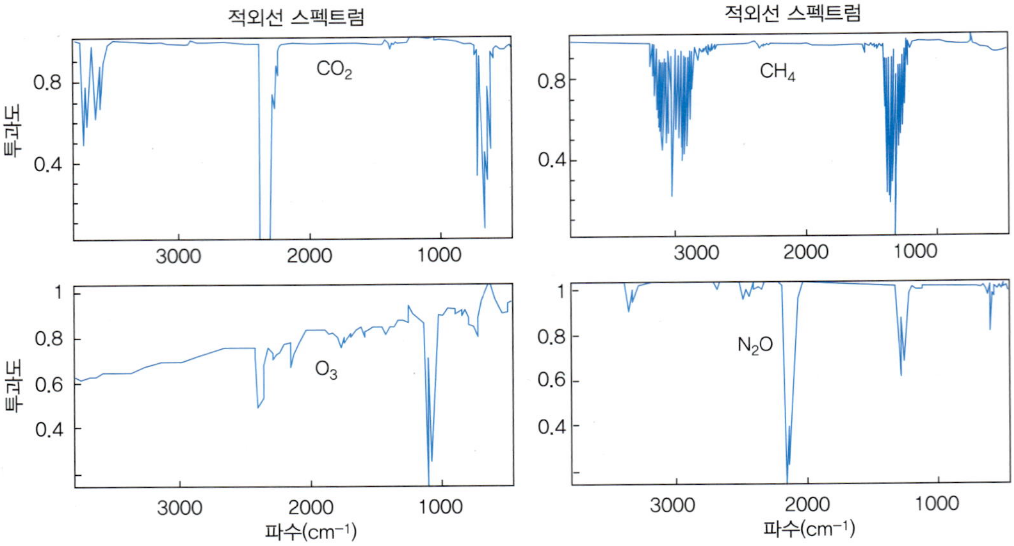

그림 3.8 대표적인 온실가스들의 적외선 투과 스펙트럼 그림에서 세로축의 값은 투과도를 보여 주는 것이며 이 값들이 아래로 내려간 경우 해당 파장의 적외선을 흡수하는 것이고 가로축은 파장의 역수이다(단위는 1/cm).

벤젠, 톨루엔 및 헥세인 등의 다양한 휘발성 유기 화합물(VOC)들도 적외선을 매우 잘 흡수한다.

온실가스의 상대적 중요성을 온실인자[4] 혹은 지구온난화 지수(global warming potentials, 표 3.3 참조)로 나타낼 수 있다. 온실인자는 이산화 탄소를 기준으로 다른 기체가 적외선을 흡수할 때 흡수 효율성 및 평균 수명을 고려하여 나타내는 수치이다. 표 3.1은 대표적인 온실가스의 온실인자와 대류권 존재량을 보여 주고 있다(참고문헌 5). 표 3.1에서 보는 바와 같이 이산화 탄소의 온실인자는 낮지만, 대류권 존재량이 매우 높고 특히 그 증가량이 매우 크기에 인류가 큰 관심을 기울이는 온실가스이다. 반면 CCl_3F과 CCl_2F_2 같은 프레온가스는 대류권에서의 존재량은 아주 낮으나 온실인자는 매우 크다. 따라서 이들은 지구온난화 및 성층권의 오존층 파괴 등의 이유로 현재 생산 및 사용이 금지되었다.

한편, 농도와 온실인자에 따라 기체별로 지구의 온실효과에 기여하는 정도는 현재 수증기가 36~70%, 이산화 탄소가 9~26%, 메테인이 4~9%, 오존이 3~7% 정도로 알려져 있다.

4 자료, 기준 및 시기에 따라 서로 다른 값이 보고되곤 한다. 예로 표 3.3의 값은 표 3.1에 제시된 값과 일부는 다르다.

표 3.1 대표적인 온실가스의 온실인자와 대류권 존재량

물질	온실인자*	대류권 존재량(%)
CO_2	1	4.2×10^{-2}
CH_4	30	1.8×10^{-4}
N_2O	160	3.1×10^{-5}
O_3	2,000	4.0×10^{-6}
CCl_3F	21,000	2.6×10^{-8}
CCl_2F_2	25,000	5.2×10^{-8}

*이산화 탄소 대비 온실가스의 적외선 흡수 효율성을 나타내는 척도가 온실인자 값이다. 이산화 탄소의 온실인자를 임의로 1로 부여하였다.

! 중요

CO_2e 혹은 CO_2eq

이산화 탄소 동등(Carbon dioxide equivalent)을 의미하는 CO_2 환산량이다. 즉, 온실가스 배출량을 대표적인 온실가스인 이산화 탄소로 환산한 양을 의미한다. 각 가스의 배출량을 기준으로 계산하되 그 기체의 온실인자나 지구온난화 지수를 고려하여 계산된다.

최근에는 이산화 탄소의 배출이 워낙 자주 언급되므로 CO_2e라는 명확한 기술이 없이 온실가스 배출을 논할 때가 있고(예, 다양한 온실가스를 배출하는 공장에서 간단히 "우리 공장은 올해 이산화 탄소를 만톤 배출했다" 등으로 적을 수 있다), 이산화 탄소 대신에 간단히 탄소라는 용어도 많이 사용된다(예. 탄소 배출량 1톤은 이산화 탄소를 1톤 배출한다는 의미이다).

메테인 가스

CH_4로 표기되는 메테인(메탄)은 흔히 취사나 난방에 많이 사용되는 도시가스 혹은 천연가스의 주요 성분이다. 메테인의 주요 발생원은 늪지에서 식물의 부패, 매립지/논에서 유기물의 부패, 소와 양 등의 반추동물의 소화기, 천연가스 라인과 유정에서 새어 나오는 기체 등이다. 에너지 생산/유통, 농업 및 가축 등의 동물들로부터의 방출 등 인간 활동과 관련된 것이 주요 요인이며 매립지로부터의 방출도 중요한 요인이다. 메테인은 대기에 방출되면 약 9~12년 정도 지난 뒤 화학 반응을 거쳐 이산화 탄소로 전환될 수 있고 일부는 흙 속으로 스며들기도 한다.

표 3.2는 2003~2012년 사이의 메테인의 대략적 순환 혹은 수지를 보여 주고 있으며(참고문헌 6) 2017년 현재 매년 약 천만 톤의 메테인이 대기에 축적(방출된 양에서 제거되는 양을 제외한 무게)되고 있다. 즉, 자연적으로 제거될 수 있는 양에 비해 많은 양의 메테인이 대기로 방출되고 있는 것이다.

표 3.2 2003~2012년 사이의 메테인의 대략적 순환 혹은 수지

(단위: 백만 톤/년)

방출		제거	
화석 연료 생산과 이용에 의한 방출	105	대기의 화학적 반응에 의한 제거	515
농업 및 관련 폐기물에 의한 방출	188	토양에 의한 제거	33
바이오매스 연소에 의한 방출	34		
습지로부터 방출	167		
기타 자연적 방출	64		
합계	558	합계	548

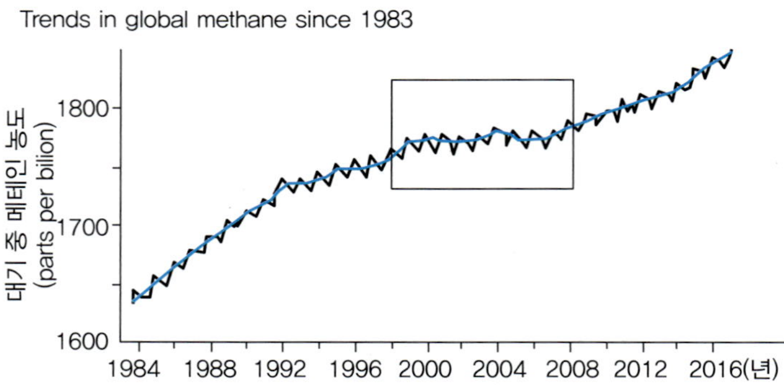

그림 3.9 대기 중의 메테인의 농도

대기에서의 메테인의 농도는 그림 3.9와 같이 1984년 이후 계속 증가하다가 2000년 초반 안정화된 듯이 보였으나(네모로 표기한 부분), 그 후 다시 증가하고 있다. 따라서 지구온난화 측면에서 대기 중의 메테인의 농도는 큰 관심을 끌고 있으며 방출량을 줄이는 데 힘써야 한다.

그러나 최근 메테인이 분출되고 있다는 증거가 계속해서 나타나고 있다. 러시아 시베리아 야발 반도에서 발견된 거대한 구덩이(깊이 30 m, 폭이 20 m)의 생성 원인을 두고 전문가들의 의견이 분분하였다. 처음에는 운석 충돌이나 러시아의 비밀 군사시설이 붕괴되면서 생긴 것이 아니냐는 음모론도 제기되었으나, 최근에는 메테인과 지구온난화로 인한 가능성이 힘을 얻고 있다. 스콜코보과학기술원 수석 연구원은 “러시아 영토의 3분의 2에 달하는 영구 동토층은 강력한 온실가스인 메테인의 거대한 천연 저장고”라면서 “2020년을 비롯해 계속 이어지는 무더운 여름이 이 거대 구덩이를 만드는 데 한몫했을 것”이라고 덧붙였다. 곧, 영구 동토층이 녹아 지표면이 약해지면서 기체가 분출돼 공간이 생기자, 이를 버티지 못하고 지표면이 무너지면서 이 같은 구멍이 생겼다는 것이다.

❗중요

메테인 하이드레이트(methane hydrate, methane clathrate)

'불타는 얼음(Burning Ice)'이라고도 불리는, 메테인이 결정 구조의 물(얼음) 안에 갇혀 있는 상태의 물질을 일컫는다. 얼음과 비슷한 고체이며 고체 클라스레이트(clathrate) 화합물의 하나이다. 육지에서는 고위도 지역의 툰드라 지하, 바다에서는 수심이 깊은 해역에서 해저 아래 수백 m 깊이의 모래층(沙層, 사층)에 주로 분포한다. 메테인 하이드레이트는 긍정적인 가능성도 있고, 부정적인 가능성도 있다. 즉, 잘 개발하면 새로운 에너지 자원이 될 것이나(매장량은 학설에 따라 매우 다름) 온난화 등으로 인해 기온이 상승 시 대기로 급격히 분출되어 폭발, 자연재해 및 지구온난화를 급격히 유발할 수 있는 가능성을 가진 물질이다. 그림 3.10은 메테인 분자(가운데 진한 구는 메테인의 탄소를 의미하고, 엷고 큰 구는 물의 산소, 작은 구는 메테인이나 물의 수소를 의미한다)가 얼음 속에 갇힌 구조를 보여 주고 있다.

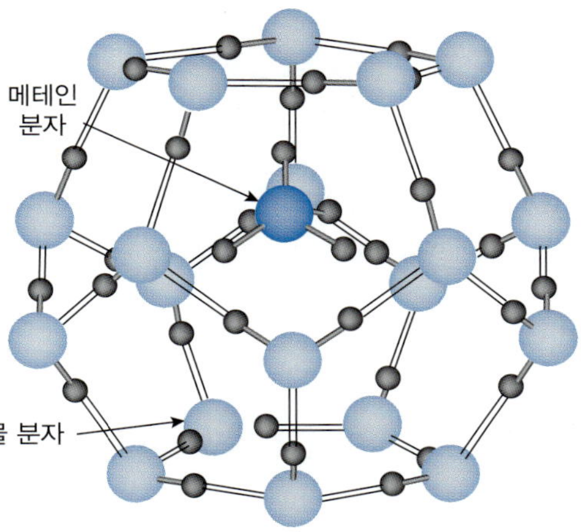

그림 3.10 메테인 분자가 얼음 속에 갇힌 구조

실제로 지구상에서 가장 추운 지역으로 꼽히는 북극권 지역의 이상 고온 현상은 계속 이어지고 있다. 특히 북극권 시베리아 지역의 경우 2020년 6월 기온이 평년보다 무려 10℃나 높았다. 특히 이중 북동부 끝 야쿠티야공화국의 베르호얀스크에서는 지난 2020년 5월 관측 이래 가장 높은 38℃까지 치솟았다. 이런 기록을 토대로 거대 구덩이의 생성 원인이 지구온난화라는 주장에 힘이 실리고 있다(참고문헌 7).

2023년 10월에는 우리나라의 극지연구소의 연구원들이 아라온호를 이용하여 연구 중에 메테인 방출구를 발견하였다(참고문헌 8). 북극 동시베리아해 바닥에서 폭 10 m 정도의 메테인 가스 원형 방출구를 10개 이상 발견하였으며, 가장 큰 구멍은 폭이 최대 15 m였다고 한다. 그러한 메테인 가스 방출구는 북극해 대륙붕에 있는 영구 동토층이 녹으면서 생성된 것으로 추정되었다. 지구온난화로 온도가 올라가면 영구 동토층 등이 녹게 되고 오랜 기간 잠자던 메테인 가스가 분출되어 지구온난화를 더욱 급격히 가속화할 가능성이 높다. 메테인 분출 가능성은 우리가 지구온난화에 더욱 관심을 가져야 할 이유이기도 하다.

아산화 질소 가스

아산화 질소는 질소 산화물의 일종으로 N_2O의 조성을 가지는 기체이다. 의료용 가스(치과, 외과의 마취 및 진통용)로 사용되고 있고 산화제, 연소 효율 증진 및 식품 가공(에오로졸 스프레이 추진체) 등에 사용되기도 한다. 또한 웃음 기체로 알려져 있고 '해피벌룬', '해피가스', '해피풍선' 등으로 유통되어 환각제로 사용되기도 하는 중독성이 있는 기체이다. 아산화 질소는 일반 대중이 비교적 쉽게 구할 수 있어 오남용의 위험이 있다. 실제로 2017년 4월 수원에서 20대 남성이 아산화 질소 캡슐 17개를 흡입하여 사망하는 사고가 발생하기도 하였다. 아산화 질소는 매우 큰 온실인자(이산화 탄소의 160배. 기준/자료에 따라 300배도 있음)를 가지는 기체이며 평균 수명은 약 120년이다.

아산화 질소의 발생 원인이 명확하게 알려지지는 않았지만 많은 부분이 박테리아(질산 이온을 제거할 때 산소가 제거되는 과정에서) 때문에 발생하는 것으로 생각되며 대양과 성층권으로부터도 유입된다고 한다. 자연적 발생원 외에 인공적인 발생원으로는 자동차 촉매 변환기, 암모니아 비료 생산, 유기물 연소 및 나일론과 질산 생산 등의 특정 산업공정 등이 알려져 있다. 아산화 질소의 큰 온실인자를 고려하면 지구온난화 측면에서는 인공적 발생을 억제하는 것이 중요하다.

다른 온실가스

표 3.3과 같이 이산화 탄소, 메테인, 아산화 질소 외에도 다양한 기체가 온실효과를 유발할 수 있다. 특히 단위 무게당 지구온난화에 미치는 영향은 매우 큰 기체들도 있다. 예를 들어 헥사플루오린화 황(SF_6)은 1 kg이 유출될 시 이산화 탄소 22,800 kg(22.8톤)이 유출되는 것과 동등한 영향을 미친다. 이산화 탄소 외에 다양한 기체의 발생 및 유출에 신경을 써야 함을 알 수 있다.

표 3.3 다양한 온실가스의 화학식 및 지구온난화 지수

온실가스	화학식	지구온난화 지수(100년 기준) (AR4)*
이산화 탄소	CO_2	1
메테인	CH_4	25
아산화 질소	N_2O	298
헥사플루오린화 황	SF_6	22,800
수소플루오린화탄소-23	CHF_3	14,800
수소플루오린화탄소-23	CH_2F_2	675
과플루오린화메테인	CF_4	7390
과플루오린화에테인	C_2F_6	12,200
과플루오린화프로페인	C_3F_8	8,830
과플루오린화뷰테인	C_4F_{10}	8,860
과플루오린화사이클로뷰테인	$c\text{-}C_4F_8$	10,300
과플루오린화펜테인	C_5F_{12}	13,300
과플루오린화헥세인	C_6F_{14}	9,300

*지구온난화 지수는 Intergovernmental Panel on Climate Change(IPCC) Fourth Assessment Report(AR4)의 2007년 자료이며 그 이전의 2차 IPCC 보고서를 보완한 것이다. 일부 자료에서는 2차 보고서의 데이터가 아직도 종종 쓰인다.

3.5 지구온난화의 사실과 최근의 지구 온도

1980년대 이전까지는 지구온난화가 실제로 진행되고 있는지에 대한 과학적 논쟁이 있었다. 1950~1960년 대의 이산화 탄소 농도의 증가로 인한 온난화가 예측되었으나 1940~1970년까지 기온 하강 추세가 관측되어 지구온난화에 대한 우려가 묵살되기도 하였다.

일부에서는 빙하기가 도래한다는 아주 반대의 주장도 제기되었다. 그러나 1980년 초부터 기온이 급격히 상승하였고 현재는 지구온난화의 주장이 확산되고 있다. 다음은 현재 이야기되고 있는 지구온난화에 대해 정리한 것이다(지구 온도 측정의 어려움과 다양한 학설과 기준으로 인해 서로 일치하지 않는 자료나 숫자가 보이기도 한다).

- 지구는 분명히 따뜻해지고 있고, 그 책임은 인류가 가지고 있다는 것에 대부분의 과학자는 동의한다.
- 온난화 현상은 최소한 부분적이라도 온실가스(주로 이산화 탄소)가 대기로 방출되기 때문이며, 방출량을 억제시키지 않으면 2100년까지 1.5~6℃만큼의 기온이 상승하는(산업혁명 이전 기준) 심각한 온난화가 예측된다.

- 지구 온도는 산업혁명 이후 이미 약 0.75℃가 증가하였고 온도가 지금보다 2℃만 더 증가해도(즉, 총 2.75℃ 혹은 4.95°F가 증가하면) 지구의 온도는 지난 40만 년 동안 전례 없던 수준이 될 것이다.
- 바다는 열을 서서히 흡수하기 때문에 온도 상승이 늦고 이러한 현상을 고려하면 약 0.6℃ 더 상승한 것으로 볼 수 있으므로 지구의 온도는 이미 1.35℃ 증가한 것으로도 볼 수 있다.
- 1906~2005년 사이에 지구의 기온은 0.6~0.9℃ 상승하였다고도 한다(참고문헌 9).
- 2018년 기준 이미 전 지구 평균 온도는 약 1℃ 상승한 걸로 보며, 최근 10년마다 0.2℃ 상승 중이고, 2030~2052년 사이에 기온 상승 폭이 1.5℃를 초과할 것으로 예상된다(참고문헌 10).
- 책임이 큰 국가와 큰 피해를 보는 국가(투발루, 몰디브, 마셜제도, 나우루 공화국 등)가 일치하지 않는다.
- 특별한 변화나 대처가 없으면, 당분간 인구는 증가하고, 온실가스의 방출량과 증가 속도가 늘어날 것이다.

3.6 지구온난화의 다양한 영향

지구온난화에 대해 많은 논쟁이 있어 왔으나 시각에 따라 부정적인 영향 외에 긍정적인 영향도 있으며 다음과 같이 정리될 수 있다.

부정적 영향: 지구온난화는 다음과 같은 많은 부정적 영향을 미친다.

- 바다 온도의 상승으로 이산화 탄소의 용해도가 감소하여 결국 이산화 탄소의 대기로의 방출량이 증가할 것이다. 이는 온난화를 촉진할 수 있다.
- 바다 온도의 상승으로 해저 및 영구 동토층에 존재하는 메테인(메테인 하이드레이트 등)이 기체로 방출될 수 있다. 이는 온난화를 촉진할 수 있다.
- 얼음 및 눈이 녹아 지표면이 노출될 수 있으며 얼음과 눈에 비해 땅은 빛을 쉽게 흡수하므로 복사선 흡수량이 증가되어 온난화를 촉진할 수 있다.
- 바다 온도의 상승으로 더 많은 바닷물이 증발하고, 수증기도 온실가스이므로 온난화를 촉진할 수 있다. 증발된 바닷물이 순환하여 일부 지역에 비로 내리는 경우 강수량이 너무 많을 수 있다.

- 지구온난화는 이미 언급된 바와 같이 해수면 상승과 저지대 침수 등의 명확한 문제점을 보일 수 있다.
- 온난화는 해류의 방향이나 세기 등을 크게 바꾸어 날씨, 어장 등에 예측 불가능한 영향을 줄 수 있다.
- 온도 증가로 인해 지구의 많은 지역에서 열대병이 유행할 수 있다. 또한 강수량이 감소하고, 숲이 건조해져 산불의 빈도와 규모가 크게 증가할 수 있다. 실제 최근 미국 캘리포니아와 호주 등의 산불은 아주 오랫동안 진화되지 못하여 큰 피해를 주었다.
- 폭풍과 악천후의 강도가 지금보다 크게 증가할 것이다.

긍정적 영향: 지구온난화는 다음과 같은 일부의 긍정적 영향을 미친다. 그러나 긍정적 영향은 부정적 영향에 비해 큰 의미를 가지기 힘들 정도이다.

- 더운 바다에서는 식물성 플랑크톤의 성장 속도가 높아지기 때문에 플랑크톤의 농도가 증가하고, 따라서 이산화 탄소의 소모 속도도 증가할 가능성이 있다.

! 중요

지구온난화에 대해 오해하기 쉬운 점

- 지구의 온실효과는 최근에야 나타나는 자연현상이다

  아니다. 지구에 대기가 존재함에 따라 온실효과는 계속되어 왔다. 만약 지구에 온실효과가 없다면, 온도가 현재보다 약 33℃ 낮을 것으로 예상된다. 즉, 기존의 적당한 수준의 온실효과는 아주 필요한 현상이다. 다만, 최근의 이산화 탄소 등의 온실가스 농도가 급격히 증가하고 온실효과의 강도가 증가하는 것이 문제이다.
- 온실효과에 물 혹은 수증기는 전혀 기여하는 점이 없다

  아니다. 수증기도 적외선을 흡수하므로 당연히 온실효과에 기여한다. 다만, 수증기는 대기에 항상 존재하고 있으며, 없어서는 안 되는 성분이고 우리가 제어하기 어렵기 때문에 크게 다루지 않는다. 향후 온난화가 가속화되면 대양의 증발이 심해지고, 수증기에 의한 온난화가 더욱 심해질 우려가 있다.
- 온실가스로 이산화 탄소만 중요한 기체이다

  아니다. 메테인, 오존, 아산화 질소 등의 다양한 온실가스가 있다. 플루오린이 많이 존재하는 과플루오린화탄소 혹은 유사한 수소플루오린화탄소 등도 농도가 낮기 때문에 당장은 큰 염려가 없으나 향후 대비할 필요가 있다.
- 대기의 모든 기체가 온실효과에 기여한다

  아니다. 대기의 주요 성분인 질소와 산소는 적외선을 흡수하지 않으므로 온실효과에 기여하지 않는다.

- 바다의 온도 상승으로 인해 더욱 많은 물이 증발하고 구름도 증가하여 지구로 진입하는 햇빛을 반사할 가능성이 있다.
- 온도 증가로 인해 수목의 재배 면적이 확대(북반구에서는 수목한계선이 북상)되고 늘어난 식물이 더 많은 이산화 탄소를 소모할 가능성이 있다.

기타 효과

- 임계 수준으로 온실가스가 증가하면, 기후 시스템이 인류가 예측하거나 제어하지 못하는 수준으로 심각하게 재편되기 시작할 수 있다.
- 열이 증가하면 지역에 따라 공기 오염이 악화되거나 곡식이 손상되고, 자원이 고갈될 가능성이 있다.

3.7 환경 발자국과 탄소 발자국

환경 발자국은 우리가 살아가면서 지구에 남기는 발자국(흔적)을 의미하며 우리의 삶이 지구에 미치는 영향을 계량화한 지표이다. 지구의 환경문제를 상기시키고 환경 개선을 유도하고자 만든 개념으로 탄소, 물(5장 참조), 생태 발자국을 포함한다.

탄소 발자국(炭素 발자국, carbon footprint)은 개인 또는 단체가 직간접적으로 발생시키는 온실가스의 총량을 의미한다. 여기에는 이들이 일상생활에서 사용하는 연료, 전기, 용품 등이 모두 포함된다. 2021년 우리나라는 약 6억 8천만 톤(인당 약 13톤)의 온실가스를 배출하고 있으며, 튀르키예와 함께 1990년 이후 그 배출량이 계속 증가하여 기후 악당이라는 소리까지 듣고 있다. 13톤의 이산화 탄소는 실로 큰 양이며 이를 광합성으로 없애려면 40년생의 큰 나무 약 1300그루가 필요하다.

그림 3.11은 식재료별 탄소 발자국을 보여 주고 있다. 즉, 식재료 1 kg을 우리가 먹는 경우 각각의 식재료를 생산, 유통, 조리, 폐기물 등의 모든 과정에 발생하는 CO_2를 합쳐 kg으로 나타낸 것이다(참고문헌 11). 우선, 양과 쇠고기는 매우 높은 탄소 발자국을 보여 주는데 이 동물들은 잘 알려진 반추동물로 셀룰로스를 소화 시킬 때 메테인 가스를 많이 배출하기 때문이다. 이에 따라 온실효과를 고려하여 한동안은 소와 양의 목축을 줄여야 한다는 여론이 일기도 하였다. 그림 3.11에 따르면 기본적으로 동물성 식재료가 이산화 탄소를 많이 배출하는 것으로 나타났으며, 렌틸콩이나 토마토 같은 식물성 식재료는 아주 소량의 이산화 탄소를 배출함을 알 수 있다.

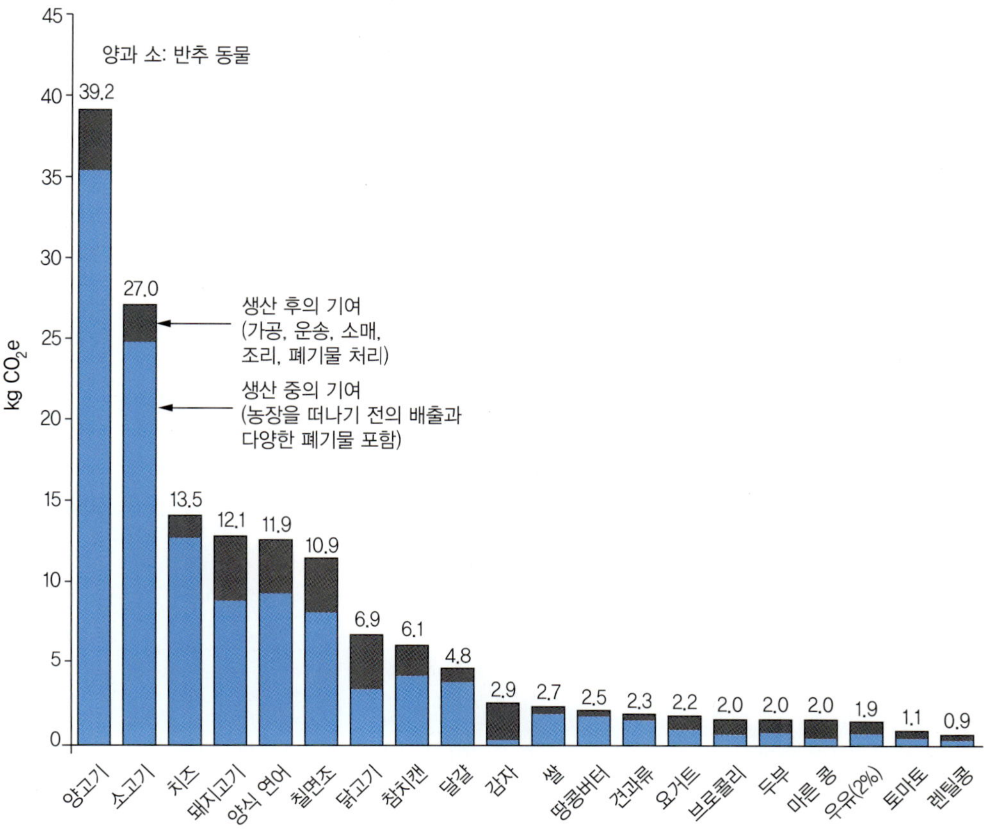

그림 3.11 식재료별 탄소 발자국

기후행동변화연구소는 다양한 한식의 탄소 발자국을 정리하였다(참고문헌 12). 표 3.4는 한식 70여 가지 중 탄소 발자국이 큰 10가지 요리의 탄소 발자국을 나타낸 것이다. 주로 육고기가 높은 순위에 들며, 오래 끓여 화석 연료의 소모가 큰 탕요리가 많은 이산화 탄소를 배출함을 알 수 있다.

최근 증가하는 디지털 기기의 사용량을 반영하여, 디지털 탄소 발자국이란 개념도 출현하였다. 이는 디지털 기기와 서비스의 생산과 소비, 폐기에 이르는 모든 과정에서 발생하는 온실가스의 발생량을 뜻한다. 다양한 온라인 서비스 이용이 늘어남에 따라 디지털 탄소 발자국도 급증하고 있다. 예를 들어 환경부는 전체 탄소 발자국 총량 중 디지털 탄소 발자국 발생량이 2018년 약 3%에서 2040년 14% 이상으로 늘어날 것으로 추정하고 있다. 아무 생각 없이 방치하는 영상 재생이나 온라인 게임 등도 지구의 기온 상승을 초래한다는 것을 기억해야 할 것이다.

표 3.4 한식 70여 가지 중 탄소 발자국이 큰 10가지 요리의 탄소 발자국

	종류	생산단계	수송단계	조리단계	총합(kgCO_2 eq./1인분)
1	설렁탕	9.42	0.03	0.56	10.01
2	곰탕	8.31	0.02	1.40	9.74
3	갈비탕	4.48	0.02	0.56	5.05
4	불고기	3.44	0.01	0.03	3.48
5	육개장	2.43	0.02	0.56	3.01
6	물냉면	2.02	0.01	0.41	2.44
7	소고기뭇국	1.69	0.01	0.23	1.92
8	국수장국	1.39	0.01	0.38	1.78
9	비빔밥	1.29	0.02	0.11	1.43
10	소고기 장조림	1.17	0.00	0.19	1.37

3.8 탄소 중립화

탄소 중립화(carbon neutrality)는 개인이나 회사, 단체가 이산화 탄소를 배출한 만큼 이산화 탄소를 흡수하는 대책을 세워 이산화 탄소의 실질적인 배출량을 '0(ZERO)'으로 만든다는 개념이다. 탄소 제로(carbon zero)라고도 한다. 이를 위해 온실가스의 배출량을 계산하고 배출량에 해당하는 양만큼 상쇄하기 위한 활동이 필요하다.

일반적으로 탄소 중립을 위한, 3가지 실행 방안은 다음과 같다.

1. 배출한 이산화 탄소를 상쇄할 수 있을 만큼 숲을 조성하는 방법
2. 재생에너지에 투자하는 방법
3. 이산화 탄소 배출량에 상응하는 탄소 배출권을 구매하는 방법

실제적으로는 탄소 중립화를 달성하기 쉽지 않은 경제적 및 기술적 문제가 산재해 있지만 이는 인류를 위해 실천해야 할 개념과 대책이다. 그림 3.12는 탄소 중립화를 보여 주는 하나의 로고이며 그림 3.13은 그 개념을 알기 쉽게 정리한 것이다.

그림 3.12 탄소 중립화 로고(실제로는 진한 초록색과 초록색으로 표현된다.)

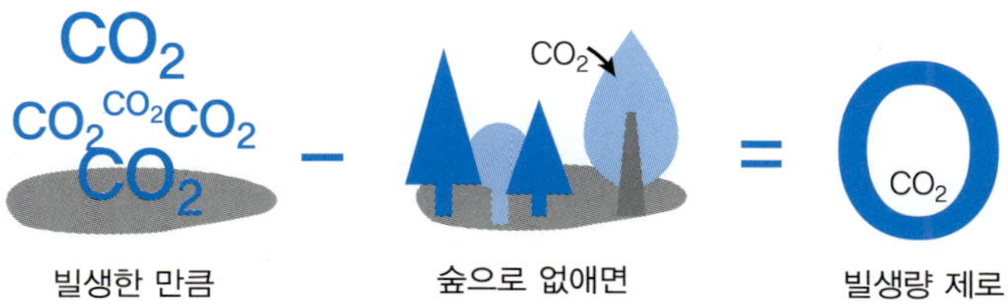

그림 3.13 탄소 중립화의 개념

3.9 탄소 포집 및 저장

탄소 포집 및 저장, CCS[5]는 화석 연료를 사용하는 발전소나 제철소, 시멘트 공장과 같이 CO_2를 대량 발생하는 지점에서 이산화 탄소(CO_2)를 포집하고 저장고로 이송하여 보관하는 것을 의미한다(최근에는 천연가스로부터 수소를 추출할 때도 CCS를 적용하는 빈도가 늘고 있고 CCS를 적용하여 얻은 수소를 '블루수소'라고 한다). 보관은 주로 지하에서 이루어지며, 오랜 시간 동안 어떠한 원인으로라도 다시 대기로 돌아오지 않아야 한다. 또한 다양한 폐가스 및 심지어 대기 중의 이산화 탄소를 포집하기 위해 가스 분리(주로 막을 사용한 막분리(membrane separation)) 및 선택적 흡착 등의 기술도 개발되고 있다.

3.10 CO_2의 화학적 전환 및 활용 가능성

CO_2는 이미 언급한 것처럼 열역학적으로 아주 안정한 화합물이므로 다른 화합물로 전

5 CCS는 Carbon capture and storage 혹 carbon capture and sequestration 혹 carbon control and sequestration 등의 약어이다.

환하기는 매우 어렵다. 그러나 이산화 탄소를 탄소 혹은 산소 자원으로 활용하거나 유용한 화합물로 전환하고자 하는 노력은 계속되고 있다.

가장 일반적으로 생각할 수 있는 반응은 충분히 산화되어 2개의 산소를 함유한 이산화 탄소를, 수소를 환원제로 사용하여 다른 유용한 화합물로 환원시키는 것이다. 이러한 환원 반응은 원칙적으로 가능한 반응이지만 환원제 혹은 반응 원료로 사용하기에는 수소가 현재 매우 비싸 경제적으로 한계가 있다. 차후 태양광, 원자력 혹은 인공태양(핵융합)[6] 기술 등으로 저렴하게 수소를 만들 수 있다면 충분히 시도해볼 수 있겠다. 특히 최근에는 환원 반응 관련 기술이 매우 빠른 속도로 개발되고 있다.

광합성은 식물의 엽록소에서 이산화 탄소와 물로부터 탄수화물을 만드는 반응으로 잘 알려져 있으나 반응 속도가 매우 느리다. 인공적으로 광합성을 추진할 수 있다면 효과적으로 이산화 탄소를 전환할 수 있다. 이는 원칙적으로 가능한 기술이지만, 반응 속도를 증가시킬 수 있는 우수한 촉매 개발이 필수적이다. 지금까지의 연구 결과는 반응 속도가 여전히 느리고 경제적으로 의미 있는 화합물을 얻는 것과는 상당한 거리가 있어 앞으로 더욱 깊이 있는 연구가 필요하다.

한편, 이산화 탄소의 산소를 산화제로 활용하고자 하는 연구도 진행되고 있다. 즉, $CO_2 \longrightarrow [O] + CO$의 반응을 통해 얻어진, '[O]'로 표기된 활성이 높은 산소와 일산화 탄소가 활용될 가능성이 있다. 이산화 탄소를 산화제로 활용하기 위해서는 보다 깊은 연구가 필요하다. 또한 이산화 탄소를 어떤 화학 반응의 원료 혹은 반응물로 활용할 수도 있다. 실례로 고분자의 하나의 구성 성분으로 활용하고자 하는 연구가 활발하게 진행 중이다. 일부 연구는 꽤 우수한 성과를 내고 있고 충분한 연구를 통해 이산화 탄소를 고분자의 원료나로 활용할 수 있을 것으로 기대하고 있다(16장 참조). 아직은 이산화 탄소를 원료로 한 고분자의 수요가 적으므로, 이러한 반응을 통해서 제거할 수 있는 이산화 탄소의 양도 많지는 않다.

그림 3.14는 이산화 탄소가 환원에 의해 다른 화합물로 전환되는 것을 보여 준다. 그림 3.15는 산화제로 활용되는 이산화 탄소를, 그림 3.16은 화학 반응에서 이산화 탄소를 하나의 성분으로 활용하는 반응을 보여 주고 있다.

6 원자력의 장단점 및 위험성 그리고 인공태양(핵융합)은 9장을 참조하라.

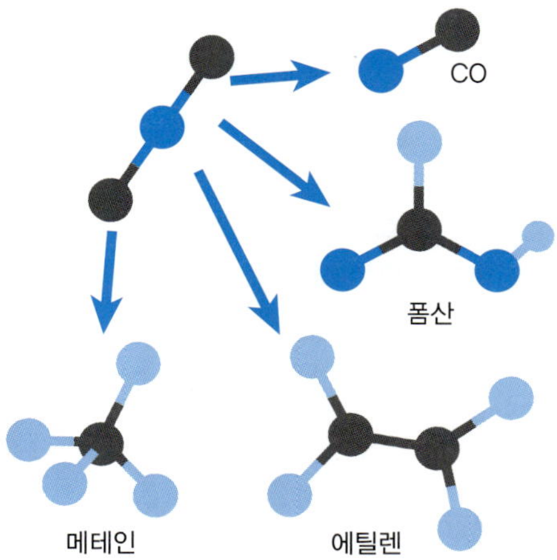

그림 3.14 이산화 탄소의 환원에 의한 다른 화합물로 전환하는 반응 개념도

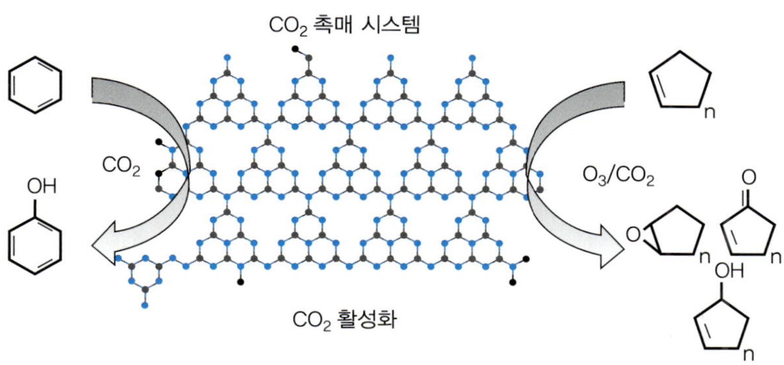

그림 3.15 이산화 탄소를 산화제로 활용하는 반응의 개념도(가운데 육각형들로 표기된 것은 촉매를 의미)

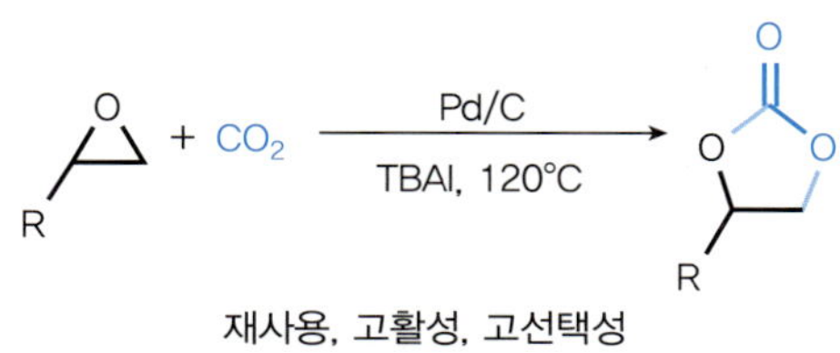

그림 3.16 이산화 탄소를 화학 반응의 하나의 성분으로 활용하는 반응의 개념도

3.11 지구온난화의 대응책

지구온난화를 완화시키거나 지나친 지구온난화를 방지하기 위해 지구공학 등의 다양한 대응책이 제시되고 있다. 이 절에서는 실현 가능성을 떠나 지금까지 제안되어 온 지구

온난화에 대한 대응책을 소개한다.

참고

지구공학(地球工學, geoengineering) 혹은 기후공학

지구온난화를 막기 위해 인위적으로 기후시스템을 조절 및 통제하는 과학기술을 말하며, 대표적인 예로는 해양 비옥화, 인공 구름, 인공 나무(화학 반응으로 대기의 이산화 탄소 없애는), 우주 거울(우주에 거울을 설치하여 지구로 오는 태양 빛을 반사하여 온도를 낮추겠다는 개념) 등을 들 수 있다. 지구공학에는 예기치 못한 위험도 도사린다는 반대 의견도 많다.

첫째, 화석 연료 소비를 최대한 줄이고 탄소 기반 이외의 대체 연료를 개발하여 이용한다. 극단적으로 전통적인 내연 기관의 이용과 화석 연료의 연소를 금지하자는 제안도 있다. 무엇보다 온실가스를 발생시키지 않는 새로운 기술 개발 및 이용이 중요하며 우선 원자력, 풍력 발전 및 태양광 발전 등을 고려할 수 있다. 그리고 전기, 수소, 하이브리드 자동차와 같이 이산화 탄소의 발생량이 적은 차량에 투자하고 그러한 차를 활용한다. 전기나 수소 역시 화석 연료에서 얻어지기보다는 궁극적으로 태양광이나 풍력, 원자력 등 탄소와 무관한 자원으로부터 얻어져야 한다.

둘째, 효율적인 내연 엔진 및 자동차를 개발하여 화석 연료의 소비를 줄이고 궁극적으로는 화석 연료에 의존하지 않는 것이 필요하다. 일반적으로 수송 수단의 규모와 크기가 증가하면 연료 효율이 증가하므로 커다란 대량 수송 수단을 개발하는 것도 생각할 수 있다. 어떤 제품이든지 생산 시 발생하는 온실가스 양을 고려하여, 상품과 서비스에 탄소세를 부과하여 이산화 탄소의 발생을 줄이도록 유도한다. 그리고 국가와 기관이 서로 노력하여 효과적인 감축 프로그램을 집단적으로 활용할 수 있도록 전 세계적인 방출량 무역 프로그램을 개발하고 적용하는 것도 필요하다. 지구의 인구 감소 혹은 최소한 인구 증가를 늦추어야 한다는 주장도 있다.

셋째, 바다를 이산화 탄소의 폐기장으로 활용하거나 바다의 플랑크톤을 잘 성장시키자는 의견도 있다. 이러한 기술은 적용 시 각각 바다의 화학적 환경이 급격히 변화하거나 갑자기 이산화 탄소가 분출될 수 있으므로 주의를 기울여야 하며, 플랑크톤이 죽은 후 분해될 때 발생할 수 있는 문제 등에 대한 충분한 검토가 필요하다.

한편, 거대한 파라솔을 지구와 태양 사이에 설치하거나 대량의 먼지를 대류권에 수송하여 햇빛을 반사 혹은 막자는 다소 황당한 제언도 있다.

일반인들이 당장 할 수 있는 일로는 한 그루라도 나무를 더 심고, 자동차 이용을 줄이고 많이 걷는 등 생활 방식을 바꾸어 가능한 적은 양의 이산화 탄소를 발생시키도록 노력하는 것이다. 지붕을 녹색(옥상 정원) 혹은 흰색(페인트칠)으로 칠하는 것도 지구온난화를 완화하기 위해 쉽게 시도할 수 있는 일이다.

표 3.5에 이러한 대책을 요약하여 정리하였다(참고문헌 13).

표 3.5 지구온난화에 대한 가능한 대응책의 예

발생 방지/감소	제거
• 화석 연료 사용 감소(특히 석탄) • 석탄 대신에 천연가스 사용 • 에너지 효율성 증진 • 재생 가능한 에너지원 사용 • 개발 도상국에 에너지 효율성과 재생 가능한 에너지 기술 전수 • 삼림벌채 감소 • 지속 가능한 농업, 삼림 관리 • 온실가스 배출에 대한 세금 부과 • 빈곤 줄이기, 인구 성장 속도 조절 • 노후된 천연가스 파이프라인과 공장 수리 • 동물 사료를 사용하여 소 트림에서 배출되는 CH_4 감소	• 굴뚝, 운송수단에서 발생하는 CO_2 제거 • 나무를 이용한 CO_2 제거 • 무경운* 경작, 농경지에서의 곡식 수확량 감소를 통한 CO_2 제거 • 지하 깊은 곳에 CO_2 제거(새어나지 않도록)

*무경운: 無耕耘, no-tillage, 토양을 갈지 않음.

중요

지구온난화(기후 변화)와 오존층 파괴 비교

	기후 변화	오존층 파괴
대기의 권역	주로 대류권	성층권
주요 관련 물질	H_2O, CO_2, CH_4, N_2O	O_2, O_3, CFCs
복사선과의 반응	분자는 적외선 흡수 적외선은 분자를 진동하게 하여 열 에너지를 지구로 돌려보냄	분자는 자외선 흡수 분자 내 1개 이상 결합 파괴
문제의 본질	온실가스의 농도 증가. 더 많은 열을 붙잡음. 평균 지구 온도의 상승을 초래함.	CFC는 성층권 O_3 농도 감소를 초래하고, 결국 지구 표면의 자외선 증가를 초래함.

3.12 요약

지구의 대기 온도는 매우 급히 증가하고 있으며, 주요 원인은 대기에서 증가하는 CO_2 농도 때문이다. 또한 이것은 지나친 화석 연료의 사용 때문이기도 하다. CO_2 외에 메테인 및 N_2O 같은 또 다른 온실가스의 농도도 증가하고 있고 지구온난화를 가속화시킬 수 있다.

지구온난화에 의한 기후 변화는 예측하기 어려울 정도로 급격하게 다가올 수 있으며, 그 피해 역시 상상하지 못할 정도일 수 있다. 경제적으로도 일종의 '탄소 관세'가 발호하면 지구온난화에 대처하지 못한 국가들은 큰 피해를 입을 수 있다.

우리는 지구온난화 방지를 위해 다양한 일을 할 수 있다. 예를 들어 나무 심기, 재활용, 걷기, 과대 포장 거부, 장바구니 이용, 가스 누출 감시, 대중교통 이용하기, 웃음 기체인 아산화 질소 사용하지 않기 등이 있다. 설령 지구온난화가 인간의 활동과 무관할지라도 이러한 노력들은 우리가 살고 있는 환경을 보다 바람직한 방향으로 변화하게 할 것이다.

핵심어 메테인 하이드레이트, 온실가스, 온실효과, 이산화 탄소, 지구온난화, 탄소 중립화, 해수면 상승, CCS, GW

4장

실내 오염

이 장에서는 우리가 일상생활을 하면서 가장 긴 시간을 보내는 집 안, 교실, 사무실, 스포츠센터, 자동차 안 등의 실내 공간의 오염에 대하여, 개요, 현황 및 대처 방안을 정리하였다.

4.1 개요

우리 주위에 위험하지 않은 것, 유해하지 않은 것은 있을까? 집 안이나 실내는 바깥보다 안전하고 좋을까? 지하철역, 실내스포츠 시설, 강당, 도서관, 강의실 등의 실내 환경은 어떨까? 위험으로 가득한 세상을 살다 보면 이와 같은 궁금증이 들 수 있다. 이 장에서는 그러한 관점에서 실내 환경 혹은 오염에 대해 기술하였다.

집 안이나 실내에서 흔히 쓰거나 보이는 물건은 무엇인지 생각해 보자. 벽지, 카펫, 옷, 이불, 소파, 커튼, 침대, 장롱, 책상, 장판, TV, PC, 프린터, 전화기, 화장지, 포장지, 가방, 벽지, 수돗물, 담배, 책, 달력, 반려견, 반려묘, 약품 및 일상용품(pharmaceutical and personal care products, PPCPs라 흔히 약칭함), 화분, 전등, 그림, 액자, 장난감 등 많은 물건을 볼 수 있다. 이 중 우리 환경에 도움이 되는 것이 있을까? 식물 및 공기청정기 등 극히 일부를 제외하고는 이들은 환경, 특히 실내 환경에 나쁜 영향을 주는 요인일 수 있다.

그러나 이러한 물건들은 생필품이거나 우리 생활에 많은 도움을 주는 것들이기 때문에 사용하지 않기가 힘들다. 따라서 실내 환경오염에 대해 너무 두려워 말고 이러한 물건들을 현명하게 사용하여 환경오염을 방지하는 자세가 필요하다.

실내 오염을 논의하기 전에 산소 농도가 인체나 연소 등에 미치는 영향을 살펴 보면 표 4.1과 같이 정리할 수 있다. 산소 농도가 18% 정도만 되어도 두통을 느끼며, 이보다 더 낮아지면 사망에 이르는 등 매우 위험하다. 높은 산소 농도는 운동능력을 증가시키고 피로회복 효과도 좋으나 너무 높은 농도는 산소 중독 가능성을 높이는 등의 문제점이 있다. 즉, 건강과 운동능력, 피로회복 등에는 적절한 산소 농도가 필요함을 알 수 있다.

하버드 정신과학 리뷰(Harvard Review of Psychiatry)에 발표된 논문에 따르면, 고산지대에 사는 사람이 우울증을 앓거나 자살하는 사례가 많고, 이것은 낮은 산소 농도와 관계가 있다고 한다. 예를 들어 미국 내 고도가 높은 지역의 주민 자살률은 10만 명당 18.1명으로 고도가 낮은 지역(11.3명)보다 훨씬 높았으며, 고산지대에 산다는 조건이 총기를 가지고 있다는 사실보다 자살에 더 중요한 요인으로 작용한다고 한다. 우울증도 이와 유사 경향

표 4.1 산소 농도가 인체나 연소 등에 미치는 영향

산소 농도	영향
65~85%	격렬한 운동 후에 피로회복 효과 큼(단시간), 산소 중독 가능성 있음(장시간)
50~60%	운동능력이 최대가 되는 농도(단시간)
35~50%	가벼운 운동 후의 피로회복 효과 큼(단시간), 산소 중독 가능성 없음
21~23%	산소 농도 증가에 따른 운동능력 증가(산소 30% 농도로 운동능력 10% 상승)
20.90%	대기의 표준 산소 농도
20.50%	건축기준법에 의한 환기량의 기준치
19~20%	불완전 연소에 의한 CO 급증, 답답함
18%	노동안전위생 기준최저치, 가스레인지 불 꺼짐, 약간의 두통
15~16%	현기증 증상, 호흡수 증가
13~15%	전열기구의 불이 꺼짐
12%	단시간 위험
7%	사망

을 보였다. 고도 약 3000 m 도시에서 일하는 페루의 전기공들은 낮은 지대의 전기공보다 평소 우울함과 불안감이 약 네 배 높다고 한다. 쥐를 대상으로 한 실험에서도 산소 부족을 유발하는 고도 자극을 일주일간 줬더니 움직임이 둔해지는 등 우울 증상이 나타났다고 한다. 즉, 산소가 부족하면 '행복 호르몬'이 급격히 감소한다고 할 수 있다. 우리의 실내는 환기가 부족하거나 실내에서 연소에 의해 산소가 소모되면 산소 농도가 쉽게 낮아지므로 주의해야 한다.

중앙일보의 한 기사(참고문헌 1)에서도 유사한 정보를 찾아볼 수 있다. 그림 4.1 맨 위의 그림은 대기의 산소 농도가 건강에 미치는 영향, 아래 왼쪽 그림은 탑승 시간에 따른 승용차 내의 산소 농도 변화(4인 탑승 기준)를 보여 주고 있다. 아래 오른쪽 그림과 같이 국내에서도 고도가 높아질수록 자살률이 증가하는 것을 알 수 있다.

이러한 결과를 보면, 우선 실내 산소 농도를 낮지 않게 관리할 필요가 있다. 자주 환기를 시키고 가급적 실내 연소를 줄이고 산소를 방출하는 녹색식물을 키우면 도움이 될 것이다. 곳곳에 식물을 키우고 곁에 두면 심리적으로 안정감을 느끼고 마치 산림욕장에 있는 효과를 얻는다고 한다. 또한 미항공우주국 NASA에 따르면 18종의 식물(houseplants)이 천연 공기 정화기 역할을 한다고 하며 실내의 공기 질 관리를 위해 이러한 식물들을 키울 것을 추천하였다.

WHO에 따르면 실내오염은 가장 심각한 대기 오염이라고 하며, 특히 빈곤층에 심각한

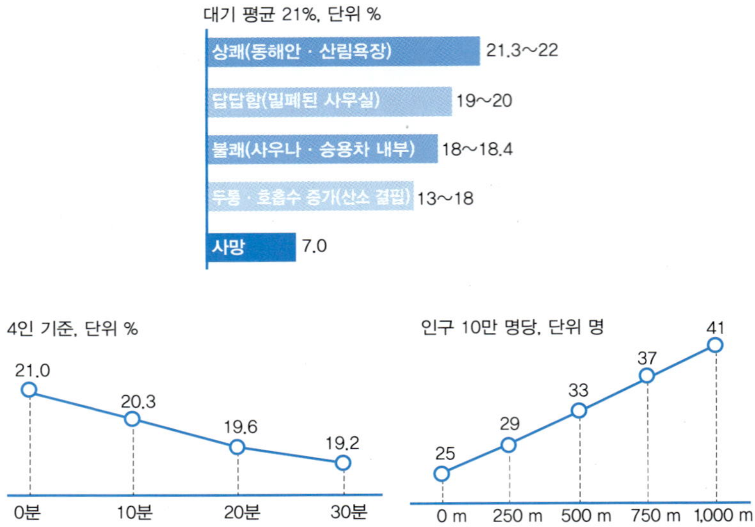

그림 4.1 대기의 산소 농도와 그들이 건강에 미치는 영향(위) / 탑승 시간에 따른 승용차 내의 산소 농도의 변화(4인 탑승 기준)(아래 왼쪽) / 고도에 따른 평균 자살률 추이(국내 결과)(아래 오른쪽)

위협이 된다. 실내오염원의 발생 원인과 위험 요인은 매우 다양하고 많으며, 표 4.2와 같이 정리할 수 있다(참고문헌 2).

미국 환경보호국(United States Environmental Protection Agency, EPA)에서도 다음과 같이 실내 오염에 대해 기술하고 있다.

- 많은 오염 물질의 농도는 실외보다 실내가 높다(미국 가정과 상업 건물의 경우 실외 대비하여 2~5배 높고, 최대 100배도 높을 수 있다).
- 도시 지역에서 교통 체증 시 차내의 오염 농도는 실외보다 18배 이상 높을 수 있다.
- 화학물질에 노출 시 건강상 위험이 높아지는데, 이는 도시 지역에서는 차 안에서 많은 시간을 보내기 때문이다.
- 선진국에서 가장 위험한 4가지 실내 오염 물질은 담배 연기, 폼알데하이드, 라돈 기체, 초미세 입자이다.

한편, 대기 오염 예측·발표 대상 지역 및 기준과 내용 등에 관한 고시에 따르면 초미세먼지(PM2.5) 및 미세먼지(PM10)의 농도(μg/m^3)에 따른 대기질 기준은 표 4.3과 같다. 표의 아랫부분에는 시설의 용도에 따른 초미세먼지 및 미세먼지에 대한 건축물의 관리기준이 나열되어 있다. 관리기준을 지켜도 실내의 초미세먼지 및 미세먼지는 대기질 기준에 따라

표 4.2 실내오염원의 발생 원인과 위험 요인들

발생 원인	위험 물질	위험
따뜻한 물로 샤워할 때 염소처리된 물	클로로폼	암
공기 청정제, 좀약 결정체	파라다이클로로벤젠	암
의류에 남아 있는 드라이클리닝 액체에서 방출	염화에틸렌	신경질환, 간과 신장에 피해, 암 유발 가능성이 있음
가구 충전재, 벽면, 파티클보드, 발포 단열재	폼알데하이드	눈과 피부와 폐 자극, 메스꺼움, 현기증
에어로졸	1,1,1-트라이클로로에테인	현기증, 불규칙한 호흡
통풍구가 없는 가스 스토브와 석유 난방기, 나무 스토브	질소 산화물	폐를 자극, 어린이의 감기, 두통
꽃가루, 동물 비듬, 집먼지 진드기, 조리 시의 연기 입자	미립자	폐를 자극, 천식 발작, 눈 가려움, 콧물, 폐질환
파이프 절연체, 비닐 천장, 바닥 타일	석면	폐질환, 폐암
불완전 연소, 통풍이 안 되는 가스 스토브, 석유 히터, 나무 스토브	일산화 탄소	두통, 졸음, 불규칙한 심장박동, 사망
페인트 제거액과 희석제	염화메틸	신경질환, 당뇨병
카펫, 플라스틱 물질	스타이렌	신장과 간 손상
담배 연기, 나무 스토브	벤조-α-피렌	폐암
건물의 토대를 둘러싸는 방사성의 토양과 바위, 물에서 발생	라돈-222	폐암
담배	담배 연기	폐암, 호흡기 질환, 심장병

'나쁨' 수준이 되기가 쉽고, 실내 주차장과 실내 체육시설의 경우 미세먼지가 '매우 나쁨' 수준이 될 확률이 높다.

보다 다양한 항목의 관리기준을 보여 주는 '실내공기질 관리 대상 건축물의 관리기준'(2021년 8월 15일 기준, 표 4.4)에 따르면, 이용시설에 따라 그 유지 혹은 관리기준이 큰 차이를 보임을 다시 한번 알 수 있다. 예로 초미세먼지(PM 2.5)의 경우 의료기관의 경우 35 $\mu g/m^3$ 이내로 관리되어야 하나 실내 주차장, 실내 체육시설, 실내 공연장, 업무시설 등은 관리기준조차 없다. 미세먼지(PM10)의 경우에도 의료기관, 지하철 역사, 실내 주차장(실내 체육시설, 실내 공연장, 업무시설 등 포함)은 각각 75, 100, 200 $\mu g/m^3$ 이내로 관리되어야 한다. 그런데 현재 '대기 오염 예측·발표 대상 지역 및 기준과 내용 등에 관한 고시(2018년 03월)'에 따르면 미세먼지가 좋음은 0~30, 보통은 31~80, 나쁨은 81~150, 매우 나쁨은 151 $\mu g/m^3$ 이상의 농도에 해당한다. 표 4.4에 따르면 아무리 잘 관리된 실내 주차장, 실내 체육시설, 실내 공연장, 업무시설 등은 미세먼지 농도가 200 $\mu g/m^3$ 이내이며 경우에 따

표 4.3 초미세먼지(PM2.5) 및 미세먼지(PM10)의 농도(μg/m³)에 따른 대기질 기준 및 건축물의 용도에 따른 건축물의 관리기준

구분	PM2.5	PM10
좋음	0~15	0~30
보통	16~35	31~80
나쁨	36~75	81~150
매우 나쁨	76 이상	151 이상
비고 (건축물의 관리기준)	• 대부분의 실내 시설(지하철 역사, 지하도상가, 철도역사의 대합실, 여객자동차터미널의 대합실, 항만시설 중 대합실, 공항시설 중 여객터미널, 도서관·박물관 및 미술관, 장례식장, 영화상영관, 학원, 전시시설, 인터넷컴퓨터 게임시설 제공업의 영업시설, 목욕장업의 영업시설)의 실내공기질 유지기준: 50 이하 • 실내 주차장과 실내 체육시설의 실내공기질 유지기준: 기준 없음	• 대부분의 실내 시설(왼쪽)의 실내공기질 유지기준: 100 이하 • 실내 주차장과 실내 체육시설의 실내공기질 유지기준: 200 이하

표 4.4 실내 공기질 관리 대상 건축물의 실내 공기질 유지기준

<table>
<tr><th>오염 물질 항목
다중이용시설</th><th>초미세먼지
(PM2.5)
(μg/m³)</th><th>미세먼지
(PM10)
(μg/m³)</th><th>이산화탄소
(ppm)</th><th>폼알데하이드
(μg/m³)</th><th>총부유세균
(CFU*/m³)</th><th>일산화탄소
(ppm)</th></tr>
<tr><td>지하철 역사, 지하도상가, 철도역사의 대합실, 여객자동차터미널의 대합실, 항만시설 중 대합실, 공항시설 중 여객터미널, 도서관·박물관 및 미술관, 장례식장, 영화상영관, 학원, 전시시설, 인터넷컴퓨터 게임시설제공업의 영업시설, 목욕장업의 영업시설</td><td>50 이하</td><td>100 이하</td><td rowspan="3">1,000 이하</td><td>100 이하</td><td>-</td><td rowspan="2">75 이하</td></tr>
<tr><td>의료기관, 어린이집, 실내 어린이놀이시설, 노인요양시설, 산후조리원</td><td>35 이하</td><td>75 이하</td><td>80 이하</td><td>800 이하</td></tr>
<tr><td>실내 주차장</td><td>-</td><td>200 이하</td><td>100 이하</td><td>-</td><td>25 이하</td></tr>
<tr><td>실내 체육시설, 실내 공연장, 업무시설, 둘 이상의 용도에 사용되는 건축물</td><td>-</td><td>200 이하</td><td>-</td><td>-</td><td>-</td><td>-</td></tr>
</table>

*CFU: colony-forming unit의 약어로 세균의 수를 측정하는 단위

라서는 151 μg/m³을 초과할 수 있다. 즉, 그러한 실내 공간에 머무르는 것은 아무리 기준 안으로 잘 관리되어도, 미세먼지가 매우 나쁜 날 야외에서 머무르는 것과 유사한 나쁜 영향

을 받을 수 있는 것이다. 따라서 이용시설에 따라 실내 공기질이 매우 나쁠 수도 있다는 점과 특히 일부 시설의 공기질은 실외보다 매우 나쁘다는 것을 알 수 있다. 요약하자면, 실외보다 실내가 더욱 공기질이 나쁘고 건강에 위험할 수 있으므로 우리의 건강을 위해 깊은 관심을 기울이고 대처할 필요가 있다.

4.2 새집 증후군/헌집 증후군/병든집 증후군

새집 증후군(sick house syndrome)이란 새집으로 이사한 뒤 두통, 피로, 호흡곤란, 천식, 비염, 피부염 등의 증상이 나타나는 것을 의미한다. 영어로는 약자로 SHS라고 하거나 SBS(sick building syndrome)로도 부른다. 이는 신축 건물의 마감재나 건축자재에서 배출되는 휘발성 유기 화합물(VOCs)로 인해 거주자들이 일시적 또는 만성적인 각종 질환을 호소하는 것이다. 새집 증후군의 예방을 위해선 이사하기 전 충분한 시간 동안 고온의 난방을 해서 벽지나 바닥재, 가구 등에 배어 있는 휘발성 화학물질을 뽑아내는 게 좋다. 이를 '베이킹 아웃(baking out)'이라 한다. 또 거주하는 동안에도 자주 환기해 주어야 한다. 새집 증후군은 병든집 증후군이라고도 불린다.

헌집 증후군이란 새집에서와 유사하게, 지은 지 오래된 집이 그 집에 사는 사람들의 건강에 나쁜 영향을 끼치는 현상을 가리킨다. 새집 증후군과 함께 병든집 증후군이라고도 한다. 습기가 많은 곳에서 생기는 곰팡이는 기관지염이나 천식, 알레르기 등을 유발하기 때문에 환풍 장치를 설치하여 습기를 제거할 필요가 있다. 오래된 배수관이나 가스관에서 새는 메테인 가스와 암모니아, 일산화 탄소, 이산화 질소, 이산화 황 등은 두통 또는 현기증을 유발한다. 이를 해결하려면 문제가 있는 관을 바꾸거나 자주 환기를 해야 한다. 그리고 벽지와 장판, 가구 등을 새로 바꿀 경우 새집 증후군과 유사하게 아세톤, 벤젠, 폼알데하이드 등 각종 유기 화합물이 발생하여 두통이나 알레르기와 같은 만성질환을 일으킬 가능성이 크기 때문에 환기에 신경을 써야 한다.

집은 물론이고 자동차나 사무실 등의 실내에서도 집과 유사하게 새집 혹은 헌집 증후군이 발생할 수 있다. 따라서 너무 새로운 집, 사무실, 차를 선호하는 것은 건강 측면에서 좋지 못할 수도 있으니 충분히 유의해야 한다.

4.3 실내 오염 물질별 특징, 발생원인 및 대처 방안

암모니아(NH_3)

암모니아는 그림 4.2와 같은 구조를 가지는 특유의 자극적인 냄새가 나는 무색의 염기성 기체이고 비료, 폭약, 세정제(수용액), 냉매, 연료 등의 다양한 용도가 있다. 참고로 암모니아를 이용하여 얻는 질소 비료 때문에 곡식 생산이 크게 증가하였고 세계 인구의 반 정도가 질소 비료 덕분에 삶을 영위할 수 있게 되었다(6장 참조). 그만큼 암모니아는 우리 인류의 발전 및 삶에 지대한 영향을 미치는 기체이다. 암모니아는 수소와 질소의 반응($N_2 + 3H_2 \longrightarrow 2NH_3$)으로 얻을 수 있다. 철로 구성된 촉매를 사용하여 암모니아를 수소와 질소로부터 대량 생산할 수 있고, 이 공정 개발에 크게 기여한 두 사람의 이름을 따서 Haber-Bosch 공정이라고 부른다. 이 공정이 개발될 때 사용된 고압 압력 반응기는 지금도 독일 Karlsruhe Institute of Technology에서 관리하여 Haber-Bosch를 기리고 있다.

암모니아는 독성을 가지며 농도별로 표 4.5에서 정리된 바와 같은 증상 혹 문제를 일으킬 수 있다. 이에 따라 농도별로 일으키는 문제점을 고려하여 암모니아는 허용 농도가 설정되어 있다. 15분간 접촉하는 경우의 '단시간 허용 농도(short term exposure limit, STEL)'와 8시간 작업 시간을 기준으로 하는 '시간 평균 농도(time weighted average concentra-

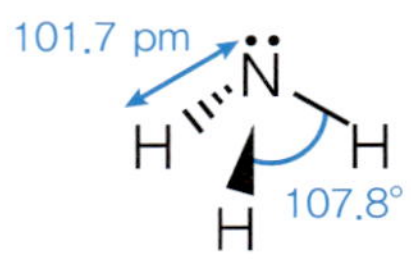

그림 4.2 암모니아의 구조 N 위의 비공유 전자쌍 때문에 암모니아는 염기성을 띤다.

표 4.5 농도별 암모니아가 미치는 증상 및 문제

농도	증상 및 문제
5 ppm	특유의 냄새가 난다.
6~20 ppm	눈 자극과 호흡기계에 문제를 일으킨다.
40~200 ppm	두통, 매스꺼움, 식욕감퇴, 기도와 코, 목구멍 자극이 일어난다.
400 ppm	목에 자극을 준다.
700 ppm	눈이 상할 수 있다.
1700 ppm	기침을 하고, 숨을 쉬기가 힘들어진다. 순간적인 호흡 곤란을 겪기도 한다.
2500~4500 ppm	조금만 노출되어도 치명적일 수 있다.
5000 ppm (0.5%) 이상	호흡 정지로 인하여 사망한다.

그림 4.3 가구 등에 사용되는 베니어합판의 모습 (© Shutterstock/Stock image)

tion, TWA concentration)'로 구분되는데, 암모니아의 경우 STEL은 35 ppm, TWA는 25 ppm 정도이다.

폼알데하이드

새집 증후군 혹은 실내의 주요 오염 물질의 하나인 폼알데하이드의 특징 및 용도 등에 대해 다음과 같이 정리할 수 있다.

폼알데하이드는 끓는점이 -19℃인 기체로, 물에 잘 녹아 주로 수용액으로 유통된다. 폼알데하이드는 열경화성 수지(멜라민, 요소, 페놀 등과 반응)의 원료, 화학제품의 제조, 소독약(약 37%의 수용액을 포르말린이라고 함) 등으로 주로 사용된다. 특히 건축이나 가구 제작에 일반적으로 사용되는 합판과 베니어(veneer)합판(그림 4.3)의 생산 및 보존에 많이 사용된다. 폼알데하이드는 가공 목재의 생산에 필요한 접착제 성분에도 포함되어 있고, 기생하는 곰팡이, 박테리아의 번식을 방지하기 위해서 포르말린 처리를 하는 경우도 많으므로 주요 실내 오염원(특히 새집 증후군의 원인)이 될 수 있다. 폼알데하이드는 눈, 코, 목 등에 자극을 주고 백혈병, 폐암 등에 걸릴 확률을 증가시키는 것으로 알려져 있다. 폼알데하이드는 자연적으로 존재하기도 하며(많은 과일에 약 50 ppm 존재, 사람 피에도 3 ppm 정도 존재), 순간적으로 몇 mL를 마시는 것은 문제없다고 한다. 그러나 만성적으로 노출 시 유해하며, 폼알데하이드 용액인 포르말린의 경우 60~100 mL를 마시면 사망할 수 있다. 폼알데하이드의 사용 기준은 8시간 노동을 기준으로 공기 중에 0.3~0.75 ppm(폼알데하이드) 농도(TWA concentration)를 허용 기준으로 삼고 있다.

톨루엔

새집 증후군 혹은 실내의 주요 오염 물질의 하나인 톨루엔의 특징 및 용도 등에 대해 다

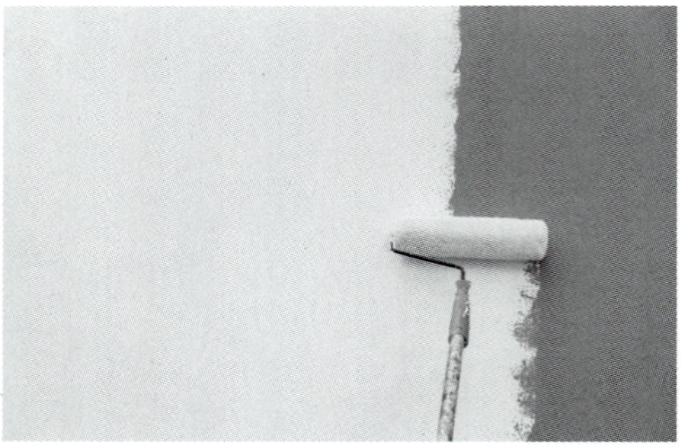

그림 4.4 **벽에 도료를 칠하는 모습** 칠한 뒤에는 페인트의 시너에 포함된 톨루엔이 실내에 남아 실내 오염의 원인이 될 수 있다. (© Shutterstock/N_Sakarin)

음과 같이 정리할 수 있다. 톨루엔은 끓는점 110.8℃의 특유의 냄새가 나는 가연성 액체로, 주로 합성 반응의 원료 및 용매로 사용된다. 구체적으로는 발암 위험이 높은 벤젠(1군 발암물질)의 대체 용매, 페인트의 시너(thinner)[1], 실리콘 실란트(sealant), 다양한 반응의 원료, 고무, 프린터 잉크, 접착제, 가죽 가공 등에 사용된다. 특히 도료의 용제로 사용되는 시너는 톨루엔을 주성분(65%)으로 포함한다. **그림 4.4**는 톨루엔이 주성분으로 포함된 시너를 용제로 사용하여 도료를 벽에 칠하는 모습을 보여 주고 있다. 톨루엔을 소량 흡입하면 피곤함, 혼란, 술 취한 듯한 행동, 기억력 상실, 듣거나 색깔 구분을 잘하지 못하는 등의 증상을 보이며 이러한 증상들의 일부는 노출이 중지되면 회복된다. 과량의 톨루엔을 짧은 시간에 흡입하면 두통, 메스꺼움, 졸음, 의식불명이 되기도 하고, 심하면 사망에 이를 수 있다.

담배 연기

담배 자체는 고체이므로 크게 유해하거나 직접적으로 실내 오염을 일으키지는 않는다. 그러나 담배를 피울 때 발생하는 연기에는 수천 종류의 물질이 들어 있고 벤조피렌 같은 다환(多環) 방향족 화합물(PAHs, polyaromatic hydrocarbons), 폼알데하이드, 카드뮴, 니켈, 비소, 나이트로아민, 페놀, 일산화 탄소, 사이안 화합물 등 많은 성분이 유해/발암 물질이다. WHO에서는 흡연으로 매년 6백만 명이 죽고(총 사망자의 약 10%) 이 중 간접흡연으로 60만 명이 죽는다고 하며, 20세기에 1억 명이 담배 때문에 죽은 것으로 추론하였다. 미국 보건복지부가 2014년 발표한 자료에 의하면 흡연 및 간접흡연으로 인해 당뇨, 결핵, 자궁외임신, 발기부전, 뇌졸중, 비염 등 매우 다양한 질병들이 발생할 수 있다고 하며, 오히려

1 시너는 가짜 휘발유의 주요 원료이다. 가짜 휘발유를 사용하면 세금 탈루뿐 아니라 공해 발생의 원인이 된다는 것도 기억하라.

흡연이 원인이 되지 않는 질병을 찾는 것이 더 빠를 정도이다. 미국 질병 제어 및 방지 센터(Centers for Disease Control and Prevention)는 "선진국에서 인간 건강에 위험한 요인이 많으나 담배는 위험 요인 중 방지 가능성이 있는 것 중에서 가장 중요한 하나"이고 "전세계적으로 조숙 사망의 중요한 요인"이라고 발표하였다. 담배의 주요 성분이면서 흥분을 유도할 수 있고 중독 요인이 있는 니코틴은 발암물질이라는 명확한 증거는 없으나, 동물실험 등에서 니코틴이 암의 생성에 간접적으로 관여한다는 것이 증명되었다.

! 중요

2차 및 3차흡연과 위험성

- **1차흡연**: 직접 담배를 피우는 것을 의미한다.
- **2차(간접)흡연**: 담배 피우는 사람 옆에 있으면서 담배 연기를 마시는 것을 의미한다. 흡연자가 마시는 연기는 필터를 통과한 것이지만 간접흡연자들은 생연기(필터를 통과한 연기 대비, 생연기에는 독성 화학물질이 훨씬 많이 들어 있음)를 마시므로 2차흡연은 매우 위험하다.
- **3차흡연**: 담배의 화학적 잔류물에 노출되는 것을 의미한다. 흡연자의 옷, 머리카락, 피부 등에 묻은 유해물질이나 방치된 꽁초, 흡연자가 머무른 집의 벽지, 카펫 등으로부터 직접 흡연과 유사하게 유해 물질을 흡입하게 된다. 3차흡연은 어린아이에게 특히 위험하다(어린이들은 실내에 머무는 시간이 길고, 카펫 등을 기어 다니며 자주 호흡하고 몸무게에 비해 체표면적이 크기 때문이다).

라돈(Rn) 기체

라돈은 원자번호 86번의 강한 방사선을 내는 비활성 기체 원소이다(9장 참조). 우라늄과 토륨의 방사성 붕괴 사슬에서 라듐(radium, Ra)을 거쳐 라돈이 생성될 수 있다. 그림 4.5에

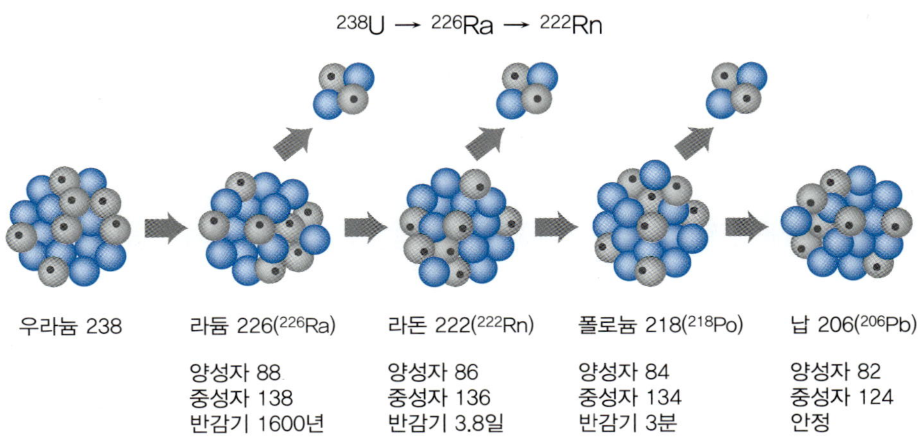

그림 4.5 우라늄과 라듐으로부터 라돈이 얻어지는 생성 과정

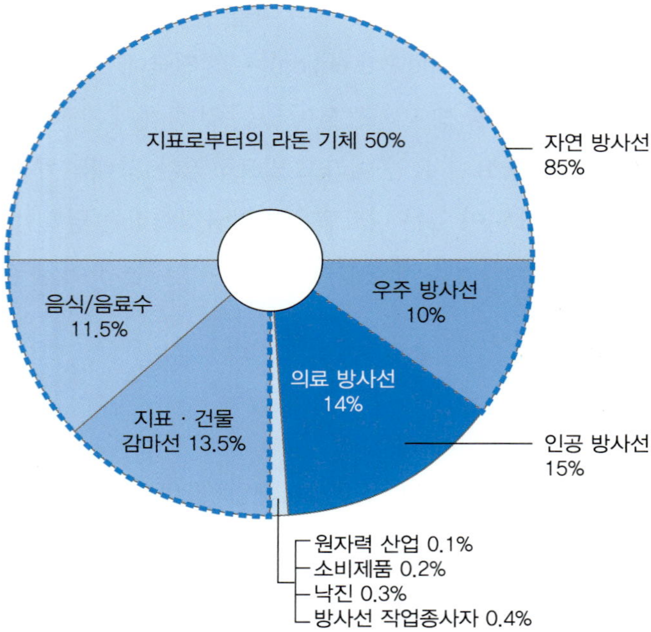

그림 4.6 인간의 방사선 노출량

우라늄과 라듐으로부터 라돈이 얻어지는 생성 과정을 나타내었다. '라돈'이라는 원소 이름은 라돈을 유도하는 원소 라듐에 비활성 기체의 접미어 '온(on)'을 붙여 지은 것이다. 자연에 존재하는 라돈은 대부분 질량수가 222인 ^{222}Rn(반감기 3.82일)이다. 지구 대기 중에는 기체 분자 10^{20}개당 대략 6개의 비율로 매우 낮은 농도로 존재하며, 대기 중에 존재하는 전체의 라돈의 양은 100 g 미만이다. 화강암에는 암석 10억 톤당 0.4 mg의 비율로 매우 소량 들어 있으며, 이외에도 인광석, 석회석, 변성암, 흙 등에도 라돈의 전구물질인 라듐이 들어 있다.

라돈에서 나오는 방사선 때문에 라돈은 건강에 위험한 기체로, 미국 환경보호국은 라돈 흡입이 흡연 다음가는 주요 폐암 원인이라고 경고하고 있다. **그림 4.6**에 정리한 바와 같이 라돈은 인간이 피폭되는 총 방사선 피폭 중에 단일 피폭원으로는 가장 큰 비율을 차지한다. 반면에 라돈 온천(라듐 온천)이 건강에 좋다는 주장도 있으나, 이에 대한 과학적 근거는 아직 없다. 라돈은 밀도가 9.73 g/L(공기: 1.225 g/L)로 무거운 기체이며, 색, 맛, 냄새가 없는 방사성 기체이다. 또한 화학 반응성이 거의 없으므로 제거하기가 힘들며, 특히 지하실 등의 낮은 곳에 존재할 경우 더욱 제거하기가 힘들다. 실내의 라돈 농도를 줄이기 위해서는 주기적인 환기가 필수적이다. 인간의 암 발생 위험은 공기 중의 라돈 농도가 낮을수록 낮아진다. 유의할 것은 라돈 노출에 있어서 "이 농도 이하이면 인체에 위험하지 않다"

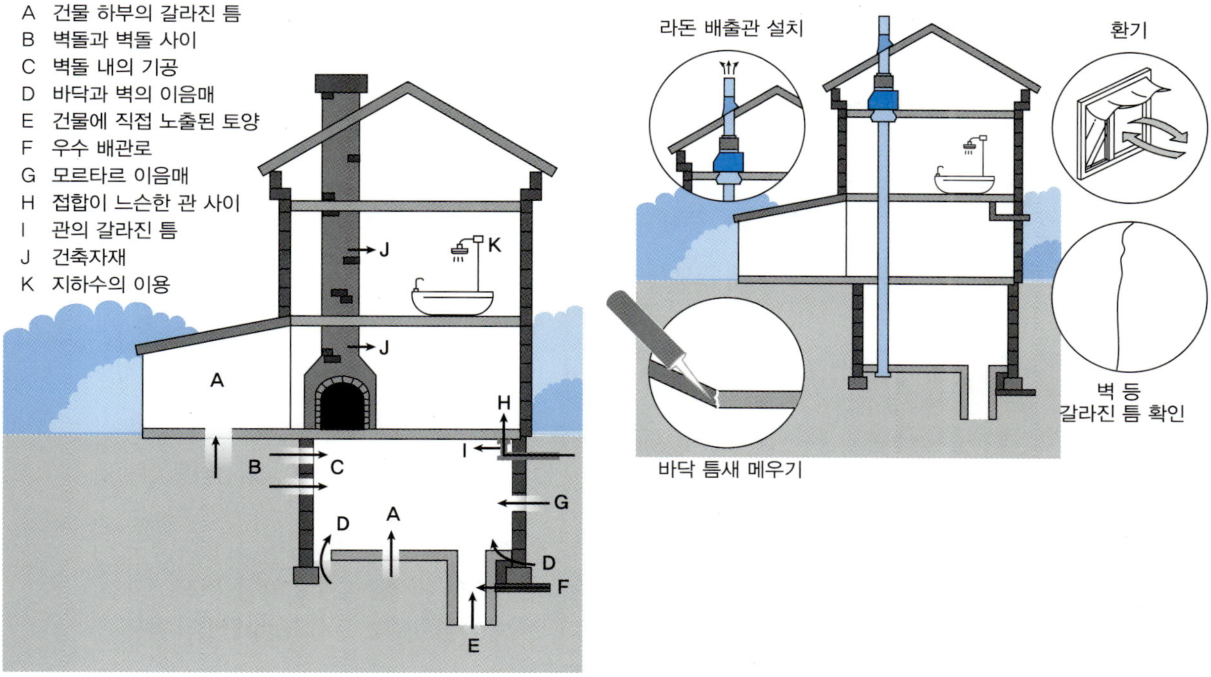

그림 4.7 라돈의 유입경로와 실내의 라돈 농도를 줄일 수 있는 방법

라는 허용 가능한 노출농도가 존재하지 않는다는 점이다. 다시 말하면 라돈의 농도는 낮을수록 바람직하다.

2019년 7월 이후 사업계획이 승인된 공동주택에 적용되는 라돈의 권고기준은 1 m^2당 148베크렐(Bq, 1초에 방사성 붕괴가 1번 일어날 때 1베크렐이라고 함. 9장 참조)[2]인데, 2021년 신축된 공동주택 2531가구 중 399가구(15.7%)에서 라돈이 기준치 이상 검출됐다. 상당한 주택에서 라돈이 높은 농도로 존재함을 알 수 있다. 특히 아파트를 제외한 원룸, 오피스텔, 빌라 등의 경우에는 라돈 관리기준조차 없으므로, 이런 주거시설에서는 라돈 농도가 더 높을 수 있다. 더욱이 라돈 수치가 기준을 초과하더라도 별도의 제재나 재측정 의무를 부과하는 규정은 없고, 라돈 수치 측정도 건설사가 대행업체를 통해 이루어지므로 신뢰도에 의문이 제기되기도 한다. 신축 건물의 경우 라돈 농도가 높을 수 있다는 점을 상기하고 스스로 농도를 측정하여 대책을 수립할 필요가 있다.

그림 4.7은 우리가 살고 있는 집에서 라돈의 유입경로 및 실내의 라돈 농도를 줄일 수 있는 방법을 보여 주고 있다. **그림 4.7**에서 보는 바와 같이 땅에서 실내로 연결된 미세한 틈

2 2018년 1월 이후 사업계획 승인 공동주택 기준은 1m^2당 200Bq이다.

을 통해 주로 라돈이 유입될 수 있으며, 일부의 건축자재는 물론이고 지하수를 통해서도 유입된다. 따라서 신축 건물의 실내에 라돈의 농도가 높은 경우가 많다. 라돈이 실내로 들어오는 것을 방지하기 위해서는 바닥이나 벽 등의 틈새를 잘 메우는 것이 중요하다. 들어온 라돈은 환기를 잘 시키고 필요 시 라돈 배출관을 설치할 수도 있다. 혹시라도 라돈 농도가 높을 것으로 우려되는 경우 시중에서 쉽게 구할 수 있는 가정용 라돈 농도측정기를 구입하여 주변의 라돈 농도를 측정해보는 등 대비하는 것이 좋다.

참고

라돈 침대

2018년에 '라돈 침대'를 필두로 라돈을 높은 농도로 방출하는 몇 종의 물건이 밝혀지며 큰 사회적 문제가 되었다. 조사에 따르면 다양한 효과를 노려 침대, 찜질기, 전기장판 등에 바른 모나자이트라는 광물이 문제가 된 것으로, 방사능 붕괴를 통해 라돈을 방출할 수 있기 때문에 큰 소동이 일어났다. 모나자이트는 토륨[3] 등의 방사성 원소를 꽤 높게 포함하므로 위험할 수 있으며, 일부 자료에 의하면 국내에 수입된 모나자이트의 방사능 농도가 수입 당시 신고한 수치의 24배나 높은 1그램당 270베크렐(Bq)로 조사됐다. 이는 가장 일반적인 핵원료 물질인 천연우라늄광이 갖는 500 Bq/g 안팎의 방사능 농도와 비교해도 크게 낮은 숫자가 아니다.

모나자이트(참고문헌 3)

토륨광의 일종으로 희토류, 특히 세륨과 란타넘을 포함한 인산염이고 조성은 (Ce, La, Th)PO_4로 표기될 수 있다. 모나자이트의 ThO_2 함유량은 1~15%(Th은 매우 무거운 원소이므로 ThO_2의 약 88%가 Th임)이고 U_3O_8 함유량은 0.01% 수준이다. 모나자이트는 연한 분홍색 또는 갈색의 주상 또는 모가 난 단편으로 수지 모양의 광택을 가진다. 경도는 5~5.5이고 비중은 4.6~5.3이다. 화강암 및 페그마타이트(심성암을 함유하는 암맥에서 발견되는 조립질 화성암)에서 산출되나 괴상으로서 중요한 것은 대부분 표사(漂砂)광상이다. 자원으로 널리 사용되고 있는 광물이다.

일산화 탄소

일산화 탄소(CO)는 무색, 무취의 기체로 다양한 경로, 특히 자연적인 경로를 통해 주로 발생한다. 예를 들어 토양에서 유기물이 산화되면 발생할 수 있다. 인위적인 요인으로는 연소 시 산소가 부족한 조건에서의 불완전 연소로 일산화 탄소가 얻어진다(큰 산불이 일어날 때 주위에 산소가 부족하면 다량 발생한다). 또한 연탄의 연소가스, 자동차의 배기가스, 담배 연기 등에도 포함되어 있는데, 특히 석유 난로나 연탄을 이용한 난방 시 실내에 높은 농도로 발생할 수 있다.

3 토륨은 매우 빠른 붕괴 반응(반감기 55.6 초)으로 라돈이 쉽게 얻어지기 때문에($^{232}Th \rightarrow {}^{220}Rn$(라돈 혹 토론이라고 불림)) 생활 방사선에 대한 우려의 본질이다.

일산화 탄소는 그림 4.8과 같이 혈액 내의 헤모글로빈과 매우 강하게(산소의 140배) 결합하여 몸에 산소의 전달을 방해함으로써 사람을 죽게 만들 수 있다. 실내에서 연소하거나 불완전하게 연소된 난방 가스가 실내로 유입되어 생명을 잃는 경우가 지금도 종종 발생한다. 소방청 통계자료에 따르면 2024년 4월 기준으로 지난 4년간 텐트 안에서 일산화 탄소 중독으로 소방서에 총 114건의 신고가 있었을 정도로 일산화 탄소 중독은 흔한 일이다. 황토방과 찜질방에서도 계속하여 일산화 탄소 중독 사고가 끊이지 않고 있고 차량이나 차박 등을 할 때 '무시동 히터'를 사용하여 일산화 탄소에 의해 피해를 입는 사례도 이어지고 있다. 텐트 안이나 실내에서는 절대로 연소를 하지 않아야 하고, 연기가 실내로 새어 들어가는 사고가 일어나지 않도록 유의해야 한다. 황토방, 찜질방, 텐트 안, 차량 안 등에는 일산화 탄소 경보기를 구비하여 활용하는 것이 바람직하다.

$$O_2 + \text{Fe (hemoglobin)} \rightleftharpoons O_2\text{—Fe (hemoglobin)}$$
$$CO + \text{Fe (hemoglobin)} \longrightarrow CO\text{—Fe (hemoglobin)}$$

그림 4.8 헤모글로빈의 철과 산소 및 일산화 탄소 사이의 결합 세기를 보여 주는 개념도

일산화 탄소는 매우 위험하므로 허용 기준이 엄격하다. 우리나라의 경우 대기 중 일산화 탄소의 허용 기준은 1시간 평균 25 ppm 이하, 8시간 평균 9 ppm 이하이다. 참고로 지구 대개의 평균 일산화 탄소 농도는 0.1 ppm 수준이고 교통이 혼잡한 경우 50 ppm까지 오를 수 있다고 한다.

일산화 탄소는 $CO + \frac{1}{2} O_2 \rightarrow CO_2$의 반응을 통해 비교적 쉽게 이산화 탄소로 전환될 수 있다. 그러나 실내에 존재하는 소량의 일산화 탄소를 무해한 CO_2로 전환하기 위해서는 우수한 촉매가 필요하며, 특히 실온 이하의 매우 낮은 온도에서 작동하는 촉매 개발이 중요하다. 이러한 촉매가 설치된 난방 기구를 사용하면 연소 시 발생할 수 있는 일산화 탄소를 쉽게 제거하여 안전에 도움이 된다. 그림 4.9는 귀금속인 금(Au)이 포함된 산화 타이

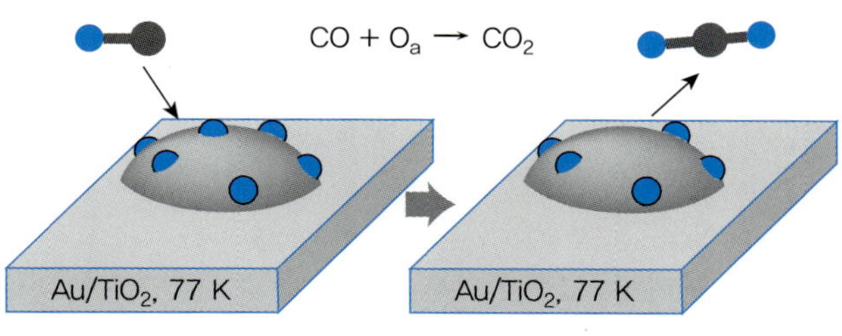

그림 4.9 금이 포함된 산화 타이타늄 촉매가 매우 낮은 온도(77 K 혹은 −196℃)에서 일산화 탄소를 이산화 탄소로 전환시키는 개념도

타늄 촉매가 매우 낮은 온도(77 K 혹은 -196℃)에서 일산화 탄소를 이산화 탄소로 전환하는 개념도를 보여 주고 있다. O_a로 표기된 것은 촉매 표면에 흡착된 산소를 의미한다.

황화 수소

황화 수소(H_2S)는 실내에서 크게 염려해야 할 전형적인 오염 물질은 아니다. 그러나 독성이 강하고 다양한 산업현장과 잘 관리되지 않은 화장실 등에서 만날 수 있는 위험성이 높은 기체이다. 지난 2019년 부산 수영구의 한 공중화장실에서 여고생이 황화 수소에 중독돼 숨지는 안타까운 사고가 있었을 정도로 황화 수소는 늘 조심해야 하는 기체이다.

황화 수소의 농도별 유해성은 다음과 같이 정리될 수 있다.

- 0.3 ppm: 냄새를 감지할 수 있다.
- 3~5 ppm: 불쾌한 냄새가 난다.
- 20~30 ppm: 폐에 자극이 되고, 견딜 수 있지만, 냄새에 익숙해 진다.
- 100~300 ppm: 노출 2~15분 내에 후각 신경이 마비되고 질식위험이 있다.
- > 700 ppm: 노출 즉시 호흡 정지, 질식 사망할 수 있다.

황화 수소는 썩는 달걀 냄새가 나는 무색의 대표적 악취 물질로 쉽게 느낄 수 있지만, 후각은 시간이 경과함에 따라 금세 무뎌지므로 큰 피해를 입기 쉽다. 매우 위험하므로 TWA 10 ppm, STEL 15 ppm으로 매우 낮다. 오수, 하수, 쓰레기 매립장 등에 유기물이 존재할 때 혐기성 분해에 의해 발생한다. 다음 식은 황화 수소의 발생 메커니즘을 보여 주고 있다. 황화 수소는 온도가 높을수록(15~45℃), 용존 산소가 낮을수록, 정체된 공간일수록 발생량이 급속히 증가한다.

$$\text{황을 포함한 유기물(C, H, O, N, S)} \longrightarrow SO_4^{2-}\text{(황산염)} + 2C + 2H_2O \xrightarrow[\text{황산염 환원 세균}]{} 2HCO_3^- + H_2S\uparrow$$

주요 위험 지역으로는 하수관로, 오수관로, 하수종말처리장, 폐수처리장, 오수처리장, 쓰레기 매립장 등이 있으며 이러한 시설들을 출입할 시에는 반드시 안전 장비를 착용해야 한다.

부엌에서 나오는 오염 물질

음식을 만들고 조리하는 부엌은 도시가스나 천연가스 등 화석 연료의 연소는 물론이고

그림 4.10 가정용 가스버너와 사용 모습(© Shutterstock/Alexey Solyannikov)

음식물 및 식용유 등이 탈 수 있기 때문에 소량의 CO, 질소 산화물 등의 다양한 오염 물질이 발생할 수 있다. 그림 4.10은 가정용 가스버너를 사용하는 모습을 보여 주고 있다. 파랗게 잘 타는 불꽃에도 다양한 오염 물질이 나올 수 있고 요리할 때 음식물이 타거나 변형되어 다양한 실내 오염 물질이 나올 수 있다. 로렌스 버클리(Lawrence Berkeley) 연구실의 연구 결과, 가정용 가스레인지는 유해한 기체를 생성하고 특히 겨울에 환기 없이 가스버너를 사용할 시 62%의 가정이 과도한 이산화 질소(nitrogen dioxide, NO_2), 9%가 일산화 탄소, 53%가 폼알데하이드(호흡기 질환, 심한 천식, 심혈관 질환을 유도할 수 있음)에 노출될 수 있다고 한다. 그 연구원들은 부엌의 공해를 줄이기 위해 다음 사항을 권고하였다.

- 레인지후드 사용하기
- 후드 팬을 강하게 틀기
- 흡입을 줄이기 위해 가능한 뒤쪽에 위치한 버너를 사용하기
- 주기적으로 기름 트랩을 청소하기
- 만약 레인지후드가 없으면, 부엌 천장에 배기팬을 달거나 요리 중에 창을 열기

국내 한 방송사에서도 가정에서 요리 시 환풍기를 틀지 않고 오염 물질의 농도를 측정하였을 때 초미세먼지는 요리 전에 비해 약 30배 증가(7 → 208 μg/m^3)하였고 이산화 질소는 실내 기준치의 3배가 된다고 보도하였다. 그리고 탄소 검댕과 일산화 탄소의 농도도 각각 약 13배(751 → 10199 ng) 및 4배(1.4 → 5.6 ppm)로 증가하여 실내 오염이 아주 심각해지는 것을 보였다. 방송에서는 "요리 연기가 스모그보다 위험할 수 있고 WHO가 강조한 실내 공기 오염으로 인한 연간 사망자가 280만 명이란 점"을 상기하였다.

드라이클리닝

요즘 세탁 시 자주 이용하는 드라이클리닝은 물 대신 유기용제(有機溶劑)를 사용하는 세탁 방법으로, 의복의 형태와 염색 등이 손상되기 쉬운 모직물 및 견직물 제품에 많이 사용된다. 드라이클리닝에 사용되는 용제는 비교적 인화점이 높은 석유계 용제와 퍼클로로에틸렌(Perchloroethylene, PCE, Perc) (혹은 테트라클로로에틸렌(TCE)으로 불림) 등 불연성 합성 용제가 주로 쓰이며, 그 밖에 플루오린계(系) 용제도 사용되고 있다. 드라이클리닝의 용제는 등유 → 벤젠 → 사염화 탄소/트라이클로로에틸렌 → PCE 혹은 TCE 등으로 변천되었다. 현재 많이 사용되고 있는 PCE 혹은 TCE는 비점이 121℃로 휘발할 수 있고 세탁물을 통해 실내를 오염시키기 쉽다. **그림 4.11**은 PCE 혹은 TCE의 분자 구조를 보여 주고 있다. TCE는 2A군 발암물질로, 캘리포니아 공기자원 위원회(California Air Resources Board)에서는 2007년부터 새로운 세탁소에서 이 물질의 사용을 금했으며 2023년부터는 모든 세탁소에 사용하지 않도록 규정하고 있다. 현재 캘리포니아에서는 TCE의 대체품으로 탄화수소, 메틸 실록세인(methyl siloxane), 프로필렌 글리콜 에터(propylene glycol ether) 등의 물질이 사용되고 있다.

현재까지 많이 사용되었던 PEC 혹은 TCE의 위험성을 고려하면 세탁 후 충분히 실외에서 통풍시킨 후 옷들을 보관하는 것이 좋다. 또한 이들을 대체하여 이산화 탄소를 용제로 이용한 새로운 드라이클리닝 기술도 소개되고 있다. **그림 4.12**는 액체 이산화 탄소를 용제로 사용하여 옷에 묻은 때를 제거하는 개념과 순서도를 보여 주고 있다(**참고문헌 4**). 원심분리기 같은 용기에 오염된 옷과 고체 드라이아이스를 넣고 뚜껑을 잘 닫은 후 가열하면, 압력이 증가하면서 드라이아이스로부터 액체 이산화 탄소(일부 이산화 탄소는 기체로 도망간다)가 짧은 시간 얻어지고 액체 이산화 탄소 속에서 세탁이 진행된다. 비록 고압 용기가 필요하여 투자비가 비싸다는 단점에도 이산화 탄소를 이용한 드라이클리닝은 점차 인기를 끌고 있다고 한다. 이산화 탄소는 지구온난화의 문제점이 있지만, TCE의 위험성을

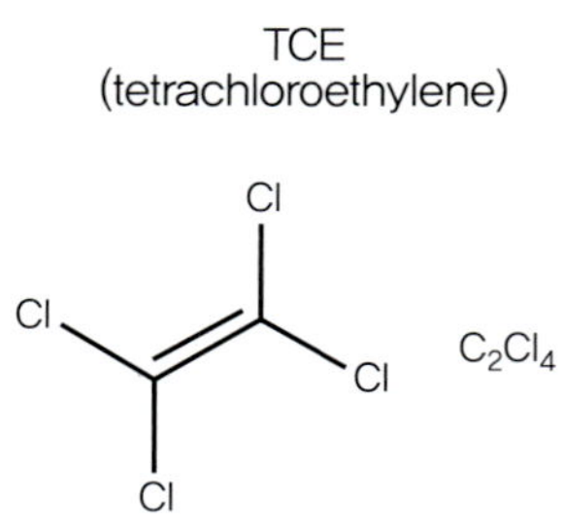

그림 4.11 PCE 혹은 TCE (C_2C_{l4})의 분자 구조

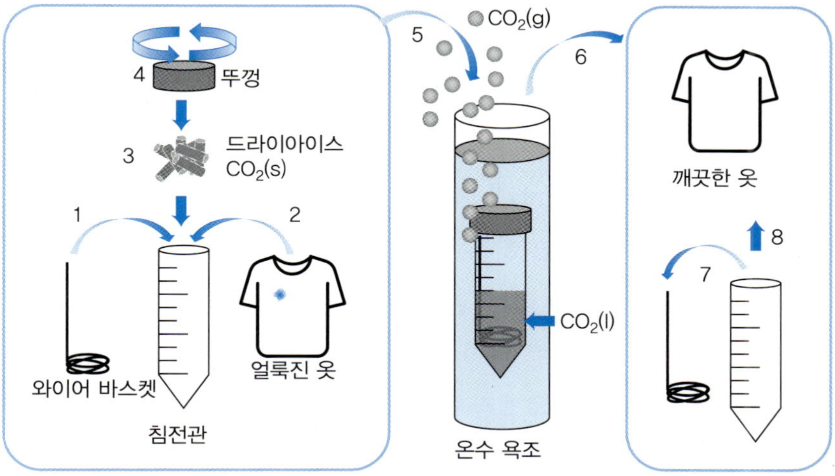

그림 4.12 액체 이산화 탄소를 용제로 사용하여 옷에 묻은 때를 제거하는 개념과 순서도

고려하면 안전하고 깨끗한 대체 용제로 생각할 수 있다.

> **참고**
>
> 액체 이산화 탄소
>
> 이산화 탄소의 액체 상태이며 대기압에서는 얻을 수 없고, 5.1기압 이상, 31.1℃(임계점) 이하 및 −56.6℃(삼중점) 이상의 압력에서만 존재할 수 있다. 냉매, 소화제 및 추출제로 사용된다.

향 및 촛불

요즘은 실내에서 흡연하는 경우를 보기 힘들다. 반면, 실내에서 향을 피우거나 촛불을 켜는 것을 종종 볼 수 있다. 향불로부터 탄소를 주성분으로 한 미세먼지가 발생할 수 있고 촛불 등에 불을 붙일 때도 성냥으로부터 미세먼지가 발생한다. 따라서 실내에서는 가능한 향을 피우는 등 물체를 태우는 일을 하지 않거나 최소화하는 것이 좋다. 특히 실내에서 캠핑처럼 숯불을 이용한 조리를 하는 경우가 있는데 결코 바람직하지 못한 행위이다. 환기가 잘되지 않는 지하실이나 기도원 등에서는 특히 향, 촛불, 연소 등을 조심해야 한다.

약품 및 생활용품

우리는 너무나 많은 약품 및 생활용품(pharmaceutical and personal care products, 혹은 PPCP라 약칭함, 5장 참조)을 매일 사용하고 있는데, 그 대부분은 유기 물질로 되어 있다. 이러한 결과, 수질, 토양, 대기 등 거의 모든 분야가 이들의 영향을 받고 있고 특히 수질 오염은 최근 큰 문제로 대두되고 있다. 일부의 약품 및 생활용품들은 지표수 및 지하수 같은 물 이외에도 우리의 실내도 오염시키며, 그 내용을 다음과 같이 정리할 수 있다.

모기퇴치제

최근 야외 활동을 위해 '모기기피제' 혹은 '모기퇴치제'를 피부에 바르거나 옷에 뿌리는 경우가 많다. 모기퇴치제의 기능을 하는 물질은 피부는 물론이고 사용한 후 집으로 돌아오면 실내 공기에도 영향을 줄 수 있다. 한국소비자원이 218개의 시판되는 모기퇴치제 제품을 대상으로 조사한 결과, 대부분 다이에틸톨루아미드(DEET, 106개 제품), 정향유(57개 제품), 이카리딘(27개 제품), 시트로넬라오일(10개 제품) 등을 유효 성분으로 사용하고 있었다(**참고문헌 5**). 즉, 절반 이상의 제품들에 다이에틸톨루아미드(DEET)가 들어가 있었다. DEET는 신경계통 부작용 등 안전성 논란으로 대부분 국가에서 공통적으로 사용 함량·빈도·연령 등을 제한하는 물질이다. **표 4.6**은 모기퇴치제에 포함된 유효성분별 효과 및 특성을 보여 주고 있다.

DEET 외에도 **표 4.6**에서와 같이 많은 모기 퇴치 유효 성분은 인체에 나쁜 영향을 줄 수

표 4.6 모기퇴치제에 포함된 유효 성분별 효과 및 특성

성분명	모기기피 효과	특성(장·단점)
다이에틸톨루아미드 (DEET)	15%, 5~8시간	• 화학 성분 • 다양한 종류의 해충에 효과적 • 노란색을 띠며, 특유의 냄새 • 플라스틱과 섬유 손상 • 신경계통 부작용 등 안정성 논란
이카리딘 (icaridin 혹은 picaridin)	20%, 8시간	• 화학 성분 • 다양한 종류의 해충에 효과적 • 무색·무취 • 플라스틱과 섬유 손상을 유발하지 않음 • DEET에 비해 안전한 것으로 간주됨
시트로넬라 오일	4%, 1시간	• 식물성 성분 • 모기퇴치용 화학성분보다 효과가 낮아 자주 발라줘야 함 • 포함된 일부 성분이 피부 알레르기를 유발할 수 있음 • 메틸유게놀(발암가능물질) 함유 • 산모기(Asian tiger mosqutoes)에 효과가 떨어짐
정향유	2%, 3시간	• 식물성 성분 • 포함된 일부 성분이 피부 알레르기를 유발할 수 있음 • 메틸유게놀(발암가능물질) 함유

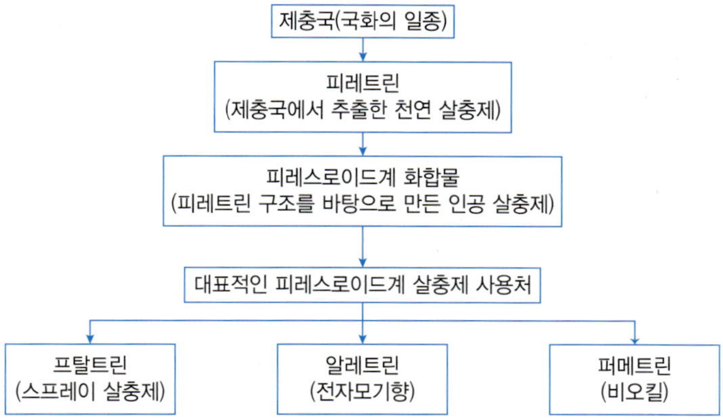

그림 4.13 제충국으로부터 추출한 피레트린 천연 살충제를 흉내낸 살충제와 사용처 퍼메트린은 주로 비오킬(해충의 신경계를 마비시켜 탈진 및 박멸시키는 바퀴벌레, 파리, 모기, 빈대, 벼룩 등의 살충제)로 사용된다.

있다. 다양한 성분 중 이카리딘이 모기 퇴치 효과 및 안정성 측면에서 비교적 우수한 특성을 보이고 있어, 최근에 판매되는 모기퇴치제는 위험하다고 알려진 DEET의 함량을 낮추고 대부분 이카리딘을 함유하고 있다. 모기퇴치제의 안정성을 고려하여 사용 및 사용 후 주의가 필요하다. 특히 사용 후에는 물과 비누로 잘 씻어 주고 실내에 기피 성분들이 남지 않도록 주의해야 한다.

모기향과 모기 스프레이

모기퇴치제 외에도 모기를 퇴치하기 위해 우리는 다양한 모기향과 모기 스프레이를 사용하고 있다. 모기향, 모기매트, 전자모기향과 모기 스프레이는 제충국(除蟲菊)이라는 국화의 일종에서 추출된 천연살충제를 참고하여 합성한 '피레스로이드계' 살충제 성분(알레트린, 프탈트린, 프탈레트린 등)을 주로 포함한다(그림 4.13 참조). 이러한 살충 성분은 인간과 가축에는 독성이 낮고 해충 방제에 사용할 수 있다고 알려져 있다. 또한 이러한 성분들은 빛에 의해 분해되므로 주로 실내용으로 사용되어도 잔존할 확률이 낮다는 장점도 있다. 비록 사람에게 독성이 낮은 것으로 알려져 있으나 과도하게 사용하면 호흡기·자율신경계의 장애를 유발할 수도 있으니 주의해야 한다.

실내에서 모기향을 태울 시 살충 성분 외에 첨가물로부터 폼알데하이드 등의 다양한 유해 성분이 발생할 수 있다. 특히 미세먼지 농도는 크게 증가한다. 한 국내 연구에 따르면 모기향 1개를 태울 때 담배 2~22개비에 해당하는 폼알데하이드와 담배 41~56개비를 태울 때 생기는 미세먼지가 나온다고 한다. 또 다른 연구에서는 모기 스프레이를 10초간 뿌린

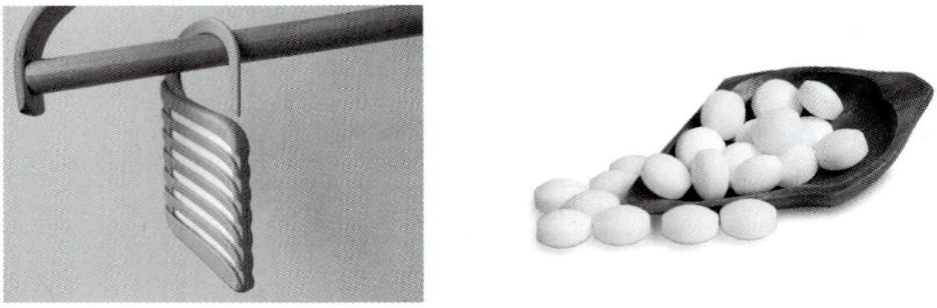

그림 4.14 우리 주위에서 흔히 보이는 나프탈렌을 함유한 좀약의 모습
(© Yevhen Prozhyrko, Faizal Ramli/Shutterstock)

다음 20분 경과 후 미세먼지 농도가 20배 증가한 결과를 보이기도 하였다. 따라서 다양한 모기향이나 스프레이를 사용할 시 살충 성분, 폼알데하이드 및 미세먼지가 발생할 수 있다는 것을 염두에 두어 항상 환기에 신경을 쓰도록 한다.

좀약

옷을 보호하기 위해 사용하는 좀약은 살충제와 방향제로 구성되어 있으며, 주요 성분은 나프탈렌이다. 그림 4.14는 주위에서 흔히 볼 수 있는, 나프탈렌을 함유한 좀약의 모습이다. 나프탈렌은 고체이나 30℃에서 증기압이 23.6 Pa으로 상당한 가연성 물질이다. 증기압이 높다는 것은 쉽게 증기가 되어 대기 중에 그 물질의 증기 분자가 많다는 뜻이다. 상온에서 어느 정도의 기간이 지나면 옷장에 넣어둔 고체 좀약이 사라지는 이유가 이것이다. 고체 좀약은 완전히 사라지는 것이 아니라 증기로 기화되는 것이며, 우리는 이 나프탈렌 증기를 마실 수 있다. 나프탈렌은 발암물질일 가능성이 제기되고 있기 때문에 과도한 좀약의 사용은 주의해야 한다.

바퀴벌레 약

대다수의 바퀴벌레 약에는 피프로닐이라는 살충제 성분이 포함되어 있다. 2017년에는 달걀에 살충제 성분 피프로닐이 허용치보다 많이 함유된 것이 발견되어 '농약 달걀'이라 불리며 큰 사회적 문제가 되기도 하였다. 바퀴벌레 약은 고체로 큰 위험은 없으나 실내에서 과도한 바퀴벌레 약을 사용하는 것은 살충제를 과도하게 집안에 뿌리는 것과 유사한 일이 될 수도 있다. 그림 4.15에 피프로닐 살충제의 특성과 허용 기준 및 인체에 미치는 영향이 정리되어 있다.

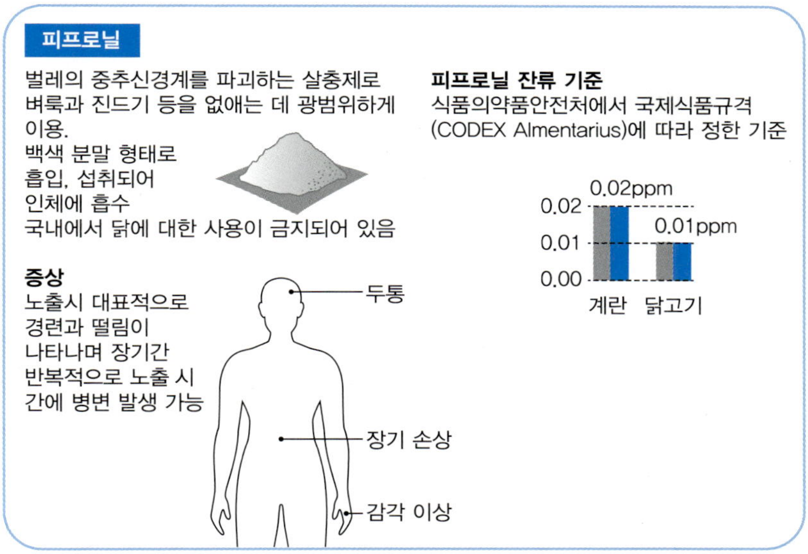

그림 4.15 살충제 피프로닐의 특성, 허용 기준 및 우리 몸에 미치는 영향

탈취제

생활환경에서 나는 악취를 없애기 위해 다양한 탈취제를 사용할 수 있다. 그러나 냄새를 없애기 위해 좋은 향이 나는 아무 방향제를 뿌리면 다양한 나쁜 영향이 있을 수 있다. 주위에서 많이 쓰는 페브리즈의 경우를 살펴보자. 주요 성분은 옥수수로부터 만들어진 하이드록시프로필 베타-사이클로덱스트린(hydroxypropyl beta-cyclodextrin, HPβCD)으로 그 구조를 그림 4.16에 나타내었다. 페브리즈를 뿌리면 HPβCD 분자의 고리 구조에 냄새 나는 물질을 잡아 둘 수 있기 때문에 탈취 효과가 나타난다. 즉, 고리 구조에 휘발성의 악취 물질이 잡히면 냄새가 나는 성분이 움직일 수 없게 되어 우리가 냄새를 느낄 확률이 낮아지는 것이다. 페브리즈의 성분, 기능 및 특성은 표 4.7과 같다. HPβCD 등의 주요 성분은 해가 없는 것으로 알려져 있으나, 일부 첨가물(제4급 암모늄 클로라이드)의 경우는 논란이 있다. 이러한 탈취제의 경우에서 알 수 있는 바와 같이, 주위의 많은 PPCP는 단일 분자 혹은 성분으로 된 경우는 거의 없고 안정제 혹은 향내 나는 성분 등을 포함하고 있으며 유해성을 평가할 때 모든 성분 및 함량을 고려할 필요가 있다.

가습기 살균제

가습기의 세균과 물때 방지를 위해 사용한 살균제가 미처 생각하지 못한 문제를 일으켰다. 기화된 살균제가 사람들의 폐에 들어가, 폐를 굳게 하는 등의 다양한 문제를 야기하

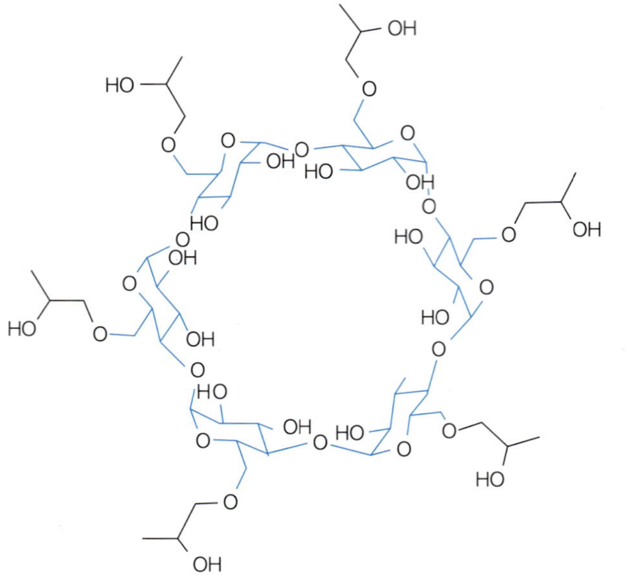

그림 4.16 탈취제 페브리즈의 주요 성분인 히드록시프로필 베타-시클로덱스트린의 화학 구조 고리 구조에 냄새 나는 물질을 잡아 두어 탈취 효과를 얻을 수 있다.

표 4.7 시중에서 판매되는 탈취제 페브리즈의 주요 성분, 기능 및 특성

성분	기능	특징
알코올	건조제	식물에서 추출된 건조제
구연산	산도조절제	감귤류 과일에서 자연적으로 추출되는 약산성 유기산으로 산도 조절
사이클로덱스트린	탈취제	옥수수 전분에서 추출한 성분으로 냄새 제거
말레산	산도조절제	물의 산도만큼 안전한 수준으로 산도를 유지시킴
모디파이드 폴리다이메티콘	계면활성제	제품의 안전성을 유지 시켜줌
폴리아지리딘	탈취제	냄새를 끌어낼 수 있는 고분자 기술을 가지고 있어 섬유에 깊숙이 침투해 냄새의 근원을 찾아 없애줌
하이드로제네이티드 캐스터 오일	계면활성제	캐스터 콩에서 추출된 계면활성제로 향을 더 넓게 퍼뜨리도록 도와줌
4급 암모늄 클로라이드/염화 다이데실다이메틸 암모늄(DDAC)	미생물억제제	냄새를 유발하는 세균 및 박테리아를 제거해줌
향료	향료	섬유에 상쾌한 향이 남도록 해줌

고 큰 인명 피해가 발생하였다. 이 사례는 어떤 제품이라도 처음 사용할 시에는 그 위험성을 늘 유의해야 함을 보여 주었다.

참고

가습기 살균제의 비극

- **개요:** 가습기 내의 세균 및 물때를 방지하기 위해 살균제를 첨가하여 사용했으나 살균제에 의한 한국 최악의 화학 참사를 기록하였다.
- **피해:** 2017년 말까지 가습기 살균제 피해 신고자는 총 5,955명으로 그중 사망자와 생존자가 각각 1,292명(22%)(참고문헌 6) 및 4,663명(78%)이었다. 그러나 제품의 사용자가 최대 500만 명에 이르고, 사용 후 병원에 치료를 받은 사람이 30~50만 명이었다. 피해 신고를 하지 않은 사람이 대다수여서 실제 피해 규모는 더 클 것으로 예측된다.
- **사용한 살균제:** 가습기에는 그간 비교적 안전한 것으로 알려진 폴리헥사메틸렌구아니딘(polyhexamethyleneguanidine, PHMG) 및 올리고(2-2-에톡시)에톡시에틸구아니딘(oligo(2-(2-ethoxy)ethoxyethyl guanidine, PGH) 등의 살균제를 사용하였다. 이들의 화학 구조는 **그림 4.17**에서 볼 수 있으며, 다른 PPCP와 유사하게 하나의 유기화합물들이다.
- **참사 원인:** 비교적 안전한 것으로 알려진 살균제를 사용했으나 문제는 초음파 가습기에 사용한 점이다. 초음파 가습기는 특히 우리나라에서 유독 많이 사용되는데, 살균제가 물방울과 함께 증발되어 증기로 만들어진 후, 예기치 않게 사람들의 폐로 침투하였다. 이전에 이러한 살균제들은 다양한 사용 및 위험성이 검토되었으나 증기로 만들어져 폐에 들어갈 경우의 위험성은 고려하지는 못하였다. 불행히도 증기를 흡입하여 폐에 들어갈 때 폐를 굳게 하는 등의 다양한 문제를 초래하는 등 위험성이 높아 큰 인명 피해가 발생하였다.

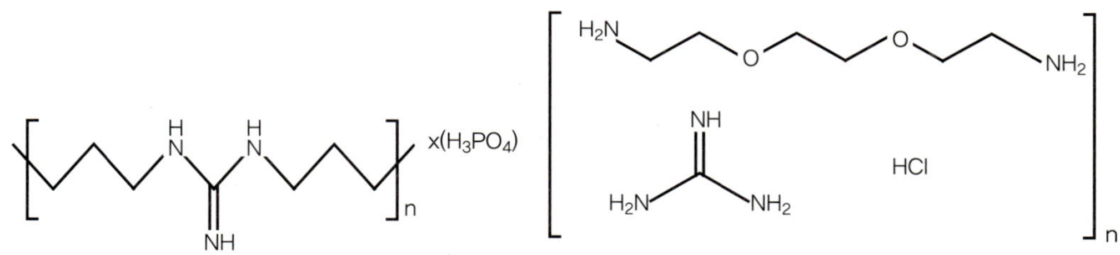

Polyhexamethyleneguanidine phosphate (n/x=1∼2)
PHMG phosphate

Oligo(2–(2–ethoxy)ethoxyethyl guanidinlum chloride)
PGH

그림 4.17 가습기에 사용된 적이 있는 살균제 폴리헥사메틸렌구아니딘(polyhexamethyleneguanidine, PHMG) 및 올리고(2-2-에톡시)에톡시에틸구아니딘(oligo(2-(2-ethoxy)ethoxyethyl guanidine, PGH)의 화학 구조

4.4 요약

앞서 살펴본 바에 의하면 실내 공기의 질이 실외보다 나쁠 확률이 높다. 따라서 주위 대부분의 사물의 안전성 및 유해성을 생각하고 평가해 보아야 한다. 그리고 가능하면 안

전한 것을 사용하고 유해한 것의 사용을 줄여야 한다. 또한 필요 없는 폭죽놀이, 불꽃놀이, 향 사용을 억제하고 연소 시에는 불완전 연소로 발생할 수 있는 일산화 탄소를 없애기 위해 노력해야 한다.

필요한 경우 실내의 미세먼지, 일산화 탄소, 라돈 등의 농도를 측정하고 적당한 주기로 환기를 꼭 하도록 한다(특히 차량 운전 및 음식 조리 시). 실내에 가능하면 녹색식물(화분)을 많이 키우는 것이 좋다. 다만 실내 오염을 지나치게 염려하거나 걱정하기보다 현명하고 꼭 필요한 소비를 하는 것에 초점을 맞추도록 한다. 다음은 미국에서 추천하는 실내 오염에 대처하는 행동요령으로 일상생활에서 참고할 만하다.

실내 오염 관련 우리가 할 수 있는 일(참고문헌 7)

- ☑ 집 내부의 라돈과 폼알데하이드를 확인하고, 필요에 따라서 조치를 취하라.
- ☑ 폼알데하이드가 함유된 가구와 물건을 사지 마라.
- ☑ 먼지, 납, 농약의 유입을 감소시키기 위해서 집에 들어가기 전에 신발을 벗어라.
- ☑ 프탈레이트가 함유되어 있지 않은 세제로 바꿔라.
- ☑ 천연향수로 구운 레몬을 사용하라.
- ☑ 집과 작업장의 석면 수준을 확인하고, 만약 1980년 이전에 지어진 건물이라면 어떤 석면 물질인지 확인하라.
- ☑ 집 안 또는 차고에 가솔린, 용제, 또는 다른 해로운 휘발성 물질을 저장하지 마라.
- ☑ 흡연은 실외에서 하고 밀폐된 방에서는 환기를 자주 시켜라.
- ☑ 나무 연소 난로, 벽난로 그리고 등유와 가스 연소 히터를 작동시키고 환기하고 유지하는 것을 확실하게 하라.
- ☑ 모든 취침 공간에 일산화 탄소 탐지기를 설치하라.
- ☑ 실내 공기를 순환시키기 위해서 환풍기를 사용하라.
- ☑ 실내에 식물을 키워라. 많으면 많을수록 좋다.

핵심어 담배 연기, 라돈, 암모니아, 새집 증후군, 톨루엔, 폼알데하이드, 헌집 증후군, 환기, CO, PPCP, VOC

5장

물의 오염

이 장에서는 우리가 늘 마시고 쉽게 구할 수 있다고 생각했던, 그러나 그 중요성이 부각되고 있고 생명의 유지에 있어 너무나 중요한 물의 오염에 대한 개요, 현황 및 대처 방안을 정리하였다.

5.1 개요

요즘은 대부분의 경우 정수기나 생수 구입을 통해 마실 물을 얻고 있다. 10~20년 전에는 어땠을까? 예전에는 수질이 좋아서 강물이나 수돗물을 그대로 마셔도 된다고 생각했었다. 그런데 최근에는 급격한 산업 발전과 그에 따른 수질 오염으로, 정수가 잘 되어 공급되는 수돗물도 마시기를 꺼리는 경향이 있으며, 생수를 사 마시거나 개인적으로 정수기를 설치하여 마시는 물을 얻고 있다.

2018년 6월과 8월 사이에는 여러 언론사에서 수자원 확보에 큰 문제가 있음을 다음과 같은 제목의 기사로 보도하였다.

- 대구·구미·음성 등 하·폐수 처리장 5곳, 과플루오린화 화합물 기준치 이상 검출
- 녹조에 과플루오린화 화합물까지 … 낙동강 식수 관리 '비상'
- 과플루오린화 화합물 끓이면 농도 높아져 … 부산 수돗물 지역별로 농도 차이

그 후 2020년 7월에도 낙동강 원수와 정수장의 수돗물에서 기준치 이하이지만 또다시 과플루오린화 화합물 미량 검출되기도 하였다. 이처럼 환경 위기는 모든 방면에서 심각해지고 있고, 앞서 살펴본 대기 오염이나 지구온난화는 물론 수자원의 오염도 급속히 진행되고 있다. 따라서 더 늦기 전에 대처를 해야만 안심하고 마실 물을 구할 수 있을 것이다.

표 5.1은 1991년 이후 2018년까지의 낙동강에서의 수질 오염 사고를 보여 주고 있다(참고문헌 1). 다양한 오염원으로 인한 수질 사고가 꾸준히 발생해 왔음을 알 수 있다. 다행히 2018년 이후 2024년 5월 현재까지는 낙동강에서 큰 수질 오염 사고가 발견되지는 않았다. 생활하수 및 폐수를 잘 정화한 뒤 방류해야 하며, 이외에도 수질 오염 사고들을 방지해야만 수질을 깨끗하게 유지할 수 있을 것이다.

어떤 화학 실험실 싱크대 앞에 붙어 있는 스티커에 "버리는 물도 낙똥강, 마시는 물도 낙똥강"이라고 적혀 있었는데 우리가 강물을 오염시키지 않아야 깨끗한 물을 이용할 수 있다는 점을 강조한 문구였다. 그만큼 강물 혹은 수자원의 오염은 우리와 멀지 않은 가까

표 5.1 1991년 이후의 낙동강에서의 수질 오염 사고

연도	유입 물질	유출 지역
1991(3월)	페놀(1차)	구미 A 전자
1991(4월)	페놀(2차)	구미 A 전자
2004	1, 4-다이옥세인	구미·김천공단
2006	퍼클로레이트	구미공단 B 기업
2008	페놀	김천공단 C 기업
2009	1, 4-다이옥세인	구미·김천공단
2012	플루오린화수소산	구미공단
2013	플루오린화수소산	구미공단
2018	과플루오린화 화합물	구미공단

운 곳의 일이라는 것을 알아야 한다.

최근에는 바다도 플라스틱 등으로 심각하게 오염되고 있다. 플라스틱의 사용량이 늘면서 폐기 혹은 방치하는 양도 많아 강을 거쳐 결국 바다를 오염시킨다. 강물의 오염은 결국 바다의 오염으로 이어진 것이다. 한 언론에 "2050년에는 바다에 물고기보다 플라스틱이 많을 것이다"라는 경고 기사가 실린 적도 있다. 그림 5.1은 해안가에 쌓여 있는 쓰레기의 모습을 보여 주고 있다. 이러한 다양한 쓰레기와 폐기물들로 인해 바다는 서서히 매우 심각하게 오염되고 있다.

또한 바다에서는 해양 오염 사고가 빈번하게 일어나고 있는데, 이러한 사고도 수질 오염을 심화시키고 있다. 1995년 7월에는 시프린스 호에 의한 기름 유출 사고가 여수에서 발

그림 5.1 해안가에 쌓여 있는 쓰레기의 모습(© Shutterstock/slim_Arnuphapy)

그림 5.2 오염된 바다를 청소하는 자원 봉사자들의 모습(© SrA Steven R. Doty)

생하였고 2007년 12월에는 삼성-허베이 스피리트 호에 의한 태안 기름 유출 사고가 발생하였다. 그림 5.2는 이 사고가 일어난 후 오염된 바다를 청소하는 자원 봉사자들의 모습이다. 이 사진을 통해 해양 사고의 심각성을 짐작해 볼 수 있다.

그동안 식수는 비교적 흔한 자원 중 하나였지만, 오늘날에 들어서 그 중요성이 더해지고 있다. 또한 지구상의 대부분의 물은 바다와 극지방의 빙하에 분포되어 있으며, 나머지 소량은 지하수, 염호, 호수, 강 및 공기 중의 수증기 등으로 존재한다. 이 중에 우리가 먹을 수 있는 물은 극히 일부분에 불과하다.

인체는 약 70%가 물로 이루어져 있으며, 이 중에서 1~2%만 잃어도 갈증을 느끼고 약 5%를 잃으면 혼수상태에 빠지며 12% 이상을 잃으면 생명을 잃는다. 이처럼 사람은 매일 적당한 양의 물을 섭취해야 생명과 건강을 유지할 수 있다. 따라서 우리가 먹을 수 있는

참고

순수한 물(좋은 물)의 정의

다음과 같이 사람이나 환경에 따라 다른 정의를 한다(참고문헌 2). 그렇지만, 오염된 물을 좋은 물로 생각하는 사람은 없다.

- **부모**: 내 자식에게 해로운 것이 없는 물
- **생태학자**: 필요한 영양소를 포함하는 천연 혼합물
- **화학자**: 다른 물질이 없는 순수한 H_2O
- **공장의 엔지니어**: 값싸고 물때가 끼지 않는 물
- **야생동물 위원회**: 동물에게 해로운 것이 없는 물
- **보트 관광객**: 눈과 코를 즐겁게 하는 물, 쓰레기가 없는 물

깨끗한 물이 부족하다면 생존에 큰 위협이 될 것이다.

현재 태양계 행성 중에서 물이 있다고 알려진 곳은 지구뿐이다. 미국 항공우주국에 따르면 화성 표면에 거대한 호수가 있었던 흔적이 있다고 하지만 현재 물이 있는 행성은 지구 외에는 없다. "물처럼 쓴다"는 말이 있을 정도로 물은 너무나 흔한 것이었지만, 이제는 "물 전쟁"이라는 말이 나올 정도로 중요한 자원이 되어 가고 있다.

5.2 물의 특성

물은 두 개의 수소와 한 개의 산소로 이루어진 분자이며, 수소와 산소의 전기 음성도[1] 차이가 크고 분자가 굽은 구조를 가지기 때문에 물은 극성을 가지고 수소 결합이라는 특별한 결합을 할 수가 있다. 그림 5.3의 왼쪽은 실제로 존재하는 물의 구조, 즉 굽은 구조를 보여 주고 있다. 반면, 그림 5.3의 오른쪽은 "만약 물이 직선 구조를 가진다면?"이라는 생각으로 그린 구조이다. 이러한 직선 구조(굽은 구조 대신에)에서 물은 극성을 가질 수 없고 따라서 수소 결합도 불가능하게 되어 물의 성질 및 특성이 우리가 알고 있는 것들과 아주 달라질 것이다. 따라서 물의 많은 특성은, 수소와 산소의 큰 전기 음성도 차이 및 굽은 구조로 인한 수소 결합 때문에 일어난다.

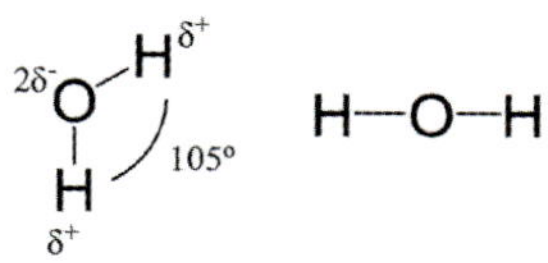

그림 5.3 실제 물의 구조(왼쪽)와 가상의 직선 구조(오른쪽)

그림 5.4는 물에서의 수소 결합의 개념을 보여 주고 있다. 두 개의 물 분자 사이에서, 산소와 수소 사이에 비교적 약한 결합이 생길 수 있다. 이를 점선으로 나타내었고 이것이 수소 결합을 의미한다. 반면, 굵은 선으로 표기된 결합은 하나의 물 분자 안에 존재하는 수소와 산소 사이의 결합(공유 결합이라고 불린다)을 나타내고 있으며 이 결합은 강하여 끊기 힘들다.

그림 5.5는 수소 결합(점선으로 표기됨)이 발생하는 다양한 경우를 보여 주고 있다. 맨 위 3개의 그림(①, ②, ③)은 같은 분자들 사이의 결합으로, 각각 물, 플루오린화 수소, 암모

1 전기 음성도: 어떤 원자가 전자를 끌어당기는 능력을 의미하며 클수록 전자를 잘 당긴다.

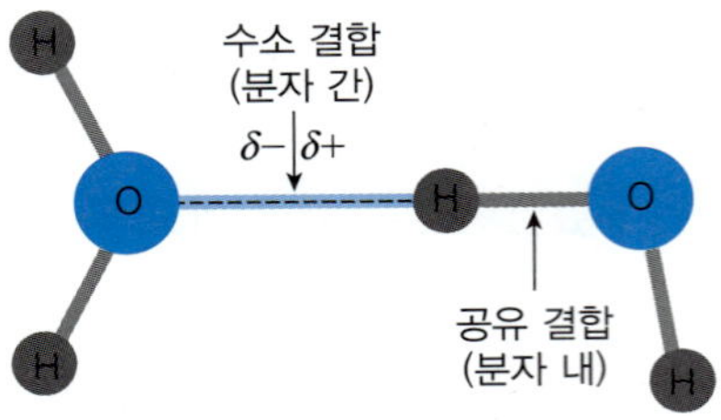

그림 5.4 물에서의 수소 결합

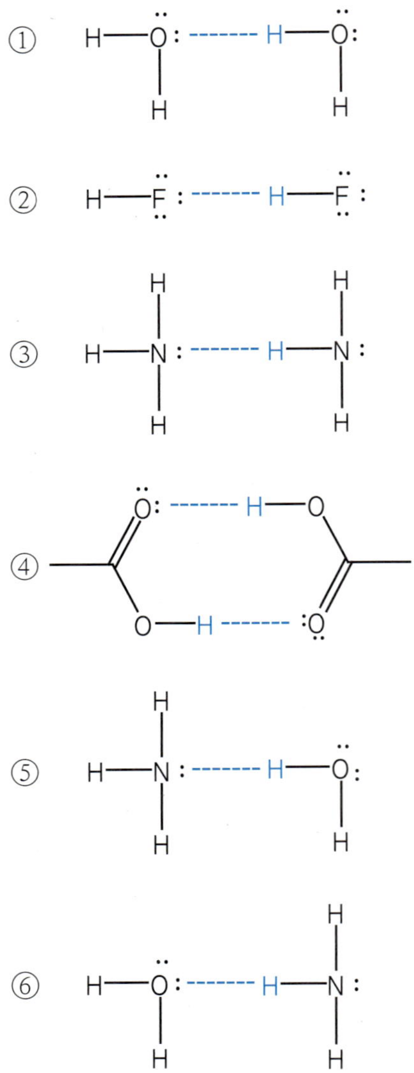

그림 5.5 수소 결합(파선으로 표시)이 발생하는 다양한 경우

니아 분자들 간의 수소 결합을 보여 준다. ④는 같은 분자 사이의 수소 결합을 보여 주지만 보다 크기가 큰 분자인 초산(아세트산)의 경우이며, 특히 2개의 초산 사이의 수소 결합은 8각형의 안정한 구조를 유도한다. ⑤와 ⑥은 서로 다른 분자들 간의 수소 결합을 보여 주며, ⑤는 암모니아와 물, ⑥은 물과 암모니아 사이의 수소 결합을 보여 주고 있다.

참고

물이 굽은 구조를 갖는 이유

물의 산소 원자 주위에는 화학적으로 의미 있는 8개의 전자가 있다. 이 전자들은 가상의 사면체의 꼭짓점에 위치한다. 그림 5.6 왼쪽은 메테인 구조를 보여 주고 있으며 전형적인 사면체 구조를 가지고 있고 H-C-H의 사잇각이 109.5도로 존재한다. 그림 5.6에서 보듯이 사면체의 공간 배치를 고려하면 메테인의 수소들은 서로 정확히 마주 보고 존재할 수 없다(혹은 H-C-H의 사잇각이 180도가 될 수 없다). 그리고 전자쌍 중 결합에 참여하지 않은 전자쌍이 결합에 참여한 전자쌍보다 넓은 자리를 차지하기를 선호한다. 그림 5.6 중앙 및 오른쪽에 두 개의 조금 큰 점으로 표기된 것이 결합에 참여하지 않은 전자쌍을 보여 주고 있다. 중앙의 그림은 암모니아를 보여 주고 있으며 결합에 참여하지 않은 전자쌍이 1쌍이 있으므로 H-N-H의 사잇각은 109.5도가 아니고 107도로 조금 감소하였다. 그림 5.6 오른쪽은 물의 구조를 보여 주고 있고 두 쌍의 결합에 참여하지 않은 전자쌍으로 인해 H-O-H의 사잇각은 105도(정확히는 104.5도)로 더욱 감소하였다. 결합에 참여하지 않는 전자쌍들은 실제 분자 모양에 기여하는 바가 없으므로 그림 5.6의 오른쪽은 실제 그림 5.3의 왼쪽처럼 굽은 구조를 가지게 된다.

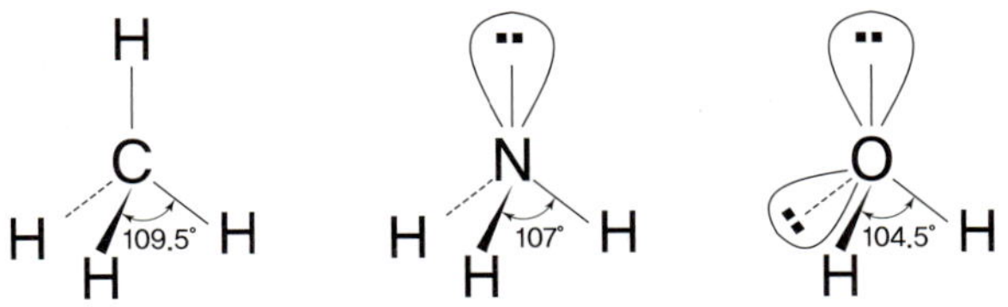

그림 5.6 메테인(왼쪽), 암모니아(중앙), 물(오른쪽)의 분자 구조 및 사잇각

! 중요

수소 결합

F, O, N 등의 전기 음성도가 큰 원자와 수소로 이루어진 분자가 이웃한 같은 혹은 유사한 분자 사이에서 생기는 정전기적 인력으로 일종의 '분자간 인력'을 의미한다.

물의 특성

물은 주위에서 보이는 많은 다른 물질들과 달리 자연 상태에서 비교적 용이하게 기체, 액체 및 고체의 3개의 상태로 존재한다. 특히 매우 낮은 분자량(18 g/mol)을 가지지만 보통의 상태에서 액체 상태로 존재하고 조금만 온도를 내리거나 올리면 각각 얼음과 수증기로 쉽게 전환된다. 따라서 물은 우리가 쉽게 활용할 수가 있다.

그림 5.7은 물이 각각 수증기(기체), 물(액체) 및 얼음(고체 상태)으로 존재하는 모양과 개념도를 보여 주고 있다.

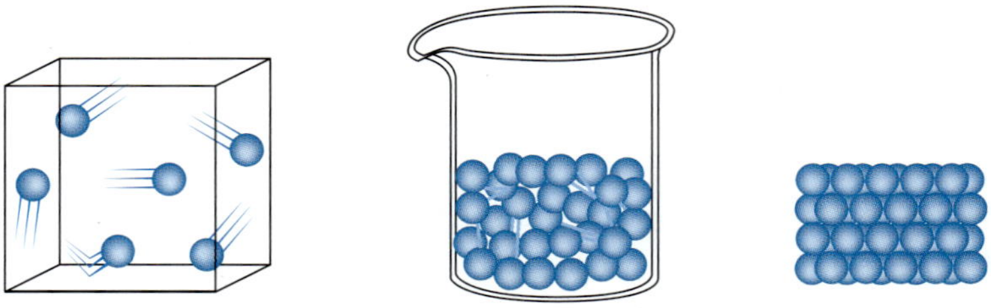

그림 5.7 물의 세 가지 상

참고

낮은 분자량에도 물의 끓는점이 100℃로 높은 이유

대부분의 화합물은 분자량이 작을수록 끓는점과 어는점이 낮아지는 성질을 보인다. 그러나 물은 분자량이 낮음에도 매우 높은 값을 가진다. 그림 5.8에서 보는 바와 같이 물, 암모니아, 플루오린화 수소는 수소 결합 때문에 단순히 분자량으로 예측된 끓는점보다 매우 높은 값을 가진다(어는점도 유사한 경향을 보인다).

물과 황화 수소를 비교해 보자.

(1) 황화 수소(H_2S): 분자량 34 g/mol이며 −60℃~−82℃ 사이에서 액체 상태로 존재한다.

(2) 물(H_2O): 분자량 18 g/mol이며, 만약 황화 수소와 유사한 성질을 가진다면(즉, 수소 결합의 기여가 없다면) 물은 약 −80℃에서 끓고 우리가 생활하는 환경에서는 보통 기체일 것이다. 즉, 물을 마시기도 힘들고, 지금과 같은 강이나 바다를 보지 못할 것이며, 물을 많은 물질을 녹이는 용매로 사용하기 힘들 것이다.

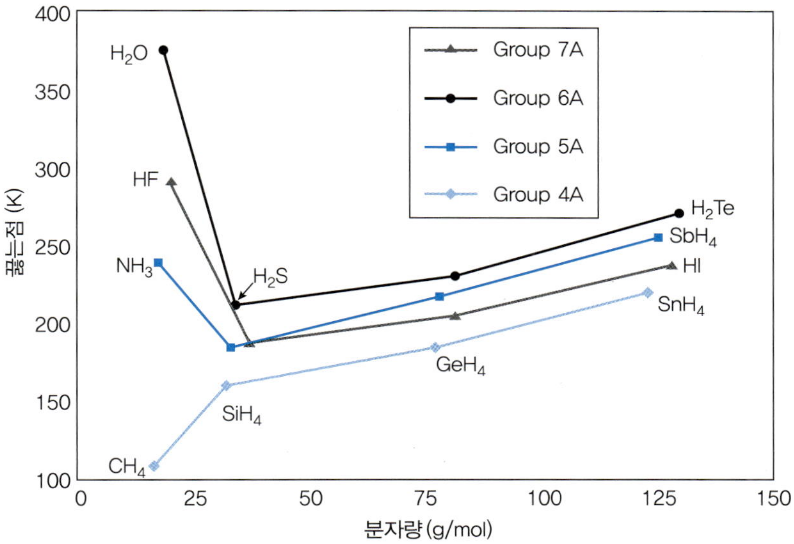

그림 5.8 물질의 분자량이 끓는점에 미치는 영향

물의 특성 2

물은 액체에서 고체로 되면서 오히려 부피가 늘어난다. 그 이유는 **그림 5.9** 왼쪽에서 보는 바와 같이 물이 얼음이 되면서 질서 정연한 구조로 되어 텅 빈 공간이 생기기 때문이다. 만약 다른 물질들과 비슷하게 액체에서 고체가 될 때 물의 부피가 줄어든다면, 얼음이 물보다 무거울 것이다. 그렇게 되면 강의 온도가 0℃ 이하로 내려가는 추위가 올 때 강은 밑바닥부터 얼기 시작할 것이다. 그 얼음이 차곡차곡 위로 올라와 강 전체가 얼면 물고기 같은 많은 수생 생물들이 살 수 없게 된다. 다행히 반대로 물이 위에서부터 얼기 때문에 추운 겨울에도 물 위의 얼음이 추운 기운을 막아주어 강물의 수온은 크게 내려가지 않아

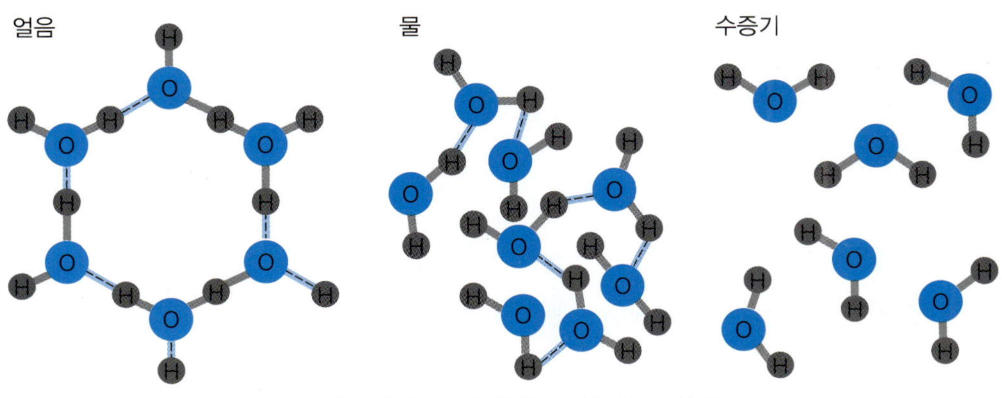

그림 5.9 얼음, 물, 수증기의 분자 배치 모형도

많은 생명을 유지할 수 있다.

물의 특성 3

물은 많은 물질(기름 같은 비극성 물질 제외)을 매우 잘 녹인다. 이러한 성질로 인해 물을 만유 용매(universal solvent)라고도 한다. 물의 높은 용해도를 이용하여 빨래, 오염된 곳의 정화, 영양분의 전달 등이 가능하다. 그러나 물의 단점은 너무 쉽게 오염된다는 것이다. 즉, 물은 농약이나 합성 세제, 공장 폐수 등 사람이 만드는 온갖 오염 물질들과 쉽게 섞이고 정화가 어려운 문제가 있다.

그림 5.10은 물의 극성 및 이들과 상호작용[2]하는 양이온과 음이온의 모습을 보여 주고 있다(즉, 물과 이온들이 아주 쉽게 상호작용을 하고 쉽게 섞이거나 녹는다).

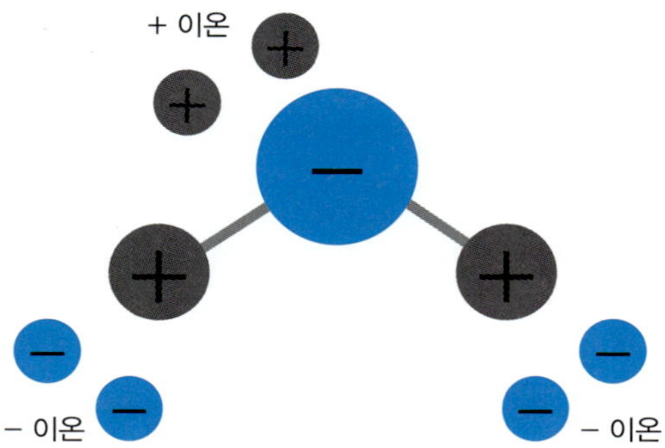

그림 5.10 물의 극성 및 이들과 상호작용하는 양이온과 음이온의 모습

물의 특성 4

물은 비열이 매우 크며, 대양, 인간, 생물 등의 온도가 급격히 변화하는 것을 방지할 뿐만 아니라 덜 덥고 덜 추운 특성을 갖는 해양성 기후가 나타나게 한다. 또한 융해열(80 cal/g)과 기화열(540 cal/g)이 매우 커서 쉽게 끓이거나 얼릴 수 없고, 이러한 과정을 일으키기 위해서는 큰 에너지가 필요하다. 따라서 물의 온도와 상태가 쉽게 변화하지 않아 다양한 응용이 가능하다.

물의 특성 5

물은 표면 장력(surface tension)이 매우 크고 투명하며 순수한 물은 거의 이온화되지

2 물과 이온들은 서로 다른 전하(양전하와 음전하)를 가질 때 상호작용한다.

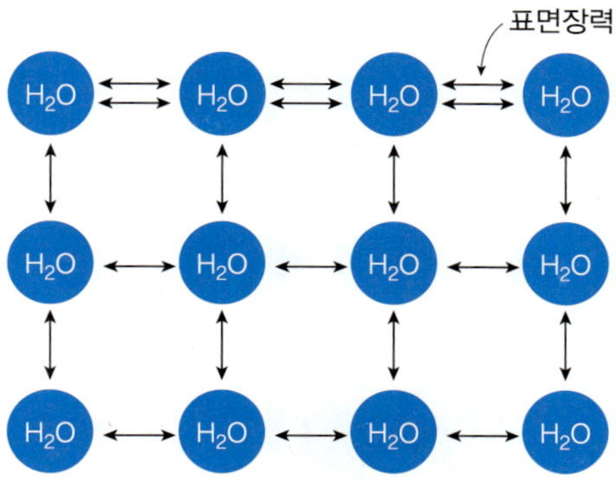

그림 5.11 표면 장력의 개념도

않아 전기를 거의 통하지 않는다. 그림 5.11은 물 사이의 상호인력에 의해 표면 장력이 생기는 모습을 보여 주는 개념도이다. 소금쟁이가 물 위에 편히 있는 것도 물이 큰 표면 장력을 가지기 때문이다.

참고

물의 수소 결합 효과

아주 키가 큰 나무에서 땅 혹은 나무의 뿌리로부터 나무의 말단 혹은 잎까지 물이 쉽게 이동하는 이유도 물이 수소 결합을 잘 하기 때문이다(물이 나무 밖으로부터 용질의 농도가 높은 나무 안쪽으로 이동하는 것은 삼투압 때문이다). 그림 5.12는 물이 나무의 뿌리부터 잎까지 이동해가는 개념도이다. 물관과 그 내부의 물 분자들의 구조를 보면 물과 물 사이는 응집력*이, 물과 세포벽 사이에는 부착력*이 발생하여 물이 서로 연결될 수 있고 결국 잎까지 이동할 수 있다. 응집력과 부착력도 모두 수소 결합에 기인한다.

* 부착(Adhesion): 물 분자와 세포벽 간의 힘은 부착력(수소 결합 때문)이라고 하며, 물이 중력에 의해 아래로 내려가는 것을 방지한다.
* 응집(Cohesion): 물 분자들 사이의 힘을 응집력(수소 결합 때문)이라고 하며, 세포 내에서 물들이 서로 결합하여 물기둥을 유지한다. 즉, 물이 서로 분리되고 중력에 의해 아래로 내려가는 것을 방지한다.

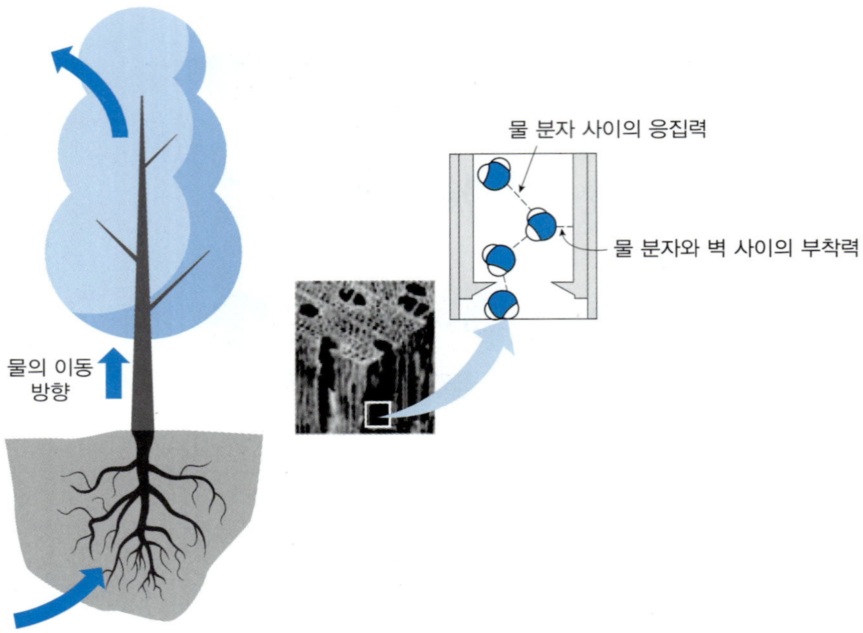

그림 5.12 나무에서의 물의 이동

5.3 물의 지구에서의 분포

지구에는 분명코 매우 많은 양의 물이 존재한다. 얼음으로 혹은 수증기로 혹은 바닷물이나 강물 등으로 다양한 지점에 다양한 상태로 존재한다. 그렇다면 우리 인간이 사용하는 물의 비율은 얼마나 되며 강물의 비율은 얼마나 될까? **그림 5.13**과 같이 사람이 사용하는 물과 강물의 비율은 매우 낮다. 즉, 그림에서 보는 바와 같이 많은 물 중, 사람이 사용하는 비율은 2.5/100(담수 비율) × 31/100(빙하를 제외한 표층수 비율) × 8/100(농업이나 공업용을 제외한, 사람이 쓰는 비율) × 100 = 0.062%(620 ppm)로 매우 적다. 즉 100만 개 중에서 620개만 사람이 사용하는 정도이다.

또한 **그림 5.14**에서 보는 바와 같이 모든 물 중에서 우리가 흔히 보는 강물의 비율은 2.5/100(담수비율) × 1.2/100(지하수나 빙하 등을 제외한 표층수나 기타 담수 비율) × 0.49/100(호수, 저빙 및 영구동토층을 제외한 비율) × 10^6 = 1.5 ppm으로 매우 적은 비율이다(즉 100만 개 중 1.5개 정도이다).

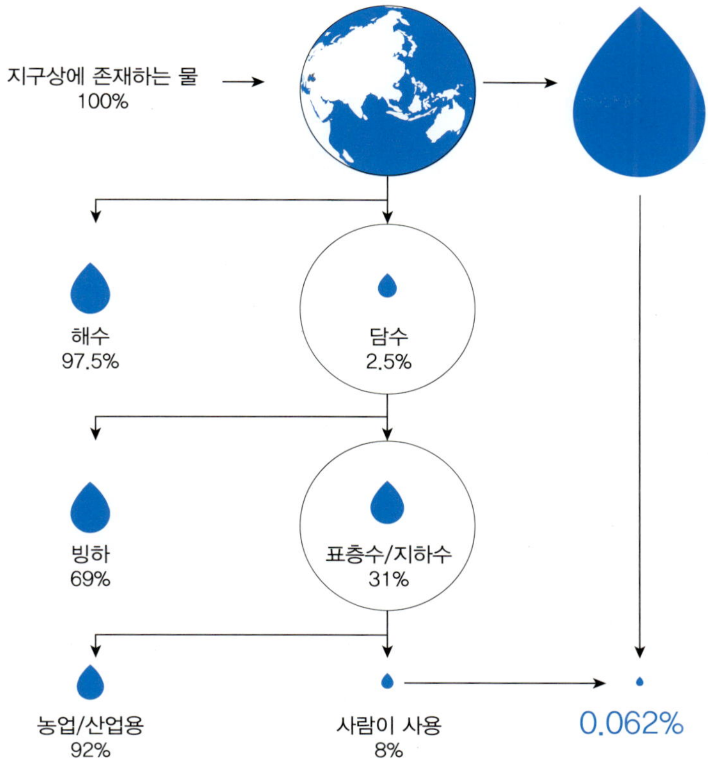

그림 5.13 사람이 사용하는 물의 비율

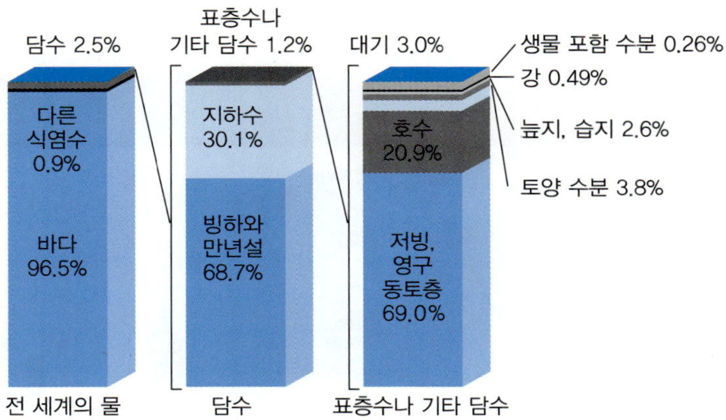

그림 5.14 전 세계의 물 중 강물의 비율

5.4 물의 순환 및 오염 경로

그림 5.15와 같이 물은 태양 에너지에 의한 증발, 응축/강수 및 중력에 의한 낮은 곳으로의 이동 등을 통해 지구를 순환하고 있다. 한편 그림 5.16과 같이 인간의 활동으로 인해 물은 다양하게 오염될 수 있다. 농축산 폐수는 물론이고, 공장폐수, 생활하수, 쓰레기 및 세차 등의 매우 다양한 경로로 물이 오염될 수 있다.

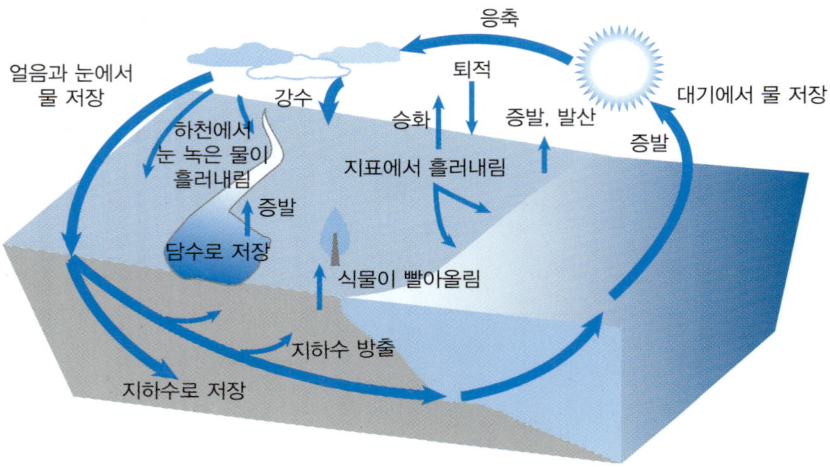

그림 5.15 물의 순환

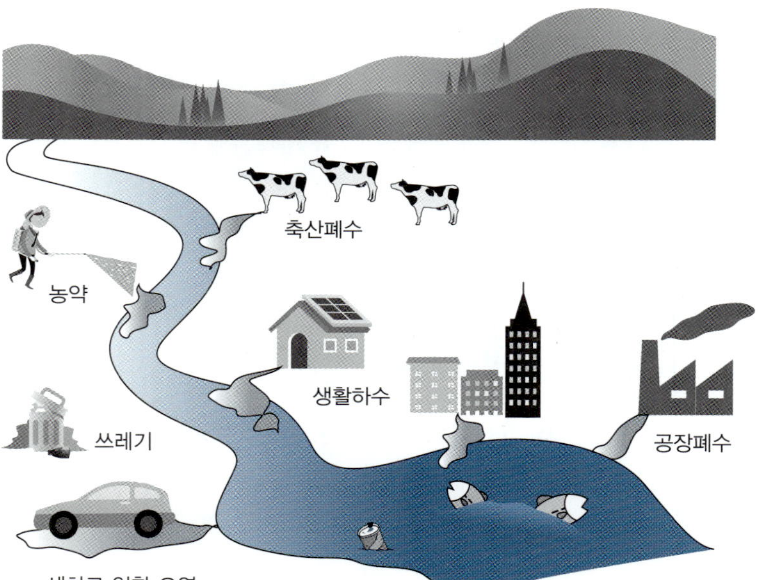

그림 5.16 물이 오염되는 원인과 경로

5.5 물의 오염 문제

앞에서 언급한 것처럼 물은 많은 물질을 잘 녹이기 때문에 쉽게 오염될 수 있다. 물의 오염은 심각한 결과를 초래한다. 먹이사슬을 따라 높은 단계로 올라갈수록 분해가 잘 되지 않는 어떤 화학 물질의 농도가 증가하는 현상을 생물농축(biomagnification)이라고 한다. 예를 들어 살충제 DDT(비극성으로 몸의 지방에 저장되며, 구조는 그림 5.17과 같다)의 농도는 그림 5.18에서 보는 바와 같이 먹이사슬을 따라 올라갈수록 가파르게 증가한다. 강에서의 DDT 농도는 0.000003 ppm으로 매우 낮으나 동물성 플랑크톤, 작은 물고기, 큰 물고기, 물수리 올라갈수록 그 농도가 매우 높아진다. 그림 5.18의 오른쪽은 그 농도의 비를 표기한

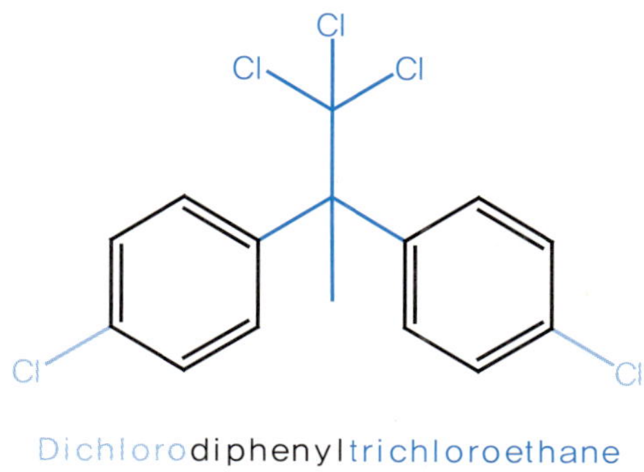

그림 5.17 살충제 DDT의 화학적 구조

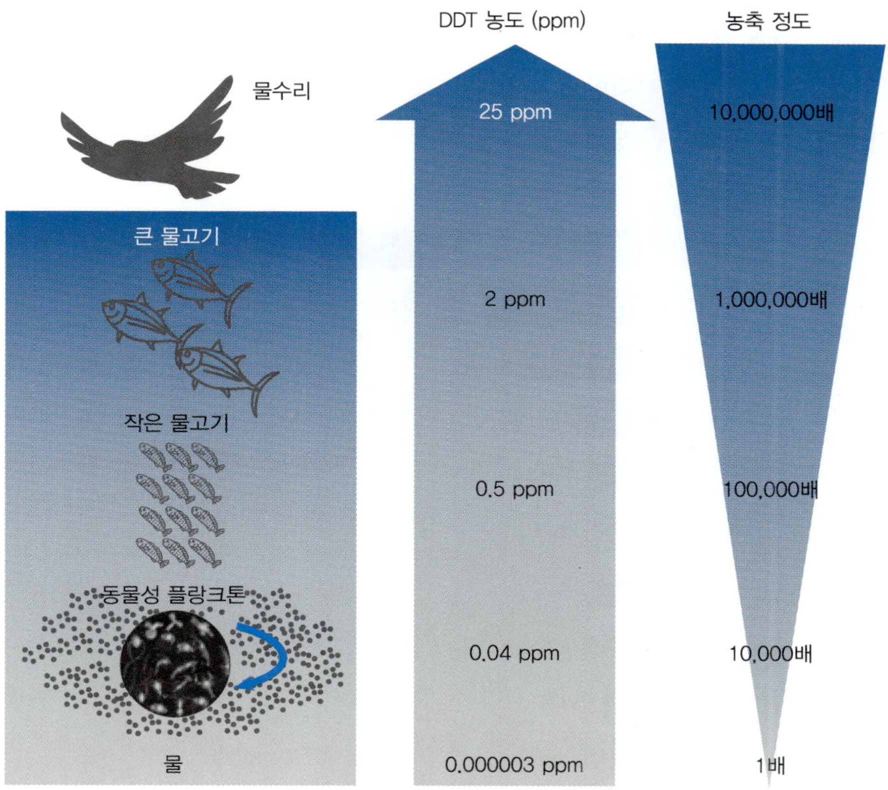

그림 5.18 생물농축 현상의 예

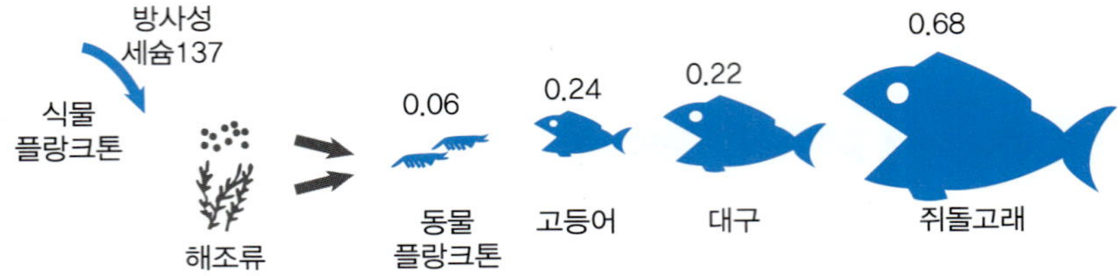

그림 5.19 방사성 세슘137의 생물농축 과정(단위: 체중 1 kg 당 베크렐(Bq))

것으로 물고기를 먹는 동물은 물에 비해 DDT 농도가 약 천만 배로 증가함을 보여 준다. 이와 같은 농도 증가폭(생물농축)은 강물을 오염시키지 않아야 하는 또 하나의 이유가 된다.

바닷물의 오염도 강물과 크게 다르지 않다. 그림 5.19와 같이 방사성 세슘137의 베크렐 농도(9장 참조)를 조사한 바에 따르면 식물 플랑크톤, 동물 플랑크톤, 고등어, 대구, 쥐돌고래로 먹이사슬이 올라갈수록 세슘의 농도가 증가함을 알 수 있고 생물농축이 일어남을 보여 준다.

한편, FDA에서는 수은 함유량이 높기 때문에 먹어서는 안 되는 생선으로 옥돔, 상어, 황새치, 왕고등어 등을 제시했으며 대부분 몸집이 큰, 먹이사슬의 상위 생선임을 알 수 있다. 또한, 국내 수산물 중의 메틸수은 함량을 분석한 결과 그림 5.20과 같이 참다랑어, 날개다랑어, 고등어, 갈치, 오징어, 가다랑어 등의 순서로 수은 함량이 감소하였다. 특히 참다랑어와 날개다랑어 등의 몸집이 큰 생선의 수은 함량은 매우 높으므로 섭취를 제한할 필요가 있다.

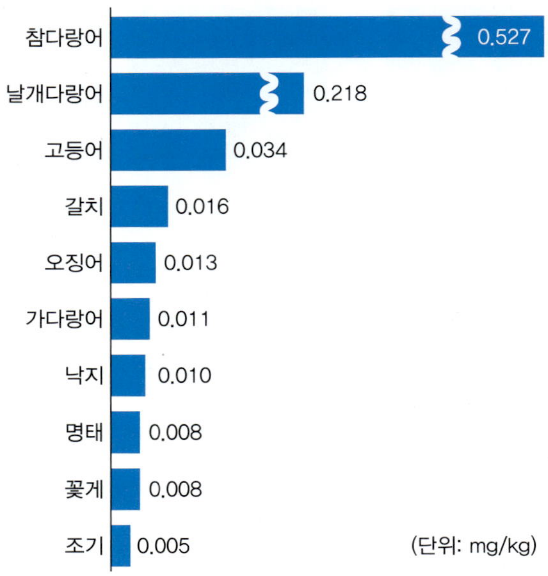

그림 5.20 국내 수산물의 메틸수은 함량

참고

메틸수은

수은과 메틸기가 결합한 화합물로 일반적으로 일본 미나마타병의 발병 물질인 염화 메틸수은(CH_3HgCl)을 의미한다. 유기수은이라고 하면 염화 메틸수은을 가리키는 일이 많다.

참고

마실 물이 오염된 경우 휴대용 정수기가 있으면 '생명수'를 구할 수가 있다. 그림 5.21은 생명빨대(LifeStraw)라고 불리는 휴대용 정수기의 외관 및 내부 구조를 보여 주고 있다. 물이 오염되었을지라도 이 빨대를 이용하여 빨아 당겨 마시면 다양한 오염원을 제거할 수 있다. 오염 지역 및 물이 아주 부족한 지역을 여행할 때 휴대하면 큰 도움이 될 것이다. 물의 오염으로 잃는 생명을 구할 수 있는 작은 정수기이다.

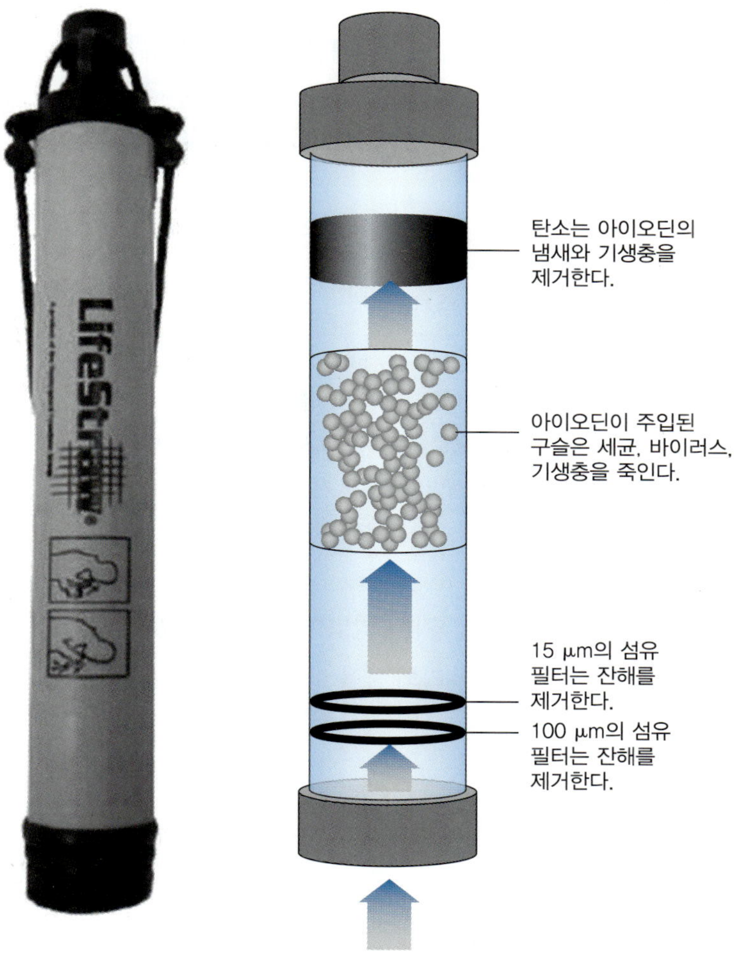

그림 5.21 생명 빨대의 외관 및 내부 구조

5.6 지켜야 할 수자원

인구와 경제활동의 증가로 인하여 수질이 나빠지고 전 세계적으로 먹는 물이 부족해지자 UN에서는 전 세계적으로 물의 중요성을 알리고 경각심을 일깨우기 위하여 매년 3월 22일을 '세계 물의 날'로 선포하여 홍보하고 있다. '세계 물의 날' 로고를 그림 5.22에서 볼 수 있다.

표 5.2에 물에 대해 알아 두어야 할 몇 가지 수치를 정리하였다. 앞에서 언급한 바와 같이 지구에 존재하는 담수 중 사용할 수 있는 비율은 1% 수준이고, 15초마다 물 관련 질병으로 인한 어린이 사망자가 1명 늘어나고 있다. 전 세계적으로 물 관련 질병으로 매년 약 358만 명[3]이 죽고, 안전한 식수를 구하지 못하는 사람이 약 9억 명이다.

그림 5.22 '세계 물의 날' 로고

표 5.2 물에 대해 알아 두어야 할 몇 가지 수치

수치	내용
1%	지구상의 담수 중 사용 가능 비율
15초	물 관련 질병으로 인한 어린이 사망자 1명 증가 시간
3,575,000명	연간 물 관련 질병으로 인한 전 세계 사망자
884,000,000명	안전한 식수를 구하지 못하는 인구

한편 다음과 같이 물을 절약하는 5가지 방법이 소개되어 있으며, 이러한 절약 방법을 적극적으로 실천하는 것이 소중한 우리의 물을 아끼기 위해 매우 중요하다.

- ☑ 양치컵 사용하기
- ☑ 샤워 시간 줄이기
- ☑ 세숫대야 사용하기
- ☑ 설거지통 사용하기
- ☑ 세제 사용 줄이기

3 일부 자료에 의하면 물 관련 질환으로 연간 800만 명이 죽는다고도 한다.

물 발자국

최근 물의 소비가 급격히 늘고 수자원의 고갈이 염려되는 상황에서 물 발자국(water footprint)이란 개념이 도입되고 있다(참고문헌 3). 물 발자국은 "개인 혹은 국가에 대하여 상품과 서비스를 지탱하는 데 필요한 추산된 담수의 양"을 의미한다. 전 세계의 물 발자국은 7.45×10^{15} L/년 (혹은, 1.24×10^{6} L/년/인)이고 미국인의 물 발자국은 2.48×10^{6} L/년/인으로 인도인의 약 2.5배를 사용한다고 한다.

! 중요

생태 발자국

생태 발자국(Ecological Footprint, EF)은 인간이 지구에서 삶을 영위하는 데 필요한 의·식·주 등을 제공하기 위한 자원의 생산과 폐기에 드는 비용을 토지로 환산한 지수를 말한다. 인간이 자연에 남긴 영향을 발자국으로 표현하였다. 생태 발자국은 1996년 캐나다 경제학자 마티스 웨커네이걸과 윌리엄 리스가 개발한 개념이다. 지구가 기본적으로 감당해 낼 수 있는 면적 기준은 1인당 1.8 ha이고 면적이 넓을수록 환경문제가 심각하다는 의미가 된다. 한국은 1995년을 기준으로 이 기준점을 넘었다. 선진국으로 갈수록 이 면적이 넓은 것으로 나타났으며, 선진국에 살고 있는 사람들 가운데 20%가 세계 자원의 86%를 소비하고 있다고 한다. 생태발자국을 줄이기 위해서는 가지고 있는 자원의 낭비를 최대한 줄이고, 대체 에너지를 개발하여 환경오염의 가속화와 자원의 고갈을 막아야 한다.

생태 발자국 외에도 물 발자국과 관련된 개념으로는 환경 발자국과 탄소 발자국이 있다(3장 참조).

지구 생태용량 초과의 날(Earth Overshoot Day)

물, 공기, 토양 등 자원에 대한 인류의 수요가 지구의 생산/정화 능력을 초과하게 되는 각 연도의 날짜를 의미하며 이날이 되면 인류는 한 해에 주어진 생태 자원을 모두 소진하게 되고, 그 이후는 미래세대를 위한 자원을 빌려 사용함을 의미한다. 2023년 기준 이날은 8월 2일(한국은 4월 2일)이었고, 이날을 기준으로 인류가 필요로 하는 지구의 개수를 산출하면 세계 평균 약 1.7개(한국인 기준으로는 약 3.9개)의 지구가 필요한 상황이다.

제품별 생산에 필요한 물의 양

표 5.3은 우리가 소비하는 다양한 식품을 생산하는 데 필요한 물의 양을 정리한 것이다. 대략적인 추산이므로 자료에 따라서 차이가 날 수 있고, 특히 지역별로 차이가 클 수 있으나 몇 가지 흥미로운 점을 알 수 있다. 우선 쇠고기보다는 돼지고기, 돼지고기보다는 닭고기의 생산에 필요한 물의 양이 적다. 또한 곡물이나 채소는 육류에 비해 상당히 적은 물로도 생산될 수 있다. 그리고 표에는 나타나 있지 않지만 커피는 차에 비해 약 10배의 물을 더 소비하여 물 소비 측면에서는 바람직하지 못한 기호식품이다.

표 5.3 다양한 식품을 생산하는 데 필요한 물의 양(L/kg)(자료: 국립환경과학원)

식품	물 필요량(L/Kg)	식품	물 필요량(L/Kg)
당료작물(sugar crops)	197	채소	322
과일	962	씨리얼	1,644
유작물(oil crops)	2,634	콩류(pulse)	4,055
견과류(nuts)	9,063	우유	1,020
계란	3,265	닭고기	4,325
버터	5,553	돼지고기	5,988
양/염소 고기	8,763	쇠고기	15,415

5.7 물의 오염 및 정화

그림 5.23은 강물의 상하 위치 및 오염원의 위치에 따른 오염 및 정화되는 정도와 더불어 각각의 위치에 사는 생물들을 보여 주고 있다. 오염원이 없는 강의 상류는 청정역이라고 하고 송어, 농어, 하루살이, 강도래가 주로 산다. 오염원이 주입되는 위치부터는 분해역이라고 하며 잉어와 동갈치가 산다. 오염원이 강으로 들어가면 산소 농도가 급격히 감소하는데, 그 이유는 생물학적 산소요구량(BOD)이 아주 높기 때문이다. 분해역 아래의 부패역이라고 하는 곳은 여전히 BOD는 높고 산소 농도는 낮아 물고기가 거의 살지

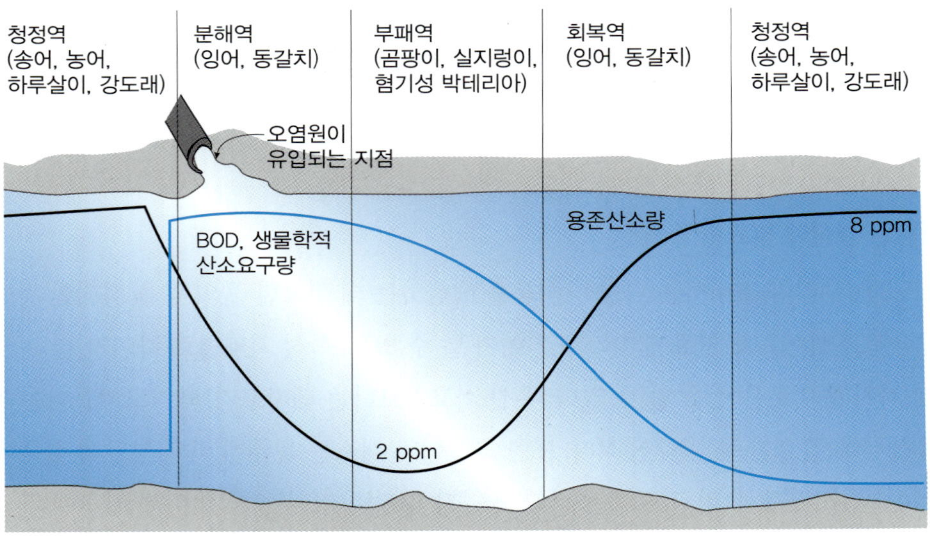

그림 5.23 강물의 오염 및 정화되는 정도와 각각의 위치에 사는 생물들(괄호 안에 표시)

못하고 곰팡이, 실지렁이, 혐기성 박테리아 등이 사는 영역이다. 부패역을 지나면 BOD는 줄어들고 용존 산소량은 빨리 늘어나는 회복역이 나타나며, 다시 잉어와 동갈치 등이 보인다. 따라서 강에 잉어나 동갈치, 심지어, 곰팡이, 실지렁이, 혐기성 박테리아 등이 산다고 다양한 생명이 잘 살 수 있는 깨끗한 강으로 오해하면 안 된다. 회복역 다음에는 다시 청정역이 나올 수 있다. 단, 분해역, 부패역, 회복역, 청정역으로 부를 수 있는 강물이 되기 위해서는 오염원의 농도가 자연 정화가 가능할 정도로 너무 높지 않아야 하고 오염원의 개수도 많지 않아야 한다.

물의 정화

물은 오염시키기 쉬워도 정화하기가 매우 어렵다. 표 5.4와 그림 5.24(참고문헌 4)와 같이

표 5.4 오염된 물을 정화할 때 필요한 물의 양(자료: 국립환경과학원)

구분	버려진 양	정화에 필요한 양	1.5 L 페트병 환산
위스키	30 mL(1잔)	1,830 L	1,220개
소주	360 mL(1잔)	1만 8,180 L	1만 2,120개
맥주	500 mL(1잔)	7,150 L	4,766개
요구르트	65 mL(1잔)	1,307 L	871개
김치찌개	150 mL(1잔)	525 L	350개
라면국물	150 mL(1잔)	564 L	376개
우유	200 mL(1잔)	7,500 L	5,000개

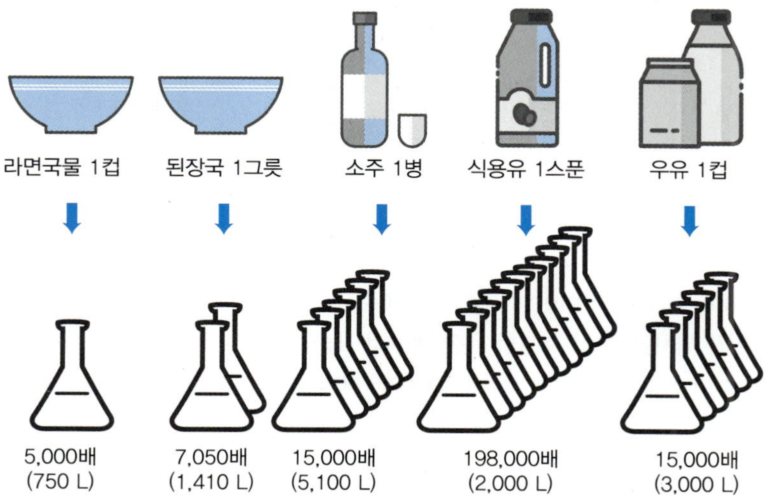

그림 5.24 오염된 물을 정화하기 위해 필요한 물의 양

오염된 물을 정화하는 데는 보통 수만 배 부피의 물이 필요한 것으로 알려져 있다. 두 자료는 서로 다른 값을 보이기도 하나 오염된 물을 정화하기 위해서는 매우 많은 양의 물이 필요하다는 사실은 같다.

5.8 물의 주요 오염원

화학 물질

페놀

'낙동강 페놀'이라는 말을 들어보았을 것이다. 페놀은 위험하고 강을 오염시키기 쉬운 화학 물질이다. 그러나 다양한 용도가 있어 주위에서 많이 사용되고 있다.

특성 및 용도	약산성의 C_6H_5OH 조성의 방향족 화합물로 페놀 수지, 비스페놀-A, 농약, 세제, 폴리카보네이트, 에폭시 등의 다양한 화합물의 원료가 되어 그 용도가 다양하므로 여러 공장에서 사용된다.
독성	그림 5.25의 심볼(미국 방화협회의 '응급 처치를 위한 물질의 표준 유해성 지표', NFPA 704)에 따르면 페놀은 '건강 위해성' 측면에서 3등급의 위험한 물질이이다. NFPA 704에서는 물질을 0~4의 5등급으로 분류하며 4등급이 가장 위험하다. 잘 알려진 독극물인 포스젠과 플루오린화 수소 등이 4등급 물질이며, 페놀과 같은 3등급 물질로는 일산화 탄소가 있다. 미국 보건복지부에 의하면 페놀을 1~32 g을 섭취하면 치명적이라고 한다. 더 이상 강으로 페놀이 누출되지 않도록 노력해야 함을 알 수 있다.

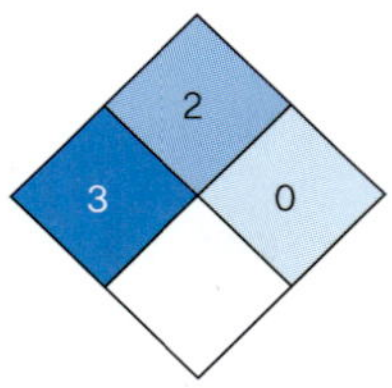

그림 5.25 NFPA 704 기준에 따른 페놀의 특성 '3'으로 표시된 다이아몬드는 원래 푸른색, '2'로 표기된 다이아몬드는 붉은색, '0'으로 표기된 다이아몬드는 노란색이다.

중요

NFPA 704(National Fire Protection Association 704)

미국 방화협회가 제시한 '응급 처치를 위한 물질의 표준 유해성 지표(Standard System for the Identification of the Hazards of Materials for Emergency Response)'이다. 이 기호 체계는 일반적으로 푸른색(왼쪽)은 "건강에 유해한 정도", 붉은색(위쪽)은 "인화성", 노란색(오른쪽)은 "불안정성/반응성", 흰색(아래쪽)은 특별한 성질이 있을 때 이들을 나타내는 데 사용된다. 각 분야는 0(위험하지 않음)에서 4(매우 위험)의 5가지 단계로 구분된다.

플루오린화 수소 혹은 불산(HF 수용액)

2019년 일본에서 한국으로 수출을 금지하여 논란이 되었던 품목으로 잘 알려진 플루오린화 수소(물에 녹인 것은 불산이라고 한다)는 우리 주위의 공장에서 종종 누출되어 매스컴에도 자주 언급되는 물질이다.

특성 및 용도	플루오린화 수소는 기체이며 불산은 이를 물에 녹인 수용액(보통 45~50%의 농도)이다. 테플론이나 플루오린을 포함한 의약품 및 화합물의 원료로 사용될 뿐만 아니라 반도체 공정의 에칭(식각) 및 세정제로 사용된다. 유리를 포함한 산화물을 잘 녹인다.
독성	그림 5.26에서 보는 바와 같이 불산(수용액일지라도)은 NFPA704 시스템에서 건강에 매우 위험한 4등급 물질로 분류되었다. 자극적인 HF 기체는 폐나 눈(각막)에 심각한 손상을 유도한다. 수용액마저도 피부에 접촉 시 심한 화상을 일으키며 피부를 죽게 한다. 접촉 초기엔 통증이 없고 다음 날이 되어야 증상이 나타난다는 점이 특히 위험성을 높인다. 진한 불산과 일정 면적 이상의 피부가(160 cm^2 혹은 25 $inch^2$) 접촉 시 치명적이며 심정지까지 일어날 수 있다고 한다.

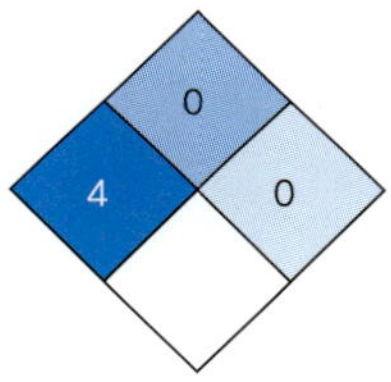

그림 5.26 NFPA 704 기준에 따른 불산의 특성

1,4-다이옥산

특성 및 용도	물과 섞이고 불이 잘 붙으며, 용매 및 트라이클로로에테인(Trichloroethane)의 안정제 등의 용도를 가지는 유기 물질이다.
독성	LD50이 5170 mg/kg(쥐) 정도인 독성을 가진다. NFPA 704 기준에 따르면 가연성은 3등급, 건강에의 영향은 2등급 물질이다.

* LD50: 반수 치사량. 피실험동물에 실험 대상 물질을 투여할 때 피실험동물 절반이 죽게 되는 양을 말한다. 해당 약물의 LD50을 나타낼 때 보통 체중 kg당 약물의 양을 mg으로 나타낸다.

환경호르몬

환경호르몬(Endocrine disruptor)이란 동물이나 사람 몸속에 들어가게 되면 호르몬의 분비나 작용을 방해하는 물질로, 전문용어로는 '내분비계 교란물질' 또는 '내분비계 장애물질'이라고 한다. 몸에서 정상적으로 만들어지는 물질이 아니고 산업 활동이나 환경오염 등으로 인해 외부에서 유입되는 물질이다. 환경호르몬으로 추정되는 물질로는 각종 산업

용 물질, 살충제, 농약, 유기 중금속류, 다이옥신류, 의약품으로 사용되는 합성 에스트로젠류 등을 들 수 있다. 그 외 컵라면의 용기로 쓰이는 스티로폼의 주성분인 스타이렌 등이 환경호르몬으로 의심받고 있다. 이러한 환경호르몬은 인간의 생식 기능 저하, 기형, 성장 장애, 암 등을 유발하는 물질로 추정되는 생태계의 교란 물질이다. 이에 따라 환경호르몬은 전 세계적으로 생물 종에 위협이 될 수 있다는 경각심이 생겼으며, 오존층 파괴, 지구온난화 와 함께 세계 3대 환경 문제로 등장하였다. 세계 야생동물 보호 기금 목록에서 67종, 일본 후생성에서 143종, 미국에서 73종의 화학 물질을 환경호르몬으로 규정하고 있지만 얼마나 더 늘어날지는 아직 예측할 수 없는 상태이다.

약품 및 생활용품

4장에서도 언급한 바와 같이 우리는 너무나 많은 '약품 및 생활용품(pharmaceuticals and personal care products, PPCP)'을 매일 사용하고 있고, 이들은 대부분 유기 물질로 물을 오염시키기 쉽다. 즉, PPCP는 수질, 토양, 대기 등 거의 모든 분야에 영향을 끼치고 특히 심각한 수질 오염원이 될 수 있다.

그림 5.27은 PPCP가 우리의 환경에 누출되는 경로를 보여 주고 있다(참고문헌 5). 그림에서 보는 바와 같이 제약사에서 만들어진 PPCP는 사람은 물론이고 어류, 반려동물, 가축

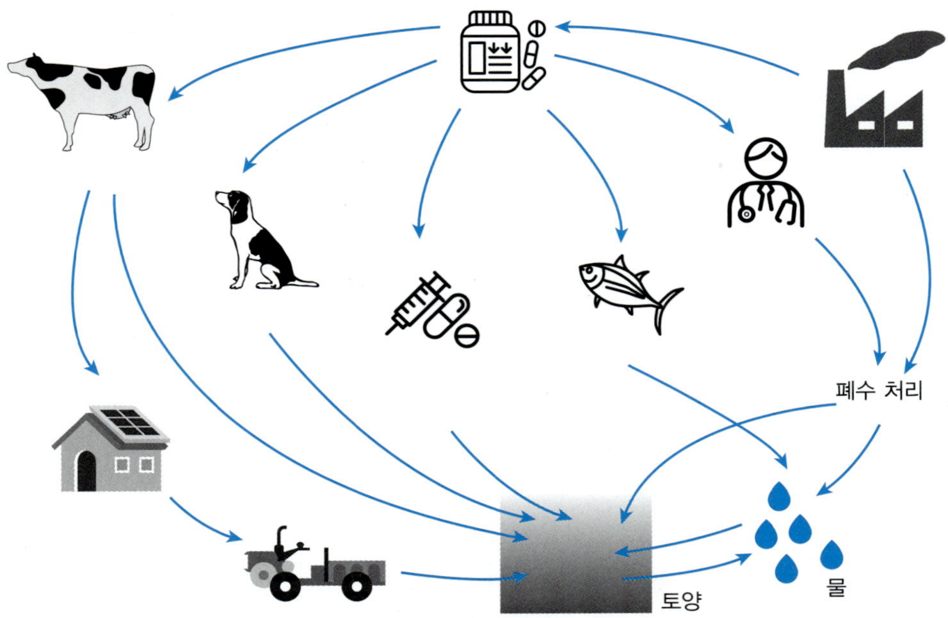

그림 5.27 PPCP가 우리의 환경에 누출되는 경로

등이 사용하게 된다. 복용 후는 물론이고 사용하지 않은 상태, 포장재, 주사 등을 잘못 처리하거나 공장에서 누출되면 결국 우리의 토양과 물을 오염시킬 수 있다. 따라서 PPCP는 생산과 유통 시는 물론이고 사용 시 및 그 후에도 자연의 오염을 최소화하도록 노력해야 한다.

약품 및 생활용품은 다음의 특징이 있기 때문에 사용 및 폐기 시에도 주의해야 한다.

- ☑ 내분비장애 물질로 작동하기 쉽고, 새롭게 부각하는 오염물(emerging contaminants)의 하나로 분류한다.
- ☑ 너무나 많은 종류가 알려져 있고 계속 늘어나고 있다.

즉, PPCP가 환경에 미치는 영향을 최소화하기 위해서는 PPCP를 주로 사용하는 개개인의 관심과 노력이 중요하다.

산업용 물질

산업에 활용되는 물질의 일부는 환경호르몬이 될 수 있으며, 환경호르몬으로 보고된 대표적인 산업용 물질은 다음과 같다.

비스페놀-A(BPA)

대표적인 내분비장애 물질이며 수지(폴리카보네이트, 에폭시, 폴리설폰 수지 등)의 제조에 활용된다. 최근에는 BPA 없이 제조된 수지도 많이 사용되는데, 그림 5.28과 같이 BPA-free 혹 비스프리라고 홍보하는 것을 주위에서 볼 수 있다.

그림 5.28 bpa-free가 적혀 있는 용기(© 출처: Shutterstock/Hteink.min)

참고

비스프리 제품에 환경호르몬이 없다고 말할 수 있을까?

비스페놀-A가 대표적인 환경호르몬으로 알려지면서 이를 대체하기 위한 노력이 많이 이루어져 현재는 수십 종의 대체품이 있다. 그중에서 가장 잘 알려진 것은 비스페놀-S라는 물질이다. 그림 5.29에서 보듯이 이 두 물질의 구조는 매우 유사하다.

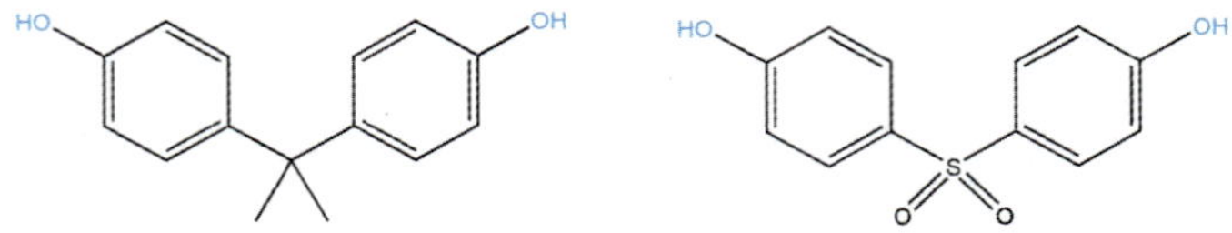

비스페놀-A 비스페놀-S

그림 5.29 비스페놀-A와 비스페놀-S의 화학 구조
(두 물질은 양쪽 끝에 -OH기를 가질 뿐만 아니라 서로 매우 유사한 구조를 가진다.)

비스페놀-A가 환경호르몬으로 작용하는 이유를 아주 간단히 생각해 보면 그림 5.30에서 보듯이 성호르몬인 에스트로젠(에스트론, 에스트라디올, 에스트리올의 3가지 성분이 가장 잘 알려져 있다)의 구조와 비스페놀-A의 구조가 유사하기 때문이다(특히 모두 -OH기를 포함한다).

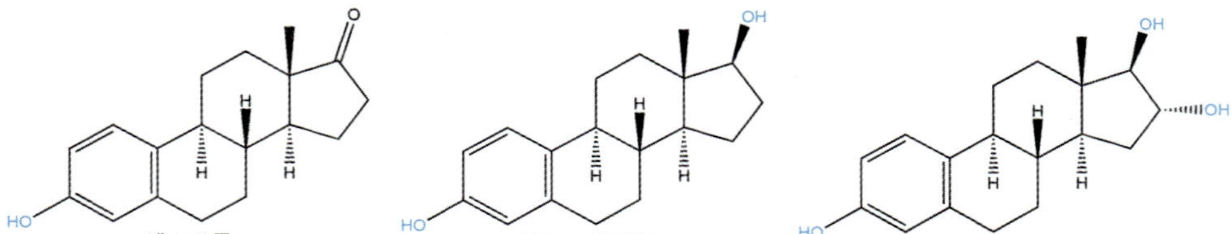

에스트론 에스트라디올 에스트리올

그림 5.30 에스트로젠의 대표적인 3가지 성분인 에스트론, 에스트라디올, 에스트리올의 구조

비스페놀-A를 비스페놀-S로 대체하여도 환경호르몬 측면에서는 유사하다는 연구 결과가 알려져 있다. 이는 비스페놀-A와 유사한 구조의 비스페놀-S 역시 에스트로젠과의 구조가 유사하므로 관련이 있는 것으로 여겨진다.

한편, 트라이탄(Tritan)이라고 하는 미국 Eastman 화학에서 개발한 소재가 최근 다양한 식품 및 유아용품에 많이 사용되고 있고 '비스프리'라고 통용되는 제품에도 사용되는 것으로 알려져 있다. 그러나 비스페놀-A가 없는 플라스틱에서도 환경호르몬이 검출된다는 논문이 발표되기도 하였다(참고문헌 6). 극단적으로는 "환경호르몬 없는 플라스틱이란 없다"라는 말도 들릴 정도이다.

프탈레이트

프탈레이트(phthalate)는 플라스틱 제조 공정의 가소제(성형이나 가공을 하기 쉽게 하려고 플라스틱이나 합성 고무에 첨가하는 물질)로 주요 사용된다. 즉, PVC 등의 플라스틱에 첨가하여 유연성, 투명성, 내구성 등을 향상한다. 흔히 플라스틱 제조 공정에 사용되어 최종 제품에 잔존할 수 있는 프탈레이트는 내분비계 장애물질로 의심된다.

스타이렌

스타이렌(styrene)은 특유한 냄새가 나는 액체이며, 폴리스타이렌 및 다양한 공중합체의 원료로 사용되나 그 자체로는 발암물질로 분류된다. NFPA 704 기준에 따르면 가연성은 3등급, 건강 위해성은 2등급이다. **그림 5.31**에서 보이는 것 같은 폴리스타이렌(스티로폼) 용기들은 침묵의 살인자라고 불리며, 따라서 최근에는 라면 용기 및 커피잔 등의 식품용기에서는 거의 퇴출되었다. 주로 냉동 혹은 냉장 식품의 포장 혹은 배송 용의 스티로폼 박스로 주로 사용된다.

그림 5.31 폴리스타이렌(보통 스티로폼으로 많이 불림) 용기의 모습

농약과 비료(6장 참조)

농약

농약은 농작물의 재배·저장 중 발생하는 병·해충·잡초를 방제하는 데 사용하는 화학농약 및 생물농약 그리고 농작물의 생리기능을 증진·억제하는 데 사용되는 생장조정제, 약효를 증진시키는 보조제 등을 총칭하며 제초체, 살충제, 살균제 등이 일반적이다.

넓은 의미에서 농약은 비료까지도 포함하며 토양소독으로부터 종자소독, 발아에서 결실 및 저장에 이르기까지 농업의 모든 과정에서 동식물에 의한 피해를 막는 데 쓰이는 모든 약제를 말한다. 또한 농작물을 보호하고 생육을 촉진하거나 억제하며 착색을 좋게 하여 농산물의 품질을 높이는 약제도 포함한다.

이러한 농약을 농가에서 사용하면 농약이 자연히 강으로 들어갈 수도 있고, 이에 따라 물의 주요한 오염원이 될 수 있다. 사용하지 않는 농약의 폐기 및 농약의 보관 시에도 농약이 물속으로 들어가지 않도록 특별히 주의해야 한다.

비료

비료는 토양의 생산력을 유지 또는 증진시키고 작물들을 잘 생장시키기 위하여 토양 또는 식물에 투입하는 영양물질을 일컫는다. 그 외 직접적으로는 작물의 영양물질이 되지는 않더라도 토양의 물리적·화학적 성질을 개선하고 유용한 미생물들을 증진시키며 토양 중에 식물에 이용될 수 없는 형태로 있는 양분을 이용 가능한 형태로 바꾸어 주거나 유독성 물질의 독성을 저감시키는 등 간접적으로 작물의 생육에 도움을 주는 물질도 비료에 포함된다.

비료의 성분들은 물에 녹는 수용성이 많으며 토양수 중에 빠르게 용해되는 것도 많다. 또한 비료의 주성분인 질소와 인은 하천과 호수 등지의 부영양화(6장 참조)를 초래한다. 따라서 비료도 농약과 유사하게 토양은 물론이고 우리의 수자원을 오염시킬 수 있으므로 생산, 이송, 보관, 사용 및 사후 처리에 큰 주의를 기울여야 한다.

과플루오린화 화합물

과플루오린화 화합물(Perfluorinated compounds, PFCs)은 탄소(C)와 플루오린(F)으로 이루어진 화합물(C-F 결합을 가지되 C-H 결합은 없음)로 화학적, 열역학적으로 안정하여 식품 포장제, 필름, 의류 등 다양한 생활용품에 사용된다. 그러나 과플루오린화 화합물은 쉽게 분해되지 않아 환경 및 사람 몸 안에 오래 잔류함으로써 위해가 우려되고 있다. 환경에서 높은 빈도로 검출되는 종류로는 Perfluorooctane sulfonate(PFOS)와 Perfluorooctanoic acid(PFOA) 등이 있으며 스톡홀름 협약을 통해 PFOS 물질을 잔류성 유기 오염 물질(Persistent organic pollutants, POPs)로 지정하여 국제적 관리가 이루어지고 있다. 다음과 같이 PFOA와 PFOS의 특징을 간략히 요약한다.

- ☑ PFOA(C8): 폴리테트라플루오로에틸렌(PTFE) 중합 시 계면활성제로 사용되며 유해하고 발암성(동물)이 의심되는 물질로, 일부 업체에서 사용을 중단하고 있다.
- ☑ PFOS: Scotchgard(3M에 의해 개발된 섬유 등의 보호제의 상표명) 및 다양한 오염방지제의 원료로 사용되며 표유류에 독성이 있고 지속성(persistent)을 가지며 생물농축(bioaccumulative)이 되는 것으로 알려져 있다. PFOA와 PFOS의 화학적 구조는 그림 5.32에서 볼 수 있다.

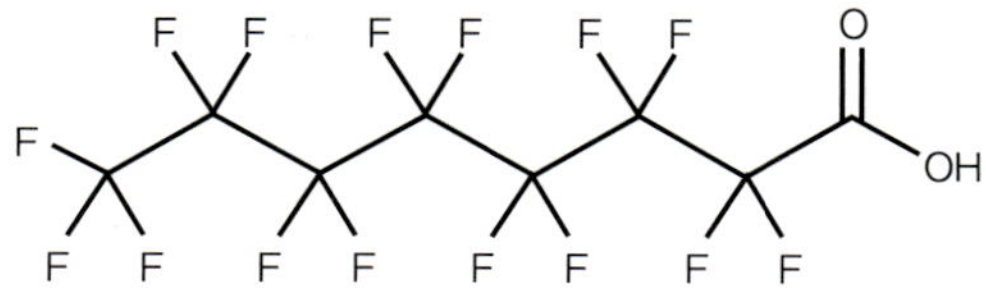

PFOA

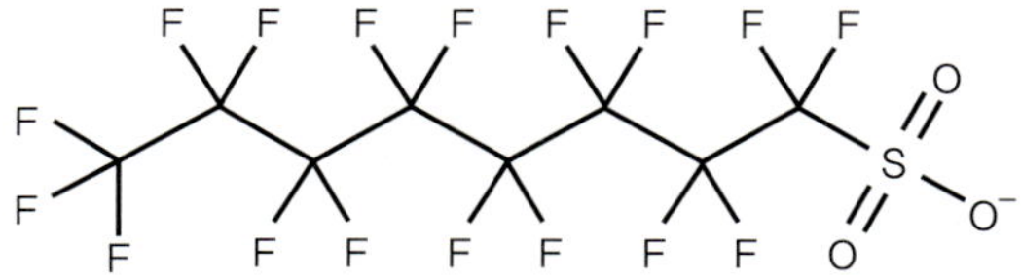

PFOS

그림 5.32 PFOA와 PFOS의 화학적 구조

참고

- PFASs: 과플루오린화 알킬 혹은 폴리플루오린화 알킬 화합물을 의미하며 Perfluoroalkyl and polyfluoroalkyl substances의 약자로 PFOA와 PFOS를 포함한다. 반면, PFCs는 과플루오린화 화합물(perfluorinated compounds or perfluorochemicals)을 의미하며 매우 범위가 넓다. 일반적으로는 PFCs > PFASs > PFOA 혹은 PFOS의 범위를 가진다
- PTFE: 테트라플루오로에틸렌의 중합으로 얻어지는 폴리테트라플루오로에틸렌(Polytetraf-lu-oroethylene)이며 그림 5.33과 같이 $-(F_2C-CF_2)_n-$의 조성을 가진다.
- 테플론(Teflon): Chemours Co.에서 생산되는 PTFE의 상표 이름을 말한다.

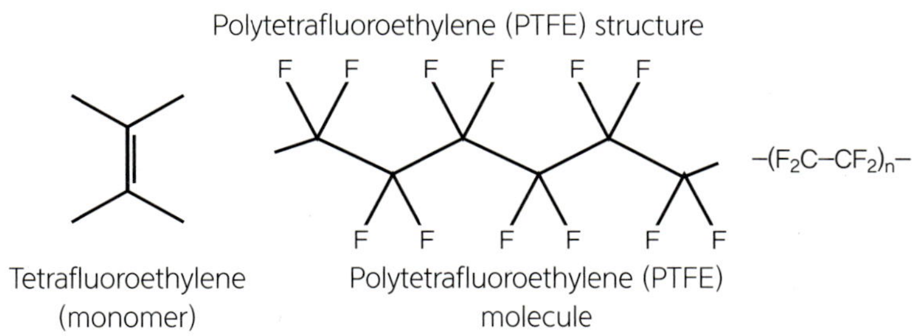

그림 5.33 **테트라플루오린화에틸렌(왼쪽)의 중합으로 얻어지는 폴리테트라플루오로에틸렌(PTFE)의 분자 모형** 그림의 오른쪽은 PTFE의 조성 $-(F_2C-CF_2)_n-$을 보여 준다.

중금속

중금속은 비중이 4 이상의 무거운 금속 원소를 지칭하며 비소·안티모니·납·수은·카드뮴·크로뮴·주석·아연·바륨·비스무트·니켈·코발트·망가니즈·바나듐·셀레늄 등 주기율표의 아래쪽에 주로 위치하고 있는 금속을 의미한다. 중금속은 미량이라도 체내에 축적되

면 잘 배설되지 않고 우리 몸속의 단백질에 쌓여 장기간에 걸쳐 부작용을 나타내기 때문에 매우 위험하다. 아래에는 대표적 중금속 오염원을 기술한다.

수은

실온에서 액체인 유일한 금속으로 각종 산업용 화합물의 합성 및 각종 기구 및 기기에 이용되고 수은전지, 치과용 아말감, 형광등 등에 사용된다. 1950년대 일본 미나마타에서 수은(실제로는 메틸수은)의 축적으로 668명이 사망하는 사건이 발생하였을 정도로 위험한 물질이다. 그 후 수은중독으로 인해 발생하는 공해병을 미나마타병이라고 부른다.

카드뮴

강철의 부식 방지를 위한 도금, 니켈-카드뮴 2차 전지, 다양한 색의 안료, 플라스틱 안정제, 브라운관 TV의 인광체 등의 재료로 사용된다. 1960년 일본에서 카드뮴이 포함된 광산 폐수로 인한 이타이이타이병이 발생하였고 그 후 위험이 잘 알려진 물질이다.

납

납축전지, 땜납, X-선과 방사선 차단제, 전선 피복제, 탄환, 무게추 등은 물론이고 과거에는 수도관, 조리기구, 안료, 가솔린 첨가제 등으로도 사용되었다. 다양한 음식물과 해산물, 수도관 등의 일상생활에서 발견되며, 체내에 축적되면 납중독이 일어날 수 있고 언어 장애, 두통, 복통, 및 빈혈 등의 증상이 나타난다. 로마 제국의 멸망 원인으로 당시 무분별하게 사용되던 연당(아세트산납, 단맛을 내는 조미료로 쓰임)에 의한 납중독을 꼽기도 한다.

비소

비소는 여러 합금(전지, 탄환), 반도체의 n-형 첨가제, GaAs 등 화합물 반도체로 사용되며, 비소 화합물은 목재 방부제, 농약(제초제와 살충제), 유리 제조 등에 사용된다. 물에서는 주로 3가의 $As(III)O_3^{3-}$와 5가의 $As(V)O_4^{3-}$ 비소 함유 물질들(주로 산소가 결합된)이 발견되며 3가 비소가 5가의 비소보다 더 위험한 것으로 알려져 있다. '비상(arsenic trioxide, As_2O_3)'이라는 비소 산화물도 오래전부터 독극물로 알려져 있다.

세제

비누(알칼리성)

긴 사슬을 갖는 카복실산의 음이온과 소듐 혹은 포타슘 이온이 이루는 염(salt)을 말한다. 즉, 비누 분자는 탄화수소 사슬과 카복실산염으로 구성되어 있다. 예를 들어 스테아르산 소듐염($C_{17}H_{35}COONa$)은 **그림 5.34**와 같이 두 부분으로 나눌 수 있다. 긴 꼬리 부분은 물과 잘 섞이지 않고 기름과 잘 섞이는 친유성을 나타내며, 전하를 띤 머리 부분은 물과 잘 섞이는 친수성을 나타낸다.

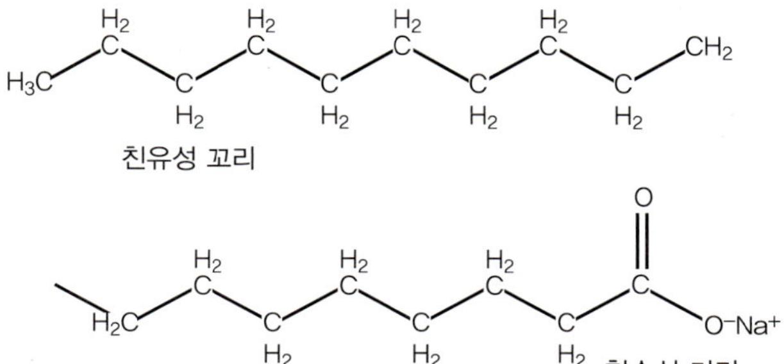

그림 5.34 **스테아르산 소듐염($C_{17}H_{35}COONa$)의 구조 및 친수성 및 친유성 부분** 그림의 윗부분의 맨 오른쪽과 아랫부분의 맨 왼쪽 부분은 서로 연결되며, 그림의 편의를 위해 단절된 것처럼 표현하였다.

합성 세제(중성)

석유계 탄화수소를 이용하여 화학적으로 합성하여 만든 세제로 대개 중성세제이며, 대부분 알킬벤젠설폰산소듐이다. 알킬기는 체인을 가질 수도 있으나 그 경우 분해가 어려워 선형 알킬벤젠설폰염(LAS, linear alkylbenzenesulfonate)이 주로 사용된다. 세척력을 높이기 위해 계면활성제에 인산염, 착색제, 표백제, 효소제를 첨가하여 제조하고 있다. 인산염은 센물을 단물로 만들기 위하여 첨가하고 있으나, 인산염이 물의 부영양화의 원인으로 지적되면서 대신 합성 제올라이트(zeolite)[4]를 사용하고 있다. 생화학적 분해가 빠르고 피부자극성도 적은 친환경의 합성세제 개발이 시도되고 있고 일부 시판된다.

비누와 합성세제는 사용량이 워낙 크므로 제대로 처리하지 않으면 강물을 오염시키기 쉽다. 부영양화는 물론이고 이들의 거품이 빛의 투과를 막기도 하여 수생 생물의 서식 환경도 크게 저해하고 미관상 좋지 않은 것도 단점이다.

4 제올라이트는 양이온 교환 능력이 있는 무기 물질로 비교적 무해하다.

> **참고**
>
> 1. 비누와 합성세제의 비교: 비누가 천연 물질인 동·식물성 유지류를 사용하는 반면에 합성세제는 석유에서 얻은 물질을 이용한다. 비누는 알칼리성이나 합성세제는 중성이다.
> 2. 계면활성제(Surface active agent): 표면 활성제라고도 하며, 물에 녹기 쉬운 친수성 부분과 기름에 녹기 쉬운 소수성 부분을 가지고 있는 화합물이다. 비누와 합성 세제의 주성분이다. 탄화수소계 화합물로서 친수성기와 소수성기를 동시에 포함하고 있어 옷의 때를 제거하는 역할을 주로 한다.

플라스틱

한 신문에서 "바다에 물고기보다 플라스틱이 더 많아진다면"(참고문헌 7)이라는 기사를 통해 플라스틱에 의한 물, 특히 바다의 오염을 정리하였다.

2010년 기준 국가별로 해양에서 버려지는 플라스틱의 양을 보면, 중국을 비롯한 다수의 아시아 국가(인도네시아, 필리핀, 베트남, 스리랑카)에서 많은 양을 버리고 있고 미국도 꽤 많은 양을 버리는 것으로 나타났다(참고문헌 8). 플라스틱은 한때 '기적의 소재'로 불렸으며, 발명 후 65년 만에 생산량이 160배로 늘어났다. 그림 5.35에서 요약된 것처럼 1950~2015년 사이에 생산된 83억 톤 중 5억 톤이 재사용되었으나 재사용 후 결국은 대부분 매립, 방치 및 소각처리되었고 현재까지 재활용되고 있는 것은 1억 톤에 머물렀다(참고문헌 9).

플라스틱 쓰레기가 크게 문제가 되는 것은 플라스틱이 포장재 및 소비재 등에 1회용으

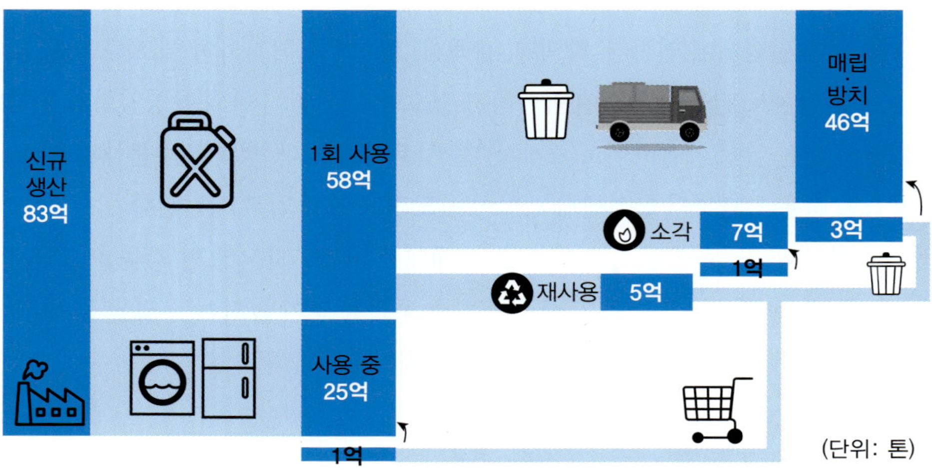

그림 5.35 1950~2015년 사이에 생산된 플라스틱 83억 톤의 현황

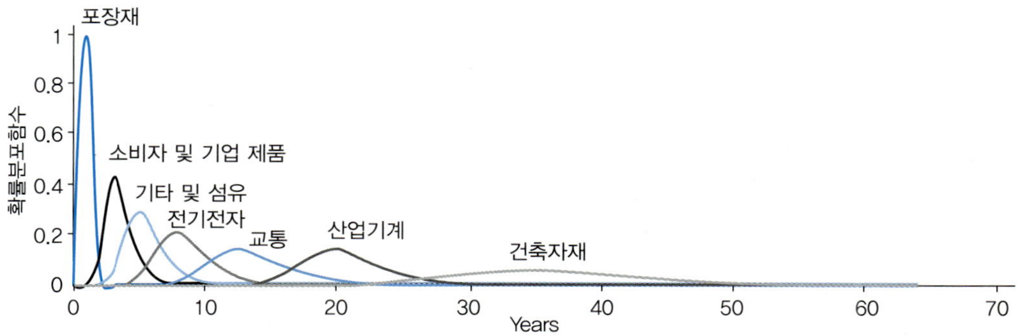

그림 5.36 용도별 플라스틱의 사용 기간 혹은 수명

로 사용되는 경우가 많으며, 제품의 수명도 짧기 때문이다. 현재 플라스틱이 환경을 오염시켜 큰 사회문제가 되고 있으나 플라스틱을 개발, 생산하는 측에서는 "만약 플라스틱이 없었고 다른 소재를 사용했다면 우리의 환경은 더욱 오염되었을 것이고 에너지 요구는 더욱 높았을 것이다. 따라서 오히려 플리스틱의 기여로 현재의 지구가 유지될 수 있었다"라고 강변하기도 한다. 충분히 설득력이 있는 지적이다. 인간이 지나치게 많은 자원을 낭비하고 있고 지구에는 너무 많은 사람이 살고 있다는 문제를 더욱 관심 깊게 생각해야 할 것이다.

그림 5.36(참고문헌 9)은 용도별 플라스틱의 사용 기간 혹은 수명을 보여 주는 것으로 포장재는 대부분 몇 년 이내에 수명을 다하고 쓰레기로 될 확률이 높다. 반면, 건축재 및 산업 기계로 사용된 플라스틱은 각각 대략 35년 및 20년 정도의 수명을 가져 포장재 대비하여 큰 문제가 되지 않고 자원의 효율이 높다.

그림 5.37(참고문헌 9)은 2050년까지 예상되는 플라스틱 쓰레기의 생성 및 폐기량 등을 정리한 것이다. 시간이 증가하면서 쓰레기 생성과 소각 등은 매우 급격히 증가할 것으로 예측되고 있다. 또한 재사용도 상당히 증가하겠지만 절대량이 크지 않다. 따라서 플라스틱의 생산, 사용 및 쓰레기 발생량을 줄여야 할 필요성이 매우 크다. 즉, 플라스틱을 워낙 대량으로 사용하기 때문에 사용 후 매립 및 방치할 경우 그 양도 매우 클 수밖에 없고 소각을 해도 우리의 생태계에 나쁜 영향을 미친다. 최근의 다양한 연구들은 소금, 공기, 심지어 수돗물에도 플라스틱 조각이 들어 있다고 한다. 또한 우리 몸에도 플라스틱 입자가 차곡차곡 쌓이고 있고 (큰 플라스틱은 몸에서 배출되지만) 비록 그 영향은 아직 완벽히 규명되지 않았으나 플라스틱에 따른 다양한 문제가 심각한 상황이다.

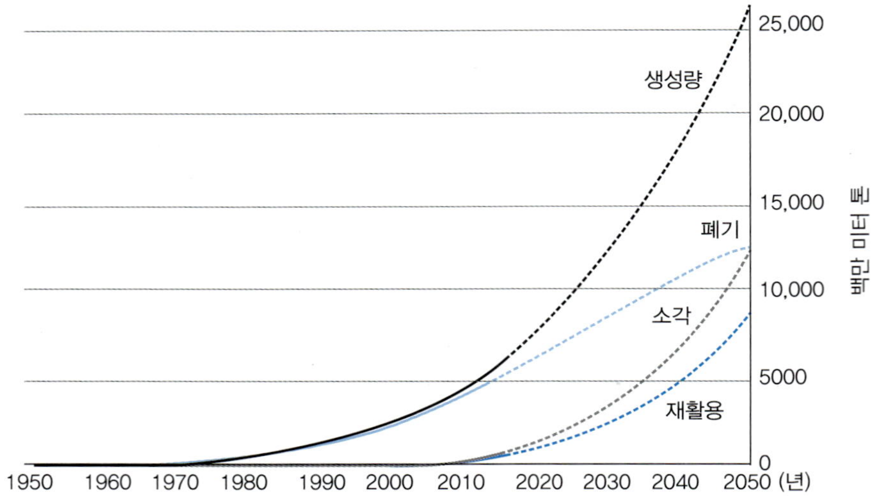

그림 5.37 2050년까지 예상되는 플라스틱 쓰레기의 생성, 폐기, 소각 및 재사용량

미세 플라스틱

미세 플라스틱(microplastics, MPs)과 나노플라스틱(nanoplastics)(참고문헌 10)은 각각 5 mm 미만 및 1 μm(혹은 0.1 μm)보다 작은 플라스틱으로 정의된다(최근에는 나노플라스틱의 크기는 보통 1 nm~1 μm로 정의된다). 처음부터 미세 플라스틱으로 제조되거나, 플라스틱 제품이 파쇄 및 분해(특히 햇빛을 받으면 쉽게 분해된다)되어 생성된다. 예를 들어 바다에서 흔히 보이는 부표 및 간단한 어구 혹은 페타이어, 마대 등은 풍화되어 쉽게 미세 플라스틱으로 될 수가 있다. 미세 플라스틱은 일상생활에서 쉽게 접할 수 있는 치약, 세정제, 세안제 등의 생활용품에도 포함되어 있었는데, 150 mL 제품에 대략 280만 개의 미세 플라스틱이 함유되어 있는 것으로 알려졌다. 즉, 생활용품에는 성능 개선을 위해 제조 시에 미세 플라스틱을 일부러 넣기도 하였다. 그림 5.38은 미세 플라스틱이 포함된 생활용품의 모습을 보여 주고 있다. 다행히 최근에는 미세 플라스틱이 포함된 생활용품은 더 이상 제조 및 통용되지 않고 있다. 미세 플라스틱은 너무 작아 하수처리시설에 걸러지지 않고, 강과 바다로 그대로 유입되어 환경을 파괴할 뿐만 아니라, 인간의 건강을 위협할 수 있다.

미세 플라스틱은 최근에 매스컴 등에서 쉽게 자주 접하는 용어가 되었다. 예를 들자면 "천일염부터 생선까지 미세 플라스틱 오염", "수산물 안전기준 시급", "인천·낙동강 하구 미세 플라스틱 농도 세계 2·3위", "거제·마산 생선 마리당 1.54개 미세 플라스틱 검출" 등의 보도가 있었다. 2018년 국내 연구진이 해염(바다물에서 얻은 소금)에서 미세 플라스틱의 함량이 얼마나 되는가 하는 흥미로운 연구 결과를 논문으로 발표하였다(참고문헌 11).

그림 5.38 미세 플라스틱이 포함된 생활용품의 모습(© Shutterstock/KYTan)

이 논문에 따르면 특히 인도네시아, 대만, 중국 등의 아시아 국가에서의 오염이 아주 심각한 수준이라고 한다.

이러한 현상의 주요 원인은 인간 활동으로 인한 바다의 오염이다. 인도네시아 자카르타 해변에는 플라스틱 쓰레기가 쌓여 있는 모습을 볼 수 있는데, 이러한 쓰레기가 바다로 흘러 들어가므로 인근 인도네시아의 바다에서 얻어지는 소금이 미세 플라스틱으로 오염되는 것은 당연한 결과이다.

논문의 내용을 좀 더 살펴보면 해염의 MP도 결국 인간의 플라스틱 사용에 기인함을 알 수 있다. 그림 5.39 왼쪽은 강에 버려지는 플라스틱의 양이 해염의 미세 플라스틱 농도에 미치는 영향을 보여 주고 있고, 오른쪽은 바닷물의 미세 플라스틱 농도가 해염의 미세 플라스틱 농도에 미치는 영향을 보여 주고 있다. 전반적으로 보면 강에 플라스틱을 버리는 양이 증가하거나 바닷물의 미세 플라스틱의 농도가 높아지면 해염에서의 미세 플라스틱의 농도가 증가한다. 이 연구 결과는 "전 세계 소금 90%서 미세 플라스틱이 검출… 우리 식탁 위협한다"라는 제목으로 국내에 보도되기도 했다(참고문헌 12). 그 연구 결과를 보면

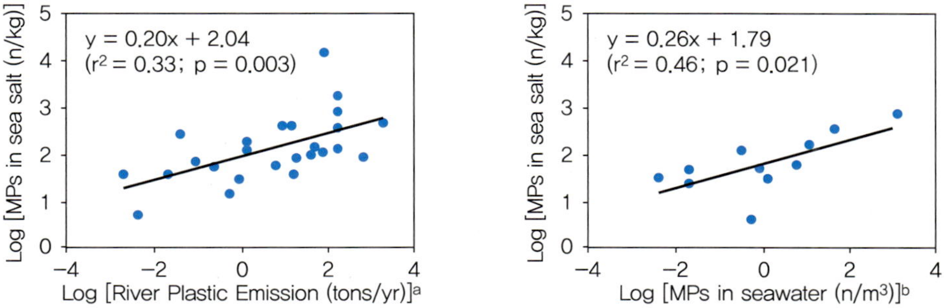

그림 5.39 강에 버려지는 플라스틱의 양이 해염의 미세 플라스틱 농도에 미치는 영향(왼쪽). 바닷물의 미세 플라스틱 농도가 해염의 미세 플라스틱 농도에 미치는 영향(오른쪽)

몇 년 후에는 MP가 없는 소금을 특별히 찾게 되거나 적어도 해염 대신에 암염을 찾게 될지도 모를 일이다.

한편, 태평양에는 '쓰레기섬(The Trash Isle)'이라는 이름을 가진 우리나라 면적의 약 15~16배인 쓰레기 더미가 떠다닌다고 한다. 태평양 거대 쓰레기 지대(Great Pacific Garbage Patch)라는 이름으로도 알려졌는데, 플라스틱이 대부분(90%)이라고 한다. 북대서양, 인도양, 남태평양 등에도 작지만 유사한 쓰레기 더미가 있다고 한다.

우리들이 먹는 음식, 물과 공기에서의 미세 플라스틱은 어떠할까? 2019년 연구 결과 미국인들은 음식·공기를 통해 연간 10만 개 수준의 미세 플라스틱을 삼기며(대략적으로 남자아이 81,000, 성인남성 121,000, 여자아이 74,000, 성인 여성 98,000개/연간 흡입) 음식물과 공기 흡입이 비슷한 기여를 한다고 한다(**참고문헌 13**). 이러한 주장은 다양한 식품과 물 및 미국의 대기에서의 미세 플라스틱 농도 분석치를 활용한 추정치이다. 연구를 위해 사용한 기준을 보면, 바다식품 = 1.48 MPs/g[5], 설탕 = 0.44 MPs/g, 벌꿀 = 0.10 MPs/g, 소금 = 0.11 MPs/g, 알코올 = 32.27 MPs/L, 병물 = 94.37 MPs/L, 수돗물 = 4.23 MPs/L, 공기 = 9.80 MPs/m^3 등의 농도로 미세 플라스틱이 존재한다는 통계였다. 반면 고기, 곡물 및 야채는 MP에 관한 데이터가 없어서 반영하지 않았다(따라서 이러한 식품의 통계까지 반영하면 섭취하는 미세 플라스틱의 개수는 더욱 증가할 것이다). 특히 병물이 수돗물에 비해 22배 이상의 MP 농도를 가짐을 알 수 있었다. 따라서 그 연구에서는 어떤 물을 마시느냐가 미세 플라스틱 흡수량에 결정적인 요인이라고 하였다. 플라스틱 병에 든 물만 마시는 사람은 연간 9만 개의 미세 플라스틱을 물로 인해 흡수하게 되는 것이며 이는 수돗물만 마시는 사람이 흡수하는 연간 4천 개의 미세 플라스틱의 20배 이상이다.

또 다른 연구에서는 우리가 차를 마실 때 흔히 사용하는 플라스틱 티백(tea bag)이 일반적인 사용 조건에서 얼마나 많은 미세 플라스틱을 내놓는지 조사하였다(**참고문헌 14**). 플라스틱(나일론이나 PET로 만들어짐)으로 만든 티백 1개에서 차를 제거한 후 티백을 95℃에서 5분간 우려내면 무려 약 116억 개의 MP와 31억 개의 나노플라스틱이 컵 속으로 나온다는 충격적인 결과를 전자현미경, 적외선분광기, X-선 광전자 분광기 등으로 분석하여 보고하였다. 보다 구체적으로는 몬트리올에서 2016년 1월에 구입한 4개의 티백들(A, B, C, D로 명명된 시료)에서 각각 89, 78, 191, 214억 개의 입자가 방출되었다. 2,000개의 입자(뭉친 것 포함)를 1,000배 및 100,000배로 확대해 분석한 결과 A, B, C, D 시료는 각각 24.3±14.4 μm/

5 1 g에 1.48개의 미세 플라스틱이 존재함을 의미한다.

102±22 nm, 52.3±29.3 μm / 171±78 nm, 12.6±6.7 μm / 357±156 nm, 8.6±5.2 μm / 229±116 nm 크기의 큰 것과 작은 것으로 구성됨을 알 수 있었다.

2018년 10월 25일 아시아경제의 "미세 플라스틱의 역습… '인체 유입' 공포 확산"이라는 제목의 기사(참고문헌 15)에서도 오스트리아 환경청과 빈 의과대학 연구팀이 자국의 의회에 출석해 발표한 결과를 인용하여 "인간 대변 10 g당 평균 20개의 미세 플라스틱 발견" 등의 보도를 하였다. 기사 내용에 따르면 유럽, 러시아, 일본 등 총 8개국의 자원자 8명을 대상으로 채취한 대변에서 총 9종의 미세 플라스틱이 검출됐다. 자원자는 남성 3명 여성 8명이었으며 6명이 해산물을 섭취했고 모든 참가자가 플라스틱 포장 식품과 페트병 생수를 마셨다. 연구팀에 따르면 검출된 미세 플라스틱은 대변 10 g당 평균 20개였고, 검출된 미세 플라스틱의 크기는 0.05~0.5 mm 사이였다. 가장 많게는 172개, 가장 적게는 18개를 보였으며 10배 가까운 큰 차이를 보였지만 참가한 모든 사람이 미세 플라스틱을 섭취, 배출함을 보여 주었다. 기사에서는 한국해양과학기술원의 '해양 미세 플라스틱에 의한 환경 위해성 연구'(2017년)도 인용하여 국내 연안에서 채취한 굴·게·지렁이·담치의 내장과 배설물을 분석한 결과 139개 개체 중 135개체에서 미세 플라스틱 검출된 것으로 보도하였다.

2022년 연구 결과(참고문헌 16)에 의하면, 일회용 종이컵이나 식품용 나일론 백에서 조 단위의 나노플라스틱이 방출된 것을 확인할 수 있다. 시중에서 유통되는 일회용 종이컵(355 mL)을 초순수로 헹궈낸 다음 100℃의 초순수 300 mL를 붓고 20분간 방치해 69℃까지 식힌 후 분석하였더니, L당 5조1000억 개의 100 nm 미만 나노플라스틱이 용출되었다고 한다. 비교군으로 사용한 22℃의 물에서도 L당 2조8000억 개가 용출되었다. 식품용 나일론 백의 경우도 초순수로 헹궈낸 다음 90℃와 22℃의 초순수와 1시간 접촉시킨 후 분석하니, 90℃에 노출한 나일론 백에서는 L당 35조 개, 22℃에 노출한 나일론 백에서는 L당 24조 개의 나노플라스틱이 용출됐다. 25℃에서는 0.1%, 90℃에서는 0.28%의 나일론 백이 용출되었는데 미국 식품의약처(FDA)에서는 식품용 나일론의 경우 25℃에서 용출되는 양이 무게의 1% 미만이면 안전한 것으로 정하고 있으므로, 안전 기준보다는 용출되는 양이 크게 낮았다. 즉, 식품의약처의 기준을 지킨 나일론 백이라도 무수히 많은 나노플라스틱이 용출됨을 알 수 있다.

2023년 한 연구에서는 surface-enhanced Raman spectros-copy(SERS)와 전자현미경 등으로 분석하여 생수 1 L에 1000억 개의 나노플라스틱이 존재한다고 하였고, 2024년 연구에서는 라만 산란 현미경(Raman scattering microscopy)으로 분석한 결과 생수 1 L에서 약 24만 개의 나노플라스틱이 발견되기도 하였다(이는 그때까지 알려졌던 것보다 최대

100배 많은 플라스틱 조각이 들어있는 것이다). 처리 조건 및 분석법에 따라 물 1 L에 몇십 만에서 몇십조 개의 나노플라스틱이 존재할 수 있는 것으로 보이며, 시대에 따라 아주 작은 입자까지 확인하는 기술이 발전하면서 같은 조건의 물이라도 그 속에 존재하는 플라스틱 조각의 숫자는 늘어날 수 있다. 이제는 그 숫자나 크기를 논하는 것은 사실상 큰 의미가 없을 지경이다.

한편, YTN의 2018년 5월 19일 보도에 따르면 뉴질랜드와 남미대륙 사이의 '포인트 니모'라는 해역(2700 km 반경 안에 육지나 유인도가 전혀 없는, 지구상에서 인간으로부터 가장 멀리 떨어진 곳)의 물에서마저 미세 플라스틱이 검출되어 인간 활동으로 인한 지구의 오염이 얼마나 심각한지를 보여 주고 있다.

이처럼 시간이 흐르면서 플라스틱이 미세한 조각으로 부서진 결과로 얻어진 미세 플라스틱은 환경이나 수중 생물, 음식물 등에서 계속 검출되고 있으며, 인체에 얼마나 해로운지, 건강에 어떤 영향을 주는지 정확히 확인하기 위한 연구가 계속되고 있다. 초기에는 플라스틱 제조 시 첨가되는 프탈레이트나 비스페놀A, 노니페놀(NP) 등의 독성 화학물질이 미세 플라스틱에서도 용출되어 환경을 오염시킬 수 있고 인간이 섭취할 가능성이 있다고 예상하였다. 이후 2024년의 한 논문(참고문헌 17)에 의하면 미세 플라스틱 입자는 뇌졸중, 심장병 및 사망위험을 4.5배 높일 수 있다고 한다. 이 연구에서는 경동맥에 영향을 미치는 '죽상동맥경화증'을 가진 환자 304명의 혈관에서 지방 플라크를 제거한 후 257명의 환자를 평균 34개월 동안 추적·관찰한 결과, 미세 플라스틱이 혈관 안쪽에 쌓이면 염증을 유발하여 뇌졸중과 심근경색 위험을 높일 수 있다고 추측하였다.

이외에도 미세 플라스틱의 섭취가 장의 누수를 유발하고 염증성 장 질환을 악화시킬 수 있으며, 암세포의 성장·전이를 가속화하고, 위암의 악화, 생식능력에 부정적인 영향을 초래할 수 있음을 시사하는 연구 결과가 계속해서 나오고 있다. 또한 미세 플라스틱은 임산부 탯줄을 통해 아이에게도 전달되는 등 사람을 포함한 동물, 나아가 식물에서도 미세 플라스틱이 대를 이어 전달되는 것이 확인되었다. 흡입한 미세 플라스틱의 어느 정도가 폐나 위까지 도달하여 어떤 해를 끼칠지 등은 추가 연구가 필요한 상황이다.

확실한 것은 우리는 미세 플라스틱에 매우 쉽게 노출되어 있으며, 미세 플라스틱을 흡수하고 있고 그중 일부를 배출하고 있다는 것이다. 미세 플라스틱은 안 좋은 다양한 성분들을 포함하고 있으므로 미세 플라스틱의 인체 흡수를 줄이도록 우리 모두 노력해야 한다. 당장 미세 플라스틱의 흡입을 줄일 수 있는 가장 효과적인 방법은 미세 플라스틱이 포함된 생활용품을 사용하지 말고 플라스틱의 생산과 사용 및 폐기를 줄이는 것이다. 특히 무단 폐기 혹은 방치하여 우리의 강과 바다는 물론 공기까지 오염시키지 말아야 한다.

5.9 녹조와 적조

녹조는 부영양화된 호소(湖沼) 또는 유속이 느린 하천에서 조류(특히 녹조류와 남조류)가 이상 증식하여 물빛이 녹색이 되는 현상을 말한다. 녹조 발생 시 수중생물이 죽어 생태계를 파괴하며 유독 남조류가 독소를 생산할 경우에는 동물에도 피해가 일어난다. 이를 예방하기 위해서는 영양염류를 제거해야 한다.

> **참고**
>
> 조류(algal 또는 algae)
>
> 물속에서 빛 에너지를 이용(광합성 작용)하여 이산화 탄소, 질소, 인과 같은 무기물을 먹고 탄수화물과 같은 유기물과 산소를 만드는 생물(식물 플랑크톤)을 말한다.

적조는 녹조와 유사하게 물의 부영양화로 조류가 이상 증식하여 바다의 색이 바뀌는 현상이다. 생태계에 문제를 일으키며 인간의 생활에도 여러 가지 피해를 준다. 적조가 일어나는 가장 큰 요인은 물의 부영양화이며, 갯벌의 감소도 큰 요인으로 생각된다. 또 수온 상승(온난화 및 엘니뇨 같은 지구 환경 변화에 따른)도 요인으로 생각된다. 참고로 적조는 붉은색 외에 조류의 색깔에 따라서 다양한 색을 가질 수 있다.

녹조와 적조는 비슷한 점과 다른 점이 존재한다. 공통점으로는 부영양화로 인해 발생하며, 수온과 대기 온도가 높을 때 및 물의 흐름이 느린 곳에서 잘 발생하는 점이 있다. 녹조와 적조의 차이점으로는 발생 장소가 서로 다르고(녹조는 호소와 하천, 적조는 바다), 조류의 종류도 서로 다르다(녹조: 남조류와 녹조류, 적조: 규조류와 편모류 등).

5.10 부영양화, BOD, COD

부영양화

부영양화(富榮養化, eutrophication)는 질소와 인과 같은 영양물질이 풍부하게 공급되었다는 뜻이다. 강이나 호수, 바다 등에 생활하수나 가축분뇨 등의 유입으로 위에 기술된 성분들이 크게 증가한 것을 의미한다. 식물 플랑크톤이 과다 증식하게 되어 해수의 경우

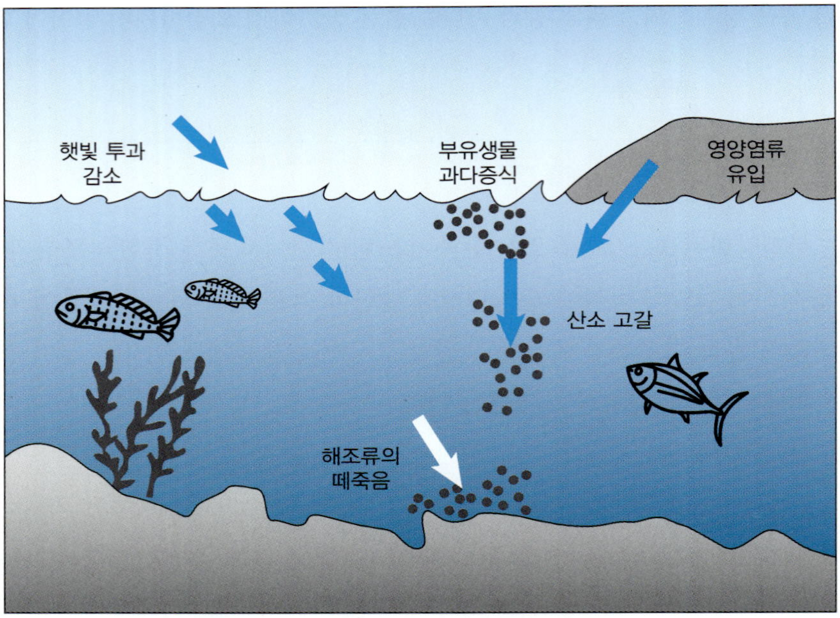

그림 5.40 부영양화의 원인 및 자연에 미치는 악영향

붉은색으로 바닷물이 변하게 되고, 하천의 경우에는 녹색으로 물이 변하게 된다. 그림 5.40은 부영양화의 원인 및 그에 따른 자연에의 악영향을 요약한 것이다. 즉, 영양염류가 물에 과도하게 도입되면 부유생물이 과다하게 증식되어 물의 산소가 고갈되고, 결국 산소를 먹고 사는 생물들이 떼죽음을 당하게 된다. 또한 햇빛 투과도 감소되어 생태계의 교란이 일어난다.

BOD

BOD(biochemical oxygen demand, 생화학적 산소 요구량)는 물이 오염된 정도를 나타내는 지표로, 호기성(好氣性) 박테리아가 일정 기간(보통 20℃에서 5일간) 동안 수중의 유기물을 산화·분해시켜 정화하는 데 들어가는 산소량을 ppm(백만분율)으로 나타낸 것이다. 물의 오염이 많이 진행될수록 유기물의 양이 많기 때문에 그만큼 박테리아 분해에 소비되는 산소량도 증가한다. 즉 BOD가 높을수록 오염이 많이 진행된 물이다. 1 L의 물에 1 mg의 산소가 필요한 것을 1 ppm이라 하는데, 일반적인 하천에서는 BOD가 5 ppm이 되면 자정 능력을 잃으며 10 ppm을 넘으면 악취가 난다.

COD

COD(chemical oxygen demand, 화학적 산소 요구량)는 물의 오염 정도를 나타내는 또 다른 지표 혹은 기준이다. 오염된 물을 산화제(과망가니즈산 포타슘)를 이용하여 일정 조건(산화제 농도, 접촉 시간 및 온도)에서 환원성 물질을 분해시켜 소비한 산소량을 ppm으로 표시한 것이다. BOD가 보급되고 나서는 COD는 주로 참고지표로 사용된다.

5.11 바닷물의 담수화

바닷물의 담수화, 즉 해수담수화란 생활용수나 공업용수로 직접 사용하기 힘든 바닷물로부터 염분을 포함한 용해된 물질 같은 필요 없는 성분 및 불순물을 제거하여 순도 높은 음용수 및 생활용수, 공업용수 등을 얻어내는 일련의 수처리 과정을 말한다. 해수탈염 또는 해수제염이라고도 한다. 주로 증발법, 역삼투압법, 전기투석막법, 냉동법 등이 사용된다.

증발법

증발법은 가장 역사가 오래된 기술로서 현재까지 널리 사용되고 있다. 현재 전 세계 담수화 생산용량 중 약 70%를 증발식이 차지하고 있다. 가장 확실하게 순수한 물을 얻을 수 있으나 물을 끓이는 과정에서 에너지가 많이 소요되어 비용이 크다는 단점이 있다. 또한 화석 연료를 사용하여 끓일 경우 온실가스의 발생이 문제점이 될 수 있다.

역삼투압법

두 용액을 서로 반투막을 통해 연결하면 높은 농도의 용액(용질 농도가 높은 용액)으로 낮은 농도의 용액(용질이 없는 순수한 용매 혹은 낮은 농도의 용질이 들어 있는 용액)의 용매가 움직이려는 성질이 있으며 그때 발생하는 압력을 삼투압이라고 한다. 예를 들어 김장할 때 배추를 진한 소금물에 담가 두면 배추 속의 물 성분이 소금물로 흘러가게 되어 배추가 절여지게 되는데 이러한 물의 이동이 삼투압 때문이다. 유사하게 순수한 물과 바닷물을 양쪽에 두고 가운데에 반투막 혹은 삼투막을 두면 물로부터 바닷물로 힘(삼투압)이 생기고 바닷물 쪽으로 물이 움직이게 된다. 그런데 바닷물 쪽에 삼투압보다 큰, 충분한 압력을 가하면 반대로(바닷물에서 순수한 물 쪽으로) 물(용질은 통과하지 못함)이

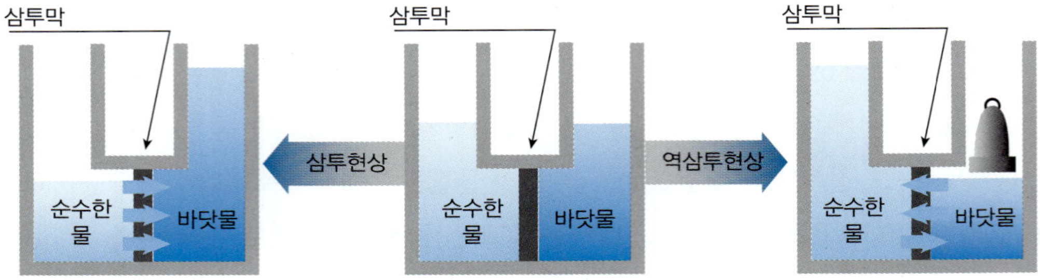

그림 5.41 역삼투압법에 의한 해수담수화의 운전

이동할 수 있고 따라서 바닷물에서 순수한 물을 얻을 수 있다. 이러한 개념을 이용한 담수 제조 방법을 역삼투압법이라고 한다. 역삼투압법[6]의 운전 개념도는 그림 5.41을 참조하라.

> **참고**
>
> 반투막
>
> 용액 혹은 기체의 혼합물에서 어떤 성분은 통과시키고 다른 성분은 통과시키지 아니하는 막을 말한다. 반투막에는 무수히 많은 미세한 구멍이 뚫려 있어 일반적으로 구멍보다 작은 물질은 통과하되 그 구멍보다 큰 물질은 통과하지 못한다.

5.12 물의 정수

그림 5.42에서 보인 것과 같이 오염된 물로부터 우리가 사용할 수 있는 물을 얻기 위해 정수 처리를 할 수 있다. 정수는 취수원에서 물을 끌어온 후 거친 여과망을 이용해서 큰 불순물을 걸러 주고, 황산 알루미늄($Al_2(SO_4)_3$) 혹은 산화 칼슘(CaO)을 이용하여 응집, 침전시켜 작은 불순물을 제거한다. 그 후 공기를 통과시켜 발생된 미세기포가 오염 물질과 붙어 이를 물의 표면으로 이동시켜 분리하고, 최종적으로 염소로 소독처리를 하여 깨끗한 물을 얻을 수 있다. 그러나 정수에는 비용이 많이 들며 정수 처리를 해도 과플루오린화 화합물이나 미세 플라스틱같이 제거되지 않는 성분이 있다. 즉, 정수 후에도 우리가 마실 수 없거나 용도에 부적합한 물이 얻어지기도 하는 등의 심각한 문제도 있다. 물은 한번 오염되면 우리에게 큰 문제를 주며, 향후 물의 오염 및 오염에 의한 문제점이 더욱 증가할 것이다. 따라서 물의 적절한 사용, 오염 방지, 환경 보존이 아주 시급한 상황이다.

6 역삼투압법을 이용한 정수기도 많이 보급, 사용되고 있다.

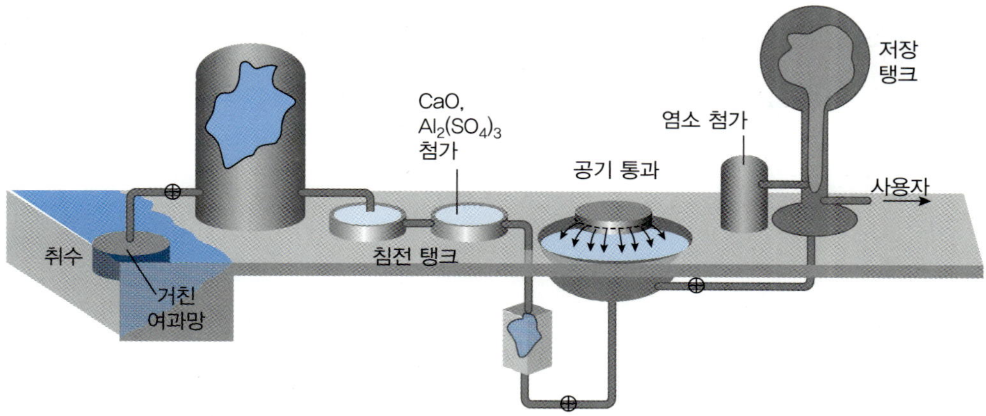

그림 5.42 정수 처리의 공정도

! 중요

염소 소독

염소와 물과의 반응($Cl_2 + H_2O \longrightarrow HOCl + HCl$)으로부터 얻어지는 하이포염소산(HOCl)은 높은 산화력을 가지므로, 물을 소독할 수 있다. 가정에서 많이 사용하는 락스가 하이포염소산소듐(NaOCl)을 물에 녹여 희석한 수용액이다.

5.13 요약

그동안 당연하게 생각했던 깨끗한 물의 소중함을 상기하고 오염시키지 않도록 노력해야 한다. 대도시 주변, 특히 낙동강 및 대구, 경북, 경남, 부산 등은 물 사정이 좋지 못하며, 다른 대도시나 큰 강들도 예외가 없다. 물은 오염시키기는 쉬워도 정화하기는 매우 어렵다. 오염된 물을 정화할 때 오염된 물의 양이 만 배 이상이 들기도 하지만 과플루오린화 화합물이나 미세 플라스틱처럼 정화가 되지 않는 성분도 많다. 오염된 물은 단순히 마시기 어려운 성질 외에 생물농축 등으로 인간에게 더욱 큰 위험을 줄 수 있다.

우리가 할 수 있는 일은 미약하더라도 하나 하나 실천해 나가야 된다. 예를 들면, 싱크대에 식용유 버리지 않기, 소량의 세제/샴푸 사용하기, 양치컵 및 설거지통 사용하기, 양치 및 샤워 시 물 계속 틀지 않기, 오래된 의약품 모아서 약국에 가져가기, 하수구에 담배 버리지 않기, 환경오염 현장을 발견 시 적극적이고 신속하게 신고하기, 실험 시 폐액통 활용하기 등 작은 것부터 실천해 나가야 한다.

핵심어 녹조, 담수화, 미세 플라스틱, 부영양화, 삼투, 생물농축, 적조, 중금속, 환경호르몬, BOD, COD

6장

토양의 오염

이 장에서는 우리가 살고 있고 곡식 등의 먹거리를 제공해 주는, 즉 우리의 생명 유지에 있어 너무나 중요한 토양의 오염에 대한 개요, 현황 및 대처 방안을 정리하였다.

6.1 개요

토양(soil)은 땅 위에 드러난 암석이 잘게 부서져 만들어진 것 혹은 지구 표면에 퇴적되어 있는 물질을 의미한다. 토양은 인간의 의식주에 필수적이며, 많은 동식물의 삶에도 필수적이다. 대부분의 토양은 고체상의 물질과 그 고체 물질 입자 사이에 기체와 액체가 존재하는 3상으로 구성되어 있다. 토양의 액체상은 주로 비로부터 얻어지며, 토양 입자 표면에 물이 흡착되어 수막을 형성하기도 한다. 그리고 토양의 틈 사이에는 공기가 들어 있을 수 있고 (일부의 경우에는 물에 의해 포화될 수도 있다) 이러한 공기는 대기로 순환할 수 있다.

토양에는 미생물이 서식한다. 미생물과 식물들의 뿌리가 호흡하 발생시키는 이산화 탄소는 대기로 확산되고, 반면 생물의 호흡에 필요한 산소는 토양 중으로 확산될 수 있다. 작물을 재배하는 데 바람직한 토양의 3상 분포는 고체상 45%, 유기물 5%, 물과 공기는 각각 25% 정도가 좋다고 한다. 토양은 식량 생산은 물론이고 휴양 및 오락 등 우리의 삶을 위해서도 매우 중요할 뿐만 아니라 깨끗한 지하수를 얻기 위해서도 매우 중요하다. 특히 식량을 생산하는 농경지는 지구의 총 육지 면적의 10% 미만으로 아주 소중한 자원이다. 따라서 우리의 소중한 자산인 토양이 중금속과 방사성 물질, 생활 쓰레기, 산업폐기물 등에 의해 오염되거나 토양침식 등이 일어나지 않게 방지해야 한다.

6.2 토양 오염의 원인

우리가 살아가기 위한 행동들 대부분이 토양을 오염시키는 원인이라고 볼 수 있으며, 대표적 오염원 혹은 오염물을 아래와 같이 나열할 수 있다.

- 공업/산업화: 산업폐기물, 전자폐기물, 광산, 화학약품, 석유제품(주유소, 저유소, 군기지), 태양광 패널 폐기물 등
- 농업: 농약, 비료, 구제역이나 조류독감(AI) 등에 의한 동물 사체의 매립 및 소각

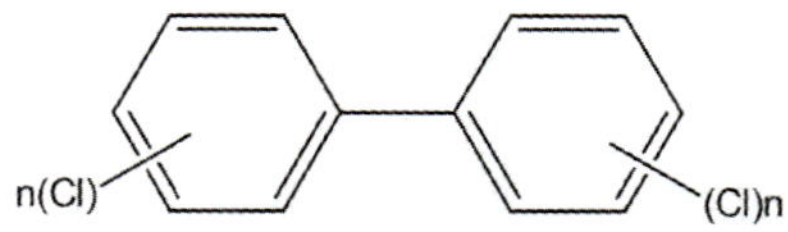

그림 6.1 폴리클로로리네이티드비페닐(PCBs, Polychlorinated biphenyls)의 구조

- 생활폐기물: 폐플라스틱 등의 과도한 쓰레기 배출
- 기타: 산성비, 방사능 물질 등

주요 토양 오염 물질로는 카드뮴 및 그 화합물, 구리 및 그 화합물, 비소 및 그 화합물, 수은 및 그 화합물, 납 및 그 화합물, 크로뮴 및 그 화합물, 아연 및 그 화합물, 니켈 및 그 화합물, 플루오린 화합물, 유기 인 화합물, 폴리클로로리네이티드비페닐(PCBs, Polychlorinated biphenyls, 그림 6.1 참조), 사이안 화합물, 페놀류, 유류[동식물성은 제외하고 BTEX(benzene, toluene, ethylbenzene, xylene), 총석유계탄화수소(TPH, Total petroleum hydrocarbon), 유기 용제류] 등이 있으나 산업 발달로 그 종류가 급격히 늘고 있다.

! 중요

총석유계탄화수소(TPH)

석유제품이 환경에 미치는 영향을 고려하여 그 양과 농도(특히 위험하다고 알려진 벤조피렌, 톨루엔, 에틸벤젠, 자일렌 등의 방향족 화합물)를 분석해야 한다. 그러나 각각의 성분을 분석, 관리하기에는 비용과 시간이 많이 소요되므로, 탄화수소의 총량으로 토양의 유류에 의한 오염 정도를 분석 관리한다. 즉, TPH는 토양의 유류 오염 정도를 측정하는 지표이며 탄화수소의 총량으로 측정한다.

그림 6.2는 공업, 농업 및 가정은 물론이고 폐기물 및 매립장 등에 의해 토양이 오염되는 현상을 요약해서 보여 주고 있다. 토양은 한번 오염되면 정제하기가 어렵고 2차 오염 유발 가능성도 높다. 그리고 환경, 건강 및 경제적으로 큰 피해를 유발한다. 토양 오염에 관해 역사적으로 큰 교훈을 준 하나의 예로 미국의 '러브커널 사건'을 들 수 있다. 1892년 윌리엄 T. 러브는 미국과 캐나다 국경에 있는 나이아가라 폭포 주위에 약 11 km의 운하를 건설하기로 했다. 그러나 경제 불황과 교류전류의 발명 등으로 인해 경제성이 낮아져 건설이 중단되었고, 결국 러브운하라고 부르는 웅덩이(1.6 km × 9.1 m × 3~12 m (깊이))만 남았다. 그 후 오래 방치되어 있다가 1940년대에 들어와 후커 케미컬이라는 화학회사가 이를 인수하여 폐기물을 버리는 곳으로 사용하였다. 후커 케미컬은 1942년부터 1950년 사이에 총 21800톤 정도의 린덴(benzene hexachloride), 염화 벤젠, 염화 벤질 같은 염화 탄화수소 및 다양한 유독성 화합물을 철제 드럼통에 넣어 이 웅덩이에 매립하였다. 그 후 1953년 이 화

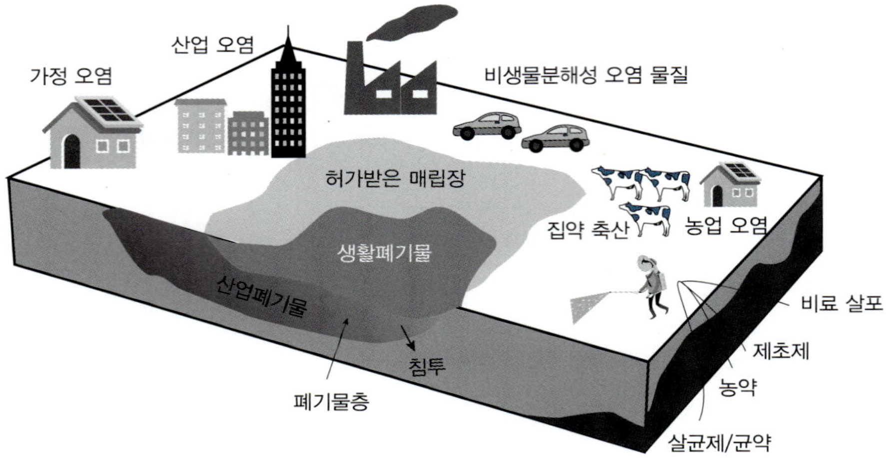

그림 6.2 토양 오염의 주요 요인

학회사는 이곳을 포함한 주변 지역을 교육위원회에 기증하였고, 교육위원회는 이곳에 초등학교와 주택을 건설하였다. 그런데 이 지역 주민들은 피부병과 두통이 자주 발병하였으며 다른 지역에 비해 유산율도 높았다. 역학조사 결과 이 지역의 오염이 확인되었고 문제의 심각성을 깨달은 미국 연방환경처는 1978년 미국 역사상 처음으로 이 지역을 환경재난지역으로 선포하였다. 문제의 학교는 폐쇄되었고 거주하던 주민들은 그 지역을 떠나게 되었다. 그 후 이 지역을 정화하기 위해 21년간 4억 달러를 소모하였고, 최종적으로 총 950가구가 대피하였다.

이 사건을 러브커널 사건 혹은 러브커널 재앙(Love Canal Diaster)이라고 하며, 환경에 관한 무지와 무책임한 유해물의 폐기가 얼마나 큰 재해와 경제적 손실을 일으키는지를 잘 보여 준 역사적 사건이다. 한국에도 군부대가 이전한 곳이나 폐공장 근처 지역에서 비로 규모나 피해는 훨씬 적지만 러브커널 사건 같은 일들이 일어났거나 우려되는 경우가 있다.

우리 인간이 오염시키지 않는 지구는 얼마나 될까? 호주 퀸즐랜드대와 미국 야생동물보존협회 연구진은 전 지구적인 조사를 통해 남극을 제외한 육지의 77%, 전체 바다의 87%가 인간에게 점령당했다고 2018년 10월에 학술지 '네이처'에 발표하였다(**참고문헌 1**). 100년 전만 해도 인간이 가축을 기르거나 곡물을 생산하는 등 인간이 활동한 육지 면적은 전체의 15%였다. 즉, 최근 인간의 활동 영역이 불과 100년 전보다 5배 이상 증가했다는 주장이다. 전체 육지의 23%만이 오염에서 자유로운 상태이다. 그나마 남아 있는 미지의 육지도 계속 인간이 개발해 나가고 있으므로 깨끗하고 오염이 없는 지구가 얼마나 남아 있을지 의문을 가지게 된다.

우리가 살고 있는 한국의 토양은 어떨까? 환경부의 2011년도 토양 오염실태 조사 결과에 따르면(참고문헌 2) 전국 16개 시·도의 2,470개 지점에 대한 조사 결과, 43개(1.7%) 지점이 토양 오염 우려기준[1]을 초과했으며, 특히 이 중 13개 지점은 토양 오염 대책기준[2]도 초과해 정화가 시급한 것으로 나타났다. 오염원별로는 폐기물 적치·매립·소각 관련 지역 및 금속 광산 지역이 각 10곳(24.4%)으로 가장 많았다. 이어서 교통 관련 시설 지역 7곳(16.3%), 공장 및 공업 지역 5곳(11.6%) 순이었다. 지역별로는 강원도가 9곳으로 가장 많았고, 서울 7곳, 경기와 부산 6곳, 충남과 경북 4곳 등의 순이었다. 대책기준을 초과한 13개 지역은 서울 4곳, 부산 1곳, 대구 2곳, 경기도 2곳, 강원도 3곳, 충남 1곳이었다. 오염 항목별로는 총석유계탄화수소(TPH) 및 비소(As) 각 14개, 아연(Zn) 11개, 구리(Cu) 6개, 납(Pb) 4개 순으로 초과했다. 토양 오염 우려기준이 초과된 항목별 최고치는 자일렌(석유의 한 성분으로 방향족 물질)의 경우 교통 관련 시설 지역인 서울 관악구 소재 주유소에서 194.7 mg/kg으로 우려기준인 15 mg/kg의 약 13배, 대책기준인 45 mg/kg의 약 4.3배를 초과한 것으로 나타났다. 구리(Cu)는 공장 및 공업 지역인 경기 군포시 소재 공장에서 15.349 g/kg로 우려기준인 2 g/kg의 약 7.7배, 대책기준인 6 g/kg의 2.6배 초과하는 등 최고치를 기록했다. 즉, 금속 광산 지역, 폐기물 적치·매립·소각 지역, 폐공장, 폐주유소 등을 위시하여 전국적으로 토양의 오염이 심각하다고 할 수 있다.

6.3 토양의 주요 오염원

토양의 오염원은 다양하며, 다음과 같이 다수의 중요한 오염원을 정리할 수 있다.

- 농약/비료에 의한 오염: 농산물의 생산, 가공, 유통, 보관 등을 위해 다양한 농약과 비료 등을 사용하며 이들은 토양을 오염시키는 주범이 될 수 있다.
- 유류 오염: 석유 제품 제조과정이나 저장시설에서의 유류 유출은 토양과 수질에 큰 피해를 줄 수 있다. 또한 유류 운반 시의 사고도 비슷하게 오염원이 된다.
- 중금속 오염: 금속을 캐내는 광산 주변 지역은 일반적으로 중금속 오염이 심할 수 있다.
- 방사성 물질 오염: 방사성 물질에 의해 토양이 오염될 수 있다(9장 참조).
- 유독성 물질 오염: 유해폐기물의 불법투기 혹은 유기 독성 물질의 운반 중의 사고 등

1 토양 오염 우려기준: '우려기준'은 사람의 건강·재산이나 동식물의 생육에 지장을 가져올 우려가 있는 토양 오염 기준을 말한다.
2 토양 오염 대책기준: '대책기준'은 우려기준을 초과해 대책을 필요로 하는 기준을 말한다.

에 의해 토양이 오염될 수 있다.

- 산성비에 의한 오염: pH 5.6 미만의 비를 산성비로 정의하며 화석 연료의 연소에서 발생한 황과 질소 산화물이 대기의 수증기, 산소 및 오염 물질 등과 반응하여 산성비로 내리게 되는데 산성비가 내리면 토양이 오염될 수 있다. 즉, 산성비는 토양의 산성화와 지표수와 지하수의 오염을 심각하게 초래한다. 산성비가 내리면 토양의 pH를 감소시킴은 물론이고 토양 속에 있던 영양성분인 인, 칼슘, 마그네슘 등의 광물질이 씻겨 내려가게 되어 식물의 생육에 필요한 양분이 부족해지게 된다. 산성비는 호수 및 하천 등은 물론이고 지하수의 pH도 감소시킬 수 있다.

이외에도 플라스틱, 폐비닐, 생활 쓰레기 매립, 화산재, 매연 등 다양한 토양 오염원이 우리 주위에 상존하고 있다.

이와 같이 다양한 토양 오염의 원인을 자세히 다루고자 한다.

농약

농약이란 농산물과 임산물을 해치는 균, 곤충 및 쥐 등의 동물과 잡초 등의 식물 방제에 이용되는 살균제, 살충제 및 그 외의 약제를 말하며, 이와 같은 목적으로 이용되는 천적도 농약으로 간주될 수 있다. 넓은 의미로는 식물 호르몬 등의 식물 생장 조정제도 농약에 포함될 수 있다. 영어의 agricultural chemicals, 농업용 화학 약품은 이들 외에 비료도 포함하는 아주 넓은 뜻을 가지는 용어이다. 농약은 크게 살균제, 살충제, 살서제, 제초제, 식물 생장 조정제, 유인제, 기피제, 보조제 등으로 구분된다. 제2차 세계대전 전의 농약은 일부 천연 살충제(피레트린, 로테논, 니코틴 등)를 제외하면 보르도액, 석회황 합제, 비산납 등 거의 모든 것이 무기 화합물이었다. 2차 대전 중에 DDT(Dichloro-Diphenyl-Trichloroethane)와 파라티온 등의 농약이 개발되었고 이를 계기로 다양한 합성 유기 농약이 널리 사용되게 되었다. 2021년을 기준으로 전 세계적으로 약 4백만 톤 이상의 농약이 사용된다고 한다.

농약은 다음과 같은 장단점을 가진다.

- 농약의 장점: 농약은 병해충을 신속하게 방재할 수 있으므로 농작물을 잘 자라게 하고 살린다. 따라서 농작물의 생산을 증가시켜 수익성을 높인다. 그리고 적절히 사용하면 비교적 안전하다.
- 농약의 단점: 많은 농약은 야생동물과 사람에게 해로우므로 다양한 피해를 줄 수 있

고, 그 피해 정도는 일반적으로 농약의 독성의 정도와 잔류성에 의해 좌우된다. 농약은 환경오염을 유발시킬 수 있고, 유전적 내성을 증가시킬 뿐만 아니라 이로운 천연의 천적마저도 제거할 수 있다. 농약을 계속 사용하면 농약에 대한 내성은 증가하고 농약의 효과는 감소하여 시간이 갈수록 사용 경비가 증가할 수 있다. 특히 농약에 의한 환경오염은 큰 위험이며 꿀벌이 사라지고, 농약 달걀(4장 참조)처럼 양계장에 사용하지 않은 살충제가 달걀에서 검출되기도 한다.

비료

비료란 식물에 영양을 주는 물질은 물론이고 식물의 재배를 돕기 위하여 흙에서 화학적 변화를 가져오게 하는 물질을 말한다. 국제공업개발기구(UNIDO)는 비료는 "식물이 정상적으로 생육하기 위하여 필요한 원소의 하나 혹은 그 이상을 공급하는 모든 물질"로 정의하고 있다. 비료는 유기질, 무기질, 천연산, 합성품 등으로 분류될 수 있고 질소, 인, 포타슘(칼륨)을 비료의 3요소라고 한다. 또한 비료의 3요소 이외에 사용량이 많고 식물의 반응이 나타나기 쉬운 원소로 칼슘, 마그네슘, 황 등이 있는데 이러한 원소를 2차 요소라고 한다. 반면, 탄소, 수소, 산소는 비록 식물의 생육에 아주 중요하고 필요한 원소이지만 대기와 물에서 무한히 공급되므로 비료의 성분으로는 고려하지 않는다.

한편, 그림 6.3에서 보는 바와 같이 세계 인구 증가의 약 반은 합성 비료의 기여 때문이

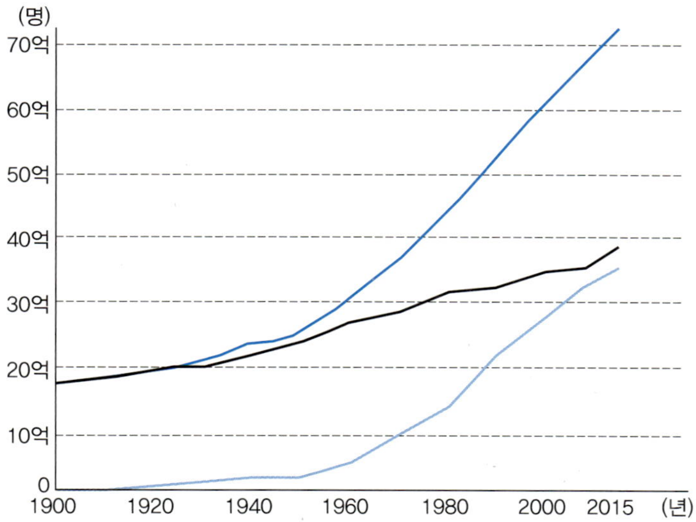

그림 6.3 시대에 따른 세계 인구의 변화 맨 위의 선은 전체 인구, 가운데 선은 비료가 없을 때 예측되는 인구, 맨 아래 선은 합성 비료의 기여로 늘어난 인구를 의미한다.

라고 한다(참고문헌 3). 즉, 질소와 수소로부터 암모니아를 얻고 이를 질소 비료로 만드는 기술 때문에 세계 인구가 비료가 없을 때 대비 약 2배가 되었다는 것이다. 그만큼 비료가 인류의 생명과 번영에 이바지한 바가 큼을 알 수 있다. 2021년을 기준으로 전 세계적으로 약 2억 톤 이상의 비료가 사용되며, 이 양은 전체 쌀 생산량 5억 톤의 약 40%이라고 한다.

식물의 생육을 위해 사용되고 인류의 생명에 기여한 비료는 한편으로 다음과 같은 다양한 토양 오염을 유발할 수 있다.

- 토양의 황폐화: 비료는 토양 산성화는 물론이고 흙의 입자를 응결시켜 토양의 호흡을 방해하고 미생물의 감소를 유도할 수 있다.
- 농작물 피해: 비료 특히 질소 비료의 사용은 질소를 과잉 공급하게 할 수 있고 불완전한 결실을 유도할 수 있다. 또한 과량의 질산염은 청색증[3]을 유발할 수 있다.
- 부영양화 유발: 비료는 사용 후 호수나 하천에 유입되어 질소와 인의 농도를 증가시키고 부영양화를 유발하여 녹조 및 적조 등의 조류나 수중생물의 과잉 증식을 유도할 수 있다.

주유소 및 기름

현대는 석유 혹은 화석 연료 없이는 살 수 없는 시대이다. 주위에서 주유소, 저유소, 석유화학 공장을 쉽게 볼 수 있고 차량에도 휘발유나 경유 등의 기름을 넣어 사용하고 있다. 석유제품은 정유공장이나 석유화학 공장에서 생산되어 저유소에 저장된 후 사용되기도 하고, 파이프라인이나 차량을 통해 다른 공장 혹은 주유소로 공급되기도 한다. 석유제품 중 환경에 위험한 것은 벤조피렌, 톨루엔, 에틸벤젠, 자일렌 등의 방향족 화합물이며 석유제품의 성분을 모두 분석하여 정량적으로 관리하기보다는 총석유계탄화수소(TPH)로 관리한다.

인간 활동으로 토양은 기름으로 오염되기 쉽다. 예를 들어 주유소 영업이 종료된 후 제대로 환경복원을 하지 않거나 제대로 관리되지 않은 군부대 등지의 토양은 기름으로 오염될 확률이 높다. 실제로 녹사평역 인근의 용산 미군 기지에서는 2013년 기준 12,000 m^2 이상의 토양이 유출된 기름으로 오염된 것으로 확인되었다. 즉, 매우 넓은 면적의 토양이 기름으로 오염될 수 있는 것이다.

3 청색증: 오염된 물속에 포함된 질산염(NO_3^-)이 혈액 속의 헤모글로빈과 결합해 산소 공급을 어렵게 해서 나타나는 질병으로 산소 부족으로 인해 온몸이 파랗게 변한다. 성인에게는 발생하지 않고 100일 이내의 갓난아기에게 주로 나타난다.

참고

클린주유소

주유소에 의한 환경오염 가능성을 고려하여 정부 및 각 지자체에서는 '클린주유소'라는 개념을 도입하여 전국적으로 시행하고 있다. 클린주유소란 유류 저장탱크, 배관 등의 주유 시설에 이중벽 탱크, 이중배관, 흘림 및 넘침 방지시설 등을 일반 주유소보다 강화된 기준으로 설치하여 기름유출을 예방하고, 유류 누출을 감지하는 경보 장치를 설치하여 토양 오염과 확산을 예방하는 친환경 주유소를 말한다. 그림 6.4는 클린주유소 선정 사실을 보여 주는 스티커 모습이다(참고문헌 4). 2021년 6월부터는 '토양안심주유소'로 정책 명이 변경되었다.

그림 6.4 클린주유소 선정 스티커

한편, 2023년 6월 28일 산업통상자원부의 보도 자료 "규제혁신으로 주유소의 친환경 전환 지원"에 따르면 휘발유와 경유 차량이 줄고 대신에 전기차 및 수소차가 증가함에 따라 기존의 주유소에 발전용 연료전지를 구축하여 내연기관 차량의 주유는 물론이고 전기차(나아가 수소차)의 충전까지 가능하도록 변경하게 하고 있다. 이러한 주유소를 '미래형 융복합 충전소(에너지슈퍼스테이션)'라고 하며, 2000곳의 설치 계획을 갖고 있다.

토양의 2차 오염

어떤 오염 물질은 자연에서 더 위험한 물질로 변화하는 경우가 있다. 예를 들어 유기 비소 화합물[roxarsone(ROX) 및 p-arsanilic acid(ASA) 등]은 동물의 사료 첨가제로 많이 사용되고 있으며, 사용 후 동물의 분뇨와 함께 비료로 사용된다. 유기 비소 화합물 자체도 물과 토양을 오염시킬 수 있으나, 더 큰 문제는 분해 후 얻어지는 매우 독성이 큰 무기 비소 화합물(arsenates 및 arsenites)이다(그림 6.5 참조). 즉, 흔히 사료 등으로 사용되어 위험을

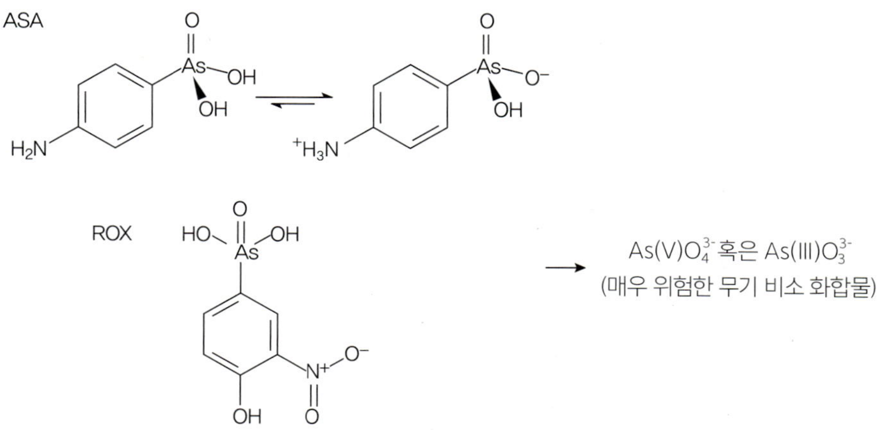

그림 6.5 유기 비소 화합물은 분해되어 매우 독성이 큰 무기 비소 화합물로 전환된다.

느끼지 못하는 물질도 비료로 사용되어 토양의 오염 물질이 될 수 있고, 2차 반응을 거쳐 매우 위험한 물질로 변질될 수 있는 것이다. 마지막으로 토양 오염은 필연적으로 지표수 및 지하수를 오염시키고 곡식과 가축의 오염을 유발한다.

6.4 토양 오염을 방지하는 습관

대한민국 정책 브리핑에서는 토양 오염을 방지하거나 줄이기 위해 권장하는 생활 습관을 발표하였다. 이를 그림 6.6에 정리하였다.

• 가정에서: 쓰레기 배출량을 줄인다.
국민 1인당 연간 버리는 생활 쓰레기는 약 340 kg이다. 특히 택배, 배달음식의 이용이 증가하고 일회용품 사용이 늘어나고 있다. 가정에서는 재활용이 가능한 쓰레기는 다시 활용할 수 있도록 한다.

• 야외에서: 음식물 쓰레기를 매립하지 않는다.
캠핑, 차박이 많아지는 추세에 따라 음식물 쓰레기 등을 땅에 묻는 경우 토양이 오염되어 악취를 유발할 수 있다. 가져온 쓰레기는 반드시 되가져간다.

• 축산농가에서: 가축의 배설물을 올바로 배출한다.
올바로 처리되지 못한 가축분뇨는 악취뿐만 아니라 생활하수나 산업폐수보다 자연환경과 생활환경에 미치는 영향이 90~140배나 되며, 수질 및 토양 오염을 야기한다.

• 농가에서: 농약 사용을 줄인다.
어떠한 농약이라도 장기간 일정한 곳에 사용하면 부작용이 발생할 가능성이 높아지고, 오염되면 회복하기 어렵다.
농가에서는 과도한 농약 사용을 자제하고 정확한 사용량과 사용 방법을 숙지 후 살포해야 한다.

• 산업시설에서: 폐기물과 독성물질 매립방법을 지킨다.
산업시설에서 배출되는 폐기물 등에는 중금속 등 유해물질이 포함되어 있는 경우가 많기 때문에 특히 배출에 유의하여야 한다.

그림 6.6 토양 오염을 방지하는 습관

6.5 토양 오염의 특징

토양은 대기나 물에 비해 자정 능력이 매우 약하기 때문에 일단 오염되면 자연적인 제거에 많은 시간이 걸리며 축적성 중독 현상을 일으켜 사람이나 가축에게 심각한 문제를 일으킨다. 토양 복원은 어려우며 특별한 기술이 요구된다. 그림 6.7은 국내 토양 복원 시장

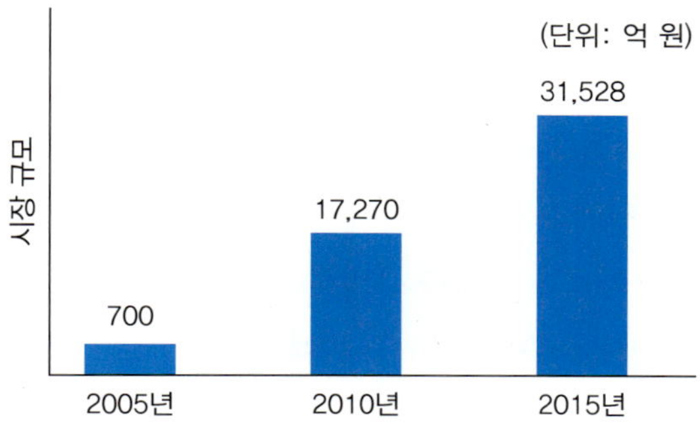

그림 6.7 국내 토양복원 시장규모

규모를 보여 주고 있다. 즉, 2015년도에 3조 원 이상의 큰 시장을 형성하고 있고 토양의 오염이 심화되면 더욱 많은 비용을 지불해야 함을 알 수 있다.

표 6.1에 정리한 바와 같이 생활 쓰레기도 방치하면 자연적으로 분해하는 데 수백 년 이상이 걸리기도 한다. 그리고 토양 오염은 필연적으로 지표수 및 지하수를 오염시키고 곡식과 가축의 오염을 유발시킨다.

표 6.1 생활 쓰레기의 자연적 분해에 필요한 시간

종류	분해 기간
종이	2~5개월
우유팩	5년
담배필터	10~12년
나무젓가락	20년
일회용 컵	20년 이상
가죽구두	25~40년
나일론천	30~40년
금속캔	100년
일회용 기저귀	100년 이상
칫솔	100년 이상
알루미늄캔	500년 이상
플라스틱병	500년 이상
플라스틱용기	500년 이상
플라스틱백	500년 이상
스티로폼	500년 이상

6.6 요약

우리가 살아가기 위한 행동들의 대부분이 토양을 오염시키는 원인이라는 사실을 인지하고 토양 오염을 줄이기 위해 노력해야 한다. 토양이 오염되면 쉽게 복원하기 어렵고 물과 대기 등을 포함한 다양한 2차 피해를 유발하기 때문에 오염되지 않도록 주의해야 한다. 다른 환경 오염에도 사전에 주의를 기울여야 하겠지만 토양 오염은 그 피해의 크기도 크고 정화에 드는 시간과 노력 등을 무시하기 힘들다. 따라서 오염된 후 정화하기보다는 애초에 오염을 시키지 않도록 주의해야 한다.

하지만 일반 시민이 토양 오염 방지를 위해 할 수 있는 일은 그렇게 많지 않다. 생활쓰레기 배출 방지, 친환경 농산물 이용, 클린주유소 이용 등의 작은 일부터 실천해야 할 것이다. 환경신문고(전화 128번)를 이용하여 토양 오염 사건을 신고하는 등 환경파수꾼의 역할을 하는 것도 좋은 일이다.

핵심어 농약, 비료, 비료의 3요소, 중금속, 클린주유소, 토양, TPH, 2차 오염

PART

3

에너지와 환경 및 안전

7장

에너지와 환경

7.1 개요

이 장에서는 현대인의 삶에 필수적인 에너지, 그리고 그 에너지가 우리의 환경에 미치는 영향 등을 다루고 있다. 다음과 같이 에너지와 관련된 사항을 간략히 정리하였다(원자력 에너지는 9장 참조).

- 에너지: 일을 하는 능력 또는 열을 이동하는 능력
- 일: 질량을 가진 물체를 움직이게 하는 에너지
- 열: 물체의 온도 상승을 일으키는 에너지
- 에너지 단위: J, cal, kJ, eV 등의 다양한 단위가 사용될 수 있으나 에너지의 SI 단위는 줄(joule, J)이다. $1\ J = 1 kg \cdot (m/s)^2$ 혹은 $1\ N \cdot m = 1\ kg \cdot m^2 \cdot s^{-2}$의 의미이다. 또한 1 cal = 4.184 J의 관계를 가진다. 에너지를 어떤 단위를 사용하든지 그 차원은 $kg \cdot m^2 \cdot s^{-2}$이다.

7.2 인류 역사와 에너지

인류 역사 약 5,000년 중 인간은 에너지를 얻기 위해 약 4,800년 동안은 나무와 풀 등을 이용하다가 이후 약 100년 동안은 석탄을 사용하였다. 그리고 최근 100년 동안은 석유에 의존하고 있다. 미래에는 수소와 천연가스 같은 기체 연료에 의존할 것으로 예측되고 있으니, 문명에 발전에 따라 고체 → 액체 → 기체 연료에 의존하여 삶을 살고 있는 셈이다. 그림 7.1은 1997년 기준으로 정리한 시대별 에너지 기여 및 예측을 보여 주고 있다.

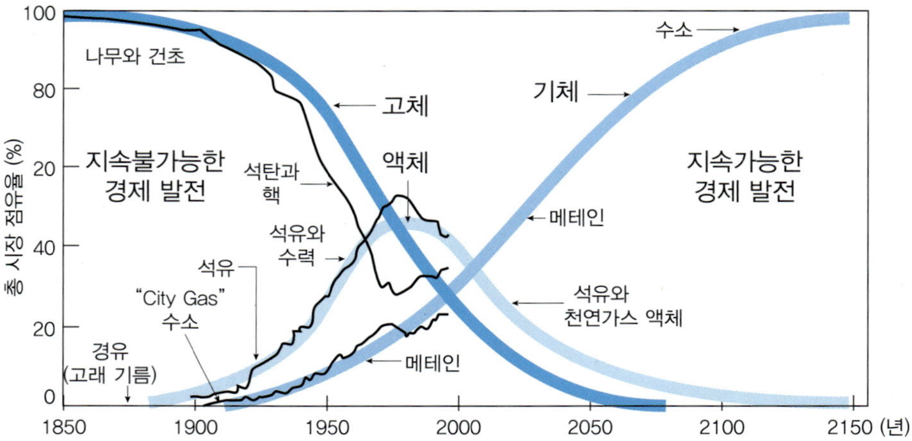

그림 7.1 시대별 에너지 기여 및 예측(1997년 기준)

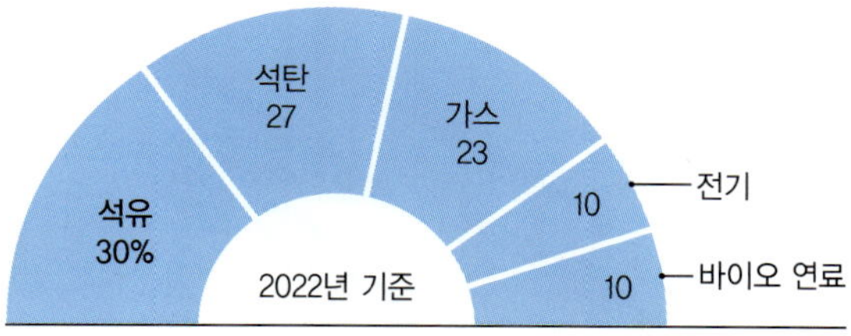

(자료: 에너데이터)

그림 7.2 세계의 에너지원별 소비량 상대적 비교(2022년 기준)

현재 인류는 석유, 석탄, 천연가스 등의 화석 연료에 절대적으로 의존하고 있으나 미래에는 수소가 가장 중요한 에너지원으로 주목받을 것이다. 그러나 현재는 다른 연료나 에너지에 비해 수소는 매우 비싸다. 또한 현재의 수소는 대부분 화석 연료에서 얻어지므로 지구온난화 및 자원 고갈 문제는 여전히 남아 있다. 수소를 비교적 문제 없이 물로부터 얻기 위해서 검토할 수 있는 현재의 기술은 원자력 에너지를 활용하는 것이라고 한다. 즉, 원자력 에너지를 이용하여 물을 분해하여 수소를 얻는 원자력 수소가 유일한 대안이라고도 하나 원자력에 대한 저항이 늘 존재한다.

그림 7.2는 2022년 기준 세계의 에너지원별 상대적 소비량을 나타낸 것이다. 석유, 석탄 및 가스 등 화석 연료가 80%의 비율로 절대적인 위치를 차지하고 있다.

최근에는 AI의 발달과 전기차의 증가 등으로 인해 전 세계적인 전력 수요가 점점 높아질 것으로 예측되고 있다. 보스턴컨설팅그룹(BCG)은 미국의 데이터센터가 소비하는 전력량이 2022년 130 TWh에서 2030년에는 3배인 390 TWh로 급증할 것을 예측했다. '데이터센터는 전기 먹는 하마'라는 말이 점점 더 실감이 되는 상황이다. 또한 국제에너지기구(IEA)는 2026년 전 세계 데이터센터가 필요로 하는 전력량은 인구 1억 2000만 명인 일본이 한 해 동안 쓰는 전기량(939 TWh)과 비슷할 것으로 내다봤다. IEA는 전 세계적인 전기차의 판매량 역시 2023년 약 1400만 대로 상당한 수준이며, 2024년에는 1700만 대가 넘는 전기차가 판매될 것으로 예상했다. 골드만삭스는 전 세계 전기차 판매량이 2040년에는 전체 차량의 61%에 달하고 7300만 대에 이를 것이라고 내다봤다. 미국에서는 전기차 1대가 일반 가정의 전기 소비량의 절반 정도를 사용하는 것으로 보고 있다. 뉴욕타임스는 2035년에는 전기차가 소비하는 전력량이 전체 전력량의 10%에 달할 것이라는 예측을 내놓았다. 이처럼 AI(데이터센터), 전기차 시대가 본격적으로 열리면 전기 수요가 폭증할 수밖에 없는 상황이다.

결국 그림 7.3과 같이 2026년이면 2022년에 비해 2배 이상의 전력이 필요할 것으로 예측

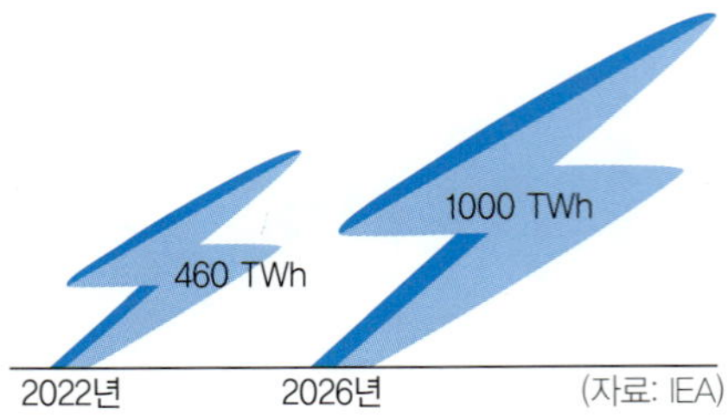

그림 7.3 2022년과 비교한 2026년의 세계 전력 수요 추이

되고 있다. 이에 따라 국가마다, 특히 선진국은 전력 확보에 큰 노력을 기울이고 있는 실정이다(참고문헌 1). 전기는 2차 산업혁명 시대에 본격적으로 사용되었는데, 약 100년이 지난 AI 혁명 시대에 다시 산업의 필수 요소가 되어 가는 것이다.

7.3 우리나라의 에너지 소비 현황

전 세계적으로 에너지 소비가 늘어가는 상황에서 우리나라의 에너지 소비 현황은 어떨까? 우리나라의 총에너지 소비량 추이를 그림 7.4 왼쪽에 나타내었다. 2019년까지 꾸준히 증가하고 있음을 알 수 있다. 활발한 산업활동으로 에너지 소비가 늘어나는 것으로, 그리 부정적인 상황은 아니다. 그림의 오른쪽은 한국 외 몇 개국의 1인당 에너지 소비량(2014 및 2017년)을 비교한 것인데, 인당 에너지 소비량 측면에서도 일본, 미국, 영국, OECD 평균과

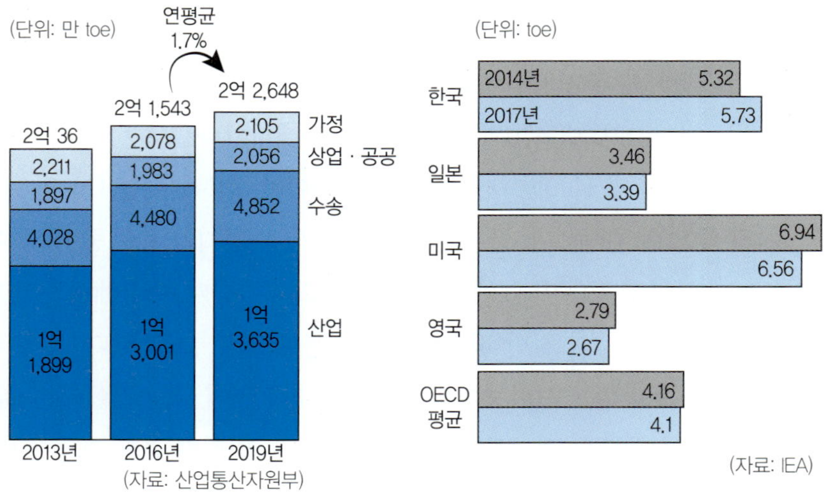

그림 7.4 우리나라의 총에너지 소비량 추이(왼쪽), 몇 개국의 1인당 에너지 소비량(2014 및 2017년) 비교(오른쪽)

	2021년	세계 순위
에너지 소비	2억 3466만 TOE*	8위
에너지 수입액	1372억 달러	석유·석탄 4위 가스 3위
에너지 효율	0.16 TOE/백만 원	OECD 35위

(자료: 산업통상자원부, IEA, BP)

*석유환산톤(TOE)은 석유 1톤이 연소할 때 발생하는 에너지를 뜻함.

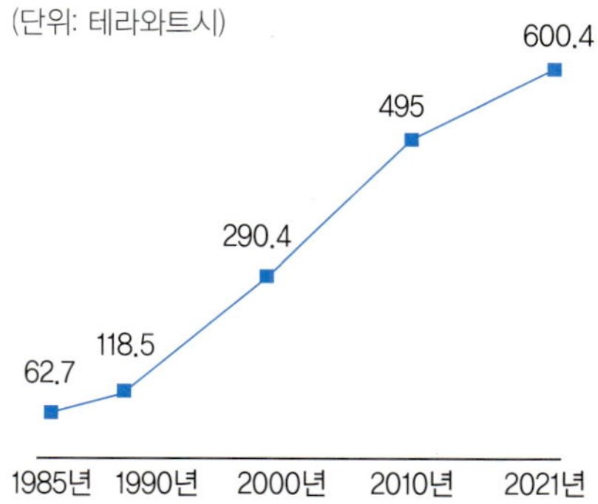

그림 7.5 우리나라의 2021년 에너지 관련 지표(왼쪽), 우리나라의 기간별 전력 소비 추이(오른쪽)

비교해도 유일하게 늘어나는 모습을 보인다.

그림 7.5은 왼쪽은 2021년 기준 우리나라의 에너지 관련 지표를 보여 주는 것이다. 우리나라의 에너지 소비는 세계 8위이고, 가스 수입 3위, 석유 석탄 수입은 4위이며, 에너지 효율은 OECD(2021년 5월 기준으로 총 38개 국가) 38개국 중 35위로 거의 꼴찌를 기록하고 있다. 오른쪽 그래프는 기간별 우리나라의 전력 소비 추이를 나타낸 것이다. 1990년부터 2010년까지는 10년마다 거의 2배씩 증가하였다. 2021년 전력 소비는 600.4 TWh로 2010년의 494 TWh에 비해 2배까지 증가하지는 않았으나, 여전히 매우 높은 증가율을 보였다. 그리하여 전력 소비도 OECD 중 4위(인당 소비는 5위)를 기록하는 등 매우 많은 에너지 소비가 이뤄지고 있다. 이에 따라 에너지 공급보다는 효율화에 관심을 기울여야 한다는 지적도 있다.

7.4 화석 연료

화석 연료는 먼 옛날 지구상에 살았던 생물의 잔해에 의해 생성된 에너지 자원으로 주로 석탄·석유·천연가스 등을 포함한다. 화석 연료는 현재의 연료 혹은 에너지로 주로 사용되나 이산화 탄소를 배출하는 문제점이 늘 존재한다. 인간이 사용해 온 순서대로 각각의 특성을 다음과 같이 기술한다.

석탄

육생식물이나 수생식물이 수중에 퇴적하여 매몰된 후 가열과 가압작용을 받아 변질하여 생성된 흑갈색의 가연성 암석이다. 석탄 성분 내에 중량으로 50% 이상의 탄소분이 함유되어 있어야 하고 용적으로는 70% 이상의 탄소분이 함유되어 있어야 석탄으로 규정한다. 석탄은 탄소분이 60%인 이탄(泥炭), 70%인 아탄(亞炭) 및 갈탄, 80~90%인 역청탄, 95%인 무연탄으로 나뉜다. 석유 대비, 탄소 접합 고리(fused ring)를 더 많이 포함하며 훨씬 더 복잡한 구조를 가진다. 대개 소량의 황과 같은 불순물이 존재하며 석유 대비 불순물의 함유량도 높다.

참고

무연탄(無煙炭)

탄화가 잘 되어 연기를 내지 않고 연소하는 석탄으로 휘발분이 3~7%로 적다. 따라서 연소 시 불꽃이 짧고 연기가 나지 않는다. 점화점이 약 490℃이므로 불이 잘 붙지 않지만, 불이 붙으면 화력이 강하고 일정한 온도를 유지하면서 계속 탄다. 우리나라의 석탄은 대부분 여기에 속한다. 휘발분의 함량이 14% 이상이면 연기가 나기 때문에 유연탄이라고 한다.

석유

바다 식물과 동물로부터 생성된 땅속의 탄화수소를 주성분으로 하는 가연성 기름을 석유라고 한다. 특히 검은 갈색을 띤 액체인 가공하지 않은 천연 상태로의 석유를 원유라고 하며 원유를 증류/분리하여 휘발유, 등유, 경유, 중유, 석유 피치, 아스팔트 등을 얻는다. 일부 지역에 주로 분포하고 분포 지역에 따라 물성의 차이도 있다. 화석 연료 중 가장 중요한 석유와 석탄의 차이점을 표 7.1과 같이 정리할 수 있다.

표 7.1 석유와 석탄의 차이점 비교

석탄	석유
주로 육생식물이나 수생식물	주로 바다 식물 및 동물
약한 환원성 조건에서 얻어짐	강한 환원성 조건에서 얻어짐
석탄층은 퇴적된 곳과 동일(이동 없음)	석유층은 퇴적된 곳에서부터 온도 및 압력 효과로 움직일 수도 있음
C(소량의 H)의 성분	CH_x의 성분
고리 구조(그림 7.6 참조)	사슬 구조(그림 7.6 참조)
고체	액체

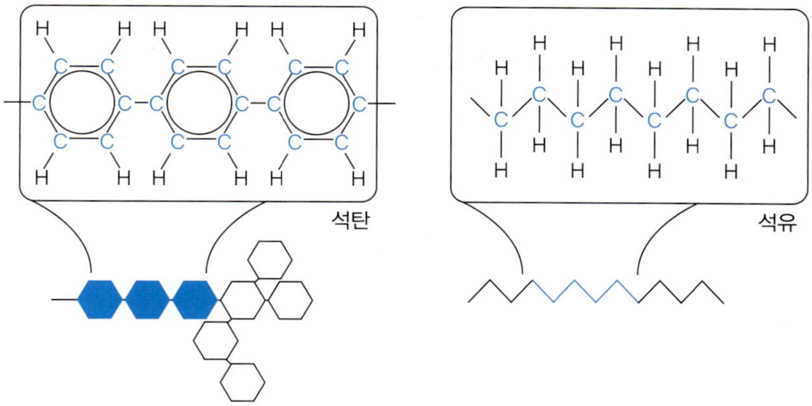

그림 7.6 **석탄과 석유의 대표적 화학 구조** 각각 주로 고리 구조와 사슬 구조를 가진다.

천연가스

천연가스는 석유 산출 지역에서 원유와 함께 분출되는 가스로, 유정 가스라고도 한다. 주로 탄소 1개에서 4개의(C1~C4) 혼합물이며 발열량이 높고 공해가 거의 없는 청정에너지로 각광받고 있다. 따라서 취사, 난방 등에 주로 활용되며 시내버스 등에도 사용되는 등 다양한 용도로 사용되고 있다.

셰일가스

셰일가스(shale gas)는 모래와 진흙 등이 단단하게 굳어진 퇴적암 지층인 셰일(shale, 이판암)층에 매장되어 있는 가스를 말하며 천연가스와 유사한 특성을 갖는 가스이다. 전형적인 천연가스는 일반적으로 쉽게 시추하여 활용할 수 있으나 셰일가스는 깊은 지층에 매장되어 있어 시추하여 활용하기 어렵다는 기술적 문제가 있었다. 그러나 이러한 기술적인 문제들은 1998년에 해결되었으며 현재 상업적으로 시추, 활용할 수 있게 되었다. 셰일가스는 확인된 매장량만으로도 매우 막대하다. 이미 확인된 양만으로도 전 세계가 60년간 사용할 수 있다고 한다.

오일샌드

원래 오일샌드(oil sand)는 '원유를 함유한 모래'를 의미하였으나 요즘에는 '원유를 함유한 모든 암석'에 대해 쓰인다. 즉, 암석이 10% 정도 이상의 원유를 포함하고 있으면 오일샌드라 불린다. 오일샌드는 일반적인 원유와 달리 별도의 추출 및 정제 과정을 거쳐야 하기

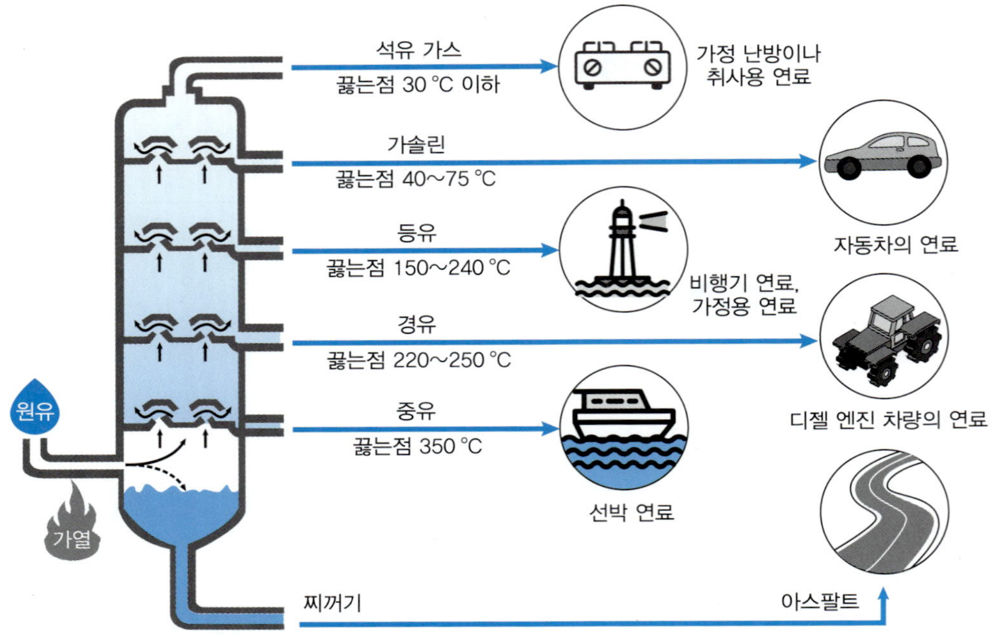

그림 7.7 **석유의 분리 및 정제** 끓는점 75~150 °C 구간에 나프타를 얻는 것을 별도 표기하기도 한다.

때문에 생산단가가 비싸고 어려워 현재까지 실용화되지는 않았다. 한편, 원유 가격이 폭등하여 본격적으로 기술 개발의 필요성이 대두되면 미래의 에너지로 사용될 가능성이 있다. 그 외 3장에서 설명한 메테인 하이드레이트도 미래의 에너지원이 될 것으로 예상된다.

석유의 정제

석유는 그림 7.7과 같이 분별 증류(fractional distillation)에 의해 분리, 정제된다. 즉, 원류를 증류탑에 넣은 후 열을 가해 끓여 비등점에 따라 가스[1], 휘발유, 나프타, 등유, 제트유, 경유, 중유, 아스팔트 등으로 분리하고 이를 각 용도에 맞게 출하한다.

나프타, 휘발유, 석유화학

나프타(naphtha)는 원유를 수입해서 분별 증류하여 여러 종류의 석유제품을 만드는 공정에서 얻어지는 중요한 제품의 하나이다. 원유를 증류할 때 대략 30~200℃의 온도 구간에서 증류되어 증류탑 밖으로 나오는 유분을 나프타라고 한다. 나프타는 원유의 15~30%

1 이 가스를 액화한 것이 LPG(liquefied petroleum gas, 액화석유가스)이다.

정도이며, 탄소 수가 5~12개인 탄화수소로 이루어져 있다. 나프타는 다시 탄소수에 따라 경질나프타와 중질나프타로 구분된다. 즉, 탄소 수가 5~6개로 구성된 나프타를 경질나프타, 6~12개의 탄화수소로 구성된 나프타를 중질나프타라고 한다. 경질나프타와 중질나프타는 각각 약 30~90℃ 및 90~200℃의 온도 구간에서 증류되어 나온다.

나프타는 정유업계와 석유화학업계에서 매우 중요한 유분이며 그 활용 방법이 조금 다르다. 정유업계에서는 나프타에 노킹 방지제, 연소 촉매, 점도 조절제 등의 첨가제를 소량 첨가하여 휘발유를 제조하여 주유소에 판매한다. 즉, 나프타는 휘발유의 가장 중요한 원료이다.

반면 석유화학업계에서는 순수한 나프타를 정유회사로부터 구입하여 850℃ 이상의 고온으로 열분해[2]하여 중합용의 원료를 만든다. 즉, 나프타를 고온에서 열분해하여 에틸렌, 프로필렌, 뷰타다이엔 등의 중요한 석유화학 원료들을 생산하여 폴리에틸렌 및 폴리프로필렌 같은 고분자를 제조하거나 다른 고분자 제조 업체에 판매한다.

석유화학산업의 규모는 보통 나프타를 열분해해서 얻는 에틸렌 생산 규모로 정한다. 즉, 나프타를 얼마나 많이 소비하는가 혹은 원유를 얼마나 정제하여 고분자로 만드는가에 의해 규모를 정하지 않고, 나프타 분해 생성물 중의 하나인 에틸렌의 생산량에 의해 결정하는 것이다. 그 이유는 정유업계에서도 많이 사용하는 나프타 소비량으로 정리하면 정유업체와 석유화학업체를 합친 규모를 나타낼 수 있기 때문이다. 또한 휘발유 생산 및 소비가 큰 경우에는 나프타 소비는 많겠지만, 석유화학 산업의 경쟁력이 높다고 말할 수 없기 때문이기도 하다. 우리나라는 2021년 현재 세계 에틸렌 생산량 2억 500만 톤 중 1,270만 톤(약 6.2%)을 생산하여 세계 4위를 기록하고 있다.

옥테인값과 무연휘발유

옥테인값(RON, Research octane Number, 옥테인값 실험치)는 가솔린이 연소할 때 이상(異常) 폭발(노킹, knocking)을 일으키지 않는 정도를 나타내는 수치를 말한다. 옥테인값이 높은 휘발유일수록 이상 폭발을 일으키지 않고 안정적으로 잘 연소하기 때문에 고급 휘발유로 평가된다. 아이소옥테인의 옥테인값은 100이고 *n*-헵테인[3]의 옥테인값은 0으로 정의한 기준에 따라 연료의 옥테인값을 평가한다. **표 7.2**에는 여러 가지 연소성 화합물들의 옥테인값을 보여 주고 있다.

2 나프타를 고온으로 열분해하는 공장을 나프타 분해 센터(Naphtha Cracking Center, NCC)라고 부른다.

3 *n*-옥테인이 아니고 *n*-헵테인임에 유의하라. *n*-옥테인의 옥테인값은 −10이다(즉, 노킹을 많이 일으키는 연료이다).

표 7.2 다양한 연소성 화합물들의 옥테인값[4]

화합물	RON	화합물	RON	화합물	RON
메테인	135	메탄올	133	에탄올	129
아이소프로판올	118	자일렌	117	톨루엔	111
n-프로페인	110	에테인	108	벤젠	101
n-뷰테인	91	*n*-펜테인	62	*n*-헥세인	25
n-헵테인	0	*n*-옥테인	-10	아이소옥테인	100

연료의 옥테인값을 높이기 위해 다양한 첨가제를 사용할 수 있다. 오래전에는 테트라에틸 납[$(CH_3CH_2)_4Pb$]이 옥테인값 향상제(노킹 방지제)로 사용되었다. 한자 연(鉛)[5]이 납(lead)을 의미하므로 휘발유를 무연휘발유와 유연휘발유로 분류하기도 하였다. 납은 중금속이고 환경오염을 심각하게 일으킬 수 있으며 실제 유연휘발유를 사용했을 때의 도로변의 식물들은 납으로 오염되었고 높은 납 농도를 보였었다. 이러한 문제점 때문에 이제는 테트라에틸 납은 더 이상 연료첨가제 혹은 휘발유의 옥테인값을 높이기 위해 사용되지 않는다. 그 후 메틸 *t*-뷰틸 에텔(MTBE)라는 산소 함유 화합물이 노킹 방지제로 주로 사용되었다. 그러나 미국환경보호청(EPA)이 MTBE를 2급 발암성 위험물질로 지정하였고, 토양과 지하수에 심각한 오염을 일으킬 수 있다는 주장에 따라 미국 대부분의 주에서는 MTBE의 사용을 금지하고 있다. 따라서 옥테인값을 높이기 위한 새로운 산소 함유 화합물이 필요한 상태이다.

다양한 연료의 비교

표 7.3은 우리가 흔히 접할 수 있는 다양한 연료의 주성분, 시성식, 물성, 연소열 및 이산화 탄소 배출량 등을 비교하여 보여 주고 있다(참고문헌 2). LNG, LPG, 휘발유 및 경유로 갈수록 부피당 발열량은 증가하나 이산화 탄소 배출량도 증가함을 알 수 있다.

표 7.4는 다양한 연료의 무게당 발열량을 보여 주고 있다. 수소는 부피당(1기압)의 발열량은 매우 낮으나 무게당 발열량은 가장 높고 휘발유나 경유의 2배가 넘는다. 따라서 수소의 부피당 발열량을 높이기 위해 수소의 저장 혹은 압축 등이 매우 중요함을 알 수 있다.

4 '아이소(iso)'는 화합물이 사슬 구조를 가짐을 의미하고, '*n*-'로 표기된 것은 직선형 화합물을 의미한다.
5 앞에서 언급된 무연탄의 '연기가 없음'과 여기서 언급된 무연휘발유의 '납이 추가되지 않음' 등은 서로 혼동하기 쉽다.

표 7.3 흔히 접할 수 있는 다양한 연료의 주성분과 특성

연료	이름	LNG	LPG	휘발유	경유
	주성분	메테인	뷰테인	*n*-옥테인	*n*-헥사데케인
	시성식	CH_4	C_4H_{10}	n-C_8H_{18}	n-$C_{16}H_{34}$
물성	끓는점(℃)	-162	-0.5	126	287
	분자량(g/몰)	16	58	114	226
	밀도(g/L, 20℃)	415	602	703	770
연소열/L	kcal/L	5,966	7,428	8,407	9,058
	상대비	-	1.00	1.13	1.22
CO_2 배출량	g/L	1,141	1,826	2,171	2,399
	상대비	1.00	1.60	1.90	2.10

표 7.4 다양한 연료의 무게당 발열량

연료	발열량(kcal/kg)
휘발유	11,000
LPG(프로페인)	12,000
LPG(노말뷰테인)	11,863
벤젠	9,600
알코올	600~6,400
경유	10,500
중유	10,000
목탄	8,000
석탄	5,000~8,000
코크스	7,000
장작	5,000
메테인(가스)	12,000
수소(가스)[6]	28,800
아세틸렌(가스)	11,800

그림 7.8은 리튬 이온 배터리를 포함한 다양한 물질의 질량 에너지 밀도를 상대적 및 절대적으로 보여 주고 있다. 수소의 질량 에너지 밀도가 매우 크기 때문에, 수소는 미래의 대형 트럭 및 비행기의 연료로 고려되고 있다. 또한 리튬 이온 배터리는 현재 상태로는 질량 에너지 밀도가 매우 낮으므로, 에너지 함량을 높이려면 배터리의 무게가 매우 무거워지는

6 수소는 무게당 발열량은 매우 크나 부피당(1기압)은 발열량은 매우 적음에 유의하라.

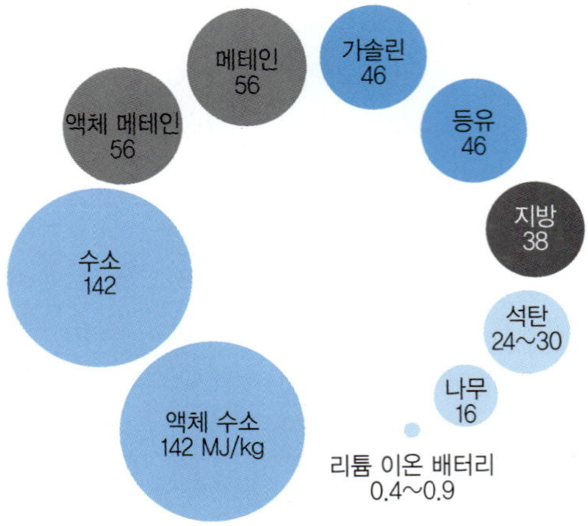

그림 7.8 리튬 이온 배터리를 포함한 다양한 물질의 상대적 및 절대적 질량 에너지 밀도

한계가 있다는 것을 이해할 수 있다. 보다 질량 에너지 밀도가 높은 배터리의 개발이 필요한 상황이다.

7.5 신·재생에너지

신·재생에너지는 신에너지와 재생에너지를 합쳐 부르는 말이다. 신에너지에는 예전에 알려지지 않았던 에너지인 연료 전지와 수소 에너지 등이 있으며(기존의 화석 연료를 변환시켜 활용하는 것을 포함한다), 재생에너지는 햇빛, 물, 강수, 바이오매스(biomass, 생물 유기체) 등을 포함하여 재생이 가능한 에너지이다. 재생에너지로 잘 알려진 에너지원으로는 태양광, 태양열, 수력, 바이오매스, 풍력, 지열, 해양에너지 등이 있다. 신·재생에너지를 얻는 대표적인 방법 및 특징을 표 7.5에 정리하였다.

신·재생에너지의 등장 배경

인구가 증가하고 산업이 발달하면서 화석 연료에 대한 수요가 늘고 있으며, 따라서 자원의 고갈과 함께 국제 가격이 상승하는 등의 문제가 나타나고 있다. 무엇보다도 화석 연료가 지구 온난화를 일으키는 원인으로 인식되면서 화석 연료의 사용량이 많은 국가는 불이익을 받는 등 화석 연료의 사용을 줄일 필요성이 커지고 있다. 따라서 범지구적으로

표 7.5 신·재생에너지를 얻는 대표적인 방법 및 특징

풍력 에너지	바람의 힘을 이용하는 에너지로 날씨에 따라 이용할 수 있는 에너지의 양이 달라진다. 풍력 발전에는 풍력이 매우 강하고 연중 바람이 불어오는 해안이나 섬 또는 고원 지역이 유리하다.
태양열 에너지	햇볕을 이용하는 에너지로 일조 시간이 길고 맑은 날이 많은 지역일수록 이용에 유리하다.
바이오 에너지	동식물에서 얻는 에너지로 옥수수와 해바라기 등을 많이 이용한다(최근에는 비식용 작물을 이용).
지열 에너지	지하수나 지하의 열을 이용하여 전기를 생산하거나 냉난방에 이용하는 것으로 화산 지대에서 많이 활용한다.
조류 에너지	조류의 세기를 이용하여 에너지를 생산한다.

신·재생에너지를 활용하고자 하는 관심과 노력을 기울이고 있다.

신·재생에너지의 특징

신·재생에너지는 화석 연료 등과 달리 다음과 같은 특징 및 장단점을 가진다.

① 화석 연료와 달리 재생이 가능하기 때문에 원칙적으로 고갈되지 않는다(재생에너지).

② 이산화 탄소와 오염 물질의 배출이 적어 환경친화적이다.

③ 화석 연료에 비해 비교적 지구상에 고르게 분포한다.

④ 발전소를 건설할 때 자연환경의 영향을 많이 받는다. 태양, 수력, 바이오매스, 풍력, 지열, 해양 에너지 등을 이용하여 발전소를 건설할 때는 얼마나 쉽게 안정적으로 에너지원을 구할 수 있는가가 관건이다. 예를 들어 태양 에너지를 이용하고자 할 때 햇빛이 강하고 비가 오지 않는 사막을 고려하는 것을 생각할 수 있다.

⑤ 개발 초기에 투자 비용이 많이 드는 것에 비해, 아직 경제성은 낮은 편이다. 따라서 연구 개발과 정부 및 지자체 등의 지원이 매우 필요한 분야이다.

신·재생에너지의 기여

신·재생에너지의 개발 및 활용에 대한 관심은 매우 높으나 낮은 경제성으로 인해 그 기여는 아직 미미하다. **그림 7.9**에서 보는 바와 같이 우리나라의 경우 발전에 기여하는 신·재생에너지 비중은 꾸준히 증가하고 있으나 2020년 현재 6.6%에 머무르고 있다.

그림 7.10의 왼쪽은 프랑스에 기반을 둔 에너지 및 기후 사안을 분석하고 예측하는 데 전문화된 독립 연구조사 기업인 에너데이터가 분석한 2019년 국가별 재생에너지 발전 비중을 보여 주는 자료이다. 노르웨이는 전체 발전량의 97.6%를 재생에너지로 생산하는 데 비해 한국은 4.8%로 40위 수준으로 거의 꼴찌이다. 브라질(82.3%), 뉴질랜드(81.9%), 캐나다

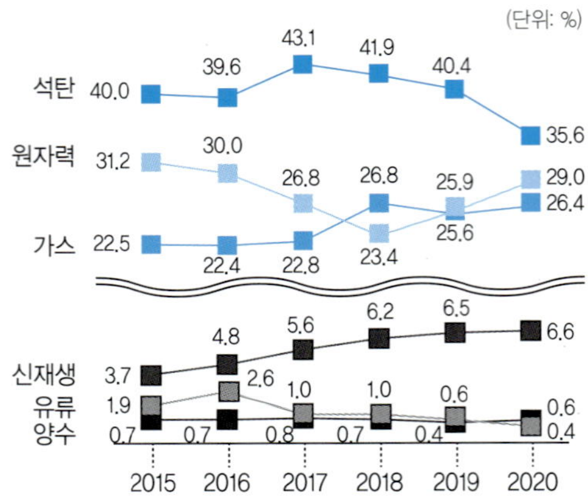

(자료: 한국전력)

그림 7.9 국내 발전에 기여하는 에너지원별 기여 비중

(64.9%), 스웨덴(58.7%) 등이 아주 높은 비율을 보이는데 대부분 수력 발전의 기여가 크기 때문이다. OECD 30개국과 조사한 전 세계 44개국의 평균은 각각 27.2%와 26.6%였다. 중국, 인도, 일본 등 한국을 포함한 아시아 8개 조사국의 평균도 23.7%로 우리나라의 재생에너지 발전 비중이 특히 낮음을 알 수 있다.

그림의 오른쪽은 역시 에너데이터가 분석한 결과로 2009년과 2019년의 재생에너지 발전 비중을 정리한 것이다. 한국은 절대 기여는 물론이고 증가율도 OECD 30국 평균 및 다른 아시아 8개국 평균에 훨씬 못 미치는 수준이다. 지난 2009~2019년 사이의 10년에 걸쳐

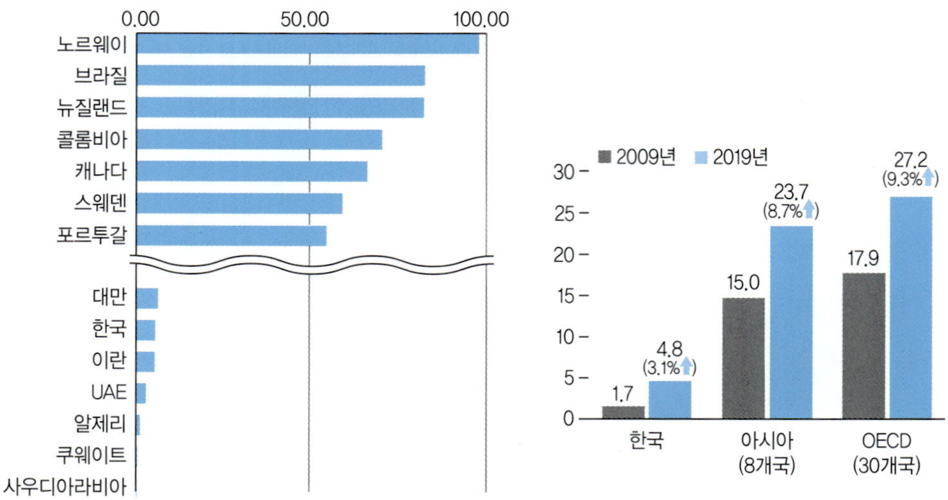

그림 7.10 2019년 국가별 재생에너지 발전 비중(왼쪽) 및 2009년과 2019년의 한국 등의 재생에너지 발전 비중(오른쪽)

표 7.6 주요 국가별 발전에 기여하는 신·재생에너지 비율과 태양(태양광 및 태양열) 및 풍력의 기여(2022년 기준)

국가	신·재생에너지 (%)	태양 및 풍력 (%)	국가	신·재생에너지 (%)	태양 및 풍력 (%)
네덜란드	39.7	32.2	인도네시아	18.7	5.2
노르웨이	98.5	10.2	일본	21.6	12.2
뉴질랜드	86.6	26.2	중국	30.6	13.5
독일	44.4	32.5	칠레	54.6	26.5
러시아	17.7	0.5	카자흐스탄	11.8	3.8
루마니아	42.9	15.7	캐나다	68.8	6.8
말레이시아	16.1	1.7	콜롬비아	75.1	0.7
미국	89.2	14.5	타이완	8.8	5.0
벨기에	26.1	19.7	태국	17.9	4.6
브라질	89.2	16.4	터키	41.9	19.4
스웨덴	68.5	20.5	포르투갈	61.0	34.8
스페인	43.1	33.2	한국	8.1	6.0
영국	43.3	29.0	호주	30.7	23.2
이탈리아	36.1	19.1	**세계 평균**	**30.0**	**12.2**
인도	21.9	10.2			

재생에너지 발전 비중은 한국, 아시아 8개국 평균, OECD 30개 국가 평균에서 각각 3.1%포인트, 8.7%포인트, 9.3%포인트 증가하였다.

표 7.6은 2022년 기준, 주요 국가별 발전에 기여하는 신·재생에너지 및 태양(태양광 및 태양열) 및 풍력의 기여를 보여 주는 에너데이터 자료이다. 우선 수력을 포함한 신·재생에너지의 기여는 상당히 높고 세계 평균은 30.0%이며, 한국은 8.1%로 매우 열세인 상황이다. 수력 발전은 자연환경이 매우 중요하므로 신·재생에너지 비중이 높은 국가는 대부분 자연의 혜택을 받았다고도 볼 수 있다. 그러나 태양 및 풍력은 국가의 관심과 노력의 결과라고 볼 수 있는데, 우리나라는 태양광 발전 단지가 꽤 많아진 2022년에도 세계 평균 12.2%의 반에도 미치지 못하는 6.0%를 보이고 있다.

그림 7.11은 표 7.6을 서로 비교하기 좋게 정리한 것이다. 우리나라는 아직 신·재생에너지 발전에 큰 노력이 필요한 상황이라는 것을 한눈에 알 수 있다.

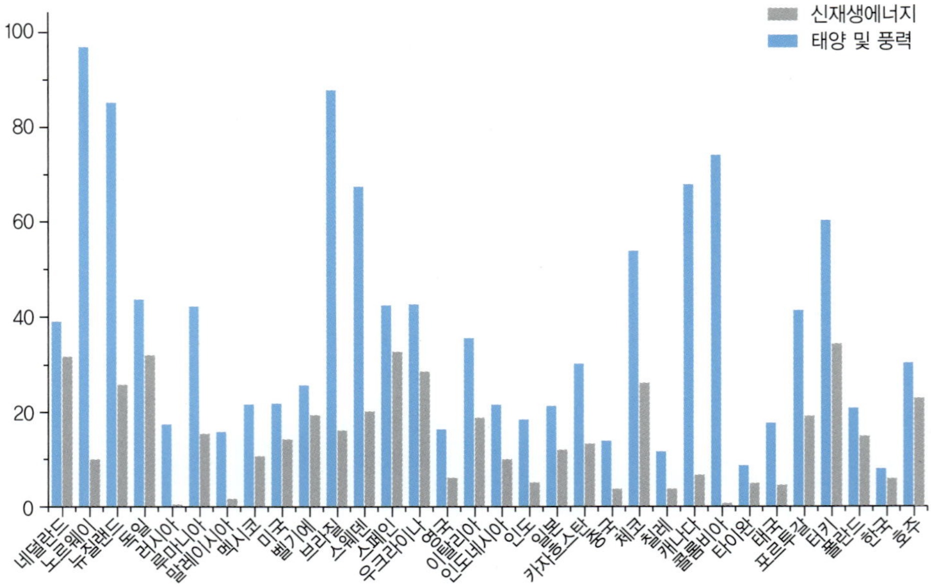

그림 7.11 주요 국가별 발전에 기여하는 신·재생에너지 비열과 태양(태양광 및 태양열) 및 풍력의 기여 비교 (2022년 기준)

7.6 연료 전지

신에너지의 대표적 개념의 하나인 연료 전지(fuel cell)는 수소, 메탄올 같은 통상적 연료를 이용하여 화학 에너지로부터 전기 에너지를 직접 생산하는 볼타 전지로, 연료만 공급되면 계속 전기를 생산하는 3차 전지이다(1차 전지는 한 번 사용하고 버리는 망가니즈 및 알칼라인 전지 등의 전지를 의미하고 2차 전지는 충전하여 계속 쓸 수 있는 리튬 이온 전지 및 납축전지 등을 의미한다). 연료 전지는 중간에 발전기와 같은 장치를 사용하지 않고, 화학 반응에 의해 전기를 직접 생산하기 때문에 발전 효율이 일반적인 발전에 비해 매우 높다.

수소를 연료로 활용한 연료 전지는 산성 및 염기성 조건에서 운전할 수 있으며, 각각 다음의 전기화학 반응이 진행되어 결국 수소를 공기 중의 산소와 반응시켜 물로 전환하면서 1.23 V만큼의 전위차를 갖는 전기 에너지를 얻을 수 있다.

수소 연료전지(산성 조건):
(proton exchange membrane fuel cell)

Anode: $2H_2 \rightarrow 4H^+ + 4e^-$ $\quad -E^0 = 0V$

Cathode: $O_2 + 4H^+ + 4e^- \rightarrow 2H_2O$ $\quad E^0 = 1.23V$

$$2H_2 + O_2 \rightarrow 2H_2O \qquad E^0_{cell} = 1.23V$$

수소 연료전지(염기성 조건):

Anode: $2H_2 + 4OH^- \rightarrow 4H_2O + 4e^-$ $\quad -E^0 = 0.83V$

Cathode: $O_2 + 2H_2O + 4e^- \rightarrow 4OH^-$ $\quad E^0 = 0.40V$

$$2H_2 + O_2 \rightarrow 2H_2O \rightarrow E^0_{cell} = 1.23V$$

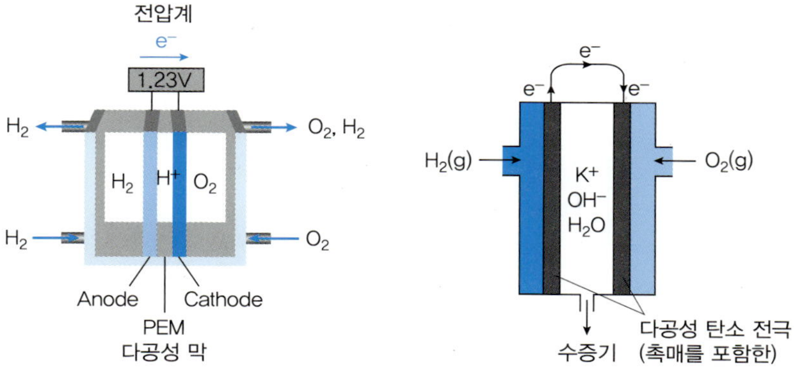

그림 7.12 연료 전지의 개념도(왼쪽: 산성 조건, 오른쪽: 염기성 조건)

그림 7.12의 왼쪽과 오른쪽은 각각 산성 조건 및 염기성 조건에서 작동하는 연료 전지의 개념도를 보여 주고 있다. 두 경우 모두 수소와 산소가 만나 물로 변환되면서 전기 에너지를 얻을 수 있다. 연료 전지는 화학 에너지(수소)로부터 전기 에너지를 바로 얻기에 모터나 보일러 등이 필요 없고 에너지 효율이 높은 장점이 있다.

7.7 바이오 정유

정유공장이 원유를 이용하여 나프타, 휘발유, 경유 등의 다양한 제품을 얻는 것과 유사하게 바이오 정유(biorefinery)(참고문헌 3)는 바이오매스를 원료로 사용하고 생물공학적·화학적 기술을 이용하여, 바이오 기반의 화학제품·바이오연료 등의 물질을 생산하는 기술을 일컫는다. 바이오 정유는 그림 7.13에서와 같이 이산화 탄소의 재순환이 가능하고 자

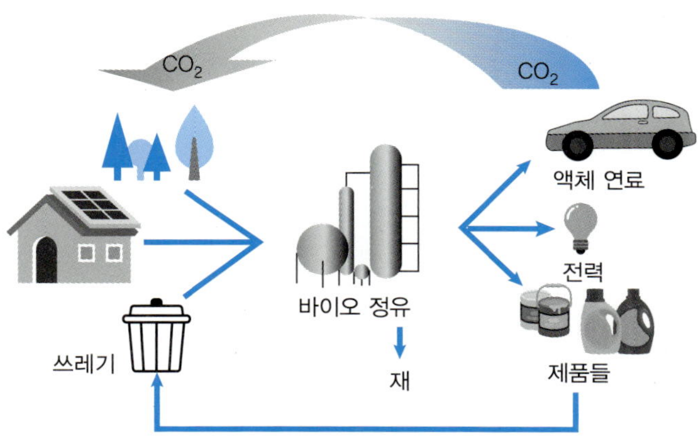

그림 7.13 바이오 정유의 개념도

원 고갈의 문제에 대비할 가능성이 있는 개념이다. 그러나 바이오매스와 원유에서 얻어지는 제품의 차이[7]도 크고 특히 유용한 화학제품이나 연료를 얻기 위해서는 보다 깊은 연구가 필요하다.

7.8 요약

지구의 에너지(특히 화석 연료)는 유한하며, 에너지를 사용하면 환경오염과 온실가스의 배출이 수반될 가능성이 매우 높다. 인류 문명의 발달과 인구의 증가는 필연적으로 증가된 에너지 수요를 유발한다. 지구에는 석유 외에 석탄은 물론이고 셰일가스, 오일샌드, 메테인 하이드레이트 같은 화석 연료가 다량 매장되어 있으나 그 매장량은 유한하고 채굴하여 활용 시 환경오염 측면에서 다양한 문제점이 있다.

에너지 소비 및 생산에 늘 환경을 고려해야 하며, 가능한 환경에 부담이 적은 에너지 자원을 개발하고 활용해야 한다. 하나의 방법으론 신·재생에너지를 개발·활용하고 에너지 효율이 높은 제품을 활용하는 것이다.

핵심어 바이오 정유, 석유, 석탄, 셰일가스, 신·재생에너지, 연료 전지, 오일샌드, 옥테인값, 천연가스, 화석 연료

7 가장 큰 차이는 원유에서 나오는 제품은 거의 산소가 포함되지 않으나 바이오매스는 대부분 산소 혹은 물을 다량 함유하여 바이오매스로부터 얻어지는 제품도 산소 함량이 높을 수 있다.

8장

수소 에너지 및 수소경제

이 장에서는 CO_2 등의 온실가스의 배출을 방지할 수 있는 매우 바람직한 에너지인 수소(수소 에너지)에 대해 알아볼 것이다. 이와 함께 수소 에너지 시대 및 수소경제에 대한 개요, 현황, 전망을 정리하였다.

8.1 개요

지구온난화 혹은 지구가열화는 2024년 현재 인류가 가장 크게 당면한 문제로, 여러 매체에서 자주 관련된 이야기를 듣게 된다. 지구온난화의 이유는 과도한 화석 연료의 사용이라는 데 거의 모두가 동의하고 있다. 화석 연료의 이용은 필연적으로 온실가스인 이산화 탄소의 방출을 수반하기 때문이다. 따라서 지구온난화를 해결하려면 그러한 문제가 없는 대체에너지 개발에 집중해야 한다. 수소는 우주에 가장 많이 존재하는 원소이며(우주 질량의 75%, 원소 개수 기준으로는 88%가 수소임), 연소하거나 에너지로 활용할 때 부산물로 CO_2는 거의 생성되지 않고 물만 얻어지므로 화석 연료의 아주 우수한 대체재가 될 수 있다.

8.2 수소 에너지의 특징

수소 에너지는 높은 에너지 밀도를 가진 수소 분자(H_2)를 에너지원으로 활용하여 석유나 석탄을 대체하는, 미래의 궁극적인 청정에너지원 중 하나이다. 그림 8.1에서 보듯이 수소는 단순한 연료, 승용차나 버스 같은 자동차를 움직이는 힘, 가정용 난방, 온수 및 조명, 비료의 원료가 되는 암모니아의 생산 등의 매우 다양한 용도로 사용될 수 있다. 그러나 후술하는 바와 같이 태양광 같은 재생에너지를 이용하여 수소를 생산하는 기술 및 수소를 저장 및 활용하는 우수한 기술 개발이 선행되어야 한다.

그림 8.2는 수소와 산소로부터 물이 얻어질 때 에너지의 변화를 보여 주고 있다. 이 그림을 다음의 반응식으로 단순히 나타낼 수 있다.

$$2H_2 + O_2 \longrightarrow 2H_2O + 482\ \text{kJ}$$

그림 8.2와 반응식을 보면 수소가 CO_2의 배출은 없이 없으면서 뛰어난 에너지가 될 수 있는 이유를 알 수 있다. 반응식에서 보듯이 수소와 산소의 반응으로는 물이 유일하게 얻어

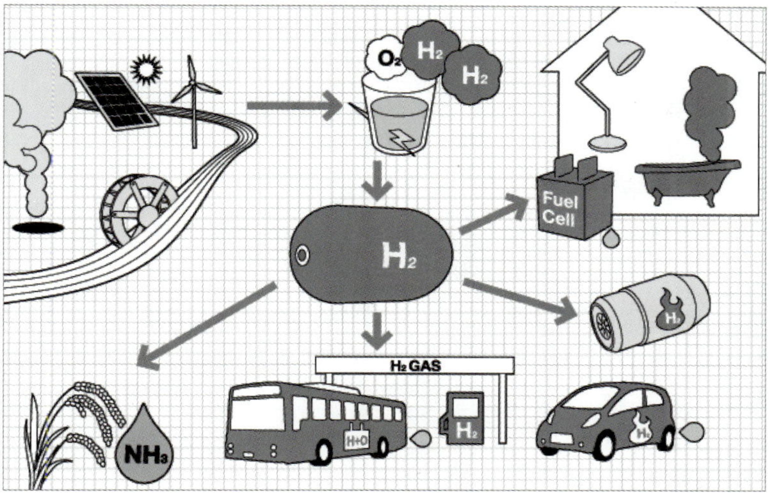

그림 8.1 태양광에 의한 수소의 생산, 저장 및 다양한 활용을 보여 주는 개념도(Rh2network, CC BY-SA 3.0, Wikimedia Commons)

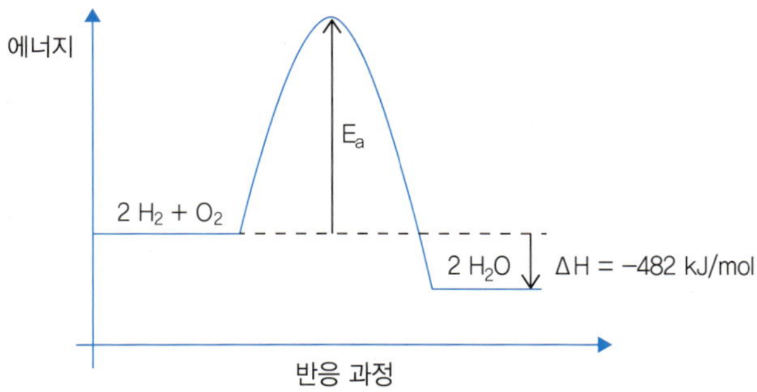

그림 8.2 수소 연소 반응에 따른 에너지의 변화

진다. CO_2는 생성되지 않으며, 2몰의 수소가 완전히 산화되면 482 kJ의 큰 에너지가 얻어진다.

수소 에너지는 다양한 장점과 단점을 가진다. 장점으로는 먼저 친환경성을 들 수 있다. 언급한 바와 같이 수소는 단순한 에너지로 사용되어도 유해한 물질의 배출이 매우 적다. 수소를 생산하는 데 천연가스 같은 화석 연료를 사용하면 CO_2가 매우 많이 배출될 수 있지만, CCS(이산화 탄소 포집/저장 기술)을 활용하면 CO_2가 대기로 거의 방출되지 않게 할 수가 있다. 만약 태양광 같은 신·재생에너지로부터 얻은 전력을 활용하여 물의 전기 분해(수전해)를 통해 수소를 생산하면 CO_2 문제로부터 자유로워질 수 있다. 수소의 높은 에너지 효율성도 큰 장점이다. 발전소의 에너지 이용 효율은 35%인데 수소 에너지를 이용하는 수소 연료 전지(수소를 연료로 사용해 에너지를 얻는 장치)의 종합에너지 효율은 전기

표 8.1 수소 에너지의 장점과 특징

생산	• 다양한 에너지원 방식을 통해 생산 가능
소비	• 연료 전지를 통해 가정용, 산업용, 수송용 등 모든 소비 부문에 이용 가능 • 사용과정에서 전력과 열 모두 이용 가능
저장 및 운반	• 액화 혹은 압축시켜 고압탱크에 저장 가능
효율성	• 발전소의 에너지 이용 효율 35%에 비해, 수소 에너지를 이용하는 연료 전지의 종합 에너지 효율은 80%임(전기와 열 이용 시)
친환경성	• 화석 연료와 달리 사용 과정에서 유해한 부산물이 배출되지 않음 • CCS(이산화 탄소 포집 및 저장 기술) 또는 신재생에너지로부터 얻은 전력을 이용하여 수소를 생산한다면, CO_2 배출량을 줄이거나 아예 없앨 수 있음

와 열을 이용 시 80%에 달한다. 수소 에너지의 장점은 표 8.1에 정리하였다.

반면 수소는 대기압과 실온에서 기체로 존재하므로, 기체 수소는 저장 밀도가 매우 낮아 저장 및 운반이 어렵다. 파이프라인을 통한 수소 기체의 이송, 액화 및 압축 등을 고려할 수 있으나 비용과 안전성 등의 한계가 있어 계속 관련된 기술을 개발 중에 있다.

수소는 석유처럼 공기 중 산소와의 반응(고온 연소 반응)을 통해 에너지를 얻을 수도 있으나 연료 전지를 이용하여 가정용, 산업용, 수송용 등 모든 소비 분야에서 전력이나 열 등으로 효과적으로 이용될 수 있다.

수소는 후술할 바와 같이 다양한 방법으로 생산될 수 있으나, 화석 연료를 완벽하게 대체하고 CO_2 문제로부터 자유롭기 위해서는 태양광 등의 신·재생에너지를 활용하여 물을 전기 분해하여 수소를 생산해야 한다. 그렇게 된다면 물 → 수소 → 물의 순환을 통해 수소를 무한한 에너지원으로 활용할 수 있을 것이다.

8.3 수소의 생산

수소는 에너지로 쉽게 활용할 수 있는 수소 분자(H_2)로 존재하기보다는 물(H_2O)이나 암모니아(NH_3)처럼 대부분 다른 원소와 결합하고 있다. 따라서 결합한 화합물 상태에서 활용 가능한 수소 분자를 제조 혹은 추출하는 것이 필요하다.

그림 8.3에서 보는 바와 같이 수소는 다양한 방법, 특히 여러 원료 및 에너지를 이용하여 생산될 수 있다. 우선 부생수소라는, 이름 그대로 부산물로 얻어지는 수소가 있다. 주로 나프타의 개질[1]이나 분해 그리고 제철 등의 공정에서 발생하는 부산물 중 혼합가스를 정제

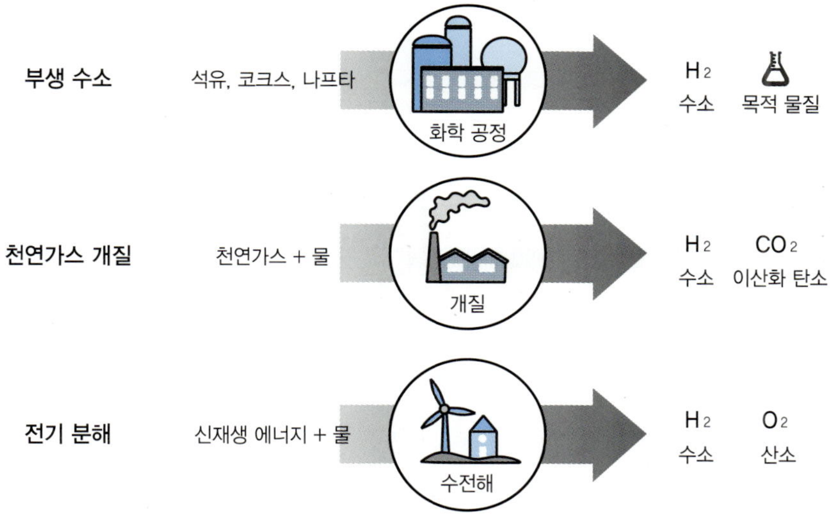

그림 8.3 대표적 수소 생산 방법

해 순도를 높여 생산되는 수소를 말하며, 부산물을 활용한다는 장점이 있으나 생산량이 적어 그 의미가 점점 옅어지고 있다.

두 번째로는 천연가스의 개질에 의한 수소 생산이다. 현재 대부분의 수소는 천연가스로부터 얻고 있다. 그러나 이러한 방법은 1 kg의 수소를 얻을 때 약 10 kg의 CO_2가 배출되는 큰 단점이 있다. 이렇게 생산되는 수소를 그레이 수소라고 부른다. 최근에는 CCS 기술을 활용하여 CO_2를 대기로 방출되지 않게 수소를 생산하는 공장이 늘어나고 있는데, 이렇게 생산되는 수소를 블루 수소라고 한다.

세 번째는 물의 전기 분해(특히 신·재생에너지로 얻은 전기를 이용한)에 의해 수소를 생산하는 것이다. CO_2의 배출이 매우 적으므로 미래의 수소 생산 기술은 대부분 이 방법에 의해 진행될 것으로 기대하고 있다. 이를 그린 수소라고 한다. **그림 8.4**에서 그레이 수소, 블루 수소, 그린 수소의 개념도를 보여 주고 있다.

1 리포밍(reforming)이라고도 하며, 열이나 촉매 작용에 의해 주로 탄화수소의 구조를 변화시켜 부가가치가 높은 화학 제품을 생산하는 것을 일컫는다.

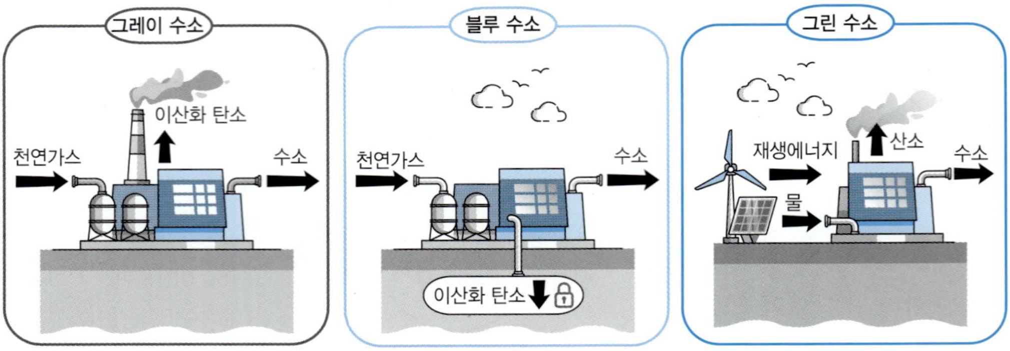

그림 8.4 그레이 수소, 블루 수소, 그린 수소의 개념도

참고

그레이 수소, 블루 수소, 그린 수소 외에도 다양한 색을 포함하여 수소를 명명하여 분류하고 있다.

- 청록수소(turquoise hydrogen): 천연가스를 고온에서 수소와 고체 탄소로 분해하는 열분해 기술로 생산된 수소를 의미한다. 열분해 과정에서 이산화 탄소는 발생하지 않고 고체 탄소가 부산물로 나온다. 이 고체 탄소는 타이어와 기계용 고무 부품 등의 소재로 활용될 수 있다.
- 브라운 수소(brown hydrogen): 석탄을 고온·고압에서 가스화해 추출한 수소
- 핑크 수소(pink hydrogen): 원자력 발전으로 생산한 전기로 물을 전기 분해하여 생산되는 수소
- 레드 수소(red hydrogen): 원자력 발전 과정에서 발생하는 열로 물을 열화학적으로 분해해 생산하는 수소
- 퍼플 수소(purple hydrogen): 원자력의 열과 전기로 물을 열화학+전기 분해를 이용하여 생산하는 수소
- 골드 수소(gold hydrogen), 화이트 수소(white hydrogen) 또는 지질학적 수소: 석유처럼 땅속에서 채굴해서 얻는 수소를 의미하며, '천연수소'라고도 한다. 최근 그 개발 가능성이 화제가 되고 있다. 이 수소 생성 원인에 대해서는 다양한 학설이 있으나 다음의 반응이 하나의 예가 될 수 있다.

$$2(Fe^{2+}O) + H_2O \longrightarrow (Fe^{3+})_2O_3 + H_2$$

즉, 철이 풍부한 암석이 매우 뜨거운 물과 반응해 산화되어 산화철과 수소 가스를 생성하는 것으로 생각할 수 있다. 세계 지하에 최대 5조 t의 수소가 존재한다고도 하며, 이 중 몇 퍼센트만 회수하면 연간 5억 t에 달하는 모든 예상 수요를 수백 년 동안 공급할 수 있을 정도의 막대한 양이라고 한다.

표 8.2는 앞서 기술된 수소 생산 기술 외 현재 적용 혹은 연구되는 수소 생산 기술을 보여 주고 있으며, 그림 8.5는 기간에 따른 전 세계 수소 생산량과 수소 종류별 생산량을 보여 주고 있다(참고문헌 1). 수소의 생산량은 꾸준히 늘고 있다. 아직은 그레이 수소가 가장 많은 부분을 차지하고 있고, 이어서 블루 및 그린 수소 순서이다.

표 8.2 수소 생산 기술의 분류

구분	방법	원료	에너지원	기술수준
화석 연료 이용	수증기 개질	천연가스, LPG, 나프타	열	상용
	이산화 탄소 개질	천연가스	열	-
	부분 산화	중질유, 석탄	열	상용
	자열 개질	천연가스, LPG, 나프타	열	상용
	직접 분해	천연가스	열	상용
비화석 연료 이용	전기 분해	물	전기	상용
	열화학 분해	물	고온열(원자력, 태양열)	연구 중
	생물학적 분해	물 또는 바이오매스	열, 미생물	연구 중
	광화학적 분해	물	태양광	연구 중

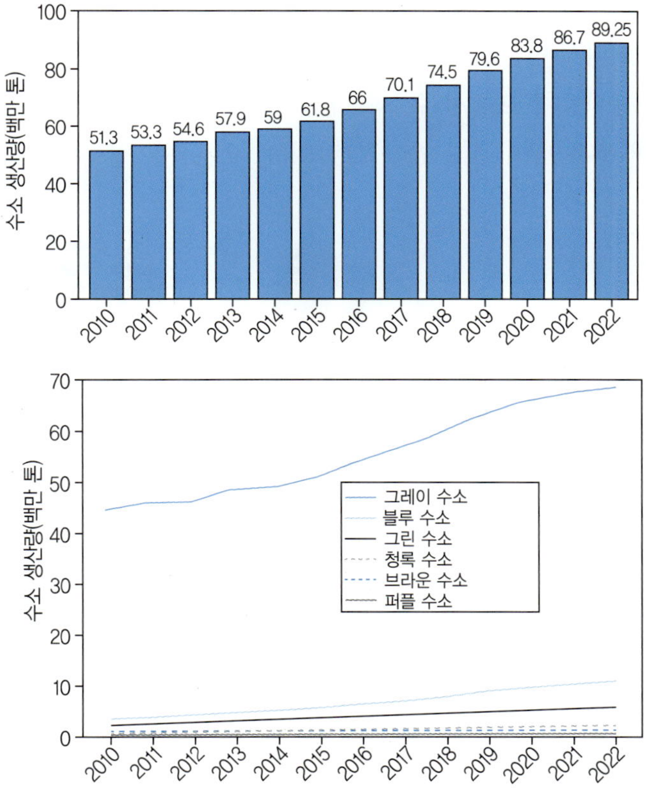

그림 8.5 전 세계 수소 생산량(위) 및 종류별 생산량(아래)

8.4 수소의 저장 및 이송

수소는 매우 좋은 에너지원이지만, 상온 상압에서 기체로 존재하므로 에너지 밀도가 매우 낮아 사용 효율이 낮다. 활용을 위한 장소로 수소를 보내기 위해서 다양한 방법이 고려되고 있다(참고문헌 2). 첫째, 파이프라인을 통해 기체를 이송할 수 있다. 그러나 누출 및 폭발의 위험이 있을 뿐만 아니라 아주 먼 거리로의 이송은 불가하다. 둘째, 수소 연료 전지 자동차에 사용되는 수소처럼 약 700기압까지의 고압으로 충전하여 활용할 수 있다. 그러나 수소를 고압으로 압축하는 데 비용이 크게 들고, 안전의 문제점이 존재한다. 셋째, 수소를 액화하여 이송한다. 이 역시 매우 낮은 온도(-253℃)까지 냉각해야 하므로 비용이 크게 증가할 뿐만 아니라 장기간 보관하기도 힘들고 누출의 위험도 있다. 아직은 이 3가지 방법이 주로 사용되나, 각각의 한계가 있으므로 수소를 다양한 상태로 저장하여 이송하고 필요한 곳에서 수소를 다시 얻어 활용하는 방법을 개발하고 있다.

그림 8.6은 압축과 액화를 포함한 수소의 대표적 저장 방법과 수소 저장 조건, 수소 저장 용량 및 활용 조건 등을 보여 주고 있다. 그림의 맨 오른쪽은 압축하여 수소를 저장하는

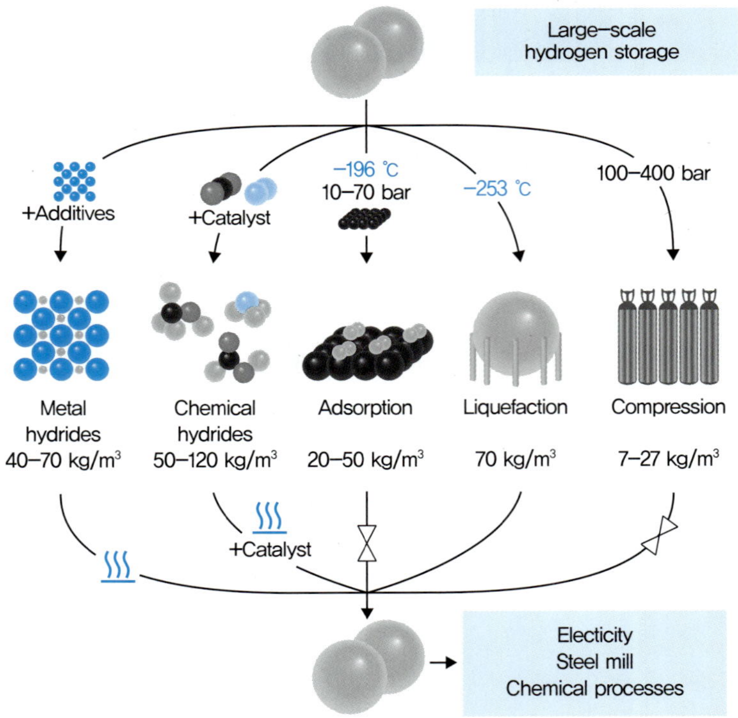

그림 8.6 수소의 대표적 저장 방법과 조건, 수소 저장 용량 및 활용 조건

것을 보여 주고 있고, 약 100~400 bar 압력으로 압축하면 1 m^3의 부피에 7~27 kg 정도의 수소 저장이 가능하다. 그 왼쪽 그림은 −253℃로 액화하면 70 kg/m^3을 저장할 수 있음을 보여 주고, 맨 가운데 그림은 −196℃ 및 10~70 bar 조건에서 고체 흡착제에 흡착하면 20~50 kg/m^3을 저장할 수 있음을 보여 준다. 그 왼쪽은 촉매 존재하에 수소와 화합물을 반응시켜 화학적 수소화물(hydride)을 얻어 저장하고 다시 촉매 존재하에 가열하여 수소를 해리하여 이용할 수 있음을 보여 준다. 이 경우 저장 용량은 50~120 kg/m^3 정도이다. 마지막으로 그림 맨 왼쪽의 방법은 금속과 첨가물을 수소와 반응시켜 금속 수소화물을 먼저 만들어 이송한 뒤, 가열하여 수소를 해리시켜 활용하는 방법이다. 40~70 kg/m^3의 저장 용량을 가진다.

화학적 수소화물로는 메탄올, 암모니아, 폼산 등이 있으며, 메틸사이클로헥세인–톨루엔 쌍과 같이 수소를 매개로 서로 상호 전환될 수 있는 소위 액상 유기 수소 운반체(liquid organic hydrogen carriers, LOHC)라고 불리는 저장 방법도 개발되고 있다. 그림 8.7은 액체 유기 수소 전달체로 사용될 수 있는 메틸사이클로헥세인과 톨루엔 간의 상호 전환 반응을 보여 주고 있다.

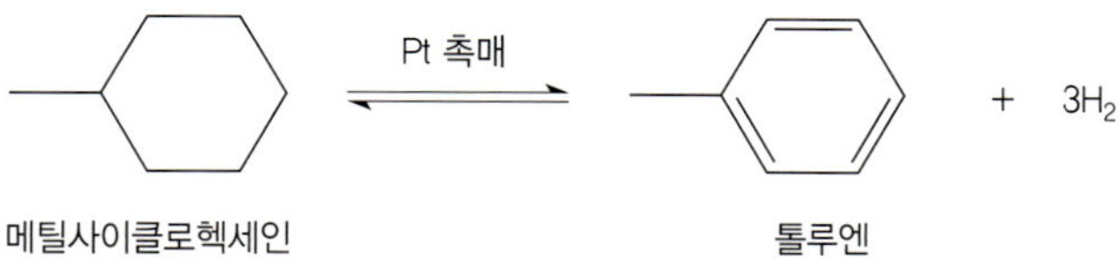

그림 8.7 메틸사이클로헥세인과 톨루엔 간의 상호 전환 반응

암모니아는 다음 반응식과 같이 수소와 질소로부터 제조할 수 있다. 제조된 암모니아를 수소가 필요한 곳으로 이송하여 수소를 추출하면 CO_2 배출 없이 질소만 대기로 방출되어 지구온난화에 부담이 적어 이 방법이 각광받고 있다.

$$N_2 + 3\,H_2 \longrightarrow 2\,NH_3 \rightarrow N_2 + 3\,H_2$$

또한 암모니아는 비교적 온화한 조건(25℃, 10기압)에서 액체로 전환될 수 있으며, 기존의 암모니아의 활용 경험 및 인프라를 이용할 수 있는 것도 장점이다. 표 8.2에서 보듯이 액체 암모니아는 부피당 에너지 밀도가 액체 수소의 1.5(12.7/8.49)배이고 부피당 수소 함량도 액체 질소의 1.7(121/70.8)배이므로 상당히 효율적이다.

이와 같은 암모니아의 장점과 가능성을 고려하여, 그림 8.8과 같은 수소 에너지 활용을 꾀해볼 수 있다. 우선 태양광이나 풍력으로 전기를 제조하고 이를 이용하여 그린 수소를

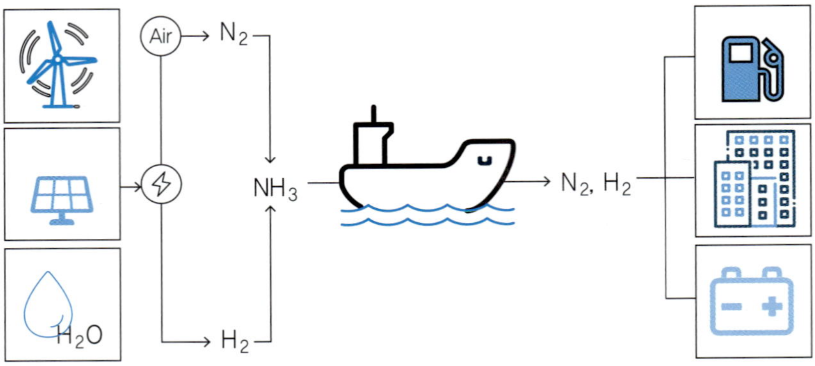

그림 8.8 암모니아의 제조, 운송, 및 수소로의 활용 개념도

얻는다. 이 수소를 공기 중에서 추출한 질소와 반응시켜 암모니아를 얻어 압축(액화)하여 배로 이송한다. 그 후 암모니아를 수소와 질소로 분해하여 질소는 대기로 방출하고 수소를 자동차, 공장/가정/사무실, 발전 등에 활용할 수 있을 것이다.

이처럼 암모니아를 통한 수소의 활용은 그 확률이 높은 것으로 기대된다. 다만 암모니아를 제조하거나 암모니아를 수소와 질소로 변환하는 데 많은 에너지가 소모되므로 현재 기술 수준으로는 필연적으로 CO_2가 발생될 수밖에 없다. 따라서 암모니아 생산 및 분해 반응에서 에너지 소모가 적은 기술을 개발하는 것이 필요하다.

표 8.3 수소, 메탄올, 액체 암모니아의 저장 방법 및 물성 비교

성질	압축 수소	액체 수소	메탄올	액체 암모니아
저장 방법	압축	액화	-	액화
온도(℃)	25	-253	25	25
저장 압력(Mpa)	69	0.1	0.1	0.99
밀도(kg/m^3)	39	70.8	792	600
중량 에너지 밀도(LHV*) (MJ/kg)	120	120	20.1	18.6
부피 에너지 밀도(LHV) (MJ/L)	4.5	8.49	15.8	12.7
중량 수소 함량(wt%)	100	100	12.5	17.8
부피 수소 함량($kg\ H^2/m^3$)	42.2	70.8	99	121
수소 방출 방법	압력 강하	증발	촉매적 분해 (온도 > 200℃)	촉매적 분해 (온도 > 400℃)
수소 추출 필요 에너지($kJ/mol-H_2$)	-	0.907	16.3	30.6

*LHV: lower heating value

8.5 수소경제

수소경제는 미국 펜실베니아 대학교 교수인 리프킨(Jeremy Rifkin)의 저서 『수소경제 The Hydrogen Economy』(2002)를 통해 소개되었다. 수소경제는 "머지않아 석유가 고갈될 것으로 예견됨에 따라 그 대안으로 떠오르고 있는 수소 에너지 시대의 경제"를 말한다. 리프킨은 2002년 당시, 2020년이면 전 세계적으로 석유 생산이 하향곡선을 그리게 되고, 이로 인해 가격과 공급체계가 불안정해짐으로써 석유확보를 위한 분쟁은 불가피하다고 예상했다. 또한 그는 석유와 달리 수소는 우주 질량의 75%(원소 개수 기준으로는 88%)를 차지할 정도로 풍부하고, 지구상에서 가장 구하기 쉬우며, 고갈되지 않고 공해도 배출하지 않는 에너지원이라고 설파하였다.

표 8.4는 기존의 탄소 경제(석유, 석탄, 가스 등 화석 연료 기반)와 대비하여 수소경제를 설명하고 있다. 수소경제에서는 에너지 패러다임을 화석 연료 기반에서 우선 탈탄소화 및 수소 중심으로 바꾸고, 에너지는 필요한 곳에 분산형으로 공급하며, 자원이나 에너지 확보보다는 기술 경쟁력 확보가 매우 중요하다. 그리고 기존 탄소 경제에서 불가피했던 온실가스나 대기 오염 물질의 배출이 매우 적어 친환경적이라는 장점이 있다.

표 8.4 탄소 경제와 수소경제의 비교

	탄소 경제	수소경제
에너지 패러다임	탄소 자원(석유, 석탄, 가스 등) 중심	탈탄소화 수소 중심
에너지 공급	중앙집중형 에너지 수급	분산형 에너지 수급
경쟁 양상	자원 개발 및 에너지 확보 경쟁	기술경쟁력 확보 및 규모의 경제 경쟁
환경성	온실가스, 대기 오염 물질 배출(CO_2, NOx, SOx 등)	온실가스 배출이 적어 친환경적[부산물 = 물(H_2O)]

8.6 수소 도시

수소 도시란 도시가스처럼 생산에서부터 이송, 활용까지 시스템을 갖추어 일상생활에서 직접 수소를 사용하는 사회를 말한다. 또한 수소 도시를 미리 경험해보고 문제점을 찾아 해결할 대책을 세울 수 있는 수소 시범도시는 주요 주거·교통수단을 수소 에너지로 가동하며, 지역 특화산업과 혁신 기술 육성 등을 접목시키는 도시를 말한다. 시범도시의 공동주택단지, 개별 건축물들은 수소를 냉난방, 전기 등 에너지원으로 사용하고, 도시 내 수소 에너지 기반 교통 체계도 구축된다. 이를 위해 복합 환승센터, 주차장, 버스 차고지 등에는 수소 자동차와 수소 버스 충전소가 설치되어야 한다. 우리가 순조롭게 수소경제로 나아가기 위해서는 기술의 진보를 통해 수소 에너지의 생산, 저장, 운송 등의 경제성, 안정성 확보 등을 담보할 수 있는 기반을 구축해야 할 것이다.

그림 8.9는 수소 시범도시의 개념도를 보여 주고 있다. 수소의 생산, 이송, 활용의 기본적인 요소 외에 지역 특화산업과 기술 육성 등을 접목시키는 특화 요소를 포함하는 것이 특징이다(참고문헌 3).

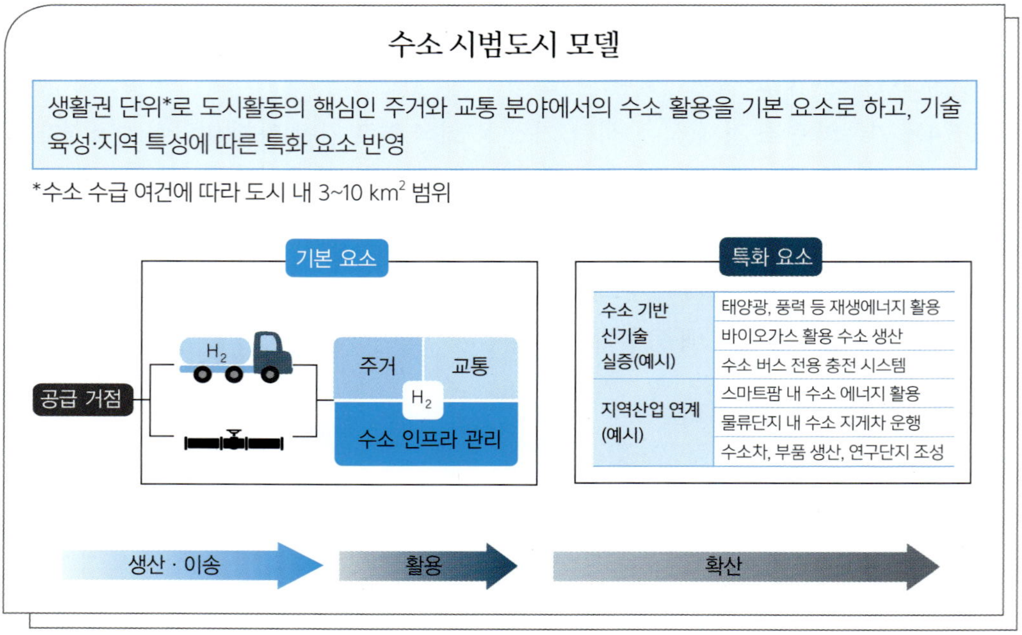

그림 8.9 수소 시범도시의 개념도

국토교통부에서 2019년 12월 29일 경기도 안산시, 울산광역시, 전라북도 전주와 완주 등 3곳을 수소 시범도시 사업지로, 강원도 삼척을 수소 연구 개발(R&D) 특화도시로 각각 선정하였고, 각 도시에서는 관련 사업이 진행되고 있다. 2023년부터는 6개(평택, 남양주, 당진, 보령, 광양, 포항)의 지자체에서 신규 수소 도시 사업을 착수하였다. 국토교통부는 "수소 도시 조성을 통해 기후 위기에 대비하기 위한 탄소중립 실현에 기여할 뿐 아니라, 새로운 지역 성장 동력으로 활용하여 지역 수소 산업 육성과 일자리 창출 등도 기대한다"라고 하였다.

전 세계적으로 수소 철도, 수소 선박, 수소 주택 등 수소를 실생활에 활용하기 위한 다양한 시도가 되고 있다. 국내에서는 울산에서 수소 트램과 수소 아파트가 추진되고 있다(참고문헌 4). 수소 트램은 전기로 움직여서 전차선(電車線)과 발전소 등 인프라가 필요한 일반 전동차에 비해 인프라 구축 비용이 적게 든다. 2024년 4월 기준 울산에서 수소 트램이 시범 운행 중이며, 2029년 개통하는 울산 도시철도 1호선에 상업 운행될 예정이다. 이르면 2027년부터 가동될 수도 있다고 한다.

울산시와 울산도시공사는 2019년부터 율동 국민임대아파트 437세대에 '수소 시범도시'를 조성하고 있다. 이곳 수소 아파트에서는 도시가스처럼 수소가 10.5 km의 파이프라인으로 공급돼 소규모 수소 연료 전지 발전소를 가동하여 전력과 난방이 이뤄진다. 수소 연료 전지 발전소에서 생산된 전력은 법적인 문제로 아파트 단지에 직접 공급되지는 않고 한전에 판매되며, 가정에서는 일반선로를 통해 전기를 사용하는데 일반 전기료보다 싸게 공급된다고 한다. 수소 연료 전지가 전력을 생산할 때 부가적으로 발생하는 온수(약 75℃)는 가정에 난방용으로 공급된다.

이같이 수소를 실생활에 사용하는 수소 도시는, 수소 시범도시 등의 사업을 통해 우리 곁에 머지않은 미래에 구현될 것으로 기대된다.

8.7 수소의 안정성과 논란

수소는 불이 매우 잘 붙기에 폭발과 화재 등의 사고가 일어날 수 있다. 일부 사람들은 수소가 수소폭탄처럼 폭발할지 모른다는, 안전성에 대한 잘못된 정보를 믿고 우려를 나타내기도 한다. 그러나 수소가 수소폭탄처럼 폭발하는 조건은 매우 까다롭다. 중수소와 삼중수소에 1억 ℃의 온도와 수천 기압의 압력이 작용해 핵융합 반응을 일으킬 때 소위 수소폭탄이 되는 것이다. 반면 수소 에너지는 일반 수소 분자를 사용하며, 대부분의 경우 온도와 압력이 상대적으로 매우 낮아 수소폭탄이 될 수는 없다. 또한 단순히 누출된 수소는 매우 가벼워 대기 중으로 쉽게 희석되어 폭발의 위험은 낮다고 알려져 있다. 그러나 수소를 생산·운반·저장하는 과정에서 산소를 제대로 차단하지 못하거나 밀폐된 곳에서 수소가 대기와 섞여 폭발할 가능성이 있는 것은 사실이다. 따라서 수소 에너지의 안전성을 확보하고 명확하게 입증하는 것은 매우 중요하다.

역사적으로 수소를 이용한 비행선으로 여객을 수송하려는 시도가 없었던 것은 아니다. 그러나 힌덴부르크 참사(Hindenburg disaster)라 불린 큰 사고로 인해 이런 시대는 막을 내리게 되었다. 이 참사는 1937년 5월 6일, 프랑크푸르트에서 출발한 독일의 여객 비행선 LZ 129 힌덴부르크가 미국 뉴저지주 레이크 허스트 해군 항공기지의 계류탑에 정박을 시도하던 도중 화재가 발생해 전소한 사건이다. 승객 13명, 승무원 22명, 지상 노동자 1명 등 총 36명이 사망한 사건으로 힌덴부르크호에 헬륨에 비해 가볍고 값이 싼 수소를 사용하고 있었기 때문에 발생한 사고였다. 수소는 불에 매우 취약한데, 사고 당시 누출된 가연성 수소 가스에 정전기로 인해 불이 붙었을 것으로 추측되었다.

국내에서도 2019년 5월 23일 수소의 폭발로 인해 2명이 사망하는 등 8명의 사상자가 발생한 사고가 있었다. 강원테크노파크 강릉벤처 공장에서 수소 활용법을 연구하는 과정에서 수소 연료 전지로 전기를 생산해 건물에 전기를 공급하는 과정을 모니터링하던 중에 설치되었던 4기의 수소 저장 탱크가 폭발하였다. 많은 산소가 유입되어 기준 이상으로 산소 농도가 높았고 전기 불꽃 등의 점화로 인해 폭발 사고로 이어진 것으로 보고 있다.

수소에 대한 막연한 두려움과 이와 같은 사고로 인해 수소를 위험 물질로 여기는 사람들은 수소 충전소의 설치에 반대를 외치기도 한다. 충전소를 반대하는 일부 주민들은 "수소가 코로나19보다 무섭다"는 반응을 보였을 뿐만 아니라 "강릉에서 난 사고는 수소 충전소에서 난 사고"라며 사실과 다른, 확인되지 않은 주장을 하기도 하였다.

또한, 수소 자동차 등에는 대략 700기압의 매우 높은 압력으로 압축하여 사용하므로 누출 등에 늘 신경을 써야 한다. 수소를 고압 용기(bomb)에 담아 사용할 때는 눈에 매우 잘 띄는 주황색 용기로 공급하고, 밸브의 작동 방향이 다른 가스의 방향과 정반대일 정도로 신경을 많이 쓰고 있다. 다행히 지금까지 수소 자동차의 화재나 폭발 사고는 거의 알려지지 않았으며, 자동차 회사에서는 다양한 조건에서 안전성을 확보하여 매우 안전하다고 강조하고 있다. 그러나 일반 대중이 수소를 자동차, 생활 등의 에너지로 사용하기 위해서는 여전히 안전을 최우선으로 해야 한다. 한 번의 사고가 치명적인 결과로 연결될 수 있기 때문이다.

수소는 자연에서 에너지로 쉽게 활용할 수 있는 수소 분자(H_2) 상태로 거의 존재하지 않으며, 다양한 원료로부터 수소를 추출하기 위해서는 에너지가 필요하다. 현재 수소를 얻기 위해 주로 이용하는 천연가스 개질 공정에서는 이산화 탄소가 필연적으로 배출된다. 따라서, 수소의 생산 효율이 낮고 오히려 대기 오염을 악화시킬 수 있다는 지적도 있다. 결국 수소는 태양 등의 신·재생에너지를 이용하여 물을 전기 분해해서 얻어야 지구온난화 문제 및 환경 문제에서 자유로울 수 있을 것이다.

8.8 수소의 미래

한국은 수소 도시 특히 수소 시범도시 사업을 세계적으로 먼저 시행하고 있고, 현대자동차도 수소 자동차를 앞선 기술로 생산, 확대하고 있다. 향후 어떤 속도로 수소 시대가 도래할지 아직 정확히 예측할 수 없으나 어느 때에는 수소를 에너지원으로 활용하는 모습이 익숙할 것이다.

8.9 요약

수소는 미래의 에너지이며 미래에는 탄소 경제를 대신하여 수소경제가 대세가 될 것이다. 그러나 현재 수소의 생산은 대부분 CO_2를 부생하는 등 명확한 한계가 있다. 향후 재생에너지 혹은 원자력으로 수소를 저렴하게 생산할 수 있게 된다면 마침내 수소는 연료로써 그 쓰임을 다할 수 있을 것이다. 장거리를 다니는 비행기와 대형 트럭은 수소를 연료로 사용하는 것이 매우 효과적이나 높은 수소 가격의 문제를 제외하고도 아직은 값비싼 장치(연료전지와 부대설비 등)로 인해 경제성에 한계가 있다. 또한 수소는 늘 안정성 문제를 내재한다. 그렇지만 수소는 어느 순간 우리 주위에 매우 가까이 와 있을 것이다.

핵심어 수소경제, 수소 도시, 수소 시범도시, 수소 에너지, 수소 안전성

9장

원자력 발전과 안전 및 폐기물

이 장에서는 에너지 공급원으로 매우 중요하나 심각한 사고의 가능성 및 핵폐기물 등의 위험 때문에 논란이 그치지 않는 원자력 발전(원전)의 개요, 장단점 및 순기능과 역기능에 대하여 정리하였다.

9.1 개요

다음에 원자력 발전의 개요 및 전기 생산 현황 및 원자력 발전 현황을 간략히 정리하였다.

원자력 발전의 간단한 정의

원자력 발전은 주로 우라늄의 핵분열 연쇄 반응을 통해서 발생시킨 막대한 에너지를 이용하여 만든 수증기로 발전기를 돌려 전기를 생산하는 발전 방식을 의미하며 핵연료의 연쇄 반응 속도를 잘 제어하여 유용한 에너지로 이용할 수 있다.

> **참고**
>
> 우라늄
>
> 우라늄은 대부분 질량수가 238이며(U-238) 원자력 발전에 사용되는 우라늄은 질량수가 235인 것(U-235)으로 우라늄의 약 0.7%로 존재한다. U-238과 U-235은 반감기가 대략 44.7억 년 및 7억 년일 정도로 자연에서는 매우 안정하다.

원자력 발전의 기여

그림 9.1은 2015년도 전 세계 에너지 생산에 기여하는 원료의 비중을 보여 주고 있으며, 원자력은 석탄, 천연가스, 수력에 이어 4번째로 큰 기여를 하고 있으며 약 10.6%의 비중을 차지한다. 그림 9.2는 2009년까지 전 세계의 전기 생산 현황, 특히 원료별 기여를 정리한 자료인데 핵연료와 액화천연가스(LNG)의 기여는 꾸준히 늘고 있는 반면, 석유의 기여는 크게 줄고 있다. 석탄 기여도 꾸준히 늘었으나 최근에는 정체되어 있고 새로운 에너지원은 매우 중요하나 1% 수준으로 아주 미미한 기여를 보이고 있다.

안전성 논란이 있지만 원전의 기여는 앞으로 더욱 늘 것으로 예측되고 있다. 예를 들어 국제에너지기구(IEA)는 "전 세계 원전 발전량이 2017년에 2,503 TWh였는데 2040년에는 원전 발전량이 3,654 TWh에 달할 것(46% 증가)"으로 예측하였다. 또 그 증가량 중 중국과

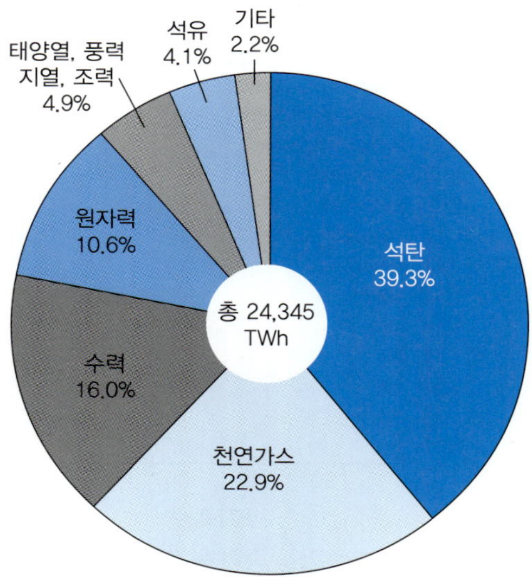

그림 9.1 전 세계 에너지 생산에 기여하는 원료의 비중(2015년)

인도가 90% 이상을 차지할 것으로 예상하였다. 이와 같이 전 세계적으로 원전의 기여가 증가하는 배경에는 온실가스를 감축하려는 노력도 어느 정도 차지하고 있다. 원전의 기여 없이 현재 온실가스의 증가를 막을 대책이 거의 없기 때문이다.

그림 9.3은 2017년 기준의 국가별로 가동 중인 원자로 숫자를 보여 주고 있다. 그림에서 보는 바와 같이 미국, 프랑스, 중국, 일본, 러시아, 한국, 인도 등의 순으로 원자력 발전소

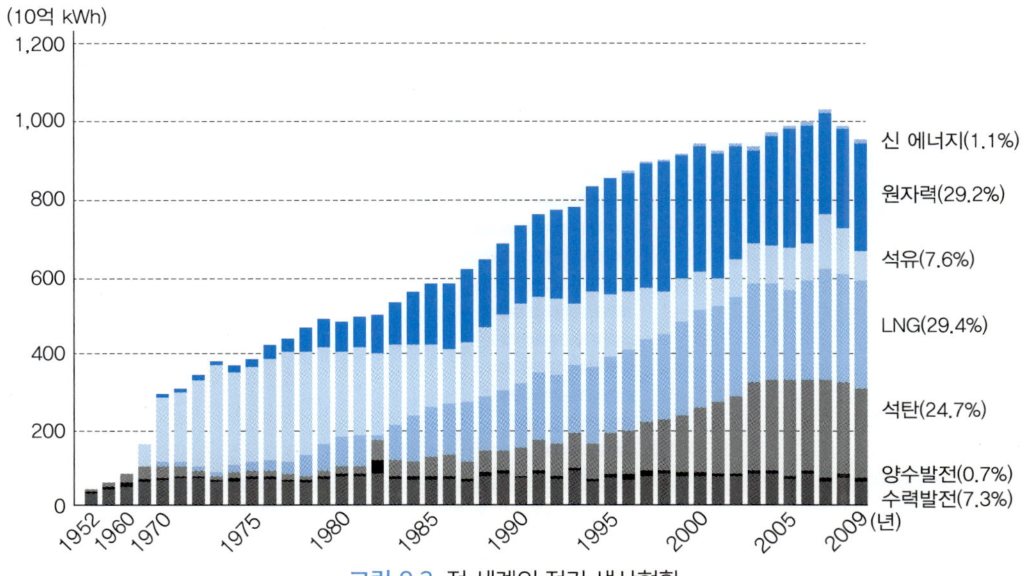

그림 9.2 전 세계의 전기 생산현황

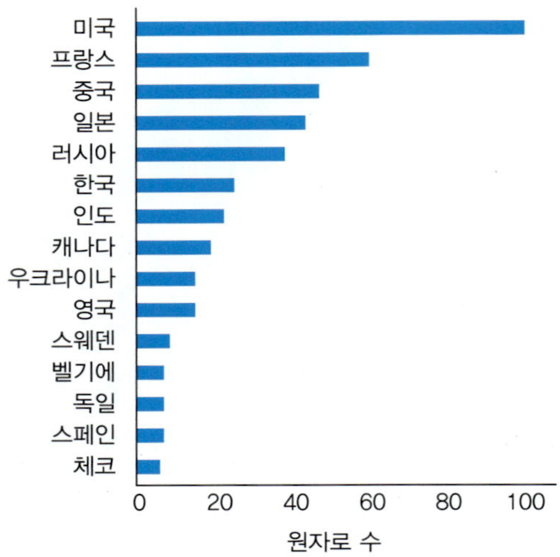

그림 9.3 국가별로 가동 중인 원자로 숫자(2017년)

개수가 감소하며 한국은 6위에 위치해 있다.

그림 9.4는 2017년 기준의 국가별 전력에 원전이 차지하는 기여를 보여 주고 있다. 프랑스는 약 70% 정도의 전력을 원전에 의존하고 있고, 우크라이나, 슬로바키아, 헝가리, 벨기에, 스웨덴, 슬로베니아, 불가리아, 스위스, 핀란드, 체코, 아르메니아, 한국, 스페인, 미국, 영국, 러시아 순이다. 원전에 크게 전력을 의존하던 벨기에는 2025년까지 탈원전을 추구하며 7기 중 6기를 중단하였는데, 이로 인해 전기요금이 6배 이상 폭등하였고 2018년에는 겨울의 전력난·블랙아웃을 걱정하기도 하였고 2019년까지도 만성적인 전력난을 겪고 있다.

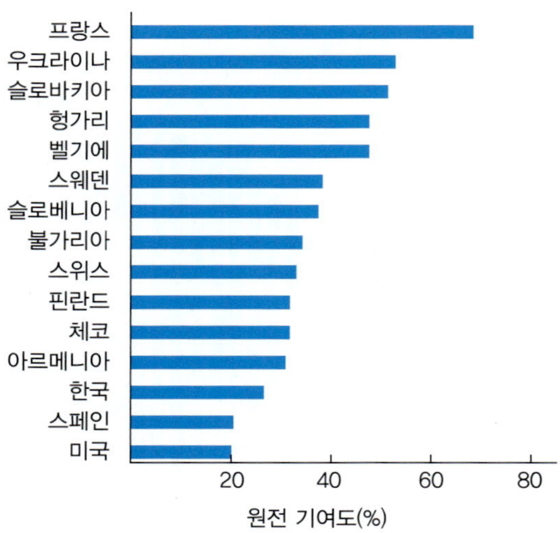

그림 9.4 국가별로 가동 중인 원자로 숫자(2017년)

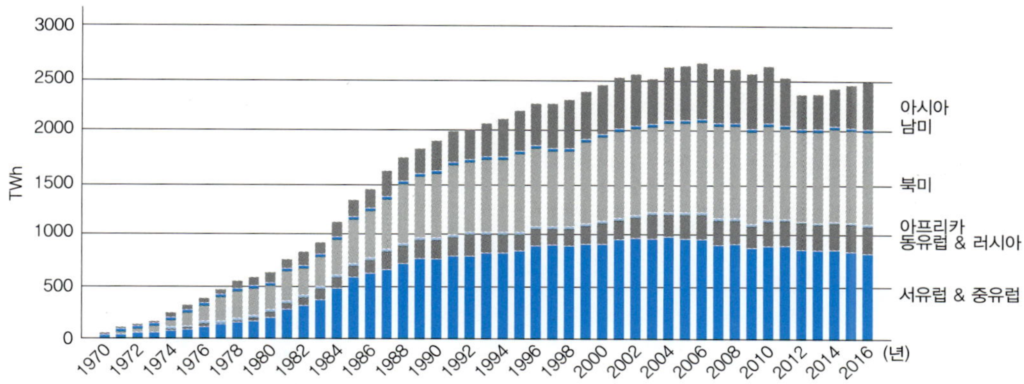

그림 9.5 지역별로 원자력 발전 때문에 생산하는 전력량(전 세계 기준)

그림 9.5와 그림 9.6은 지역별로 원자력 발전에 의해 생산되는 전력량을 보여 준다. 그림 9.5는 전 세계 경향을 보여 주고 있고, 그림 9.6은 아시아의 현황을 보여 주고 있다. 그림 9.5에서 보면 서유럽/중유럽과 북미에서 각각 1위 및 2위의 높은 원자력 발전량을 얻고 있다. 그림 9.6을 보면 일본의 후쿠시마 원전 사고(2011. 3. 11) 후 일본 및 아시아의 원자력 발전량은 2012년에 급격히 감소하였다가 다시 서서히 증가하고 있다. 특히 중국의 성장 속도가 눈에 띈다.

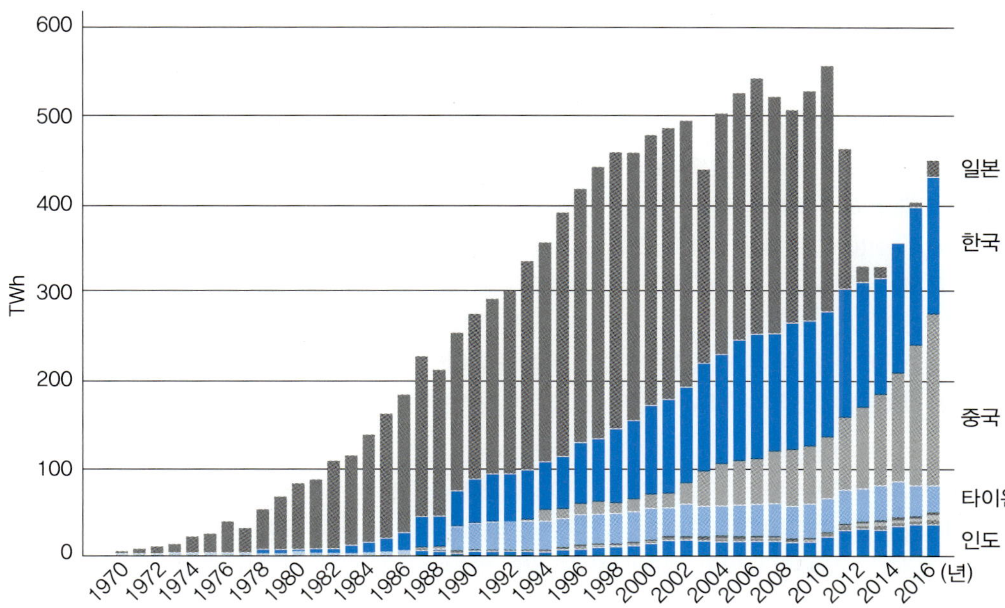

그림 9.6 국가별로 가동 중인 원자로 숫자(2017년)

9.2 우리나라와 세계의 원자력 발전 현황

그림 9.7은 우리나라 발전원별 발전설비 용량(단위: MW)을 보여 주는 한국수력원자력 자료이다. 2022년 8월 기준으로 국내 원전 설비 용량은 23.25 GW이며, 같은 시기의 태양광 용량은 20 GW(20,000 MW)를 넘어섰고 원전 용량에 육박하고 있다.

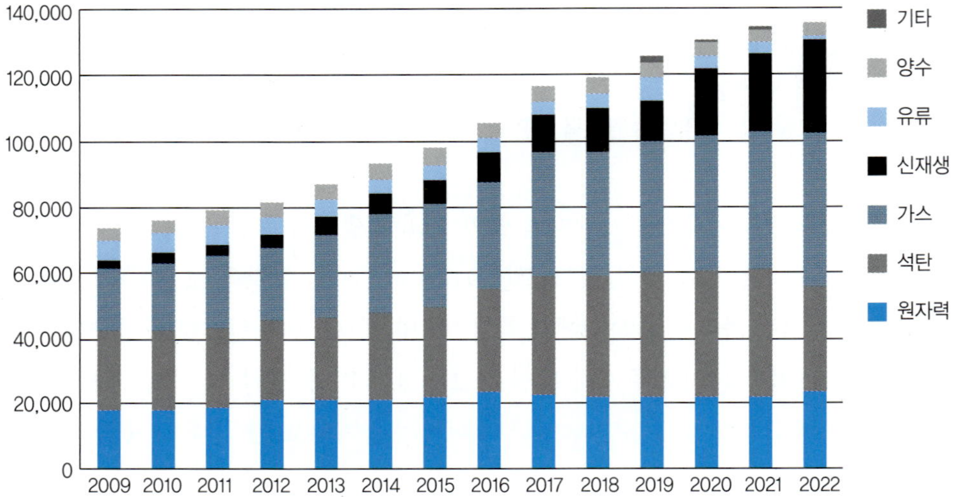

그림 9.7 우리나라의 발전원별 발전설비 용량(단위: MW)

! 중요

W, MWe, MWt

1 W(와트)는 1초 동안의 1줄(J, Joule)에 해당하는 일률(단위시간당 일의 양)의 SI 단위계의 단위이다. 흔히 전력의 단위를 W라고 한다. 1초에 1 J만큼 일을 하는 일률을 1와트라고 하고(1 W = 1 J/s) 1 W로 1분 일하면 1 J/s × 60 s = 60 J의 에너지 얻는다. 또한 1 W는 1볼트(V)의 전압으로 1암페어(A)의 전류가 흐를 때 전력의 크기에 해당한다. 흔히 소비전력 30 W의 전구, 700 W의 전자레인지 등으로 말한다. Megawatt(MW)는 백만 watt이고 Gigawatt(GW)는 10억 watt이다.

그리고 MWe, GWe(e: electric) 등 MW, GW 뒤에 e를 붙인 경우는 '전기' 용량을 나타낼 때 쓰며, 어떤 발전소의 생산 용량을 나타낼 때 주로 쓴다(e를 종종 생략한다). MWt, GWt(t: thermal) 등은 어떤 발전 용량의 생산을 위해 투입되는 투입 용량을 나타낼 때 쓴다. 어떤 발전소 효율이 1/3이라면 3000 MWt 투입하면 1000 MWe가 얻어지고 2000 MW는 폐열로 사라진다.

발전 설비 용량 대 발전량

발전 설비 용량은 발전할 수 있는 최대 용량을 나타내며, 단위는 MW 혹은 GW 등으로 표기된다. 반면 발전량은 생산한 전력량을 의미하며, 단위는 설비 용량에 h(시간)을 곱한 MWh 혹은 GWh 등으로 표기된다. 예를 들면 태양광 설비의 설비 용량이 10 MW일 때 최적 조건에서 2시간 발전하면 20 MWh의 발전을 할 수 있다. 한편, 1 MWh는 3600 MJ과 동등한 에너지에 해당한다.

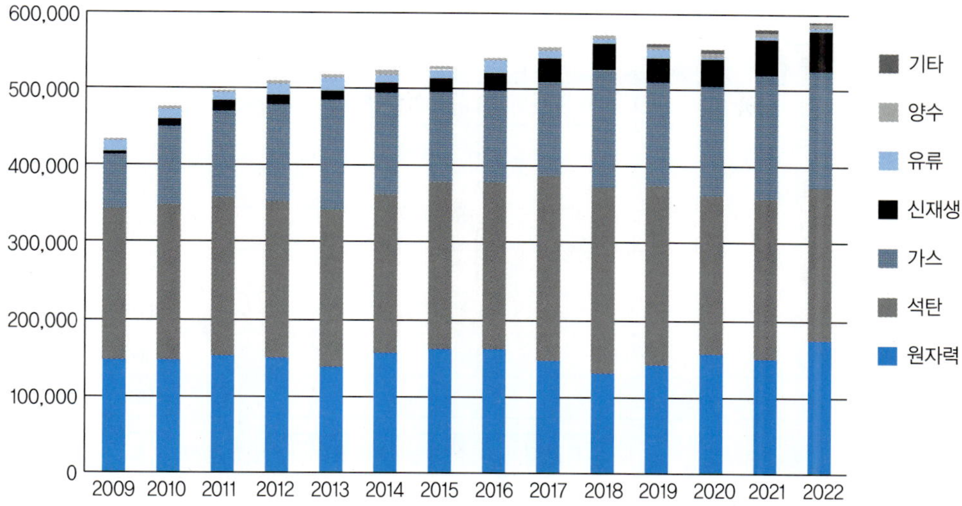

그림 9.8 국내 발전원별 발전량(단위: GWh)

그림 9.8은 국내 발전원별 발전량(단위: GWh)을 보여 주는 자료이다. 국내 원전은 2023년 12월 31일 기준 180,479 GWh의 발전을 하여, 전체 전기의 30.7%의 기여율을 기록하고 있다. **그림 9.7**과 **그림 9.8**을 비교하면, 원전은 외부 조건에 무관하게 안정적으로 전기를 생산할 수 있으나 신재생의 큰 축인 태양광 발전은 태양이 없으면 발전을 하지 못하는 등의 사유로 발전 용량에 비해 실제 발전량은 상당히 작다는 것을 알 수 있다.

표 9.1은 2023년 12월 31일 기준 국내 원자력 발전소의 설비 용량 및 정지 현황을 보여 주고 있다. 25기의 원자로가 가동 중이며, 원자로 1기당 약 700~1400 MW의 발전 용량을 가진다. 한편, 고리 1호기와 월성 1호기는 2017년과 2019년에 각각 영구 정지되었다.

2024년 4월 기준, 독일은 외국인 투자가 감소하나 프랑스는 반대로 증가하고 있다고 한다. **그림 9.9** 왼쪽은 기간별 프랑스와 독일에 대한 외국인 직접투자(Foreign Direct Investment, FDI) 규모(단위 달러)를 보여 주고 있다. 2020년 이후 두 나라의 투자는 매우 다른 양상을 보인다. 그 이유를 오른쪽 그림, 즉 2001년 대비 2021년의 전기료를 비교했을 때 프랑스의 경우 소폭 인상되었으나, 독일은 아주 크게 인상된 것에서 찾을 수도 있다. 즉, 원전을 꾸준히 가동한 프랑스는 전기료가 비교적 저렴하고 안정적이었으므로 외국인 투자가 늘어난 것을 알 수 있다. 반면, 독일의 경우에는 전기료가 크게 증가하였고, 최근 외국인 투자자들의 외면을 받는 것으로 알려졌다.

표 9.1 국내 원자력 발전소의 설비 용량(위) 및 정지 현황(아래)(2023년 기준)

구분	운전기수(호기)	설비 용량(MW)
고리	3	2,550
신고리	2	2,000
새울	2	2,800
한빛	6	5,900
한울	6	5,900
신한울	1	1,400
월성	3	2,100
신월성	2	2,000

발전소명	위치	원자로형	설비 용량(MW)	상업 운전	비고
고리#1	부산광역시 기장군	가압경수로	587	1978. 04. 29.	영구정지 (2017. 06. 18.)
월성#1	경상북도 경주시	가압중수로	679	1983. 04. 22.	영구 정지 (2019. 12. 24.)

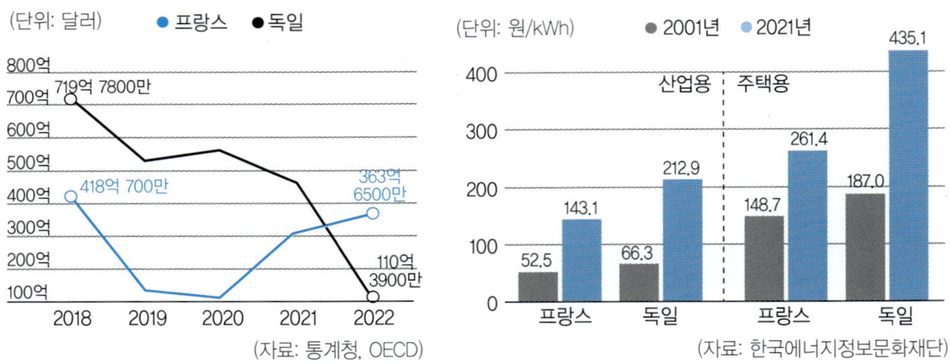

그림 9.9 기간별 프랑스와 독일에 대한 외국인 직접투자(Foreign Direct Investment, FDI) 규모(왼쪽), 2001년과 2021년의 프랑스와 독일의 전기 요금 비교(오른쪽)

일본은 2011년 3월 후쿠시마 원전 사고 후 전국 33기 원전의 가동을 중지했으나 다시 원전의 비중이 늘어나고 있다. 그림 9.10과 같이 원전 비중이 2018년 6%에서 2030년에는 20~22%로 늘어날 계획이다. 화석 연료 사용을 크게 감축할 필요성을 느낌과 동시에, 신재생만으론 실현이 불가하기 때문으로 평가했기 때문이다. 따라서 큰 원전 사고를 겪은 일본도 값싼 원전의 재가동이 불가피하다고 보고 있다.

한편 2023년 1~2월 기준으로 오사카는 도쿄에 비해 전기료가 약 20% 저렴하였는데 그 이유는 오사카 인근에는 5기의 원전이 가동되고 있었으나 도쿄 인근에는 1기도 가동되고

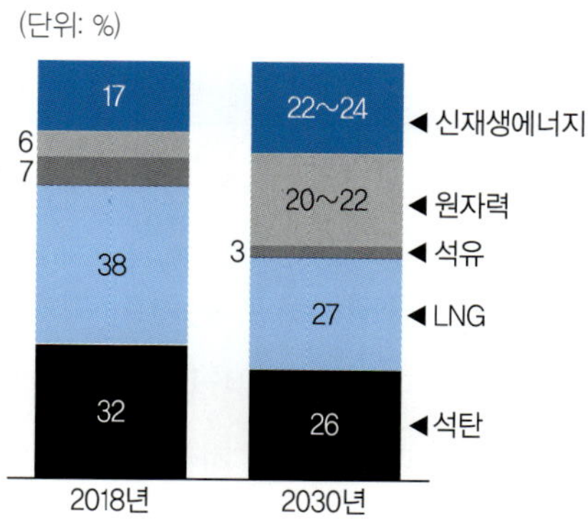

그림 9.10 일본의 전력 생산 비중(2018년) 및 2030년의 계획

있지 않았기 때문이다. 그 당시, 2023년 6월의 추정 요금(여러 요구 조건을 고려할 시)은 같은 일본이지만, 도쿄 주민은 오사카 주민들이 내는 전기요금의 1.7배를 내어야 할 수 있다고도 했다. 심지어 오키나와는 규슈보다 전기요금이 거의 2배가 될 수 있다고 하였는데, 그 이유도 오키나와 인근에는 원전이 전혀 없고 규슈 인근에는 다수가 가동되기 때문이라고 하였다. 즉, 2023년 기준으로 원전은 전기료를 내리고 안정적으로 경제활동을 할 수 있는 좋은 에너지원임을 알 수 있다.

9.3 원자력 발전의 장단점

표 9.2는 원자력 발전의 장점과 단점을 비교하여 보여 주고 있다. 원자력 발전은 매우 많은 장점을 가지고 있으나 큰 사고를 배제하지 못하는 문제와 폐기물 처리의 문제점 또한

표 9.2 원자력 발전의 장점과 단점의 비교

장점	단점
이산화 탄소 방출량이 매우 낮음	폐기물이 매우 위험하고 수천 년 이상 관리해야 함 (현재 해결책 거의 없음)
완성도 높은 기술	치명적인 재난 사고의 가능성
단일 발전소로부터 많은 전기 에너지 생산 가능	원료인 우라늄은 한정적(30~60년간 사용 분량)이고, 재생 불가하고 흔하지 않음
단위 무게당 매우 높은 에너지 발생[1]	발전소 계획/건설에 20~30년의 기간과 큰 자본이 필요함.

1 순수한(100%) U-235은 동일 무게의 석탄에 비해 삼백만 배의 에너지 발생함. 자연에 존재하는 U-235의 비율이 0.7% 일 때, 삼백만 배 x 0.7/100 = 2.1만 배의 에너지를 발생함.

표 9.3 발전에 사용하는 원료에 따른 이산화 탄소 배출량(단위: g/kWh)(참고문헌 1)

석탄	석유	천연가스	원자력
991 g/kWh	782 g/kWh	549 g/kWh	10 g/kWh

명확하다. 원자력 발전의 장단점이 극명하므로 논란이 지속되고 있고, 원전의 찬반을 묻는 경우도 "누구에게 언제 묻는가에 따라 답이 바뀐다"는 얘기가 있을 정도이다.

표 9.2에서 기술된 일부의 내용에 대해 좀 더 자세히 살펴보면 다음과 같다. 무엇보다도 우라늄의 에너지 밀도가 매우 높은 장점이 있다. 우라늄 1 g이 완전히 핵분열하였을 때 나오는 에너지는 석탄 3톤(혹은 석유 9드럼)이 탈 때 나오는 에너지와 같으므로 우라늄은 석탄 대비 단위 무게당 약 300만 배의 높은 에너지 밀도를 가진다. 또한 1 g의 U-235가 핵분열하여 발생하는 전력량은 23,260 kWh 정도로 단위 무게당 에너지 발생량이 매우 크다는 장점이 있다. 즉, 100만 kW급 발전소를 1년 간 운전하려면 석유는 150만 톤이 필요하지만 우라늄은 20톤이면 가능하다. 소량의 연료로 발전소를 운전할 수 있기 때문에 원자력 발전소에서는 우라늄을 한 번 장전하면 보통 12~18개월간 연료 교체가 필요 없으며 그만큼 연료 비축 효과도 크다.

지구온난화 등으로 큰 문제가 되는 이산화 탄소 발생도 매우 적다. 표 9.3은 연료당 동일 전력을 생산할 때 배출되는 이산화 탄소의 양을 비교한 것이다. 자료에서 보는 바와 같이 원자력 발전은 석탄 발전에 비해 약 1/99배 혹은 1% 수준의 이산화 탄소를 배출한다.

그 외에도 원자력 발전에는 다양한 장점이 있다. 석탄 연소 시에는 SO_2와 NOx가 필연적으로 배출되고 재 및 수은도 방출되며 심지어 우라늄과 토륨의 방출 가능성도 있다. 예를 들어 미국에서 매년 11억 톤의 석탄 연소 시 우라늄(U) 1,300톤 및 토륨(Th) 2,600톤이 방출될 수 있다고 한다. 따라서 석탄 발전이 원자력 발전에 비해 더 많은 방사선 누출이 가능하다는 주장도 있다. 또한 발전에 워낙 대량의 석탄을 사용하므로 단순한 채굴로도 인명피해가 클 수 있다. 일례로 미국의 경우 1900~1950년 사이에 석탄 채굴에 10만 명 이상이 희생되는 등 인명피해가 컸다고 한다.

이렇듯 원전은 많은 장점이 있지만 심각한 재난 사고 가능성 및 폐기물 처리에 큰 단점을 가지고 있다. 또한 우라늄 자체도 쓸 수 있는 기한이 정해져 있는 재생 불가한 자원이다. 따라서 장단점을 고려하여 원자력 발전을 늘리거나 탈원전을 해야 하는데, 이는 매우 어려운 문제이다. 이 문제에 대한 답은 "어떻게 질문하는가"에 달려 있다고 할 정도로 찬반이 첨예하게 대립하고 있다. 또한 개인이 처한 환경에 따라 생각이 바뀌기도 한다.

9.4 원자력 발전의 기술적 배경

핵분열

핵분열은 커다란 핵이 더 작은 핵들로 분리되는 것을 의미하며 소량의 질량 감소 및 에너지 방출이 수반된다. 핵분열 시 양성자 수와 중성자 수(혹은 질량 수)는 **그림 9.11**의 박스 안에 보인 것처럼 보존된다. 즉, 양성자 수를 의미하는 아래 첨자는 반응 전에 92이었고 반응 후에도 92이다. 양성자와 중성자 수를 합친 질량수는 위 첨자로 표시하며 박스에서 보인 것처럼 반응 전의 질량수는 236이었고 반응 후에도 236으로 질량수가 변하지 않는다. 박스 안의 반응의 의미는 중성자(n)가 우라늄 235를 공격하여 우라늄 236이 되었다가 바륨과 크립톤 및 3개의 중성자로 변화되는 것을 나타낸다.

$$ {}^{1}_{0}n + {}^{235}_{92}U \rightarrow [\,{}^{236}_{92}U\,] \rightarrow {}^{141}_{56}Ba + {}^{92}_{36}Kr + 3\,{}^{1}_{0}n $$

왼쪽:
위 첨자: 1 + 235 = 236
아래 첨자: 0 + 92 = 92

오른쪽:
위 첨자: 141 + 92 + 3 × 1 = 236
아래 첨자: 56 + 36 + 3 × 0 = 92

그림 9.11 U-235에 중성자를 충돌시켜 일으키는 핵분열의 화학식

그림 9.12는 **그림 9.11**의 박스 안의 반응을 그림으로 표현한 것이다. 하나의 중성자로부터 3개의 중성자가 얻어지므로 중성자 주위에 U-235가 충분히 존재한다면 위의 반응은 빠르게 연쇄적으로 발생(연쇄 반응)한다.

그림 9.13은 중성자 한 개를 U-235에 충돌시켜 핵분열이 일어나는 개념도를 보여 준다. 1개의 중성자에서 3개씩의 중성자가 얻어질 수 있으므로 매우 급격히 중성자가 늘어난다. 이렇듯 핵분열은 빠르게 연쇄 반응하며 이로 인하여 다양한 원소들이 얻어진다.

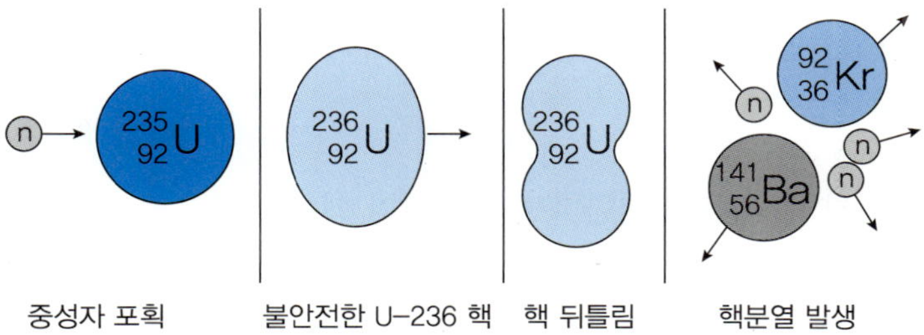

그림 9.12 **핵분열의 개념도** 핵분열 중간 단계에 2가지의 U 상태가 있고 최종적으로 3개의 중성자와 Ba과 Kr이 얻어진다.

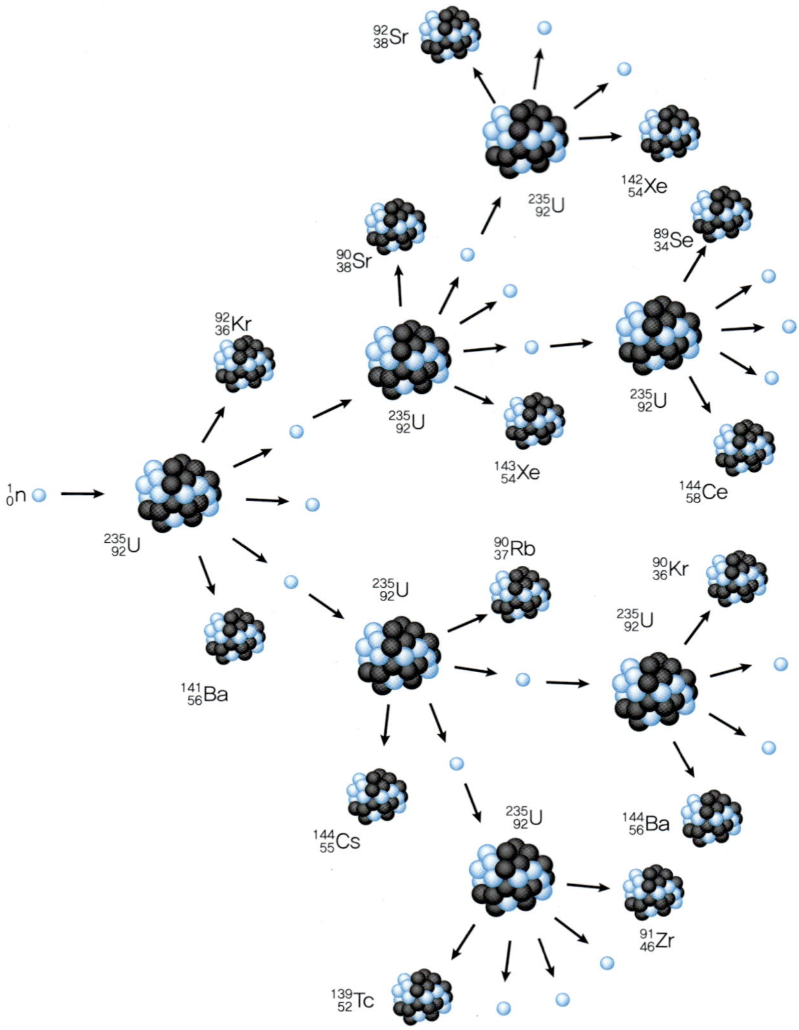

그림 9.13 핵분열의 연쇄 반응

> **참고**
>
> 연쇄 반응
>
> 생성물 중의 하나가 다시 반응물이 되고, 따라서 반응이 자기 지속적(self-sustaining)으로 되는 반응

만약 핵분열 반응이 큰 열을 발생한다면 연쇄적인 핵분열 반응의 에너지는 거의 동시에 발생하여 엄청나게 클 것이며 폭탄이 될 수 있다. 따라서 핵분열의 속도를 잘 조절하여 적당한 속도로 열을 방출시키는 기술이 원자력의 평화적인 이용을 위해 매우 중요하다. 핵분열 속도를 조절하기 위해 중성자를 잘 흡수하는 물질로 구성된 제어봉을 이용한다.

! 중요

(1) 질량 감소 시의 방출 에너지는 $\Delta E = \Delta mc^2$에(Δm는 질량 결손을, c는 광속을 의미함) 의해 계산된다.

예를 들어 1 kg의 순수한 U-235이 모두 핵분열하고 질량 손실이 0.1%일 때 얻어지는 에너지는 $\Delta E = \Delta mc^2 = 1\ \text{kg}/1000 \times (3.0 \times 10^8\ \text{m/s})^2 = 9 \times 10^{10}$ kJ 이며 이는 대략 22 kt의 TNT가 폭발할 때 나오는 에너지에 해당하는 크기이다. 원자폭탄은 이러한 핵분열의 원리에 기초한 것이다.

(2) 중성자 발생 방법

무거운 원소 Pu와 Be의 조합으로 다음의 반응으로 발생한다.

$$^{238}_{94}\text{Pu} \longrightarrow {}^{234}_{92}\text{U} + {}^{4}_{2}\text{He}\ \text{(알파 입자)}$$

$$^{4}_{2}\text{He} + {}^{9}_{4}\text{Be} \longrightarrow {}^{12}_{6}\text{C} + {}^{1}_{0}\text{n} + {}^{0}_{0}\gamma\ \text{(감마선)}$$

(3) 제어봉(중성자 흡수)

카드뮴 혹은 보론과 같이 중성자를 잘 흡수하는 물질로 구성된 봉 모양이며 핵연료 내의 제어봉의 위치 조절로 핵분열 반응 속도를 조절할 수 있다.

(참고) 중성자는 아래와 같이 양성자와 전자의 합으로 볼 수 있다.

$$^{1}_{0}\text{n} = {}^{1}_{1}\text{p} + {}^{0}_{-1}\text{e}\ \text{(전자)}$$

9.5 원자력 발전소의 구조

그림 9.14는 '가압수형 원자력 발전소'[2]의 주요 구성을 보여 주고 있다. 즉, 원자력 발전소는 핵분열 반응이 진행되는 원자로와 증기를 발생시키는 열교환기 및 전기를 생산하는 발전기 등으로 구성되어 있다. 물은 냉각제로도 사용되고 증기로 순환되어 열교환 및 터빈을 돌리는 등의 중요한 역할을 한다. 그림 9.14에서 알 수 있듯이 원자력 발전 시설과 얻어진 전기는 완전히 분리되므로 전기는 방사능을 포함할 수 없다.

원자로의 주요 구성

핵분열 반응이 일어나는 원자력 발전소의 핵심 시설인 원자로는 그림 9.15와 같이 우라늄(U) 핵연료(발전소에서는 UO_2 상태, 즉 산화물 상태로 주로 장착/사용된다), 제어봉, 물 등으로 이루어져 있다. 제어봉의 높이를 조절함으로써 핵분열 속도를 조절할 수 있다. 예를 들어 핵분열을 가장 신속히 진행시키고자 하면 제어봉을 위로 올리면 된다. 그러면 중

2 가압수형 원자로를 이용하는 발전소. 가압수형 원자로(pressure water reactor) 외에 비등수형 원자로(boiling water reactor)가 있다.

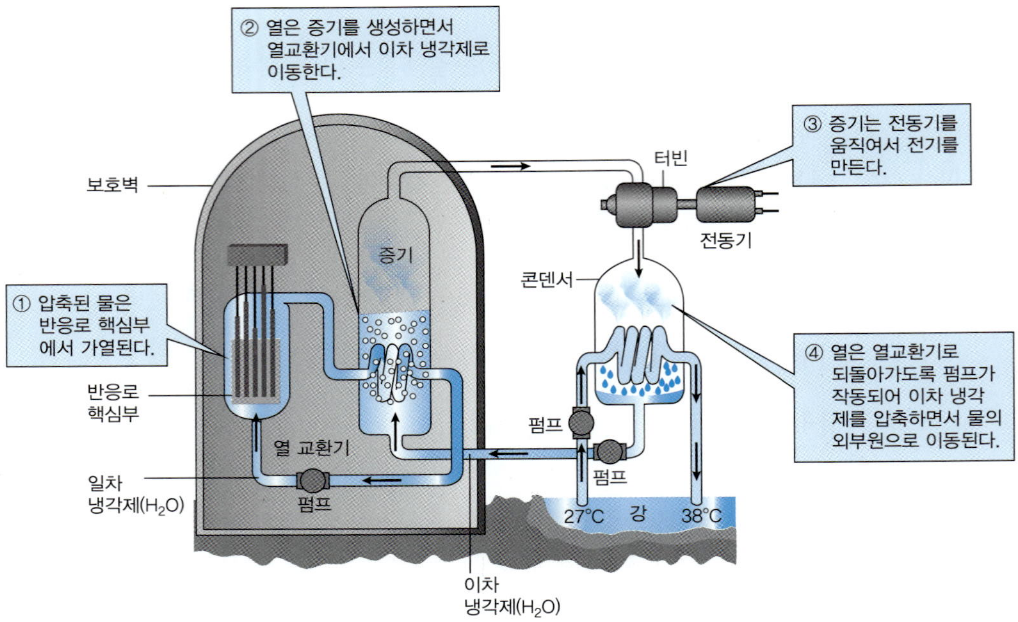

그림 9.14 가압수형 원자력 발전소의 구성도

성자가 제어봉에 흡수되지 않고 핵분열에 모두 참여하여 우라늄의 핵분열 반응이 신속히 진행되고 발전량이 커진다.

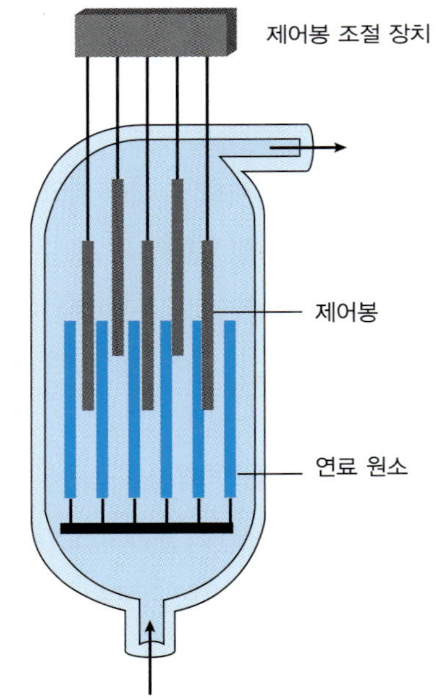

그림 9.15 원자로의 주요 구성

9.6 방사능

원자력 혹은 원전을 생각하면 떠올리게 되는 방사능(radioactivity)은 특정 원소가 자발적으로 방사선을 방출하는 현상을 말한다. 방사선들은 표 9.4와 같이 분류되어 있으며 기호, 조성, 전하, 방사선을 방출한 핵의 변화 및 방사선의 특징을 알아볼 수 있다.

표 9.4 핵 방사선의 분류

이름	기호	조성	전하	방출한 핵에서의 변화	특징
알파	α 혹은 $^{4}_{2}He$	양성자 2개 중성자 2개 (전자 2개가 없는 He 원자핵)	+2	질량수는 4 감소, 원자 번호는 2 감소	종이 투과 못함
베타	β 혹은 $^{0}_{-1}e$	전자	−1	질량수는 불변, 원자 번호는 1 증가	¼인치 나무 투과 못함.
감마	γ 혹은 $^{0}_{0}\gamma$	광자	0	질량수와 원자 번호 불변	수 인치 납 혹은 수 피트의 콘크리트 투과, 고에너지/단파장

그림 9.16은 방사선의 투과력을 보여 주고 있으며 알파선은 종이도 투과하지 못하나 물과 두꺼운 콘크리트는 알파선, 베타선, 감마선 및 중성자까지 막을 수 있다.

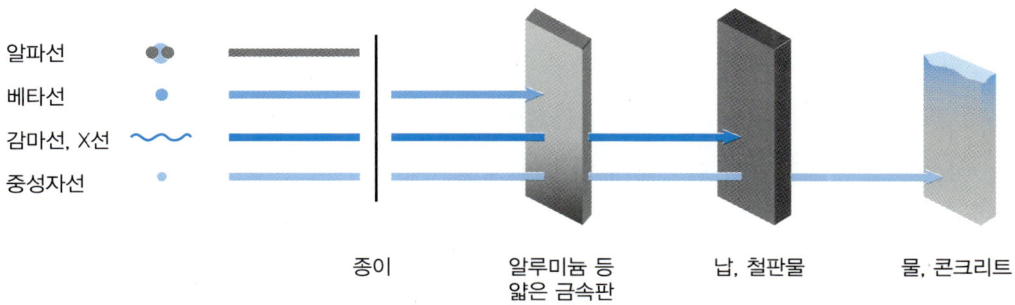

그림 9.16 방사선의 투과력 비교

방사성 원소

방사성 원소는 방사능을 지닌 원소를 말하며 원자 번호 84(Po, 폴로늄) 이상의 모든 원소의 모든 동위 원소는 방사성 원소이다. 우라늄(92), 플로토늄(94), 라듐(88), 라돈(86) 등이 대표적이다. 가벼운 원소의 경우 일부 동위 원소는 자연적인 방사능을 가진 (예, C-14, H-3(삼중 수소), K-40 등) 방사성 원소이다.

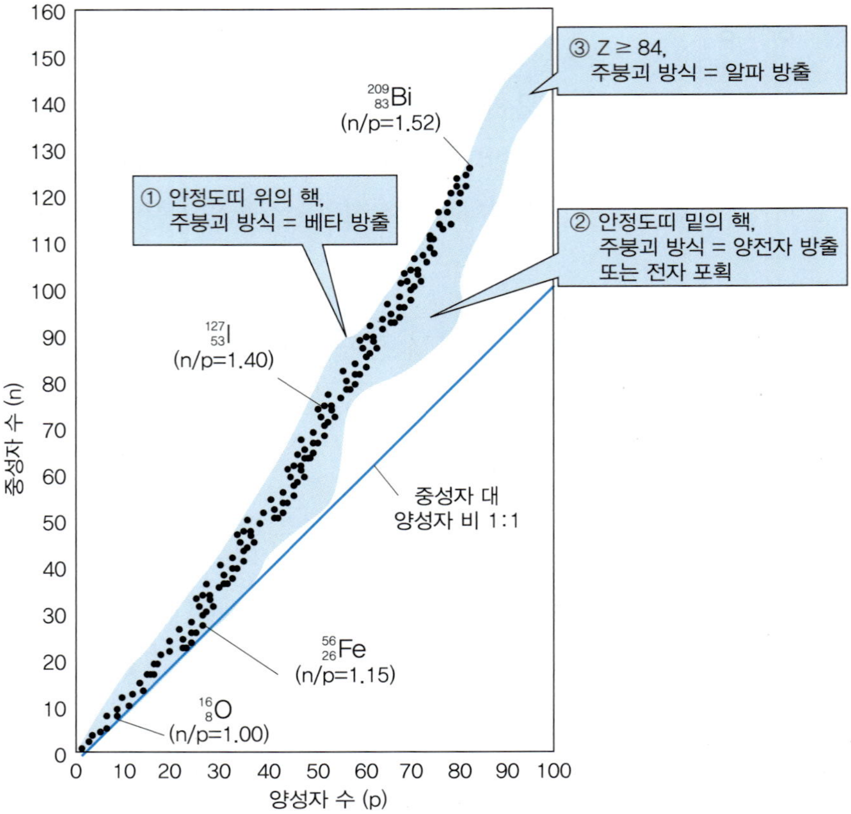

그림 9.17 중성자 수와 양성자 수의 함수로 분류한 안정한 원소 및 방사성 동위 원소들

그림 9.17은 핵의 중성자 수와 양성자 수의 함수로서 안정한 원소는 물론이고 방사성인 동위 원소를 표기한 것이다. 우선 실선은 양성자 수와 중성자 수가 같은 원자핵을 의미한다. 점들은 안정한 핵들을 나타내며 이들이 속한 부분이 안정도띠라고 알려진 영역들이다. 반면, 안정도띠 위의 핵들, 즉 중성자가 많은 핵들은 양성자가 상대적으로 부족하다. 따라서 베타 방출(원자 번호 1이 증가됨)을 통해 주로 붕괴가 일어난다. 반면, 안정도띠 아래의 원자핵들은 양전자[3] 방출 혹은 전자 포획(양성자가 하나 증가함)의 주붕괴 방식을 보인다. 그리고 84번 이상의 원자핵들은 알파선을 방출하여 양성자와 중성자가 2개씩 감소하는 붕괴 방식을 주로 따른다.

3 양전자: positron, e^+. 반전자(antielectron)라고도 하며 전기량, 질량, 스핀 등 소립자로서의 속성은 전자와 같지만, 양의 전하를 가지는 입자이다.

방사능 붕괴 계열

방사능 붕괴 계열은 방사성 동위 원소에서 시작하여 궁극적으로 안정한 동위 원소를 생성하기 위해 일련의 단계를 통해 진행하는 방사성 붕괴의 특징적인 경로를 의미한다. **그림 9.18**은 U-238에서 출발하여 Pb-206이 얻어지는 붕괴 계열을 보여 주고 있다. 그림에서 보인 바와 같이 주로 알파 방출과 베타 방출에 의해 질량수 혹은 원자수가 변화한다.

그림 9.18에서 볼 수 있듯이 단 한 번의 핵변환 혹은 붕괴로 큰 방사성 핵을 안정화시킬 수는 없다. 즉, 일련의 연속적인 몇 단계의 붕괴를 거쳐야 안정한 핵종(종종 납)이 된다. 그리고 **그림 9.18**에서와 같이 우라늄과 토륨이 존재하는 곳에는 라돈 가스도 존재한다. 라돈도 결국 납으로 붕괴되겠지만 우리의 건강에 나쁜 영향을 준다(4장 참조).

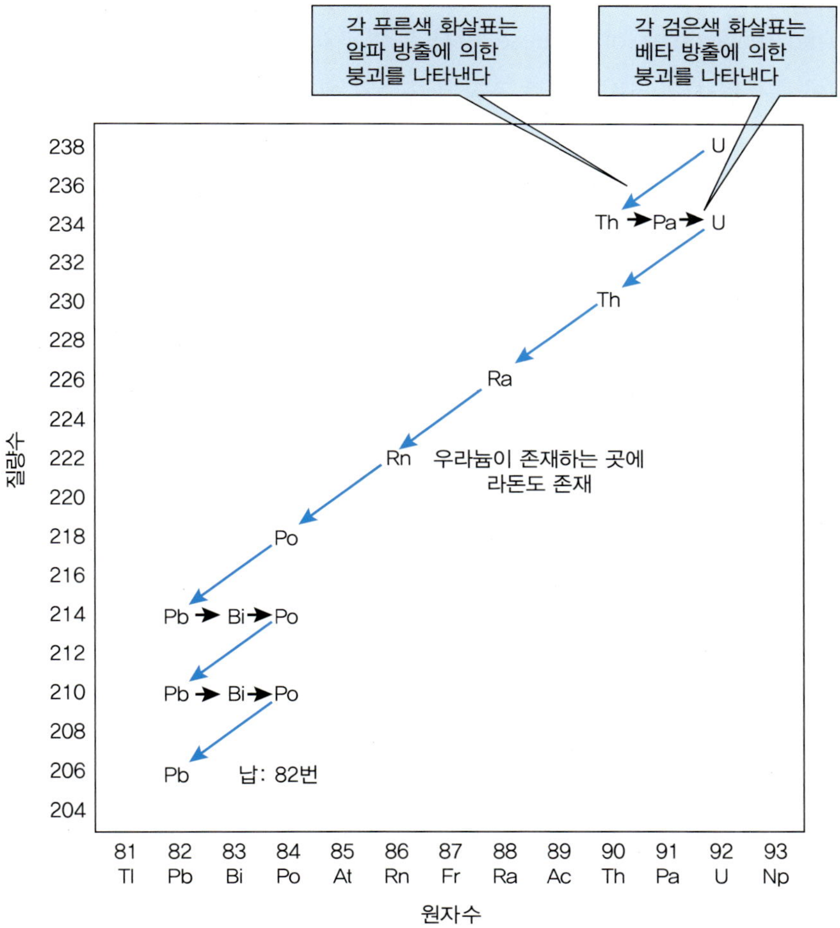

그림 9.18 U-238에서 출발하여 Pb-206이 얻어지는 방사능 붕괴 계열

방사능의 측정 단위

방사능을 측정하는 하나의 단위는 퀴리(Ci)로, 라듐 1 g으로부터 1초 동안 나오는 방사능의 양을 의미한다. 라듐을 발견한 퀴리 부부의 이름을 따서 붙인 단위이다. 이 단위는 붕괴가 얼마나 많이 일어나는가를 나타내며, 실제로 사람들에게 또는 환경에 얼마나 영향을 끼치는가를 직접적으로 알려주지는 못한다. 1 Ci = 3.7×10^{10} Bq(베크렐, 방사능을 처음 발견한 사람을 기념하여 정한 단위)의 관계식을 가진다.

방사능의 정량적 표기

앞에서 언급된 Ci를 포함하여, 다음과 같이 방사능의 양을 여러 가지로 표기할 수 있다.

- 1 Ci = 3.7×10^{10} Bq (베크렐) = 3.7×10^{10} 붕괴/초
- 라드(rad, radiation absorbed dose, 방사 흡수 조사량): 생체 조직 1 kg당 방사 에너지 0.01 J이 흡수될 때의 조사량으로 조직에 흡수된 에너지의 척도로 사용된다.
- 렘(rem, Roentgen equivalent man): 인체 조직의 손상을 고려한 방사 조사량의 척도이다.
- 시버트(Sievert, Sv) = 100 rem(즉, 1 Sv는 100 rem에 해당한다)의 관계가 있으며 반대로 rem = Sv/100이다. 미국인의 평균 방사선 조사량은 매년 3.6 mSv로 알려져 있다.

또한 렘 = rad × Q(RBE, relative biological effectiveness, 상대적인 생물학적 유효성)의 관계를 가진다.

즉, 라드가 증가하거나 상대적인 생물학적 유효성이 증가하면 렘이 증가하고 인체의 손상도 커질 수 있다. 따라서 일반인들은 시버트 혹은 렘에 대해 특히 관심을 가질 필요가 있다. 표 9.5에 정리된 바와 같이 알파선이 다른 방사선의 20배의 Q 혹은 RBE를 가져 신체에 더 큰 영향을 줄 수 있고 그 이유는 알파 입자가 다른 방사선과 달리 신체 조직에 더 많

표 9.5 방사선에 따른 상대적인 생물학적 유효성 비교

방사선	Q 혹은 RBE	비고
알파	20	알파 입자: 크고 조직에 더 많은 에너지를 축적하게 할 수 있기 때문에 다른 방사선에 비해 20배의 Q 혹은 RBE를 가진다.
베타	1	
감마	1	
엑스	1	

은 에너지를 축적할 수 있기 때문이다.

방사능 조사량과 건강

방사능은 건강에 해로울 수 있기 때문에 가능한 피하는 것이 좋지만 병원 진료와 같이 피치 못하게 방사능에 노출될 수도 있다. **표 9.6**은 방사능 조사량이 우리 건강에 미치는 영향을 정리하였다(참고문헌 2). 조사량이 증가하면 매우 위험하며 사망에 이를 수도 있다. 그러나 미국인이 일반적으로 1년간 받는 조사량 3.6 mSv은 **표 9.6**에 '효과 없는 최대 조사량' 0.25 Sv의 1.4% 수준이므로 너무 염려할 필요는 없다.

표 9.6 방사선 조사량이 우리 몸에 미치는 영향

조사량(Sv)	조사량(rem)[4]	가능성 있는 효과(한 번 조사할 때)
0-0.25	0-25	효과 없음
0.25-0.50	25-50	백혈구 수가 약간 감소
0.50-1.00	50-100	백혈구 수가 상당히 많이 감소, 장애
1.00-2.00	100-200	매스꺼움, 구토, 모발의 감소
2.00-5.00	200-500	출혈, 궤양, 사망의 가능성
>5.00	>500	사망

그림 9.19는 일반적인 미국인이 받는 방사선의 분포도를 보여 주고 있다. 라돈이 55%로 가장 큰 영향을 미친다. 따라서 지하실이나 신축 건물 등 라돈의 농도가 높은 실내의 라돈 농도를 확인하고 관리할 필요가 있다. 두 번째 및 세 번째로는 X-선 촬영 및 체내(자연 상태의)로, 각각 11% 및 10%이다. 그 외 우주 및 지구에서의 영향이 각각 8%이고 핵의학 및 공산품 등이 4%와 3% 정도를 차지한다. 라돈의 영향이 가장 큰 것으로 볼 때 라돈 외에 관심을 가지고 대처해야 할 필요성이 있는 방사선은 거의 없다고 볼 수 있다.

표 9.7은 X-선 촬영, 일상생활 및 자연적 생활환경 등으로 우리가 받을 수 있는 연간 방사능 조사량(단위: μSv/년)을 정리한 것이다(참고문헌 2). 역시 식품, 공기와 물 등이 가장 큰 영향을 미치며 그 이유는 이들이 Rn과 K 같은 방사능이 있는 성분을 포함할 수 있기 때문이다. 바위와 토양도 비슷하다. 원자력 발전소와 석탄 발전소로부터 50마일 떨어진 곳에 살 경우 0.09 및 0.3 μSv/년 만큼 조사량이 증가하며 석탄 발전소가 핵 발전소보다 오히려 3.3배 더 많은 조사량을 줄 수 있다는 점이 흥미롭다.

4 조사량을 Sv 대신에 rem으로 나타낸 경우이다.

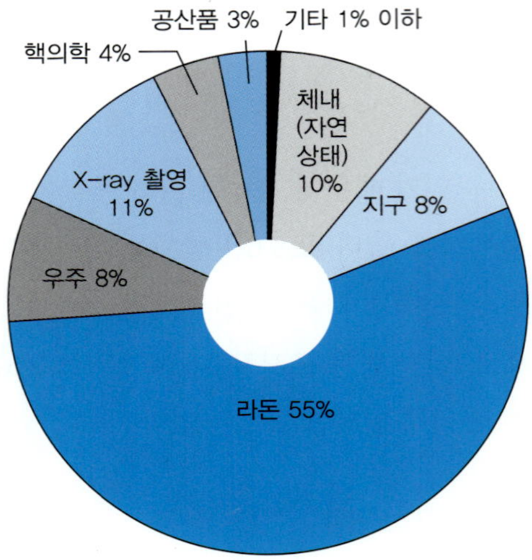

그림 9.19 일반적인 미국인이 받는 방사선의 분포도

표 9.7 X-선 촬영, 일상생활 및 자연적 생활환경 등으로 우리가 받을 수 있는 연간 방사능 조사량

(단위: μSv/년)

방사의 원천	μSv/년
1. 우주 방사 a. 해수면(미국 평균) b. 해수면보다 높은 곳에 살 경우 추가적인 조사량 1000 m(3300 ft)까지 20 μSv 추가 1000~2000 m(6600 ft)까지 50 μSv 추가 2000~3000 m(9900 ft)까지 90 μSv 추가 3000~4000 m(13,200 ft)까지 15 μSv 추가 4000~5000 m(16,500 ft)까지 21 μSv 추가	 260 20
2. 주거에 사용하는 건축자재 돌, 블록 또는 콘크리트 70 μSv 추가 나무 또는 다른 재료 20 μSv 추가	 20
3. 바위와 토양	460
4. 식품, 물과 공기(K와 Rn)	2400
5. 핵무기 시험에 의한 낙진	10
6. 의학 및 치의학 X-선 a. 흉부 X-선, 각 횟수마다 100 μSv 추가 b. 위장계 X-선, 각 횟수마다 5000 μSv 추가 c. 치의학 X-선, 각 횟수마다 100 μSv 추가	 0 0 100
7. 비행기 여행 30,000 ft에서 5시간 비행, 비행당 30 μSv 추가	 300

8. 기타 a. 원자력 발전소 50마일 이내에서 거주, 0.09 μSv 추가 b. 석탄을 태우는 발전소 50마일 이내에서 거주, 0.3 μSv 추가 c. 컴퓨터 단말기 사용, 1 μSv 추가 d. TV 시청, 10 μSv 추가	 0.09 0.3 1 10
총 연간 방사 조사량 미국 평균 = 3600 μSv/년	3581

* 표본 계산은 미국 중서부에 거주하는 성인 비흡연자에 대하여 시행함. 만약 하루에 담배 1갑을 피우면 10,000 μSv를 추가

9.7 원자력 발전과 안전

우리는 원자력 발전을 생각하면 원전의 폭발 혹은 방사능 누출 등의 사고를 늘 우려하며 지낸다. 그러나 원자력 발전소의 가동 후 현재까지 원자력 발전소에서 일어난 큰 사고는 표 9.8의 3대 사고로 요약될 정도로 꽤 낮은 확률로 사고가 발생하였다(참고문헌 3).

쓰리마일 아일랜드 사고는 역사상 첫 원전 사고였고 미국에서 원자력 관련 연구, 투자, 원전 가동 등이 줄어들게 한 원인이 되었다. 체르노빌 사고는 실제로 인명 피해가 발생한 유일한 사고로 순수한 인재였다. 이 사고로 현재까지 체르노빌 지역은 사람이 살 수 없는 지역으로 남아 있다. 후쿠시마 원전 사고는 지진 및 쓰나미에 이은 사고로 가장 최근에 발

표 9.8 원자력 발전소 3대 사고의 비교

항목	쓰리마일 아일랜드(Three mile island)	체르노빌 (Chernobyl)	후쿠시마 (Fukushima)
일자	1979년 3월 29일	1986년 4월 26일	2011년 3월 11일
사고 level (0~7 등급)	5	7	7
사고 원인 및 사고 특징	기계 결함 및 인적 과오에 의한 반응기 냉각 유체가 샘. 발전소 노심의 45%가 용융. 냉각제 펌프가 다시 가동되어 상황 안정화됨. 1990년에 연료 제거함. 1993년에 방사능 물질 제거 및 발전소 shut down	노심으로 들어가는 냉각수 흐름을 차단하는 테스트 중, 실수로 거의 정지 상태까지 내려간 반응기의 출력을 높이려 무리하게 제어봉을 올림. 그에 따른 원자로의 폭주 및 화재와 폭발. 다량의 방사능 물질이 누출됨	지진 및 쓰나미에 의한 냉각 기능 손실
대피 인력	약 20만 명(24 km 이내)	약 11.6만 명(30 km 이내)	88,700명
사고 당일 사망	0	33	0
수년 후 사망자	0	4,000~9,000(WHO 자료)	0

생한 사고이다. 일본에서 일어난 사고로 일본의 원전 가동률을 크게 떨어뜨렸으며 아직까지도 휴유증이 남아 있다.

원전은 위에서 언급한 3대 사고 같은 노심의 용융 혹은 폭발 등의 사고 외에 다양한 안전상의 문제점을 가진다. 다음과 같이 안전상의 문제점을 기술할 수 있다.

참고

원자력 발전소가 화재/폭발하는 이유

중성자 감속용 등으로 사용되는 흑연이 물과 반응하여 수소를 발생시키고

[흑연(C) + $2H_2O \longrightarrow 2H_2 + CO_2(g)$]

이 수소가 산소와 만나 화재 혹은 폭발할 수 있다.

[$2H_2(g) + O_2(g) \longrightarrow 2H_2O(g)$]

방사선 피폭

핵분열로 생성되는 다양한 핵분열 파편들은 아주 높은 방사능을 가지고 있다. 원자력 발전소가 정상 상태일 때는 이들 핵분열 파편들은 핵연료에서 빠져 나올 수도 없고 철저하게 방호 및 차폐되므로 피폭에 대한 염려가 전혀 없다. 그러나 후쿠시마 원자력 발전소의 중대 사고와 같이 핵연료가 용융되고 방어 및 차폐 수단이 상실될 경우에는 엄청난 양의 방사성 물질과 강력한 방사선이 환경으로 방출될 수 있다. 즉, 방사선 피폭문제가 발생할 수 있고 그 확률은 0이 될 수 없다. 핵분열에서 나오는 원자력 에너지를 이용하려면 방사선 피폭 문제가 발생하지 않도록 철저하고 안전한 조치가 이루어져야 한다. 이와 같이 과할 정도의 안전조치는 원자력을 이용하는 데 있어 단점으로 인식되고 있다. 그러나 에너지가 낮은 방사선은 의학적 진단·치료, 비파괴 검사 등 공업적 이용, 품종개량이나 멸균과 같은 농·생명학적으로 이용되며 우리가 많은 혜택을 보고 있다.

붕괴열

핵분열로 생성된 핵분열 생성물들은 높은 방사능을 가진 방사성 물질들로 방사붕괴를 하면서 많은 방사선(α, β, γ선 등)을 방출한다. 이 방사선들의 운동 에너지는 핵연료 내부에서 운동 마찰로 열에너지로 전환된다. 원자로를 더 운전할 필요가 없거나 운전할 수 없어 원자로를 정지시켜 더 이상의 핵분열이 일어나지 않는 상태가 되어도 운전정지 전에 이미 생성된 핵분열 파편들은 안정된 원소로 변환될 때까지 붕괴를 하므로 계속해서 열

이 발생한다. 이를 붕괴열이라고 하는데 붕괴열은 최대 원자로 정격출력의 대략 7%에 이르고 시간에 따라 급격하게 줄어든다.

만일 붕괴열을 냉각을 통해 노심에서 적절하게 제거하지 않으면 엄청난 열이 누적되어 핵연료 피복재를 녹이고 궁극적으로 핵연료 자체를 녹이는 용융 상태로 만들 수 있다. 바로 후쿠시마 원자력 발전소의 사고와 같은 상황이 되는 것이다. 따라서 원자로 운전이 정지되어도 붕괴열을 지속적으로 제거하여 원자로를 일정 온도 이하로 유지시켜야 한다.

방사선 폐기물

원자력 에너지를 이용하는 과정(연료 물질 취급, 발전, 진단·치료, 산업적 이용 및 연구 등)에서 발생하는 방사성 폐기물은 여전히 위험하며, 이들을 관리하는 문제가 원전의 가장 큰 단점으로 언급될 정도이다. 그 이유는 방사성 폐기물도 인체 및 환경에 심각한 위해를 끼칠 수 있는 방사선을 방출하기 때문이다. 특히 고준위 방사성 폐기물로 구분되는 '사용 후 핵연료(SNF, Spent Nuclear Fuel)'의 관리가 가장 중요한데 SNF의 방사능이 자연의 천연 우라늄 수준으로 감소하는 데 약 10만 년 이상이 걸릴 정도로 높은 방사선을 방출하기 때문이다. 위에서 언급한 붕괴열을 제거하는 공정은 처분장 크기를 결정하는 핵심 인자이다. 현재 사용 후 핵연료를 안전하게 처리·저장·처분하기 위한 관리기술 개발과 관련 부지 확보에 국가적 노력이 진행되고 있다. 고준위 방사성 폐기물과 달리 중·저준위 방사성 폐기물은 원자력 에너지 이용과정에서 많은 양이 발생한다. 이들은 고화, 압축 등의 특별한 공정을 거쳐 용기에 담아 경주의 중·저준위 방사성 폐기물 처분장에 저장·처분된다. 경주의 중·저준위 방사성 폐기물 처분장은 200리터 규모 용기 10만 드럼의 저장·처분에 58,000 m^2의 면적이 소요되었으며 향후 70만 드럼까지 저장·처분하는 데 총 0.41 km^2 면적이 필요한 것으로 분석되고 있다.

계속 원전을 가동하면 원전 핵폐기물이 지속적으로 발생할 것이고 사용한 핵연료를 포함한 다양한 핵폐기물을 처분·저장하는 데도 매우 큰 비용이 발생하며, 그 보다 더 큰 사회적 문제가 발생할 가능성도 있다.

9.8 원자력 발전과 폐기물: 반감기

반감기는 어떤 값이 처음 수치의 반으로 떨어지는 시간을 의미하며 그림 9.21은 반감기

참고

핵폐기물의 분류. 방사능 세기에 따라 아래와 같이 3가지로 분류된다.

- 저준위 폐기물(low-level radioactive waste, LLW): 방사능 세기가 낮은 방사성 폐기물을 말한다. 원자력 발전소의 폐필터, 이온 교환 수지, 작업자들이 사용한 작업복이나 공구 같은 것을 포함하며 대부분의 경우 얕은 땅에 묻는다.
- 중준위 폐기물(intermediate-level radioactive waste, ILW): 중준위 폐기물은 저준위 폐기물보다 더 높은 양의 방사능을 가지고 있으며 일부는 차폐되어야 한다. 중준위 폐기물에는 합성수지, 화학적 오니, 방사능에 오염된 물질들과 폐로 등이 있는데 이들은 콘크리트나 아스팔트로 굳혀서 처리한다. 일반적으로 수명이 짧은 폐기물(연료와 관련 없는 물질들)들은 깊지 않은 저장소에 묻지만 수명이 긴 폐기물(연료와 재처리에서 나오는 물질들)들은 깊은 지하 시설에 묻는다. 그림 9.20은 중·저준위 방사성 폐기물의 종류 및 처리하는 개념을 보여 주고 있다.
- 고준위 폐기물(high-level radioactive waste, HLW): 이 폐기물은 원자로로부터 직접 발생된다. 이들은 원자로 노심에서 발생되는 핵분열 생성물들과 초우라늄 원소[5]들을 포함하는데 대부분 강한 방사능을 가지고 있고 매우 뜨겁다. 고준위 폐기물은 원자력 발전소에서 나오는 총 방사능의 95%를 차지하며, 전 세계적으로 그 양이 매년 약 12,000톤씩 증가하고 있다. 1,000 MWe급의 원자력 발전소 하나는 매년 약 27톤의 사용 후 연료를 배출한다.

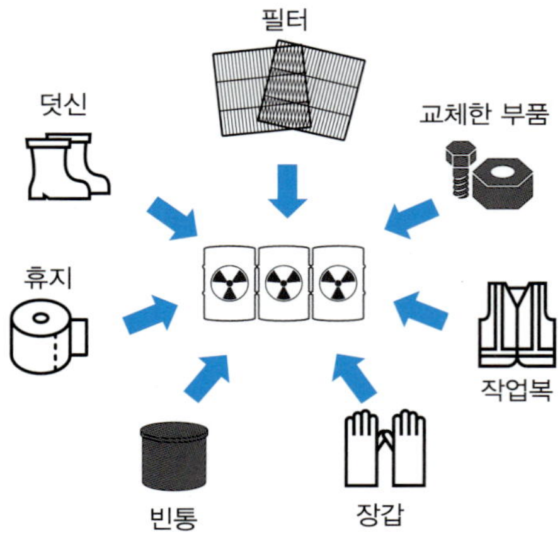

그림 9.20 중·저준위 방사성 폐기물의 종류 및 처리하는 개념

가 24,110년인 Pu-239의 방사선 강도(혹은 농도)가 100에서 출발하여 시간에 따라 감소해 가는 모습을 보여 주고 있다. 24,110년 후면 초기의 반이 되고 또 24,110년 후가 되면 반의 반으로(25%로) 되며 24,110년이 n회 지나가면 방사선 강도는 $1/2^n$으로 감소하나 긴 시간이 지나도 0이 될 수는 없다. 이와 같이 방사성을 가진 물질은 누출된 후 없애기가 매우 어려우므로 누출을 미연에 방지하는 것이 중요하다. 특히 반감기가 긴 물질의 경우 농도를 어느 이

5 초우라늄 원소: 우라늄(92)보다 원자 번호가 큰 원소로, 넵투늄(93), 플루토늄(94), 아메리슘(95), 퀴륨(96) 등을 말한다.

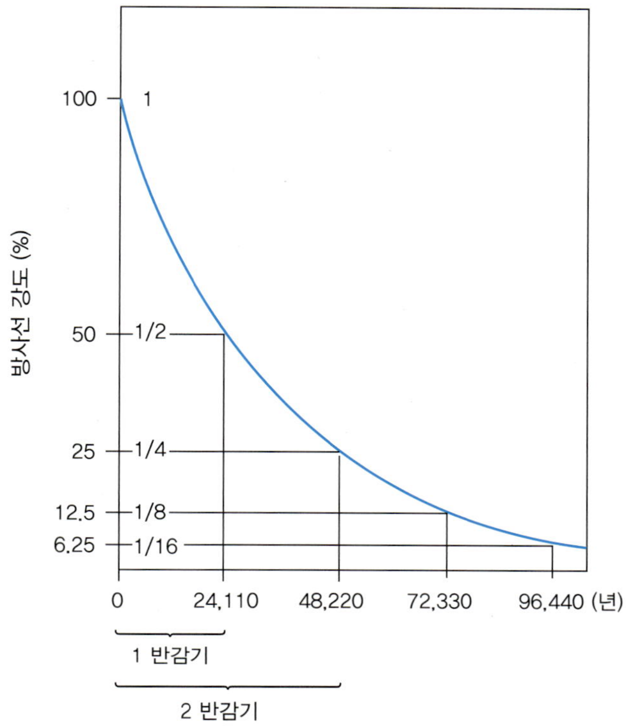

그림 9.21 Pu-239의 시간에 따른 방사선 강도의 변화

하의 농도로 감소시키기 위해서는 매우 긴 시간이 필요하다.

방사성 동위 원소가 반으로 줄어드는 시간은 표 9.9에서와 같이 1초 미만부터 수억 년이 넘는 기간까지 매우 다양하다. 반감기가 길면 아주 오랫동안 방사선이 발생하고 환경에 계속 영향을 끼치게 되어 더욱 나쁜 영향을 줄 수도 있다.

9.9 원자력 발전의 추세: 소형화

대형 원자로는 설치에 큰 자본이 필요하고 한 번의 사고로 큰 피해가 발생할 수 있기 때문에 최근에는 소형 원자로의 개발이 큰 관심을 끌고 있다. 국제원자력기구 IAEA는 전기 출력이 300 MWe 이하를 소형 원자로라고 정의하나, 업계에서는 전기 출력 500 MWe급 이하가 일반적으로 소형 원자로로 통용된다.

소형 모듈 원전(Small Modular Reactor, SMR)이라 불리는 소형 원자로는 하나의 용기에 원전을 가동하는 데 필요한 원자로 등 설비를 모두 담은 일체형 소형 반응기이다. 표 9.10은

표 9.9 방사성 동위 원소들의 반감기

방사성 동위 원소	반감기
우라늄-238	4.5×10^9년
포타늄-40	1.3×10^9년
플루토늄-239	24,110년
탄소-14	5,715년
세슘-137	30.2년
스트론튬-90	29.1년
토륨-234	24.1일
라돈-222	3.82일
아이오딘-131	8.04일
플루토늄-231	8.5분
폴로늄-214	0.00016초

대형 원전과 소형 원전의 특성을 비교한 자료이다(참고문헌 4). 발전 용량 외에도 건설비용에서 큰 차이가 나는데, SMR은 공장에서 대량 생산이 가능해 건설비용이 기존 원전보다 저렴하다. SMR은 핵연료 교체 주기가 매우 길어 사실상 운전 중에 연료 교체를 할 필요가 없다고 생각될 정도이다. 또한 냉각수의 강제 순환에 의한 냉각 방법과 달리 공기의 자연 순환 냉각 방식으로 냉각하므로 물이 공급되지 않아도 안전상의 큰 문제가 없다. 또한 원하는 곳에 설치하기 쉽고 방사선 누출 위험을 줄여 안전성을 높인 차세대 원전으로 꼽힌다.

SMR은 다양한 가능성으로 주목받고 있는데, 2024년 4월 현재 한국수력원자력(한수원)은 한국형 혁신형 SMR(i-SMR)를 활용하여 '스마트 넷제로 시티(SSNC)'를 개발하고자 한다(참고문헌 5). i-SMR은 주요 기기를 하나의 용기에 일체화하고 자연 순환 냉각 방식을 채택하여 안전성이 높으므로 도시 인근에도 건설할 수 있다. 또한 탄력 운전 성능도 우수해 재생 에너지의 간헐성을 보완하고, 에너지를 안정적으로 공급할 수 있다. 즉, 바람이 많이 불거나 일조량이 많아 재생 에너지에 의한 전력 생산량이 증가하면 실시간으로 i-SMR이 출력을 줄여 안정적으로 전력 계통을 유지할 수 있는 것이다. SSNC는 세계적으로 개발 수요가 증가하는 스마트 시티와 SMR을 결합해 시너지를 창출하는 도시 모델이다. 즉, SSNC는 i-SMR을 중심으로 태양광, 풍력 등 재생 에너지와 연계해 도시에 친환경 무탄소에너지를 경제적이고 안정적으로 공급하는 도시 형태다. 경제적인 전원인 i-SMR과 재생에너지로 도시에 전력을 공급하기 때문에 한수원은 기존의 도시에 비해 에너지 비용이 최대 30%까지 절감될 것으로 전망했다. i-SMR을 통해 전력뿐만 아니라 철강·석유화학 산업에 필요

표 9.10 대형 원전과 소형 원전의 특성 비교(원전 1기당)

	대형 원전	소형 원전
발전 용량	1000~1400 MW	1~500 MW
건설 비용	5~10조 원	3000억 원
핵연료 교체 주기	18개월	20년
냉각 방식	강제 순환 냉각	자연 순환 냉각

한 열에너지(공정 열) 그리고 수소 등 도시에 필요한 모든 에너지를 탄소 배출 없이 공급이 이뤄지기를 기대하고 있다. 즉, SMR은 탄소 중립·경제성·안전성 등의 목표를 달성할 가능성이 있는 원자로이다.

그림 9.22는 SMR의 장점 및 상용화 시 기대되는 다양한 활용도를 보여 주고 있다. 우선 SMR은 언급된 장점 외에 짧은 건설 공기를 가지며, 부품 수출에도 유리하고 민간 주도 사업 가능성도 높다. SMR은 전 세계적으로 2030년경 상용화가 기대되며 그 경우 다양한 활용도를 가지는데, 발전 외에 수소 생산, 열 공급, 핵추진 로켓, 핵추진 우주선에 활용할 수 있고, 위성, 우주기지 등에도 사용될 수 있다. 특히, 원자력 수소 생산 시 부산물이 산소(O_2)뿐이므로 천연가스로 만든 수소보다 친환경적이며, 경제성도 뛰어나다. SMR의 뜨거운 열은 지역 난방 및 공장 가동은 물론이고 바닷물의 담수화 등에 활용될 수 있다. 또한, 우주 탐사 같은 우주 산업의 효율적인 에너지원이 될 수 있으며, 인공위성 같은 발사체나 우주기지의 동력원으로도 활용이 기대된다.

수소경제를 활성화하려면 대량의 수소를 안전하고 효율적으로 생산해낼 수 있는 기술이 필요한데 그 해결책도 당분간은 원자력에 의존할 수 있다고 한다(참고문헌 6). 이를 위해서는 수소 생산용 초고온 가스로(Very-High-Temperature Reactor, VHTR) 기술이 필요하다. 초고온 가스로는 세라믹 피복 입자 핵연료와 헬륨 냉각재를 사용하여 초고온열을 생산할 수 있는 제4세대 원자로인데, 고온 가스와 원자로를 활용해 수소를 대량으로 만들어내는 기술이다. VHTR은 고온 가스로의 원자로 냉각재 출구 온도를 850~950℃로 증가시킨 원자로로, 온실가스를 방출하지 않고 경제적으로 수소 생산에 활용할 수 있다. 우리나라를 포함한 미국, 일본, 중국 등이 미래의 핵심 원자로 기술 중 하나로 꼽으며 개발 중이다. VHTR의 가장 큰 장점은 높은 안전성이다. 전력 생산뿐만 아니라 고온열 생산으로 비전력 분야에서의 다양한 활용도 기대되고 있다. 초고온열 이용으로 효율도 높으며(50% 이상) 핵무기 전용 물질 확보가 어려워 핵확산을 저지할 수 있다. 기존 원자로에 비해 출력 밀도가 낮다는 점이 단점이지만, 원자력 전문가들은 초고온 가스로가 지닌 고유의 안전 특성으로

SMR의 장점

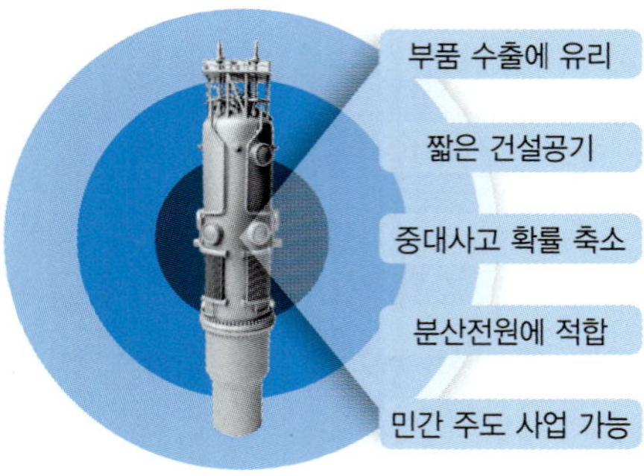

(자료: 삼정 KPMG)

발전	• 국내외 SMR 발전소 건설, O&M, 해체 • 발전용 SMR의 주기기 및 부품 수출 • 전기트럭을 위한 EV 충전소
수소 생산	• 다양한 수소 생산 및 생산 플랜트의 수출 • SMR 수소 공급망 구축
지역난방, 공정 열	• SMR 핵에너지의 열로 지역난방 공급 • 산업 공정에 필요한 열에너지 공급
담수 생산	• SMR 핵에너지의 열로 바닷물에서 염분을 제거한 담수 생산
핵추진로켓, 핵추진우주선	• SMR 핵에너지의 열로 추진체를 가열하여 로켓 및 우주선 발사
위성, 우주기지	• SMR 핵에너지의 열로 위성의 추진력을 얻거나 전기 변환을 통해 위성 및 우주기지의 전기 동력원으로 활용

그림 9.22 SMR의 장점 및 상용화 시 기대되는 다양한 활용도(사진: Oregon State University/Flick)

원전 부지 크기 대비 출력을 살펴보면 큰 차이가 없다고 한다. 한국원자력연구원은 2023년부터 수소 생산 기술을 확보하기 위해 VHTR의 개발 관련 연구도 강화하고 있다.

9.10 원자력 발전과 핵무기

우라늄 등 핵분열을 할 수 있는 원료는 앞에서 언급한 바와 같이 핵분열 속도를 적당히 느리게 제어하여 발전에 활용할 수 있으나 한 번에 분열이 일어나면 원자폭탄 혹은 핵무기가 될 수 있다. 핵무기에 대해 다음과 같이 정리하였다.

핵분열을 쉽게 할 수 있는 우라늄(U-235)은 자연 상태의 우라늄의 경우 0.7%의 함량으로 존재하며(나머지 대부분은 U-238이다) 핵 발전소에서는 3~5%로 농축하여 사용하고 원자폭탄에서는 약 90%로 농축된 것을 사용한다. 농축은 질량수가 다른 가스의 서로 다른 확산 속도 차이를 이용하거나 기체 원심분리기를 이용하여 수행한다.

또한 사용한 우라늄 혹은 고갈된 우라늄(depleted uranium, DU, U-238이 약 99.8%)의 재처리를 통해 **그림 9.23**의 박스 안의 반응에 의해 Pu-239(플루토늄) 생산도 가능하다. 이 플루토늄은 원전의 연료는 물론이고 원자폭탄의 원료로 사용될 수 있으므로 재처리는 국제적으로 큰 관심사이며 감시 및 사찰을 수행한다. 현재 프랑스, 영국, 독일, 일본 등 일부 국가만 사용한 우라늄을 재처리하고 있으며, 미국은 1977년에 카터 대통령이 재처리를 금지하였다.

! 중요

재처리

핵연료의 재처리 공정으로, 사용 후 핵연료의 부피를 감축하거나 내부에 들어있는 재사용 가능한 물질을 추출하기 위해 수행한다. 그림 9.23의 박스 속의 반응과 같이 U-238로부터 Pu-239를 생성시킬 수 있고 최종적으로 분리할 수 있다.

$$ {}^{1}_{0}n + {}^{238}_{92}U \rightarrow [\,{}^{239}_{92}U\,] \rightarrow {}^{239}_{93}Np + {}^{0}_{-1}e $$

$$ \downarrow $$

$$ {}^{239}_{94}Pu + {}^{0}_{-1}e $$

Pu와 U은 다른 원소로 분리가 쉬움

그림 9.23 고갈된 우라늄의 재처리 공정

그림 9.24는 원자로를 종류별로 비교한 그림이며, 특히 원자로로부터 원자폭탄을 만들 수 있는 경로를 보여 주고 있다. 우라늄을 이용한 원자폭탄은 U-235를 농축하여 만드나 플루토늄 원자폭탄은 주로 흑연감속로의 원자로에서 우라늄을 사용 후 재처리를 통해 93% 이상 농축하여 만든다. 반면, 경수로 혹은 중수로에서 사용한 우라늄은 재처리를 통해 60~70%로 농축된 Pu을 얻고 이를 다시 전기를 얻는 데 주로 활용한다.

9.11 핵융합 발전

핵융합은 1억 ℃ 이상의 고온에서 가벼운 원자핵이 융합하여 더 무거운 원자핵이 되는 과정 및 그에 따라 에너지를 창출해 내는 방법을 의미한다. 핵분열의 반대 개념으로 태양이 불타면서 큰 에너지를 내는 원리이다. 태양에서는 실제 수소 원자 4개가 합쳐져 1개의 헬륨을 만드는데 이러한 핵융합을 통해 무한히 큰 에너지를 방출한다. 수소 4개의 무게(4 × 1.0797 g)와 헬륨 1개의 무게(4.0026 g)를 비교하면 핵융합으로 매우 큰 질량 감소(0.3162 g, 약 7.3% 감소)가 일어나며, 따라서 매우 큰 에너지가 발생하는 것이다.

우리 인류가 추진하는 핵융합은 일반 수소를 사용하는 대신에 중수소와 삼중수소를 사

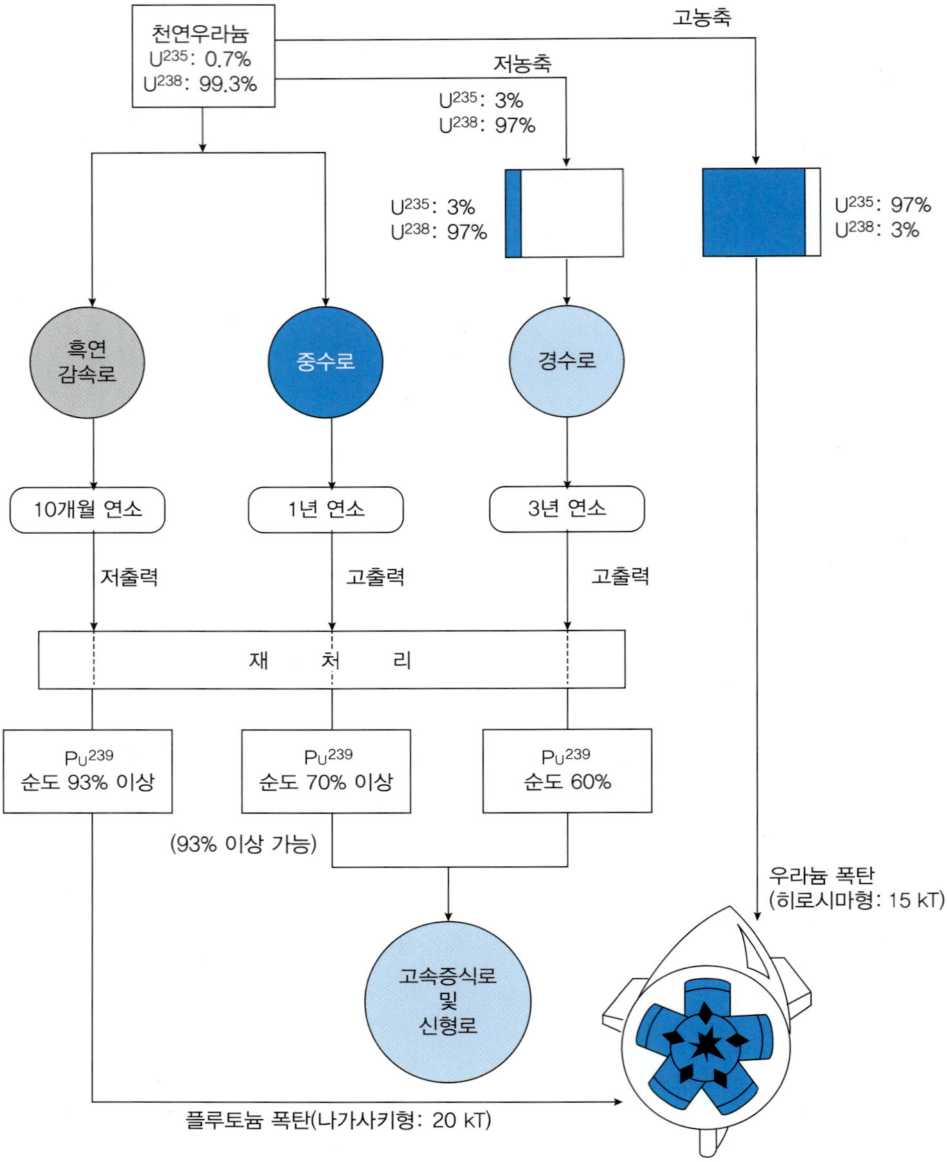

그림 9.24 원자로와 원자폭탄

! 중요

원자로의 종류별 특성

- **흑연감속로:** 감속재로 흑연을 사용하는 원자로로 가동이 불안정하고 전력 발전생산량도 적으나 원자폭탄의 원료인 플루토늄을 쉽게 채취할 수 있는 특징이 있다. 북한의 영변원자로가 흑연감속로이다.
- **중수로/경수로:** 감속재로 중수(D_2O)와 경수(H_2O)를 각각 쓰는 원자로이며 전 세계 발전용 원자로의 80%가 경수로이다. 우리나라도 월성발전소만이 중수로이다. 중수는 경수에 비해 중성자를 감속하는 작용이 뛰어나면서도 중성자를 잘 흡수하지 않는 장점이 있다. 따라서 중수로 원자로는 천연 우라늄을 그대로 연료로 쓰더라도 연쇄 반응을 유지할 수 있다. 천연 우라늄(235-U를 0.7% 함유한)을 농축 없이도 연료로 사용할 수 있어 경제적이지만, 냉각수인 중수의 비용이 많이 든다.

용하는 방법으로 다음의 반응식을 따른다. 그림 9.25에서는 중수소와 삼중수소가 만나 헬륨과 중성자를 발생시키면서 큰 에너지를 얻는 반응식과 개념도를 나타내었다.

중수소와 삼중수소를 사용하는 이유는 이들 사이의 핵융합 반응은 수소 사이의 핵융합 반응에 비해 좀 더 낮은 온도에서도 일어나고 중수소와 삼중수소 같은 원료는 지구에 충분히 많거나 쉽게 얻을 수 있다고 보기 때문이다. 즉, 중수소는 바닷물에서 얻을 수 있고 삼중수소는 리튬에 중성자를 충돌시켜 얻을 수 있다.

특히 핵융합은 핵분열에 비해 에너지를 얻는 보다 뛰어나고 안전한 방법이다. 그 이유는 핵융합 반응은 방사성 물질을 생성하지 않기 때문이다. 즉, 우리가 그간 원자력 발전을 고려하였을 때 늘 우려하는 방사성 물질이 생성되지 않는 아주 안전한 공정이다. 반면, 핵융합 에너지를 얻기 위해서는 지구상에 존재하지 않는 1억 도 이상의 초고온 플라스마를 만들어야 하고 이 플라스마를 가두는 반응기를 포함한 핵융합 장치와 연료인 중수소와 삼중수소가 필요하다. 미국 로렌스 리버모어 국립연구소(LLML)의 핵융합 연구시설인 국립점화시설(NIF)팀, 국제 공동 핵융합 연구팀인 국제핵융합실험로(ITER)팀, 한국형초전도 핵융합연구장치(KSTAR)팀 등이 핵융합 관련 연구에 큰 노력을 기울이고 있다. ITER과 KSTAR는 플라스마를 가두기 위해 자기 밀폐 방식(Tokamak)을 사용하며, NIF에서는 관성 밀폐 방식(Inertial Fusion)을 사용한다.

NIF 연구팀이 '핵융합 점화' 관련 다수의 성과를 얻고 있다. 2022년 12월에 2.05 MJ 에너지를 투입하여 약 1.5배인 3.15 MJ의 에너지를 얻어 '핵융합 점화'를 달성했고, 2023년 7월에도 3.5 MJ 이상의 에너지를 얻었다고 발표하였다. 그러나 과학자들은 상업적 핵융합을 위해서는 갈 길이 멀다고 하는데, 투입되는 에너지의 30~100배에 달하는 에너지를 생성

$$^{2}_{1}H + ^{3}_{1}H \longrightarrow ^{4}_{2}He + ^{1}_{0}n$$

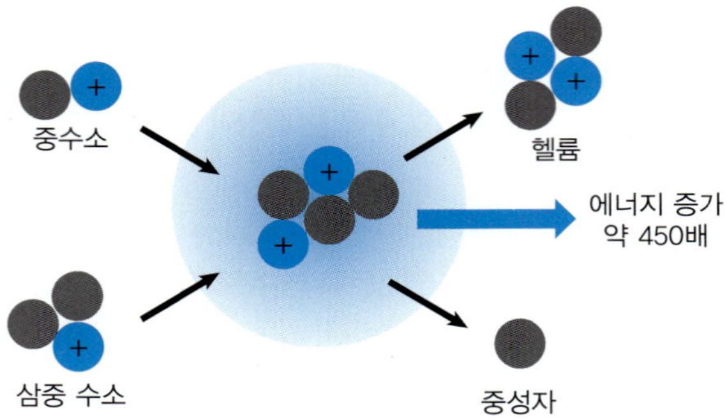

그림 9.25 핵융합 에너지의 발생 원리

> **! 중요**
>
> 핵융합 점화
>
> 핵융합 점화는 핵융합을 일으키기 위해 투입한 에너지보다 더 많은 에너지를 생산하는 것을 의미한다. 핵융합 점화의 성공은 핵융합 반응으로 청정에너지를 생산할 수 있다는 것을 증명하는 것이다. 2022년에 제니퍼 그랜홈 미국 에너지 장관은 핵융합 점화가 "21세기의 가장 인상적인 과학 업적 중 하나"라고 설파하였다.

하는 기술이 필요하다고 추정하기 때문이다.

KSTAR팀은 2024년 3월 초고온 플라스마 실험을 통해 '1억도 48초' 운전 신기록을 달성하는 데 성공했다. 이는 같은 연구진의 2021년 세계 최장기록인 30초를 뛰어넘는 성과로, 300초가 달성된다면(2026년 목표로 연구 중) 상용화의 문턱 넘을 것으로 기대하고 있다.

9.12 요약

우리는 원자력의 장단점을 이해하고 그 문제점을 해결하고, 필요하면 원자력의 대체 방안을 찾도록 노력해야 한다. 또한 원자력을 활용하려면 반드시 안전과 환경을 고려해야 한다. 원자력 발전소 사고는 단 한 번 일어나는 것만으로도 인간의 삶과 자연에 심각한 악영향을 미치는 사태임을 명심해야 한다. 그러한 사태를 방지하기 위해서는 원자력에 너무 의존하지 않도록 에너지를 절약하고 효율적으로 사용해야 한다. 한편, 방사성 물질을 발생시키지 않는 핵융합 기술에 투자하여 안전하면서도 안정적으로 에너지를 얻을 수 있는 연구를 계속해야 할 것이다(참고문헌 7).

우리는 원자력의 장단점을 이해하고 그 문제점을 해결하고, 필요하면 원자력의 대체 방안을 찾도록 노력해야 한다. 또한 원자력을 활용하려면 반드시 안전과 환경을 고려해야 한다. 원자력 발전소 사고는 단 한 번 일어나는 것만으로도 인간의 삶과 자연에 심각한 악영향을 미치는 사태임을 명심해야 한다. 그러한 사태를 방지하기 위해서는 원자력에 너무 의존하지 않도록 에너지를 절약하고 효율적으로 사용해야 한다. 한편, 방사성 물질을 발생시키지 않는 핵융합 기술에 투자하여 안전하면서도 안정적으로 에너지를 얻을 수 있는 연구를 계속해야 할 것이다.

핵심어 반감기, 방사능, 붕괴열, 우라늄, 원자력 발전, 중성자, 핵무기, 핵분열, 핵융합, 핵폐기물

10장

태양광 발전 및 폐패널

이 장에서는 친환경적이고 무한한 태양 에너지의 활용을 위한 태양광 발전 및 이를 위해 필요한 패널, 사용한 폐패널의 환경적 영향 및 재활용 등에 대한 개요, 현황 및 전망을 기술한다.

10.1 개요

태양광 발전(photovoltaics, PV)은 무한정하고 공해가 없는 태양 에너지를 직접 전기 에너지로 변환시키는 기술이다. 공해 물질 및 CO_2의 배출이 적고 영원히 에너지를 얻을 수 있으므로 미래를 위한 기술이라고 볼 수 있다. 최근까지 많은 태양광 발전 단지가 기공되어 그 발전량도 크게 증가하였다. 그러나 태양광 발전에 사용되는 태양광 패널(태양 에너지를 전기 에너지로 변환시키는 장치)의 폐기량도 역시 급격히 증가할 것으로 예측되고 있다. 따라서 이어지는 절에서는 태양광 발전과 패널을 살펴보면서 폐패널의 환경적 영향과 재활용 등도 집중적으로 알아볼 것이다.

10.2 태양광 발전의 원리

태양광 발전의 원리는 그림 10.1에서 보여 주고 있다. p-n 접합 반도체로 구성된 태양 전지(solar cell)에 태양광이 조사되면 광 에너지에 의한 전자-양공 쌍이 생겨나고, 전자와 양공이 이동하여 n층과 p층을 가로질러 전류가 흐르게 되는 광기전력 효과(photovoltaic effect)에 의해 기전력이 발생한다. 이 기전력에 의해 외부에 접속된 부하에 전류가 흐르게 된다. 즉, 전력을 얻을 수 있는(발전이 되는) 것이다.

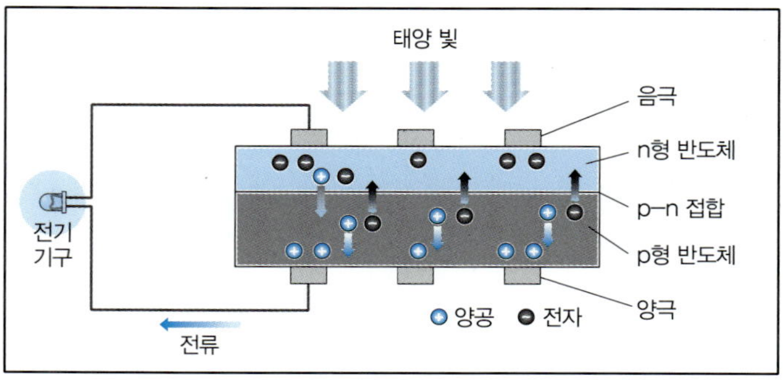

그림 10.1 태양 전지의 주요 구성과 발전 원리

10.3 태양 전지

p-형 반도체와 n-형 반도체를 붙인 p-n 접합으로 구성된 태양 전지는 태양광 발전의 핵심이며 다양한 소재와 크기로 개발 및 사용되고 있다. 그림 10.2는 실리콘 태양 전지와 화합물 태양 전지를 포함한 태양 전지의 분류를 보여 주고 있다. 실리콘 태양 전지는 결정질과 비결정질 등으로 구분되며, 화합물 반도체는 II-VI 족 혹은 III-V 족 등으로 구성된다. II-VI 족 화합물 반도체와 III-V 족 화합물 반도체는 각각 흔히 카드뮴과 비소를 포함하기 때문에, 많은 사람들이 태양광 발전 혹은 태양 전지를 고려할 때 환경적으로 우려하는 원인이 된다.

태양 전지는 그림 10.3과 같이 세대로 분류되기도 한다. 1세대 태양 전지는 주로 실리콘으로 구성되며, 단결정 혹은 다결정 실리콘 태양 전지가 주로 1세대 태양 전지를 구성한다. 2022년 현재 결정질 실리콘계 태양 전지가 가장 높은(약 90%) 국내 시장점유율을 가진다.

2세대 태양 전지로는 비결정질 실리콘과 CdTe, copper indium gallium selenide(CIGS) 등 박막형 태양 전지가 있다. 3세대 태양 전지로는 염료감응형, 유기물, 그리고 페로브스카이트 태양 전지 등이 있으며 최근 활발 히 연구되고 있다.

다양한 태양 전지의 효율을 높이기 위해 연구가 계속되고 있으며, 한국 연구진들은 특히 페로브스카이트 태양 전지 분야에서 뛰어난 연구 성과를 계속하여 보고하고 있다.

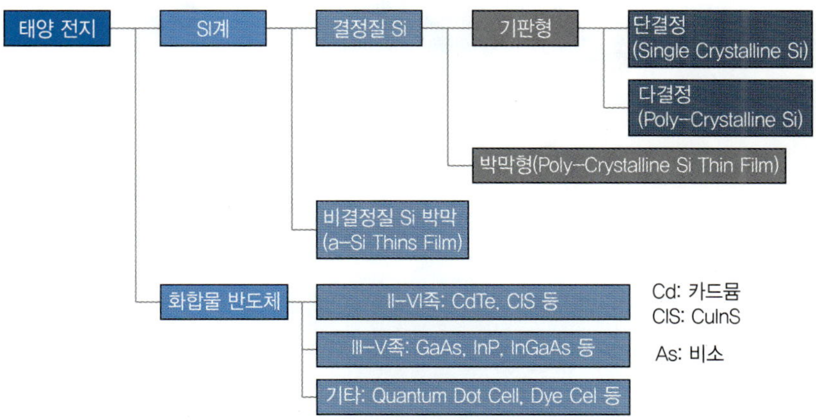

그림 10.2 태양 전지의 분류

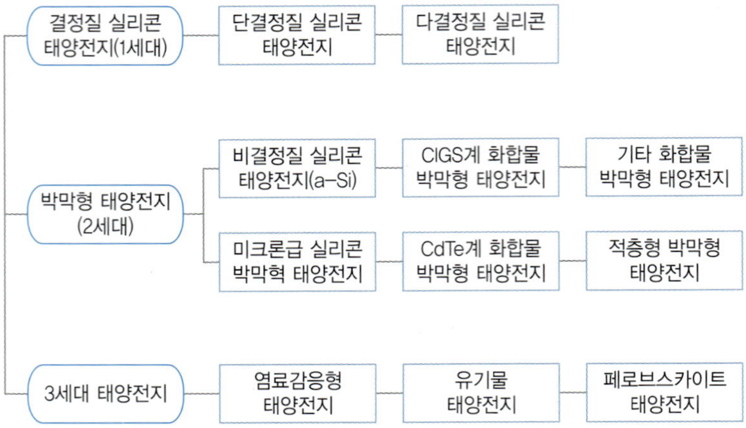

그림 10.3 태양 전지의 세대별 분류 CIGS는 copper indium gallium selenide solar cell을, PV는 photovoltaics를 의미한다.

참고

페로브스카이트(perovskite)

페로브스카이트는 $CaTiO_3$, $CsPbI_3$, $SrTiO_3$와 같이 양이온 A와 B, 음이온 X가 1:1:3 비율로 결합한 ABX_3 조성의 광물을 의미한다(그림 10.4 참고). 러시아 광물학자의 이름(레브 페로브스키)에서 유래한 명칭이다.

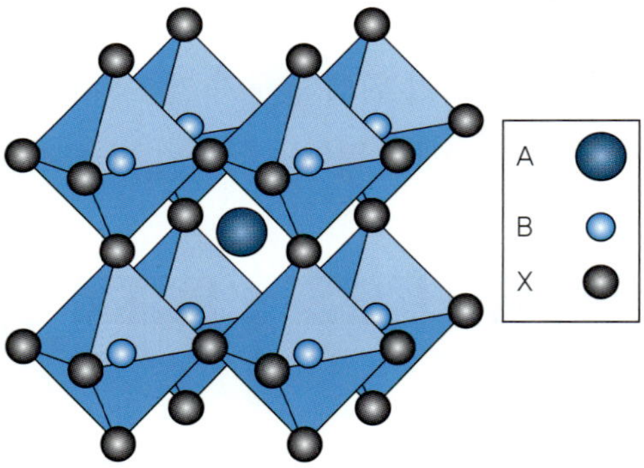

그림 10.4 페로브스카이트의 결정 구조

10.4 태양광 발전의 장단점

태양광 발전에는 여러 가지 장점과 단점이 있다. 먼저 에너지원이 태양이므로 사실상 무제한이며 청정하다. 그리고 필요한 장소에서 필요한 양의 발전이 가능하다는 것도 장점이다. 유지보수가 쉬우며 발전 과정의 무인화도 가능하다. 한번 설치하면 20년 이상의 긴 수명을 갖는다.

그러나 전력생산량이 일사량에 의존하기 때문에 지역에 따라 천차만별이며, 에너지 밀도가 낮으므로 큰 설치 면적이 필요하다는 것은 단점이다. 따라서 적당한 조건을 만족하는 한정적인 장소에만 설치할 수 있다. 또 시스템을 구축하는 비용이 비싸 초기 투자비가 높은 등 발전단가가 부담스러울 수 있다. 이 때문에 현재 태양광 발전의 경제성은 다른 발전 방법에 비해 다소 낮은 편이다.

다행히 태양광 발전의 단가는 계속하여 감소하고 있다. 태양광 발전은 미래에 꼭 필요한 기술이기 때문에, 우리가 더욱 집중적으로 연구 개발하여 다양하게 적용할 수 있도록 많은 노력이 필요하다.

10.5 태양광 패널, 발전량 및 폐패널 발생량

태양광 패널이란 태양 에너지를 전기 에너지로 변환시키는 장치를 의미한다. 그림 10.5와 같이 태양 전지(solar cell)을 여러 개 연결한 것을 모듈이라고 한다. 이 모듈을 여러 개 연결하여 패널이 되고, 패널을 여러 개 모아 구조물에 설치하기 위한 상태가 되었을 때 어레이라고 부른다. 자료에 따라 셀, 모듈, 어레이 순으로 혹은 셀, 모듈, 시스템 순으로 명명하기도 하며, 일반적으로 모듈과 패널을 같은 의미로 사용한다. 구조물에 설치하기 위한 상태를 어레이 대신에 패널이라고 하기도 한다. 정확한 명명은 차치하고, 작은 크기의 태양 전지를 여러 개 연결하여 실제 발전을 수행한다는 것이 중요한 개념이다. 태양광 발전 설비 전체에서 패널이라는 말이 광범위하게 사용된다. 국내에서도 야산, 밭, 건물의 옥상, 주차장 위는 물론이고 호수 같은 다양한 곳에 설치된 태양광 패널을 쉽게 볼 수 있다.

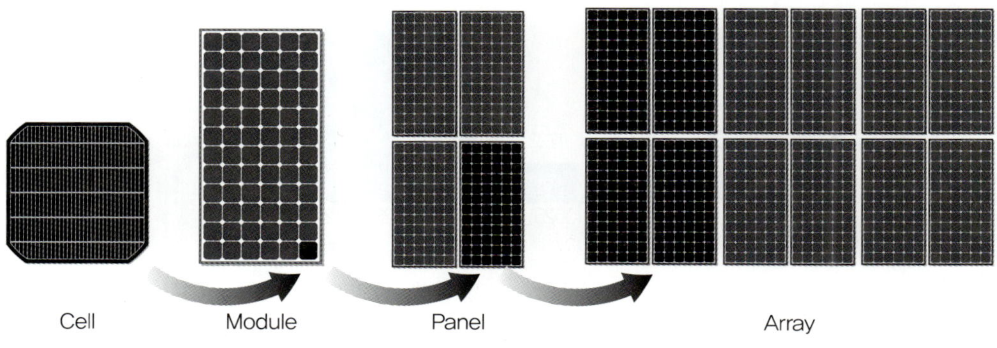

그림 10.5 태양 전지로부터 모듈, 패널, 어레이가 되는 모습

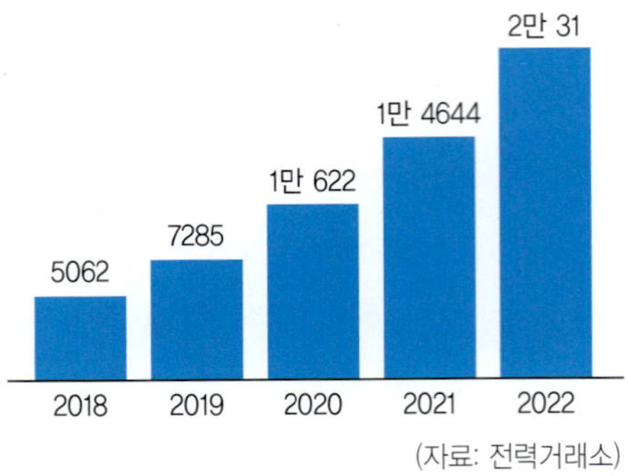

그림 10.6 국내 태양광 누적 설비 용량(2021년까지는 1월, 2022년은 8월 기준)

태양광 발전의 설비 용량은 그림 10.6에서 보는 바와 같이 최근 크게 늘어나고 있다. 2022년 8월 기준으로 그 누적 설비 용량이 20 GW(20,000 MW)를 넘어 섰다. 이 같은 설비 용량은 국내 원전 설비량(23.25 GW)에 육박하는 수준이다. 그러나 태양광 발전은 날씨나 기후에 발전량이 크게 의존하기 때문에 같은 설비 용량에서 태양광 발전은 원전에 비해 대략 약 1/5의 상당히 적은 전력을 생산한다.

이처럼 급격히 늘어난 태양광 설비 용량은 필연적으로 폐패널의 발생량을 증가시킨다. 태양광 폐패널 예상 발생량은 그림 10.7과 같이 전망되며[1] 특히 2029년부터 태양광 폐패널이 급증할 것으로 예측되고 있다.

한국태양광산업협회의 폐패널 발생 예측 결과에 따르면, 2033년 이후에는 재사용이 없으면 25,000톤 이상의 폐패널이 발생할 것이나, 70%를 재사용하면 10,000톤 이내로 발생

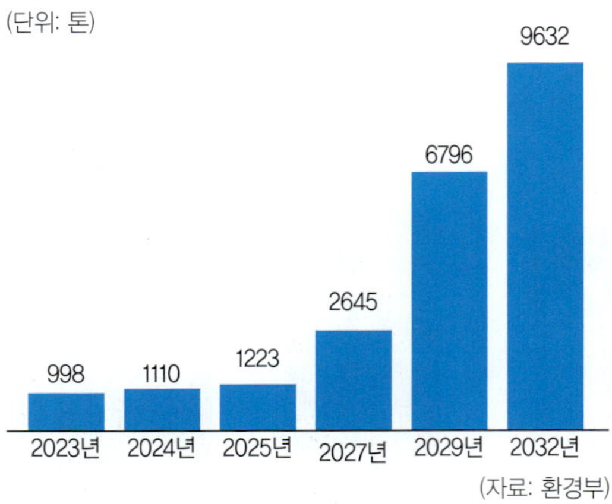

그림 10.7 태양광 폐패널 발생량 추이

1 자료에 따라 매우 다른 발생량을 예측하기도 하였다(2023년 기준 9,665톤 등)

할 것이라고 한다. 따라서 폐패널을 우선 재사용하는 것이 중요하다.

10.6 자원으로서의 폐패널

국내 시장점유율이 가장 높은 '결정질 실리콘계 태양광 모듈'은 통상 76%의 강화유리, 8%의 알루미늄(프레임), 5%의 실리콘, 10%의 고분자(EVA/백시트 등), 1%의 구리와 은 등으로 구성되어 있다. 태양광 패널에는 **그림 10.8**과 같이 모듈을 둘러싼 알루미늄과 유리, 에바(EVA·에틸렌초산바이닐 공중합체)를 비롯해 실리콘 웨이퍼에 은을 첨가한 태양 전지, 납과 주석으로 도금된 구리선 등이 혼합돼 있기 때문이다. 패널을 구성하는 은, 구리, 실리콘, 알루미늄, 유리 등은 모두 재활용이 가능한 자원이다.

그러나 만약 패널을 그대로 매립하면 패널 내의 구리나 납 등이 토양을 오염시키는 오염원이 될 수 있으므로 단순히 매립 혹은 방치하기보다는 재활용과 재사용을 하는 것이 필요하다. 환경부 기준 재활용/재사용률은 2023년 약 60%이며 2025년까지 약 80%로 높이는 방안을 추진 중이다. 2023년 기준 충북 진천에 3600톤/년 규모의 태양광 재활용센터(재활용 공장)가 가동 중이며, 2028~2029년까지 국내 발생 폐패널을 처리할 수 있을 전망이다.

한편, 생산자 책임 재활용(EPR, Extended Producer Responsibility) 제도, 즉 제품 폐기 및 재활용 비용을 생산자에게 일부 부담하도록 하는 제도가 일부 공산품에 적용되고 있다. 환경부는 2023년 1월부터 '태양광 폐패널 관리 강화 방안'을 마련, 폐패널을 전기·전자 제품으로 분류해 생산자 책임 재활용 제도를 적용하고 있다. 태양광 폐패널 재활용 의무

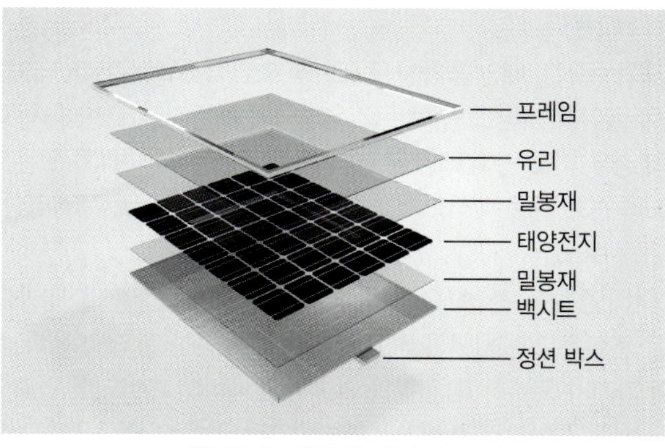

그림 10.8 태양광 패널의 구성

를 이행하지 않는 제조사·수입사는 1 kg당 727원의 부과금을 내야 하므로 큰 문제 없이 폐패널이 재활용 혹은 재사용될 것으로 기대된다. 실제 유럽연합(EU)은 오래전부터 태양광 패널을 생산하고 판매하는 업체들이 회비를 내 'PV CYCLE'이란 공제조합 성격의 단체를 만들어 운영 중이다. 태양광 패널의 수명이 다했거나 파손되었을 때 이 단체에 연락만 하면 태양광 패널 회수와 재활용을 전담하여 처리한다고 한다.

사용한 태양광 패널을 분해하여 재활용하는 것 외에도 그대로 다시 사용하는 재사용을 고려할 수 있다. 예를 들어 태양광 발전 모듈의 출력 보증 기간이 25년이라는 의미는 발전 개시 후 25년이 지나면 초기 출력이 떨어져 낮은 효율(80~85%)을 보인다는 의미이다. 그러나 출력이 초기의 80% 정도로 떨어지더라도 계속 활용할 수 있다(실제로 일본에서는 설치한 지 40년이 지난 태양광 패널도 운영되고 있다고 한다). 물론 폐기도 가능하지만, 사업성과 환경오염을 고려하여 재사용하는 것도 충분히 고려할 만하다. 2019년 기준 일본에서는 재사용 패널을 활용한 발전소가 세워지고 있다고 한다.

참고

폐패널에 대한 우려와 진실

- **태양광 패널, 정말 중금속 덩어리인가?** 한국에서 양산되는 모든 상업용 태양 전지는 실리콘을 이용하고(국내 통용되는 모든 태양광 패널은 실리콘을 이용함) CdTe를 사용한 태양 전지는 시판되고 있지 않기 때문에 국내에서 설치된 태양광 패널에서 카드뮴과 비소 등 매우 위험한 중금속이 나오는 것은 불가능하다. 한국환경정책평가연구원의 보고서에 따르면 태양광 모듈의 납 함유량은 0.064~0.541 mg/L에 불과하다. 이는 폐기물 관리법 시행규칙이 정하고 있는 납 지정폐기물의 함유량 기준인 3 mg/L에 훨씬 못 미치는 수치며 이외에 수은, 셀레늄, 비소, 크로뮴 등의 다른 중금속 함유량도 법정 기준 미만이다.
- **태양광 패널에서 전자파가 정말 나올까?** 나오기는 하나 미미하다. 국립전파연구원의 자료에 따르면 인체 보호 기준은 62.5 mG(milli Gauss)이며, 태양광 발전 시설의 전자파 자기장 강도는 0.07 mG 수준이다. 참고로 헤어드라이어, 텔레비전, 노트북 PC로부터 대략 37.0 mG, 0.1 mG, 0.08 mG의 전자파가 나온다.
- **태양광 패널 세척제가 독성?** 태양광 패널은 일반적으로 물로 청소한다. 태양광 패널의 유리 표면은 특수 코팅돼 있어 물이 아니면 코팅 훼손이 우려되기 때문이다. 또한 실제 여름 장마 등 강수량이 많은 우리나라의 경우 비로 인해 태양광 패널 세척 주기가 더 여유가 있는 편이다. 실제 유럽과 미국의 공식 가이드라인도 물로 세척하라고 명시돼 있으며 특수코팅 되어있는 패널은 물로도 쉽게 오염 물질을 제거할 수 있다.
- **태양광 패널 수명 다하면 모두 쓰레기?** 이 부분은 경제성에 의존한다. 태양광산업협회에 따르면 태양광 패널의 사용 연한은 25~30년이 넘고 재사용도 용이하다. 태양광 패널의 은, 실리콘, 구리 등의 재료는 회수할 가치가 충분하며, 재활용 기술이 계속하여 개발되고 있고, 생산자 책임 재활용 제도도 2023년부터 시행 중이므로 쓰레기로 매립할 가능성은 매우 줄었다고 볼 수 있다.

약 5년 전에 태양광 발전 단지가 급격히 늘 때 많은 사람들은 산야 등의 자연 훼손은 물론이고 폐패널의 환경적 문제에 대해 거부감을 가졌다. 그러나 앞의 참고자료에서 정리한 내용을 보면 현재는 큰 걱정할 필요가 없는 것으로 볼 수 있다. 특히 국내에는 카드뮴이나 비소 같은 중금속이 들어간 태양 전지는 통용되지 않고 주로 실리콘 태양 전지가 사용되기 때문에 환경 문제를 걱정하기보다는 용도에 맞게 태양 전지를 활용하는 것이 중요하다.

10.7 요약

태양광은 다수의 장단점이 있다. 가까운 미래의 바람직한 에너지원이 될 수 있지만 낮은 경제성, 산야 등의 자연 훼손, 폐기물 등의 문제점이 있을 수 있다. 향후 폐패널은 아주 빠른 속도로 증가할 전망이다. 폐패널은 재활용 시 우수한 자원이 될 수도 있으나 방치하거나 매립 시에는 여러 환경 오염원이 된다. 다행인 것은 국내에 사용되는 패널에는 카드뮴과 비소 등의 위험한 성분은 없고 소량의 납만 포함되어 있는 점이다.

효율적인 태양광 에너지 사용 및 환경 보전을 위해 (i) 과학적 평가 및 효율 증가를 추진해야 하고, (ii) 폐패널의 재활용 및 특히 재사용을 추구해야 하며, (iii) 환경을 고려한 태양광 발전소의 운전 및 활용이 요구된다.

태양광의 경쟁력은 적절하게 평가되어야 한다. 태양광에만 몰입하기보다는 필요하다면 다른 신·재생에너지에 투자하여 활용할 가능성도 늘 고려해야 한다. 태양광 발전 관련 기술의 발달 속도를 고려하면, 금세 종전까지의 기술들이 거의 오류가 될 수도 있으므로 계속 관심을 가지고 미래를 준비하는 것이 필요하다.

핵심어 생산자 책임 재활용제, 태양광 발전, 태양 전지, 태양광 패널, 페로브스카이트 전지, 폐패널 재활용 센터

PART

4

생활과 환경 및 건강

11장

차량과 공해 및 온실가스

이 장에서는 승용차, 트럭, 비행기, 선박 등 다양한 교통수단과 관련된 환경 및 공해에 대해 기술하고자 한다.

11.1 개요

차량은 CO_2, NOx, CO, 탄화수소, 미세먼지 같은 다양한 환경오염 물질을 배출하며, 오염 물질의 종류와 발생량은 사용하는 연료 및 차량에 따라 매우 큰 차이를 보인다. 차량의 환경오염은 단순히 운행 중 발생하는 것은 물론이고 차량의 생산을 위한 원료 확보, 차량 생산, 연료 확보, 운행 및 폐기 등의 전 주기(life cycle)을 통하여 평가, 분석되어야 의미 있는 비교가 가능하고 미래를 대비할 수 있다.

참고

차량

차량은 일반적으로 사람이나 화물 또는 두 가지 모두를 운송하기 위해 자체 추진을 위해 설계된 기계를 의미한다. 차량에는 마차, 자전거, 자동차(예: 오토바이, 자동차, 트럭, 버스, 장애인용 전동 휠체어 및 스쿠터), 레일 차량(기차, 트램), 수상 차량(선박, 보트, 수중 차량), 수륙양용 차량(스크류 추진 차량, 공기부양정), 항공기(비행기, 헬기) 및 우주선 등이 포함된다. 흔히 듣는 차량에는 승용차(passenger car), 자동차(car, automobile), 트럭(truck), 비행기와 선박 등이 있다.

전통적인 차량인 승용차, 트럭, 선박, 비행기 등에 최근 환경에 대한 관심이 높아져 친환경 차량의 종류도 늘어나고 있다. 차량의 종류에 대한 용어들은 다음과 같이 정리할 수 있다(그림 11.1 참조).

- ICEV(Internal combustion engine vehicle): 내연기관을 이용하는 전통적 차량을 의미한다. ICEV는 보통 휘발유와 디젤을 에너지원으로 사용하는데 많은 공해 물질을 배

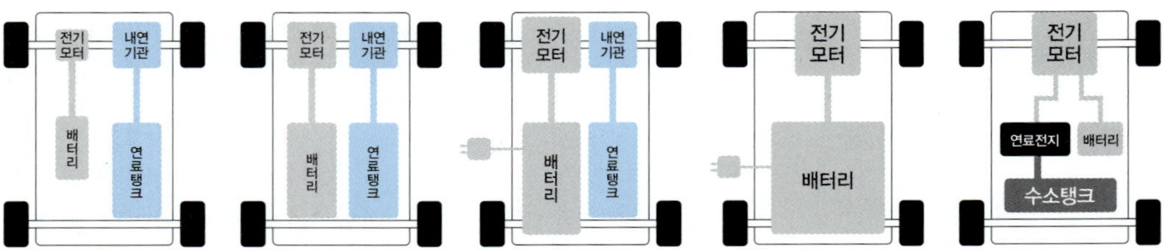

그림 11.1 친환경 차량의 동력에 따른 분류 왼쪽부터 mild HEV, HEV, PHEV, BEV, FCEV를 보여 주고 있다.

참고

휘발유와 디젤의 황 함유량 기준

화석 연료는 지금까지 가장 중요한 에너지원으로 사용되고 있으며, 그중 특히 휘발유와 경유는 수송용 연료로 주로 사용된다. 휘발유와 경유에서는 황 함량이 매우 중요하다. 표 11.1은 국내 자동차용 연료의 황분 함량 변화 추이를 보여 주는데, 우리나라는 휘발유와 경유 모두 2009년 부터 황 함유량을 10 ppm으로 규제하며, 이러한 수준과 규제 시기는 EU, 일본 등 일부 나라들과 비슷한 매우 높은 수준이다. 중국은 2018년부터 10 ppm으로 규제하고 있으나, 미국, 인도, 브라질 등은 2018년 기준 매우 느슨한(황 함량이 높은) 규제를 하고 있다.

이러한 규제로 최근 우리나라는 아황산가스가 말썽을 부리는 적이 거의 없다. 또한 우리나라의 경우 자동차에서 발생하는 SO_2의 농도는 필요 시 측정은 하지만, 연료 중 황 함유량이 수 ppm 수준이므로 매우 낮아 측정의 의미가 거의 없는 수준이다.

표 11.1 국내 자동차용 연료의 황분 함량 변화 추이

휘발유		경유	
개정 연도	최대 황 함량(ppm)	개정 연도	최대 황 함량(ppm)
1996년 12월	500	1996년 12월	1,000
2000년 12월	200	1998년 3월	500
2001년 12월	150	2005년 12월	30
2003년 11월	130	2008년 12월	10
2005년 12월	50		
2008년 12월	10		

출한다. 2024년 현재 우리나라의 경우 자동차에서 발생하는 SO_2는 큰 문제가 없는 수준이다. 그 이유는 아황산가스의 원인이 되는 황 함유량에 대한 기준이 우리나라에서 강화되어 왔고, 2009년부터 10 ppm 이내의 황을 포함한 휘발유와 디젤만이 통용되기 때문이다. 따라서 ICEV로부터 아황산가스는 거의 발생되지 않는다고 생각한다.

- HEV(Hybrid electric vehicle): 전기모터와 가솔린 엔진을 함께 사용한다. 휘발유만 주유하며, 전기모터는 보조 역할을 한다. 모터의 동력 개입 정도에 따라 mild HEV, HEV, PHEV로 구분된다(뒤로 갈수록 일반적으로 전기모터의 기여가 높아진다).
- PHEV(Plug-in hybrid electric vehicle): HEV 중 전기모터 비중이 큰 차량이며, 휘발유도 주유하고 배터리도 충전하여 모두 동력으로 활용한다.
- BEV(Battery electric vehicle): 충전된 전기를 동력으로 활용하는 순수 전기차를 의미한다.

- FCEV(Fuel cell electric vehicle): 주로 수소를 연료로 사용하는 전기차이며, 연료 전지를 통해 수소로부터 전기를 얻는다.

다양한 차량에서 발생하는 온실가스를 포함한 여러 공해 물질(아황산가스 제외)의 배출 현황을 살펴보고, 이들을 저감시킬 수 있는 차량의 종류 및 연료 등에 대해 알아본다.

11.2 자동차와 온실가스 배출

자동차는 전 과정(life cycle)을 통해 CO_2 같은 온실가스를 배출한다. 그림 11.2는 차량별 'Fuel cycle(혹은 well-to-wheels)'의 전 과정을 통한 온실가스 배출량(1 km 운행 시 나오는 CO_2-eq의 g)을 보여 주고 있다(참고문헌 1).

그림에서 업스트림 과정은 공급 원료(예: 전기가 국내 발전소까지 공급되는 과정)를, 동력 생산은 연료를 의미한다. 이 그림에서 보는 바와 같이 ICEV과 HEV의 경우 자동차 운행 중 많은 온실가스가 배출되며(HEV가 조금 더 적음), BEV나 FCEV의 경우 연료 생산 과정에서 매우 많은 온실가스가 배출된다. 그리고 ICEV인 전통적인 차량은 휘발유와 디젤에 무관하게 1킬로미터를 운행하면 220 g 이상의 CO_2e를 배출하여(3장 참조) 지구온난화에 매우 나쁜 영향을 준다는 것을 알 수 있다. HEV의 경우 온실가스가 상당히 감소하지만, 여전히 많은 양이 발생한다. BEV의 경우 석탄 발전으로 얻은 전기를 사용하면 190 g/km 수준의 높은 온실가스를 방출하고, 천연가스로부터 얻은 전기를 사용하면 약 100 g/km 수준으로 낮아져 ICEV의 절반 이하 수준이다. 반면, FCEV의 경우 NCC로부터 얻어지는 부생수소를 활용하면 매우 낮은 온실가스를 배출하지만, 흔히 생각할 수 있는 것처럼 0은

> **! 중요**
>
> well-to-tank, tank-to-wheels, well-to-wheels
>
> 차량이 온실가스 등의 오염 물질의 배출을 언급할 때, 그 원인을 몇 가지 과정으로 나누어 설명하기 위해 도입된 용어이다. well-to-tank는 연료를 채굴하여 차량 연료통까지 공급하는 과정(연료 생산)을, tank-to-wheels은 연료통에서 바퀴까지, 즉 차량의 운전과 관련된 과정(차량 운행)을, well-to-wheels은 앞의 두 과정을 모두 포함하는 전주기 과정을 의미한다. well-to-wheels을 fuel cycle이라고도 한다.
>
> 한편, vehicle cycle이란 용어는 fuel cycle과 유사한 개념으로, 차량을 생산하고 폐기하는 모든 과정을 의미한다. 즉, 차량을 생산하기 위한 원료 확보, 생산, 폐기와 관련된 모든 과정을 포함한다.

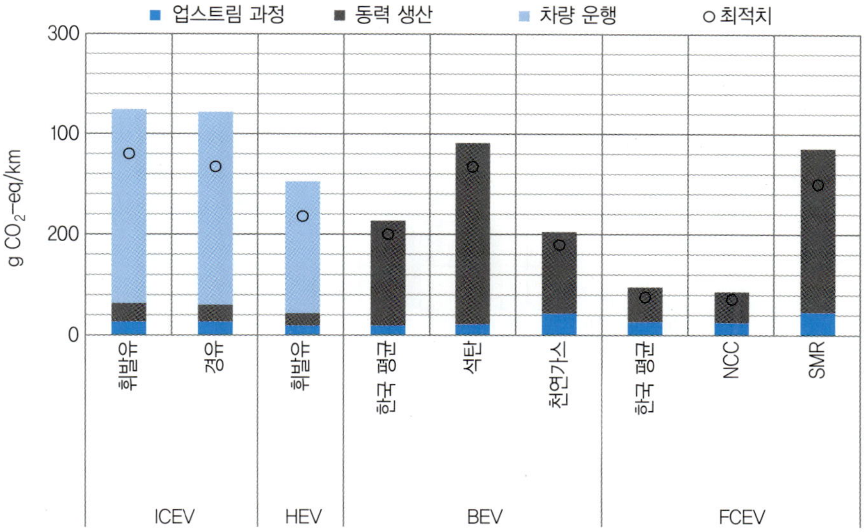

그림 11.2 **차량별 온실가스 배출량** SMR은 수증기 메테인 개질(steam methane reforming)을, NCC는 나프타 분해 센터(Naphtha Cracking Center)를 의미한다.

아니다. 수증기 메테인 개질(SMR)로 얻은 수소를 연료로 사용한 FCEV의 경우 ICEV 대비 약간 우수하나, 여전히 많은 양의 온실가스가 발생한다. 1킬로미터 운행 기준으로 한국의 평균 온실가스 발생량을 보면 ICEV > HEV > BEV > FCEV 순이다. 물 및 태양광 등의 재생에너지를 이용하여 수소를 얻으면 FECV는 매우 소량의 온실가스를 발생할 것이다.

그림 11.3은 국내에 유통되는 대표적인 준중형 세단과 중형 SUV 차량의 전주기(fuel cycle과 vehicle cycle의 모든 과정 포함) 기준의 온실가스 배출량을 비교한 것이다(참고문헌 1). 그림 11.3에서 보는 바와 같이 테슬라 모델 X를 제외한 BEV가 전반적으로 총배출량이 적다. 테슬라 모델 X는 BEV이지만 공차 중량이 높고 연비가 나쁘기 때문에 좋지 못한 결과를 보인다. FCEV인 넥소에서의 배출량은 수소를 얻는 방법에 따라 차이가 크며, SMR로부터 얻어진 수소를 연료로 사용할 경우 FCEV도 상당한 양의 온실가스를 배출할 수 있다. 전반적으로 휘발유를 사용하는 투산과 테슬라 모델 X(BEV이지만)가 많은 온실가스를 배출한다. 아이오닉 HEV도 아이오닉 BEV와 비교했을 때 큰 차이는 없으며, 비교적 적은 양의 온실가스를 배출한다.

그림 11.4는 연료 및 자동차 운행에 따른(fuel cycle) 온실가스 배출량을 정리한 미국 캘리포니아(CA)의 자료이다(참고문헌 2). 왼쪽부터 휘발유, 압축 천연가스, E85(에탄올: 휘발유 등의 다른 연료 = 85:15 (부피비)의 혼합연료를 의미), 수소 및 전기를 동력으로 사용한 경우이며, fuel cycle(혹은 well-to-wheels)의 연료 전 주기를 기준으로 보면 왼쪽에서 오른쪽

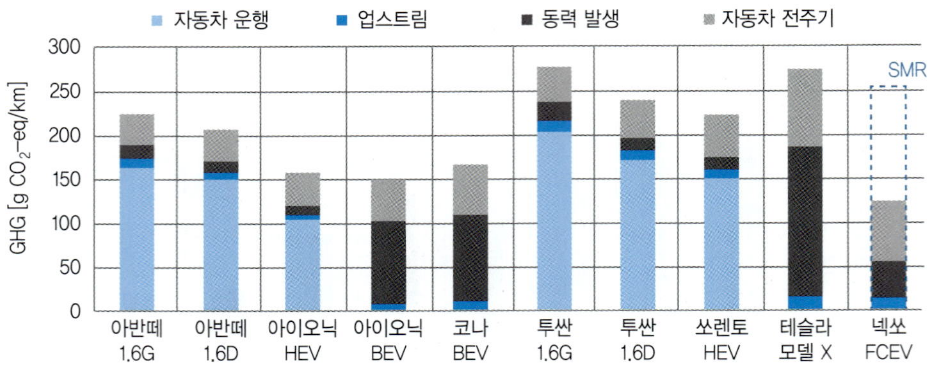

연비(km/L)	14.1	17.8	22.4	6.3km/kWh	5.6km/kWh	11.3	15.3	15.3	1.4km/kWh	96.2km/kg
에너지당 주행거리(km/GJ)	465	504	739	1750	1556	373	433	505	944	802
차체 무게	1230	1355	1380	1530	1685	1515	1580	1775	2500	1820
주행거리	663	837	1008	241	358	701	949	1025	340	609

그림 11.3 국내에 유통되는 대표적인 준중형세단과 중형 SUV 차량의 전주기 온실가스 배출량

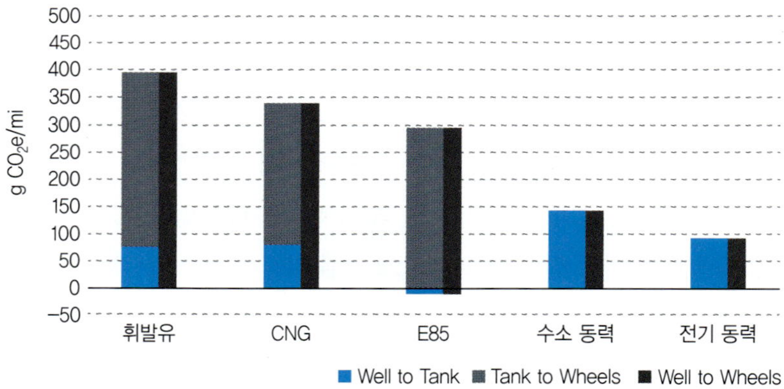

그림 11.4 연료 및 자동차 운행에 따른(fuel cycle) 온실가스 배출량을 정리한 자료(미국, CA)

으로 갈수록 온실가스의 배출량이 줄어든다. 그렇지만 수소나 전기차의 경우 well-to-tank, 즉 원료 생산에서 많은 온실가스가 발생한다. E85는 특이하게 원료 생산에서는 오히려 온실가스가 감소하는 것으로 되어 있는데 바이오매스 제조 시 CO_2를 소모하기 때문이다.

그림 11.5는 국내 차량의 동력원별 CO_2 배출량을 전주기 과정을 통해 분석한 결과이다. 2019년 자료이나, 공인연비(전기차는 연료 제조에 포함됨), 연료 제조, 차량 제조, 실도로

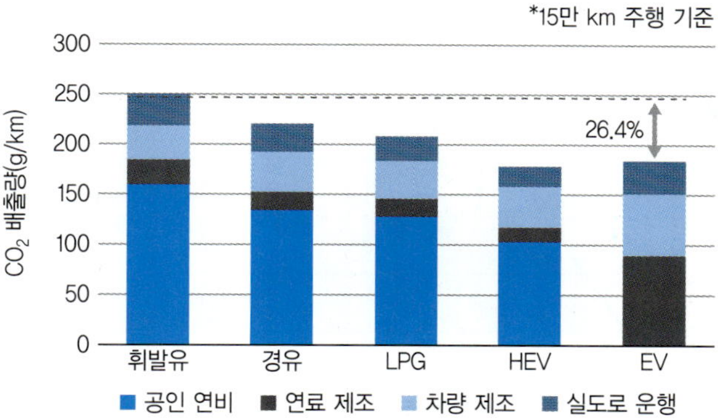

그림 11.5 국내 차량의 동력원별 CO_2 배출량의 전주기 분석

운행에서 발생하는 온실가스까지를 포함한 결과이다. 그림 11.5에서 보는 바와 같이 배출하는 온실가스는 휘발유 > 경유 > LPG > HEV > EV(전기차, BEV) 순이며, 특히 휘발유를 연료로 사용하면 1킬로미터 운행에 약 250 g의 CO_2를 배출하므로 매우 막대한 양의 온실가스를 배출하는 셈이다. 경유가 온실가스 발생 측면에서는 휘발유보다 유리하나 미세먼지와 NOx 발생 문제는 매우 심각하다. 반면 전기차는 휘발유 차량에 비해 약 26.4%의 온실가스 저감 효과가 있다고 평가된다.

한편 2010, 2013, 2016년의 우리나라와 유럽의 승용차 평균 이산화 탄소 배출량과 승용차 평균 공차 중량을 비교하였는데, 극명하게 대비되는 결과를 보였다. 즉, 유럽에서는 2010~2016년의 6년간 공차 중량은 거의 일정하였지만, 온실가스 배출량은 꾸준히 감소하였고, 우리나라에서는 공차 중량이 꾸준히 늘어 온실가스 배출량이 줄어드는 듯하다가 다시 늘어났다. 특히 같은 기간의 우리나라의 차량 판매 비율을 보면 SUV가 꾸준히 늘고 있어 환경 측면에서는 문제가 많다. 차량이 필요할 경우, 소형차 및 온실가스 배출이 적은 차량을 운행하는 것이 환경에 도움이 될 것이다.

11.3 자동차와 숲

우리는 흔히 나무와 숲을 가꾸면 지구온난화에 긍정적인 효과가 있으리라 생각한다. 실제 얼마나 큰 효과가 있는지를 살펴보기 위해 자동차 운행 시 발생하는 온실가스의 양과 숲이 소모하는 CO_2의 양을 비교해 볼 필요가 있다.

우선, 나무 한 그루당 연간 이산화 탄소 흡수량은 그림 11.6에서 정리된 바와 같이 가장 이

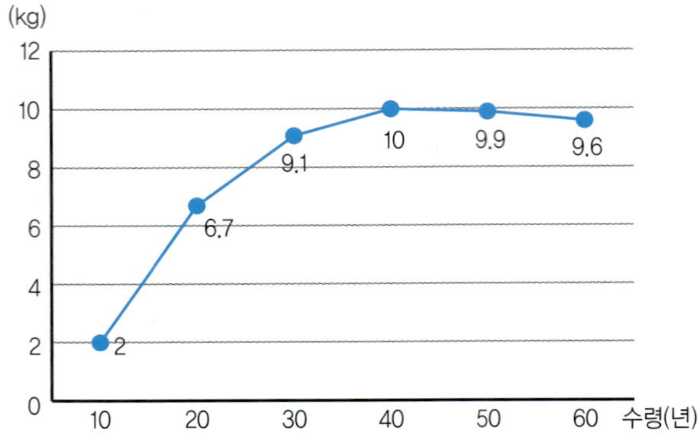

그림 11.6 나무 한 그루당 연간 이산화 탄소 흡수량

산화 탄소 흡수량이 높은 수령 40년생의 나무라도 매년 10 kg을 소모하는 정도에 그친다. 앞에서 본 바와 같이 휘발유 차량을 1 km 운행 시 250 g의 온실가스가 배출된다면, 40년생 나무 한 그루를 가꾸어도 40 km를 운행하면서 배출한 온실가스를 소모하는 정도에 불과하다.

녹색교통운동도 비슷한 자료를 제시한 바 있다. 승용차의 연간 주행거리를 15,000 km, km당 CO_2 배출량을 162 g으로 가정했을 경우 승용차 1대당 연간 CO_2 배출량은 2.4톤이다. 30년생 소나무의 단위 면적(ha)당 연간 CO_2 흡수량이 10.8톤(강원 지방 소나무와 중부 지방 소나무의 CO_2 흡수량 평균값)이므로, 1 ha(10,000 m^2, 대략 축구장 크기의 너비)의 30년생 소나무 숲이 승용차 4.5대의 이산화 탄소 배출량을 흡수할 수 있는 셈이다. 만약 전주기 과정의 발생량 250 g을 적용하면 차량 3대가 배출하는 양의 흡수를 위해 1 ha 숲이 필요하다. 따라서 나무를 어지간히 심어도 온실가스 측면에는 큰 도움이 되지 않다는 것을 알 수 있다.

물론 숲의 다양한 긍정적인 효과를 고려하면 숲과 나무를 적극적으로 가꿔야 함이 옳다. 그러나 온실가스 감축을 위해서는 숲을 만드는 것보다 온실가스 발생 자체를 최소화하는 것이 중요하다.

11.4 동력원에 따른 차량의 공해 물질 배출

지금까지 온실가스의 배출에 대해 주로 기술하였으나, 차량은 온실가스는 물론이고, VOC, 일산화 탄소(CO), 질소 산화물(NOx), 입자상 물질(particulate matter, PM) 등의 다양한 공해 물질을 배출할 수 있다.

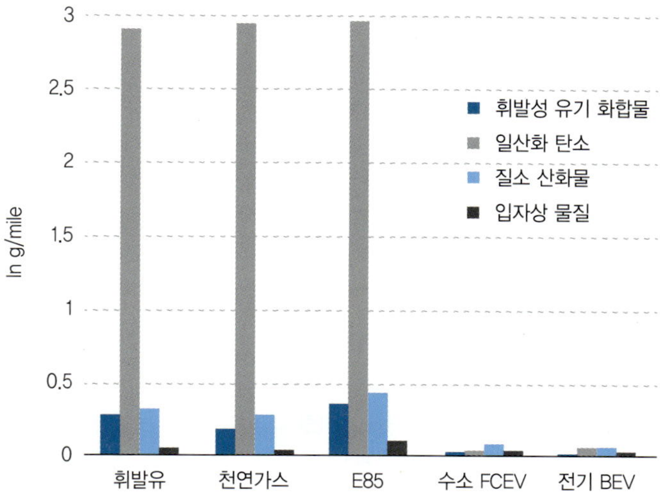

그림 11.7 동력원에 따라 발생하는 차량의 공해 물질 정도

그림 11.7은 동력원에 따라 발생하는 차량의 공해 물질 정도(g/mile)를 보여 주고 있다. 휘발유, 천연가스, E85, FCEV(수소 사용), BEV 등에서 VOC, CO, NOx, PM의 발생 정도를 정리하였다. 우선 절대적으로 CO가 가장 많이 발생하며, 특히 휘발유, 천연가스, E85를 연료로 사용할 경우 대략 1마일 운행 시 거의 3 g의 CO가 발생한다. 다음으로 NOx가 많이 발생하며, 역시 휘발유, 천연가스, E85를 연료로 사용할 경우 높은 발생량을 보인다. VOC는 그 다음이며, 유사하게 3가지 동력원에서 많은 양이 발생한다. 반면 FCEV과 BEV는 4가지 공해 물질이 다른 3가지 경우와 달리 매우 적게 발생하여 친환경 차량임을 보여 주고 있다.

친환경 차들인 FCEV(수소차)와 BEV(전기차)는 표 11.2와 같이 비교될 수 있다. 차를 구동하는 동력은 수소차의 경우 연료 전지에서 생산되는 전기를 사용하나 전기차는 전지에 충전된 전기를 이용한다. 수소차는 주행거리가 길고 5분 이내에 충전이 가능한 점이 장점이다. 반면 전기차는 충전소가 확대 중이며, 최근에는 충전에 큰 어려움이 없고, 차량 보급

표 11.2 FCEV(수소차)와 BEV(전기차)의 비교

FCEV	구분	BEV
연료 전지에서 생산되는 전기(원료는 주로 수소)	동력	전기 배터리
긴 주행거리, 5분 이내 충전 가능	장점	충전소 확대 중, 차량 보급 확대에 따라 차량 자체 가격이 낮아지는 추세
충전소 매우 부족	단점	비교적 긴 충전 시간
상용차에 적합	적용 차량	승용차에 적합

이 확대됨에 따라 차량 자체 가격이 낮아지는 추세이다(국가 혹은 지자체의 보조금 제외).

수소차와 전기차는 수소충전소가 매우 부족한 점과 비교적 긴 충전 시간이 필요한 단점을 각각 가진다. 2024년 현재 수소차는 상용차(특히 대형 트럭)에, 전기차는 승용차에 적합한 특성을 가진다.

참고

수소차의 큰 장점: 공기 정화 가능성

수소 자동차는 연료 전지를 이용하여 수소와 공기 중의 산소 사이의 전기화학 반응을 통해 전기를 생성하고 생성된 전기로 모터를 돌려 동력을 발생시키는 원리로 구동되는 자동차이다. 수소 자동차는 기존의 휘발유나 디젤 차량과 달리 공해 물질은 물론이고 CO_2 같은 온실가스를 배출하지 않는다. 특히 연료 전지는 먼지와 일산화 탄소 등이 제거된 매우 깨끗한 공기를 사용해야 하므로 수소를 동력원으로 사용하는, 연료 전지를 활용하는 차량은 초미세 먼지 등을 걸러주어 달리는 공기청정기라고 불릴 정도이다. 즉, 수소자동차를 통해 공기 정화가 일어 날 수 있고 특히 충전 시간이 짧고 주행거리가 긴 장점이 있다. 주행거리가 길기 때문에 승용차보다는 장거리 이동 위주인 버스나 트럭에 더욱 적합하다. 반면 큰 무게의 Li이온 배터리를 싣고 장거리를 다니는 큰 전기 트럭의 경우, 무게당 에너지 밀도가 낮아 짐보다 배터리 무게가 많을 정도라고 한다.

11.5 차량의 시동 및 공회전과 공해 배출

앞에서 설명한 것처럼 차량은 온실가스, VOC, NOx, CO, 입자상 물질 등의 다양한 공해 물질을 배출하며, CO_2 등의 온실가스를 제외한 대부분의 공해 물질은 주로 차량의 시동을 걸 때 배출된다.

미국의 한 자료(Utah Department of Environmental Quality)에 의하면 차량의 공해 물질 배출은 차량이 적당한 운전 온도에 도달하면 99%가 낮아지고, 차량의 공해 물질 배출

! 중요

차량의 냉시동

냉시동(cold start)은 엔진이 12시간 이상 정지 후 시동을 거는 것을 의미하며, 차량이 정상 작동 온도에 비해 차가울 때 차량 엔진을 시동하는 것을 의미한다. 대부분의 기후의 기상 조건은 엔진의 일반적인 작동 온도보다 낮은 온도이므로 정차 후 다음날 시동을 걸면 콜드 스타트 상황은 일반적이다. 차가운 상태에서 엔진 시동을 거는 순간 계절 혹은 외부 기온과 무관하게 오염 물질이 다량 발생하고 엔진 마모가 생기기 쉽다.

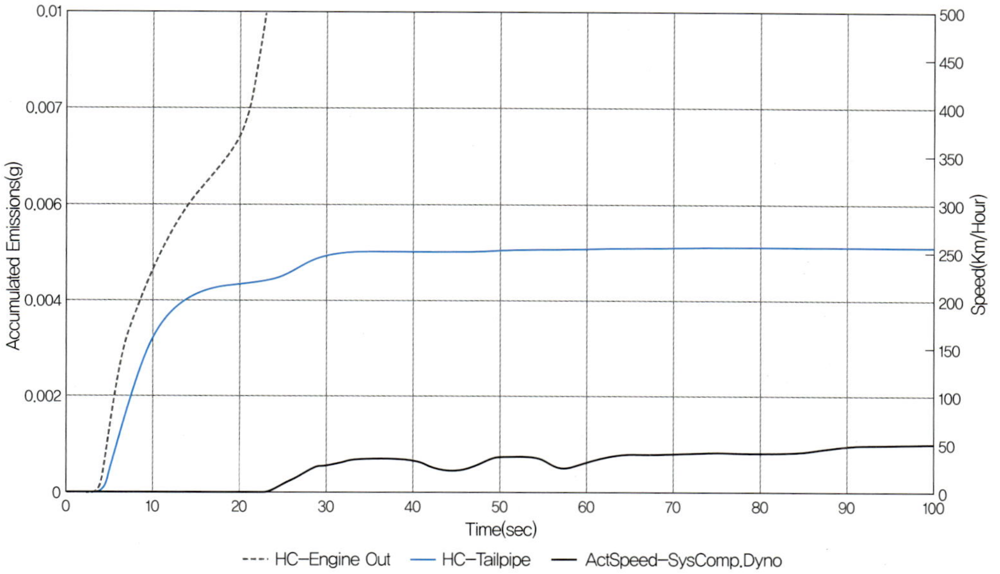

그림 11.8 SULEV30 규제를 만족하는 가솔린 자동차를 15만 마일 주행한 후 배기가스 중의 탄화수소 농도와 차량 속도를 시동 후 100초간 분석한 결과

의 75%는 냉시동 후 첫 3분 이내에 발생하고, 미국 유타주의 Wasatch Front의 공해의 48%는 차량으로부터 나온다고 한다.

그림 11.8은 SULEV30(super-ultra-low-emission vehicle 30 standards, 저공해 자동차 3급에 해당) 규제를 만족하는 어떤 가솔린 자동차를 15만 마일 주행한 후, 운전하며 배기가스 중의 탄화수소 농도와 차량 속도를 시동 후 100초간 분석한 결과이다(**참고문헌 3**). 탄화수소의 누적 배출량을 2가지 경우로 분석했는데, **그림 11.8**에서 보듯이 차량 속도와 무관하게(0~약 50 km/h, 검정 그래프), 촉매 효과가 없는 엔진 출구의 탄화수소 누적 생산량(점선 그래프)은 꾸준히 늘고 있으나, 배기가스를 배출하는 배기관(tail pipe)의 탄화수소 누적 생산량은 시동 후 늘다가 약 30초가 지나면 더 이상 탄화수소가 나오지 않는다(파란 그래프). 이러한 결과는 장착된 촉매가 탄화수소를 이산화 탄소와 물로 잘 분해하기 때문이다.

유사한 결과가 NOx와 CO 배출 누적량에서도 관측되었다. 즉, NOx는 시동 후 엔진 출구에서는 계속하여 발생하고 있으나 배기관에서의 NOx는 시동 후 소량 나오다가 20초가 지나면 더 이상 나오지 않는 것을 알 수 있었다. 이는 촉매 작용으로 NOx가 질소와 산소로 충분히 전환되기 때문이다. 그리고 CO도 엔진 출구에서는 계속 발생하나 배기관에서의 CO는 시동 후 소량 나오다가 30초부터는 아주 소량만 발생하였다. 즉, 촉매 작용으로 CO

가 CO_2로 거의 전환됨을 알 수 있었다. 요약하자면, 정상적인 촉매가 장착된 자동차의 경우 시동 직후(약 30초간) 소량의 탄화수소, NOx, CO가 배출되나 그 이후에는 공해 물질의 배출이 매우 적음을 알 수 있다. 이러한 결과는 자동차 촉매의 성능이 매우 우수하더라도 시동 후 정상 작동 온도까지 도달하는 데 짧은 시간이 필요하기 때문이다.

차량의 공해 물질 배출을 줄이기 위해서는 공회전을 줄이는 것도 중요하다. 공회전은 차량이 운행 중은 아니지만, 엔진은 가동되고 있는 상태를 의미한다. 예를 들어 배기량 2000 cc의 승용차가 하루 5분 동안 공회전을 하면 연간 23 L의 연료가 낭비되고 그에 따라 당연히 많은 양의 온실가스가 발생한다. 만약 서울 시내를 운행하는 승용차마다 하루 5분의 공회전을 줄이면 연간 9만 3천 톤의 온실가스 및 6톤에 달하는 초미세먼지를 줄일 수 있다고 한다.

정부에서는 2016년 7월부터 미세먼지와 각종 환경공해를 줄이기 위해 일부 특정 지역에 한해 중점 공회전제한 장소를 지정하였으며 공회전 시 과태료를 부과하고 있다. 중점 공회전제한 장소로는 터미널/차고지, 주차장, 학교 위생 정화구역 등 현재 약 2천7백여 곳이 지정되어 있으며, 제한 표지판이 부착되어 있다. 단속 방법과 온도 조건(너무 더울 때는 공회전이 허용될 수 있다) 및 공회전 허용 시간 등은 지자체별 조례에 따라 정해진다.

시동 후 상당한 시간 동안 엔진을 공회전하며 예열하는 사람들도 있다. 그러나 승용차 예열 시간은 시동 후 길어야 1분 이내로 하고 서서히 차량을 운행하며 부드럽게 주행해 엔진과 변속기를 동시에 예열해주는 것이 오래 공회전하며 기다리는 것보다 효과적이라고 한다.

11.6 친환경 승용차와 친환경 운전

앞에서 살펴본 바와 같이 차량은 동력원에 따라 공해 혹은 대기 오염 물질 배출량이 매우 크게 다르다. 최근에 제조되는 차량은 성능이 개선되는 추세이므로, 우리나라에서는 차량을 5가지 등급으로 분류하여 관리한다. 우선 전기차 및 수소차는 1등급, 하이브리드 차량은 1~3등급, 휘발유와 가스차는 1~5등급, 경유차는 3~5등급을 부여하고 있다. 그 이유는 앞에서도 본 바와 같이 전기차는 전기모터로만 승용차를 구동시키기 때문에 이산화탄소와 온실가스 배출을 줄일 수 있으며, 수소차는 연소 후 공해 물질 배출이 거의 없는 수소 연료를 사용하기 때문에 친환경 승용차로 분류될 수 있기 때문이다. 반면, 경유차는 미세입자와 NOx의 배출이 심하고 휘발유 차는 온실가스 배출 문제에서는 가장 심각하나

표 11.3 동력원 및 공해 물질 배출양에 따른 자동차 등급 구분

<table>
<tr><th rowspan="2">등급</th><th colspan="3">차종</th></tr>
<tr><th>전기 및 수소차</th><th>휘발유·가스(하이브리드 포함)</th><th>경유차(하이브리드 포함)</th></tr>
<tr><td>1등급</td><td>전기 및 수소만을 사용하는 모든 차량</td><td>2009년~2016년 기준 적용 차종(질소 산화물+탄화수소): 0.019 g/km 이하</td><td rowspan="2">해당 없음</td></tr>
<tr><td>2등급</td><td rowspan="4">해당 없음</td><td>2006년~2016년 기준 적용 차종(질소 산화물+탄화수소): 0.10 g/km 이하</td></tr>
<tr><td>3등급</td><td>2000년·2003년 기준 적용 차종(질소 산화물+탄화수소): 0.720 g/km 이하</td><td>2009.9월 이후 기준 적용 차종(질소 산화물+탄화수소): 0.353 g/km 이하</td></tr>
<tr><td>4등급</td><td>1988년~1999년 기준 적용 차종(질소 산화물+탄화수소): 1.930 g/km 이하</td><td>2006년 기준 적용 차종(질소 산화물+탄화수소): 0.463 g/km 이하</td></tr>
<tr><td>5등급</td><td>1987년 이전 기준적용(질소 산화물+탄화수소): 5.30 g/km 이하</td><td>2002.7.1.일 이전 기준 적용 차종(질소 산화물+탄화수소): 0.560 g/km 이하</td></tr>
</table>

전체적으로는 경유차보다 양호하다고 보기 때문이다. 표 11.3은 동력원 및 공해 물질 배출양에 따른 자동차 등급 구분을 정리한 자료이다(참고문헌 4).

좋은 운전 습관도 환경을 위해 매우 중요하다. 대중이 흔히 이용하는 승용차의 경우 다음의 9가지 지침을 준수하면 환경을 지키는 데 도움이 될 수 있다(참고문헌 5).

① 차량 경제 속도 준수하기

- 경제 속도(일반도로: 60~80 km/h, 고속도로: 90~100 km/h) 준수하기
- 교통상황에 따라 정속주행하기
- 불필요한 차로 변경은 자제하고 앞차와 충분한 안전거리 확보하기

② 급출발, 급가속, 급감속, 급제동하지 않기

- 출발 5초 후 시속 20km(1,500rpm) 정도까지 천천히 가속하여 출발하기
- 초당 8.0 km/h 이상 가속 또는 초당 14 km/h 이상 감속 운행하지 않기
- 평소 도로 내리막길에서 승용차의 관성 운전(연료 차단 기능[1] – Fuel Cut)을 생활화하기

③ 불필요한 공회전하지 않기

- 엔진 예열 최소화(여름: 10초, 겨울: 30초)하기
- 신호 대기 시 변속기를 드라이브 모드(D)에서 중립 모드(N)로 전환하기(오히려 좋지

1 연료 차단 기능은 승용차에 보통 내장되어 있으며, 일정 회전 수(RPM) 이상에서 가속 페달로부터 발을 떼는 경우 연료가 더 이상 소모되지 않고 관성에 의해 일정 거리 동안 차량이 이동할 수 있는 기능이다.

않다는 의견도 있음)

- 장시간 정차 시 엔진 정지하기

④ 에어컨 사용량 줄이기

- 에어컨 사용 최대한 억제하기(내리막길 On, 오르막길 Off)
- 에어컨 작동 시에는 자동모드를 사용하기보다는 실내 온도를 최대한 빨리 낮춘 후 에어컨을 On/Off하며 사용하기(차량 에어컨은 가동 시 일반적으로 하나의 상태로 강하게 가동되고 온도 조절은 더운 공기와 섞어서 일어나므로 자동모드로 계속 가동하면 에너지 소모가 많다).[2]

⑤ 승용차를 가볍게 하기

- 승용차 트렁크에 필요한 짐만 싣기
- 승용차 연료는 절반만 채워 운행하기

⑥ 정보 운전 생활화하기

- 출발 전 도로 및 기상정보 확인, 목적지까지의 주행 경로 확인 등 교통정보 매체(스마트폰, 내비게이션, 교통방송 등)를 활용하여 최적화된 운전하기
- 월요일 오전, 금요일 오후, 주말, 공휴일 등 상습 정체일에는 대중교통(버스, 지하철) 이용하기

⑦ 주기적 승용차 정기 점검하기

- 최소 1달에 한번 정기적인 차량 점검 및 정비(타이어 공기압, 에어클리너, 엔진 오일 등 부품 교환 등) 실시하기(만약 에어클리너가 오염된 상태로 운전할 경우, 차량 1대당 연간 90 kg의 CO_2가 더 배출되고, 타이어 공기압이 30% 부족한 상태에서 운전하면 연비가 약 3% 악화되며, 타이어는 사용 후 3개월이 지나면 연비가 1% 악화됨)

⑧ 유사연료 및 무인증 첨가제 사용하지 않기

- 유사연료나 정부에서 인증받지 않은 첨가제는 사용 금지(불량 휘발유 사용 시 CO, 탄화수소, NOx 등 오염 물질 총량이 16.3% 증가, 연비는 7.4% 감소하고, 차량 수명 단축, 연료 누출로 인한 화재 발생 가능성이 높아짐)

⑨ 친환경 승용차 선택하기

- 경차, 소형차, 저공해 승용차 차량 선택하기(전기 승용차, 하이브리드차, 플러그인 하

2 히터 사용은 ICEV의 경우 자동차 폐열을 활용하므로 에너지 소모가 크지 않다. 그러나 열을 발생시키지 않는 FCEV과 BEV 등은 폐열이 거의 발생하지 않으므로 히터를 사용하면 에너지를 사용하게 된다.

이브리드차, 수소차 등)

11.7 경유 자동차의 환경오염

일반적으로 경유 자동차는 NOx와 PM(입자상 물질) 측면에서 휘발유 차보다 환경에 미치는 악영향이 크고 휘발유 차는 CO와 폼알데하이드를 디젤 차보다 많이 발생시킨다. 디젤 혹은 경유를 사용하는 디젤 엔진은 일반적으로 휘발유 엔진보다 NOx를 많이 발생시키는데, 연소실의 온도가 높아 고온에서 일어나는 산소 + 질소 → NOx의 반응이 잘 일어나기 때문이다. 발생하는 질소 산화물을 제거하기 위해 SCR 공정을 가동해야 하며, 환원제로는 주로 요소수가 사용된다.

또한 디젤 자동차로부터 배출되는 유해한 배기가스를 줄이기 위한 장치로, 매연 여과장치(Diesel Particulate Filter, DPF)와 디젤 산화 촉매(Diesel Oxidation Catalyst, DOC)가 가장 효율적인 것으로 알려져 있다. DPF는 디젤 자동차로부터 배출되는 매연 및 입자상 물질을 필터에서 포집한 후 포집된 입자상 물질들을 주기적으로 또는 연속적인 연소 공정을 통해 제거하는 장치이다. 반면, DOC는 일산화 탄소, 질소 산화물, THC(Total Hydrocarbon) 같은 유해한 가스들을 이산화 탄소(CO_2), 물(H_2O)이나 질소(N_2)와 같은 무해한 가스들로 전환시키는 장치이다. DOC와 요소수를 사용하는 SCR이 결합한 후처리 시스템 등이 사용되기도 한다.

표 11.4는 우리나라의 차량 연료 및 차종별 초미세먼지(입자상 물질이 초미세먼지로 쉽게 전환된다), 질소 산화물 배출 비중을 정리한 것이다(참고문헌 6). 표에서 보듯이, 경유 차량은 90%가 넘는, 압도적으로 높은 초미세먼지 및 NOx 배출 비중을 보인다. 경유 차 중에서는 화물차가 가장 큰 비중을 차지하고 그 이후 승용/RV, 승합/버스, 특수차의 순서이다.

표 11.5는 차량 연료 및 차종별 질소 산화물의 배출 정도를 보여 주고 있다(참고문헌 6). 표에서 보는 바와 같이 질소 산화물은 경유차 > 휘발유차 > LPG 차 순이며, 특히 실외도

표 11.4 우리나라 차량의 연료 및 차종별 초미세먼지, 질소 산화물 배출 비중

구분	휘발유	LPG	경유				
				승용/RV	승합/버스	화물차	특수차
PM2.5	0.2%	–	99.8%	23.5%	5.9%	70.0%	0.6%
NOx	5.7%	1.5%	90.2%	26.2%	11.3%	61.8%	0.7%

표 11.5 차량 연료 및 차종별 질소 산화물 배출 정도(자료: 국립환경과학원 조사)

배기가스(단위: g/km)		휘발유 차	경유 차	LPG 차
질소 산화물	실내 시험	0.011	0.036	0.005
	실외 도로 시험	0.020	0.560	0.006

로 시험 결과를 보면 경유 차는 LPG 차에 비해 동일 거리를 운행 시 약 93배의 질소 산화물을 배출하는 것을 알 수 있다. 따라서 경유 차, 특히 화물차가 초미세먼지 및 NOx 발생 측면에서 가장 좋지 못한 영향을 줌을 알 수 있고, 자동차 등급 구분에서도 경유차는 1~2 등급 차량이 없는 이유도 설명될 수 있다. 한편, 디젤 매연은 1군 발암물질로 매우 위험한 것으로 알려져 있다.

소형 화물차는 중·대형보다 한 대당 미세먼지 배출량은 적지만 차량의 수 자체가 많고 주로 주택가 주변을 운행해 우리에게 미치는 위해성은 더 크다고 볼 수 있다. 따라서 소형 화물차를 저공해 차량으로 변경하는 것이 매우 시급한 형편이며, 다행히 소형 경유 화물차가 최근에는 전기차 및 LPG 차 등으로 신속히 대체되고 있다.

대형 트럭의 전망

대형 혹은 중·대형 트럭은 차량, 짐의 무게, 이동 거리 등을 고려하면 고출력이 필요하므로 수소차의 경쟁력이 큰 상황이다. 전기 트럭은 고출력 배터리를 많이 탑재해야 하는데, 트럭이 매우 무거워지면 오히려 힘이 떨어지고 주행거리도 감소하므로 경쟁력이 낮다. 이전에 볼보 등이 선보인 전기 트럭의 경우 완충 후에도 주행거리가 200~300 km 정도로 매우 짧았다. 축전지 기술이 많이 발전했으나, 시중에 나와 있는 테슬라 '세미'는 일반 내연기관 트럭의 80% 정도의 수송력을 보여 주는 데 그치고 있다.

반면 수소 트럭은 배터리보다 가벼운 수소 탱크만 몇 개 더 추가하는 방식으로 주행거리를 1000 km 이상으로 늘릴 수 있다. 또한, 전기 승용차의 수요가 급증하면서 전체적으로 배터리 공급이 여유롭지 못하여 전기 트럭을 생산할 여력이 부족할 수 있다. 실제로 테슬라는 2017년 대형 전기 트럭 '세미'를 공개했으나, 배터리 공급량이 부족해 양산에 들어가지 못하기도 했으며 2022년 12월에야 출시되었다.

충전 시간도 수소차가 유리하다. 전기 트럭의 배터리 탑재 용량은 최소 300 kWh로, 승용차(60~100 kWh)의 3~5배로 고속 충전을 해도 1시간은 필요하다. 반면 수소 트럭은 10분이면 충전이 가능하여 매우 유리하다.

표 11.6 수소 트럭 현황(2021년 8월 기준)

	차량 모델	주행 거리	수소 연료 전지 생산	사업 현황
현대차	엑시언트 FCEV (양산차)	최대 400 km	• 한국 충주, 중국 광저우 • 울산, 청라 공장 건설 예정(2023년 양산)	스위스 수출 (2025년까지 1,600대)
도요타	히노 XL 수소 (콘셉트카)	최대 600 km 목표	• 일본 • 미국 켄터키 건설 예정(2023년 양산)	일본 내 시범 운행 중
다임러	Gen H2 (콘셉트카)	최대 1000 km 목표	• 볼보와 합작사인 셀센트릭(2025년 양산)	주행 테스트 시작

그러나 수소 트럭이 본격적으로 보급되기 위해선 넘어야 할 산이 많다. 우선 비싼 가격이다. 2021년 8월 기준 현대차 엑시언트 수소 트럭은 대당 가격이 7억 원 안팎으로, 디젤 트럭(1억 8000만원)의 4배 정도로 비쌌다. 그 이유는 수소 연료 전지 등 각종 부품이 고가이기 때문이다. 게다가 수소는 '폭발 위험성'이라는 태생적 한계를 갖고 있다. 각종 안전장치로 사고 확률을 낮췄지만, 한번 발생하면 큰 사고로 이어질 수 있다. 연료인 수소를 친환경적인 방식으로 생산해 안정적으로 공급하는 것도 아직은 쉽지 않다. 현재 수소의 90% 이상은 화석 연료에서 추출하고 온실가스를 대기에 배출하는 그레이 수소이기 때문에 수소 트럭이 진짜 친환경차가 되려면 수소를 재생에너지로 생산해야 한다. 즉, 블루 수소를 이용한 트럭이 상용화되어야 하는데, 비용과 기술적 한계로 2030년 이후에야 가능할 것으로 예측되고 있다.

대형 수소 트럭의 가능성은 충분하므로 세계적으로 관심이 크다. 표 11.6은 현대차, 도요타, 다임러 등의 자동차 회사가 개발하고 있는 수소 트럭 현황을 정리한 것이다. 2021년 8월 기준으로는 현대차의 엑시언트만이 양산되는 차량이다. 엑시언트 수소 전기 트럭은 2020년 10월 스위스 도로에서 운행을 시작하였고, 독일과 프랑스에도 수출되고 있다.

결론적으로 수소 트럭의 장래는 매우 밝지만, 이제야 상용화되는 추세이다. 수소 충전소와 그린 수소 생산 등의 인프라와 기술이 뒷받침되면 향후엔 수소 트럭을 많이 볼 수 있을 것으로 예상된다.

11.8 선박의 환경오염

그간 세계 각국은 자동차와 발전소, 철강, 시멘트 등 다양한 산업 분야에서 발생하는 환경오염 물질을 줄이기 위해 각고의 노력을 기울여왔다. 그러나 바다, 특히 공해를 누비는 선박은 예외였다. 많은 국가와 사람들은 대양에서 공해 물질을 배출해도 자기와는 무관한 일이라고 무시했기 때문이다.

글로벌 회계법인 KPMG에 따르면, 2019년 현재 전 세계 상위 규모 15척의 선박이 전 세계 모든 자동차보다 더 많은 이산화 황과 질소 산화물을 배출한다고 하며 1척의 크루즈 선박이 하루에 배출하는 공기 오염 물질은 자동차 100만 대 수준에 달한다고 할 정도로 매우 많은 오염 물질을 배출하여 매우 심각하였다. 그러한 원인 중의 하나는 선박용 연료의 황 산화물 배출 기준이 육상 운송 연료에 대한 기준보다 현저히 뒤떨어져 심각한 대기 오염을 유발하기 때문이다. 즉, 전체 수송용 석유의 약 7%에 불과한 선박 연료유가 전체 수송 부문에서 배출하는 황 배출량의 90%가량을 차지하고 있고, 그 이유는 역시 느슨한 규제 때문이었다.

이러한 심각한 배경으로 국제 해사 기구(IMO, International Maritime Organization)의 환경규제 'IMO2020'이 2020년 1월부터 시행되고 있다. IMO2020 규제는 선박 배출가스에 포함된 황 산화물 함량 허용치를 기존 3.5%에서 0.5% 이하로 크게 낮추도록 하는 규제이다.

그림 11.9는 기간에 따른 선박 배출가스의 황산화물 함량 및 온실가스 배출 규제의 변화를 보여 주고 있으며, 현재는 IMO2020 규제 이후 그 수준이 가장 낮게 유지되고 있다.

IMO2020에 대응할 수 있는 방법은 크게 세 가지로 정리된다. 첫 번째는 기존 선박유를 저황유 혹은 선박용 경유로 교체하는 방법이다. 두 번째는 기존 선박에 배기가스 정화 장치인 스크러버(scrubber)를 장착하는 방법이다. 마지막은 LNG 추진선을 새로 수주하는 방법이다. 저황유의 경우 연료비가 약 40%나 더 든다는 치명적인 단점이 있다. 스크러버는 비용이 저렴하지만, 임시방편에 불과하며 크기가 커 설치에도 한계가 있고 안정성 문

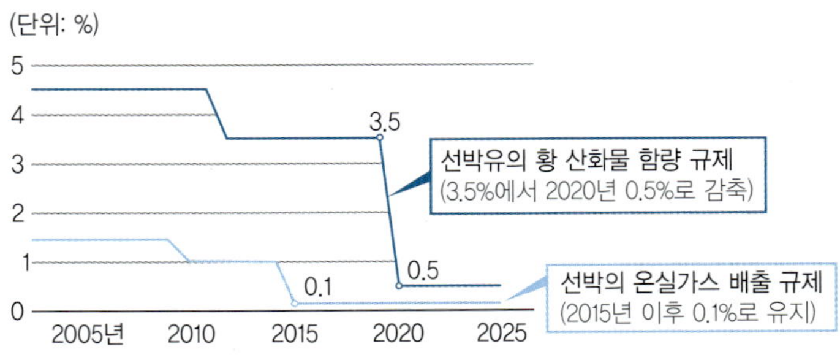

그림 11.9 선박 배출가스의 황 산화물 함량

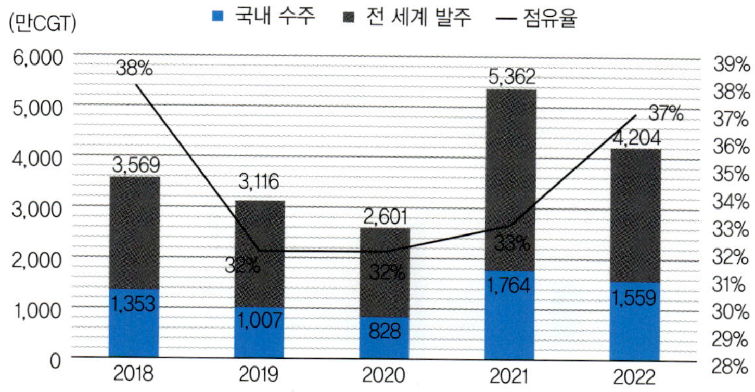

그림 11.10 기간별 전 세계 발주 선박 및 국내 수주현황과 우리나라의 점유율 변화

제도 꾸준히 거론된다. 그러다 보니 LNG를 원료로 쓰는 LNG 추진선이 가장 이상적인 대안으로 꼽히고 있다.

그런데 LNG 추진선은 기존 선박보다 선가가 20~30% 정도 비싸므로 초기에 대규모의 투자가 필요하다. 하지만 황 산화물 배출량을 100% 가까이 제거할 수 있고, 질소 산화물과 미세먼지, 이산화 탄소 등 각종 오염 물질을 감축할 수 있다(통상 질소 산화물과 미세먼지는 90%, 이산화 탄소는 15%까지 줄일 수 있다고 한다). 또한 LNG는 기존 선박유에 비해 발열량이 20% 이상 높기 때문에, 연료 소모량이 적으며 연료유를 정화하기 위한 장치도 불필요해 선박 운영비도 감소시킬 수 있다. 연료비도 35%가량 저렴하므로 장기적으로는 LNG 추진선 수주가 다른 대안보다 유리할 것으로 평가하고 있다.

한편, 국내 조선 경쟁력은 괄목할만하다. 산업통상자원부에 따르면 2018년 국내 조선업계는 전 세계에 발주된 LNG선 70척 중 66척(94%)을 수주하였다. 2019년 1~8월에도 전 세계에서 발주된 LNG선 27척 가운데 약 90%에 이르는 24척을 수주하며 LNG선 발주 물량을 싹쓸이하고 있다. 국내 조선업계가 LNG 추진선 등 고부가가치 선박 분야에서 이미 기술력을 입증해 선두를 달리고 있고 초대형 컨테이너선과 유조선 보급률이 전 세계적으로 포화 상태에 이른 상황에서 LNG선은 국내 조선사들이 오랜만에 만난 블루오션이라고 할 정도로 기대가 되는 분야이다.

이러한 경쟁력은 2023년까지 계속 이어지고 있다. 그림 11.10에서 요약된 바와 같이 우리나라 조선 산업이 2022년 한 해 동안 전 세계 발주량의 37%인 453억 달러(1,559만 CGT)[3]

3 CGT는 Compensated Gross Tonnage의 약어이며, 선박을 건조할 때 실질적인 작업량을 파악하기 위해 나온 개념이다. 표준 화물선 환산 톤수라고 하며, 조선소별, 국가별 조선 능력을 가장 정확히 비교할 수 있는 지표이다.

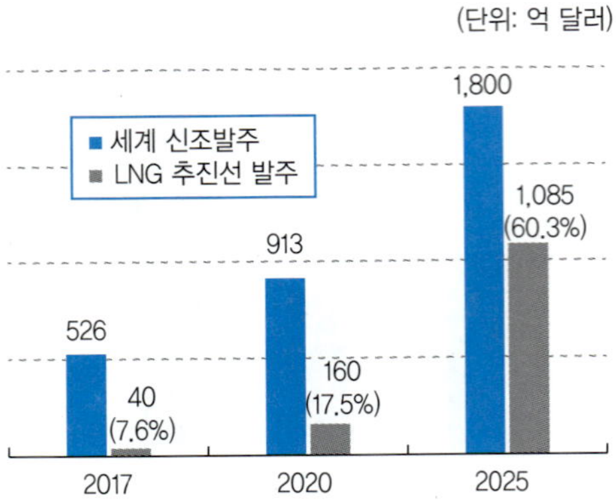

그림 11.11 LNG 연료추진선 신조 발주 전망

를 수주해 2018년(38%) 이후 최대 수주 점유율을 기록했다고 한다. 이는 2022년 고부가 친환경 선박 분야의 발주가 많았고, 우리나라가 이 분야에서 높은 기술 경쟁력을 갖고 약진한 결과 때문이다.

특히 우리나라는 2022년 고부가가치 친환경 선박 부문에서 시장 점유율 1위를 달성했는데, 고부가가치 선박의 전 세계 발주량 2,079만 CGT(270척) 중 58%에 해당하는 1,198만 CGT(149척)를 한국이 수주했다. 더욱 고무적인 것은 최근 역대 최고의 선가를 경신 중인 대형 LNG 운반선의 경우 전 세계 발주량 1,452만 CGT의 70%에 해당하는 1,012만 CGT를 한국이 수주했다.

LNG 연료추진선 신조 발주 전망을 보여 주는 그림 11.11에서 보는 바와 같이 앞으로도 당분간 LNG 추진선은 가장 중요한 선박이 될 것으로 기대된다. 하나의 예로 2023년 1월 기준 운항하는 LNG 추진선은 총 1,000척 미만인데 2030년까지 최대 4,000척으로 늘어날 것으로 예측되고 있다.

IMO2020 규제 등에 따라, 선박에 의한 환경오염은 크게 감소될 것으로 기대된다. 실제 2024년 4월 기준, 부산신항의 선박 배출에 기인한 초미세먼지 기여율을 분석했을 때 선박 연료의 황 함유량 상한선을 규제한 IMO2020 규제 실행 이후 36%에서 5.9%로 큰 폭으로 감소했다고 한다.

11.9 비행기의 환경오염

비행기는 선박에 비해 NOx, CO, SO_2 등의 오염 물질 배출 측면에서 아주 큰 문제가 되

표 11.7 교통수단별 이산화 탄소 배출계수(자료: worldwatch, <녹색상담소>)

교통수단	단위 kg(CO_2/명·km)	중간값
여객기	0.11~0.28	0.14
SUV차	0.07~0.27	0.17
중형차	0.05~0.20	0.13
철도	0.04~0.12	0.08
하이브리드차	0.03~0.13	0.08
고속버스	0.03~0.07	0.05

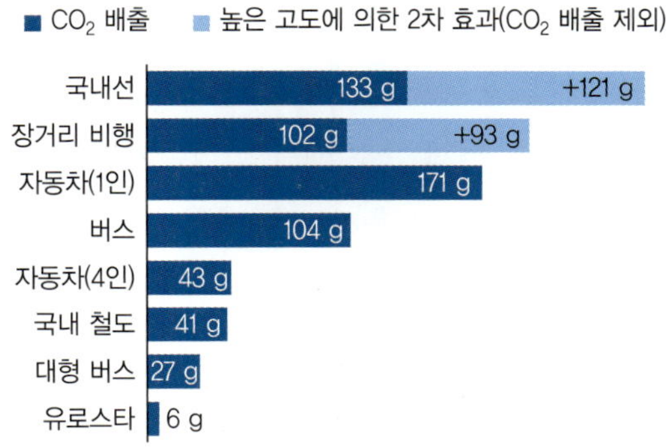

그림 11.12 교통수단별 승객이 1 km를 여행할 시 발생하는 온실가스(2019년 기준)

고 있지는 않다. 그러나 온실가스의 배출에서 비난을 받을 정도로 큰 문제점으로 인식되고 있다. 표 11.7은 그린포스트 코리아가 2020년 발표한 교통수단별 이산화 탄소 배출계수를 보여 주고 있다. 1명의 승객이 1 km 이동 시 교통수단별로 얼마나 많은 온실가스를 배출하는가를 정리한 것이다. SUV, 여객기, 중형차가 온실가스를 많이 배출하며, 고속버스, 하이브리드차, 철도가 적게 배출함을 알 수 있다.

그림 11.12는 유럽에서 2019년 기준 발표한 교통 수단별 승객이 1 km를 여행할 시 발생하는 온실가스량을 보여 주고 있다(참고문헌 7). 이 그림에 의하면, 1명이 승용차를 타고 이동하면 킬로미터 당 171 g의 온실가스를 발생시켜 가장 심각하고, 그다음이 항공기, 버스, 4명이 이동하는 승용차, 국내 철도, 코치(장거리 운행하는 버스), 유로스타(고속열차) 등으로 감소함을 보여 준다. 항공기는 온실가스의 직접적인 발생 외에 높은 고도를 운행함으로 생기는 2차 효과가 있으므로 실제적으로는 국내선 항공기 및 국제선 항공기는 매우 심한 온실가스 배출원이 될 수 있다.

유럽환경청(EEA)에 따르면 비행기를 탄 승객 1명이 1 km를 이동할 때 배출하는 이산화 탄소는 자동차(104 g)의 3배, 기차(14 g)의 20배 수준인 285 g에 달한다고 한다. 앞에서 보다시피 온실가스 발생량은 제공된 자료에 따라 매우 큰 차이를 보이나 전반적으로 기차(특히 장거리를 다니는 고속열차)와 고속버스가 온실가스 측면에서 우수한 교통수단이며, SUV나 승용차(특히 혼자 이동 시)가 나쁜 교통수단임을 알 수 있다. 항공기도 일반적으로 아주 나쁜 것으로 여겨지고 있다.

2013년 세계은행이 발표한 연구보고서에 따르면, 항공기의 일등석이 이코노미석보다 이산화 탄소 배출량이 9배 많고 비즈니스석은 이코노미석보다 3배 더 많은 유해 물질을 배출한다고 한다. 즉, 넓은 공간을 사용하고 값이 비싼 좌석을 이용하는 것은 지구온난화에 악영향을 크게 미친다고 볼 수 있다.

한편, 유럽의 친환경 단체인 교통환경연합(T&E)이 2021년 발표한 보고서에 따르면 1%의 '슈퍼 탄소 배출자'들이 지구촌 전체 탄소 배출의 절반가량을 차지한다고 한다. 유사하게 상위 1%의 억만장자 7,700만 명이 배출하는 이산화 탄소의 양은 전체 탄소 배출량의 16%를 차지하고, 하위 66%인 50억 명이 배출하는 양과 같다고 한다. 상위 10%의 부자(수퍼리치)들은 전체 이산화 탄소 배출량의 절반 정도를 배출하는 것으로 알려져 있다. 수퍼리치들은 전용기를 거의 매일 하루 한 번 운행하는 등, 항공기를 지나치게(특히 단거리로) 운항하여 지구온난화에 큰 악영향을 미치는 것으로 알려져 있다.

비행기의 온실가스 배출량 등을 고려하여 유럽에서는 Flygskam(플뤼스캄, flight shame)이라는 용어, 즉 "비행기를 타는 것에 수치스러움을 느낀다"라는 뜻의 스웨덴어 단어가 회자되고 있다. 플뤼스캄은 많은 이산화 탄소를 배출해 환경을 파괴하는 비행기를 타지 말자는 단어이자 문화 현상이다. 이 중심에는 스웨덴의 청소년 환경운동가 그레타 툰베리가 있으며 툰베리는 2019년 노벨 평화상 후보에 올랐을 정도이다. 따라서 향후엔 친환경 비행기에 대한 관심이 높아지고 있으며, 이에 전기 비행기와 수소 비행기의 개발이 가속화되고 있다.

우선, 전기차와 유사하게 배터리를 장착한 전기 비행기를 생각할 수 있는데, **표 11.8**에서

표 11.8 전기 비행기의 장단점

장점	단점
• 직접적인 환경오염 없음 • 제트 비행기 대비 소음 50~80% 감소 • 제트 비행기 대비 유지 관리 비용 40~70% 저렴 • 충전(주유) 비용이 제트 비행기 대비 50분의 1 수준	• 충전소 등 인프라 부족 • 배터리 무게 때문에 많은 에너지 소비 • 배터리 기술 한계로 운항거리 짧음 • 긴 충전 시간. 30분 비행에 30~45분 충전

보듯이 전기 비행기는 다양한 장점이 있으나, 배터리의 무게로 인해 장거리 운항이 어렵고 충전 시간이 길다.

반면, 수소 비행기는 미래의 비행기로 고려되고 있다. 우선 수소는 등유보다 질량 기준 3배 더 많은 에너지를 함유하고 있으며, 배터리 전기 추진 방식보다 중량 절감과 이산화 탄소 배출량 감소에 잠재적으로 큰 가능성을 지니고 있기 때문이다. 그러나 기체 수소는 밀도가 매우 낮아서 수소차에서와 마찬가지로 수소 저장이 관건이며 −253℃ 이하에서 밀도가 높은 액체 상태로 냉각된 수소를 7기압의 압력으로 이중벽 탱크에 저장하거나 기체 수소를 약 340기압으로 압축해서 저장(현재 상용화된 수소 연료 전지 자동차들과 유사한 방식)할 계획이다. 그러나 여전히 부피가 커서 비행기 외부에 연료통을 부착해야 하기 때문에 공기역학적으로 불리할 수 있다. 그렇지만 전기 비행기의 짧은 항속거리를 고려하면, 수소 연료 전지를 활용한 수소 비행기가 미래의 좋은 대안이 될 것으로 기대된다.

11.10 오토바이의 환경오염

오토바이는 피부로 느끼는 환경오염원이 될 수 있다. 예를 들어 매연을 많이 배출하는 오래된 오토바이를 타고 차가 다니지 않는 길(산책로, 공원 등), 특히 사람들이 있는 주위를 지나가는 행위는 큰 민폐가 될 수 있다. 또한 오토바이의 시동을 켜 둔 채 배달하거나 담배를 피우거나 잡담하는 등의 행위도 근절이 필요할 정도로 소음과 대기 오염의 원인이 될 수 있다.

전기 오토바이는 주택가 소음 피해 줄이고 환경오염이 적어 지자체에서 많은 보조금을 지원하면서 내연기관 오토바이를 대체하도록 하고 있다. 예를 들어 서울시에 따르면 전기 오토바이의 주행 소음은 내연기관 오토바이보다 평균 11.9 dB 낮고 만약 연간 3만 km 운행한다면 이산화 탄소 배출량이 0.98 t 적다고 한다. 따라서 내연기관 오토바이는 속히 전기 오토바이로 대체하는 것이 필요하다.

11.11 요약

선박과 비행기 등은 경유 자동차와 유사하게 대기 오염의 중요한 요인이 될 수 있다. 오염 정도는 2019년 기준, 선박이 가장 심각하고 비행기도 심하다. 경유 차량도 휘발유 차량에 비해 일반적으로 오염 물질을 많이 배출한다. 반면 전기차, 수소차는 대기 오염 측면에서 가장 우수한 차량이다. 가능한 Bicycle-Metro-Walk(자전거, 지하철, 도보)와 대중교통 활용이 필요하며 친환경 운전(불필요한 공회전 방지 등) 습관을 들이고 지키는 것이 필요하다. 차량 구매 시의 경제도 환경을 고려할 필요성이 있다. 머지않은 미래에 내연기관 자동차는 퇴출될 수 있으므로 중고로 되팔 때의 가격이 급락할 수 있다는 점을 명심하라.

핵심어 공회전, 냉시동, 수소차, 전기차, 플럭스캄, battery electric vehicles, fuel cell electric vehicles

12장

의류 산업과 환경오염

의류 산업은 끊임없이 발전해 왔으며, 이제 선진국에서는 옷 한 벌을 쉽게 사서 잠시 입고 버릴 수 있는 수준이 되었다. 이 장에서는 한 벌의 옷과 관련된 산업이 환경에 미치는 영향을 기술하고자 한다.

12.1 개요

많은 사람들은 패션에 신경을 쓰며 새로운 옷을 사기 위해 쇼핑몰과 시장을 방문하거나 인터넷에서 검색하여 옷을 구매한다. 그러지 않는 사람도 있겠지만, 꽤 많은 사람들이 상당히 자주 옷을 사고, 의류 수거함에 종종 옷을 버리는 삶을 살고 있다. 50년 전에 비해 우리는 매우 많은 옷을 생산, 구매, 폐기하는 삶을 살고 있는 셈이다. 옷 한 벌, 나아가 관련 산업이 환경에 미치는 영향을 이 장에서 정리한다.

12.2 생산량

전 세계적으로 매년 1,000억 벌 이상의 옷이 생산되는데, 이 중 많은 옷이 팔리지 않아 소각되거나 매립된다. 영국의 순환경제 연구기관인 엘렌 맥아더 재단에 따르면, 전 세계적으로 매년 생산되는 의류 가운데 '브랜드 가치 유지'라는 이유로 330억 벌은 1년 이내에 소각되거나 매립된다고 한다. 브랜드 이미지를 중시하는 회사들은 안 팔린 옷을 싸게 팔면 브랜드 가치가 떨어진다고 생각하기 때문에 입을 수 있는 옷을 폐기해버린다. 또 나중에 팔기 위해 옷을 보관하려고 해도 창고 임대 및 관리 등에 비용이 들어 점점 손해가 늘어나기 때문이기도 하다. 지난 10년 동안 국내 의류업계의 재고율도 꾸준히 20% 이상을 기록했으며, 이는 타 제조업보다 높은 수준이다. 즉, 현대에는 필요 이상으로 많은 옷을 생산하고 있다고 볼 수 있다.

이렇게 많은 옷을 생산하는 상황은 인구폭발, 경제성장 외에 폴리에스터 같은 합성 섬유의 발전과 '패스트패션(최신 유행을 즉각 반영해 빠르게 제작하고 빠르게 유통하는 패션 혹은 유행에 따라 소비자의 기호가 신속히 반영되어 빨리 바뀌는 패션)'의 출현이 큰 몫을 하였다. 그림 12.1에서 보듯이 1970년 이후 인구 증가보다 매우 빠른 속도로 섬유 생산이 늘어나고 있으며, 특히 폴리에스터로 만든 섬유의 생산이 크게 증대되고 있다(참고문헌 1). 값싸고 쉽게 구할 수 있는 폴리에스터는 이제 생산되는 모든 섬유의 무려 60%에서

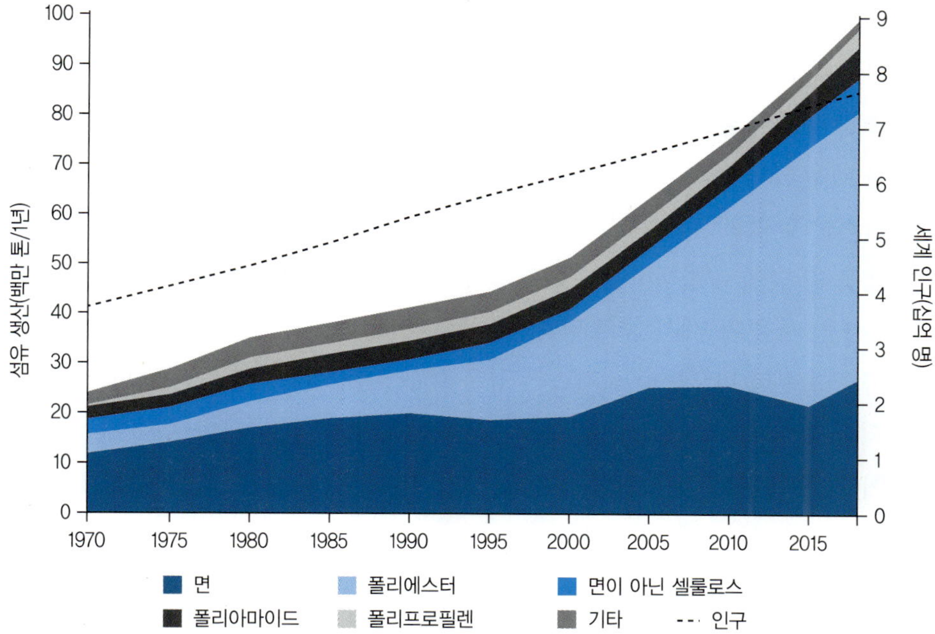

그림 12.1 기간에 따른 섬유의 생산량과 인구

사용되고 있을 정도이다.

한편 환경평가 수행기관 콴티스 인터내셔널(Quantis International)에 따르면, 전 세계 사람들은 1년에 평균 11.4 kg의 의류를 소비한다고 한다. 그렇지만 선진국의 많은 사람들은 필요 없는 옷을 사고, 입지도 않고 버리는 경우도 많다. 이런 사람들은 자신이 실제로 소유하고 있는 옷의 약 35%는 소유하고 있는지도 모르며, 독일인의 경우 새로 산 옷의 40%는 거의 전혀 입지 않고 옷장에 방치한다고 한다. 우리나라의 경우도 옷장 안에서 잠자고 있는 옷의 비율이 21% 정도로, 5벌 중 1벌은 전혀 입지 않는 셈이다. 옷의 평균 수명 역시 20년 전만 해도 2~10년 정도였지만 지금은 1~5년으로 줄었다. 그만큼 필요 이상의 옷을 생산하고 구매하며, 결국 자주 폐기하는 상황의 악순환이다. 현대인들은 대량생산과 소비에 너무 익숙하지만, 이제는 생활 양식을 바꾸어 옷에 의한 환경오염을 줄여야 한다.

12.3 온실가스 발생

옷 한 벌은 다양한 공정을 거쳐 얻어지며, 결과적으로 상당한 양의 온실가스를 배출한다. 예를 들어 티셔츠와 청바지 한 벌을 만드는 과정에서 나오는 탄소 배출량은 각각 2.6 kg

및 11.5 kg으로(참고문헌 1), 옷 무게에 비해 매우 많은 온실가스를 배출한다(청바지 한 벌을 만들 때 온실가스 33 kg이 배출된다는 보고도 있다). 합성섬유, 특히 폴리에스터 섬유는 면을 제조할 때보다 물 낭비는 적지만 석유로부터 만들어질 뿐만 아니라 제조 과정에 화석 연료를 매우 많이 쓰기 때문에, 면섬유 대비하여 일반적으로 거의 세 배에 달하는 탄소를 배출시키는 것으로 알려져 있다.

이렇게 옷 한 벌에서 발생하는 온실가스의 양이 많을뿐더러, 패션 산업은 원료확보, 생산, 유통, 사용, 사용 후 폐기 등의 다양한 과정과 공정으로 구성되고 관련 산업이 넓으므로 산업 전체로부터 나오는 온실가스의 양은 실로 막대하다. 게다가 복잡하고 많은 단계로 구성되어 온실가스 배출량을 정확히 산정하는 것조차 쉽지 않다. 다음에서 기술되는 바와 같이, 자료에 따라 의류 산업 혹은 패션 산업은 전체 온실가스 발생량의 3~10%를 차지하는 것으로 대략 추정할 뿐이다.

Statista 2023에 의하면, 의류 산업은 10억 톤 이상의 온실가스를 배출하는 것으로 추정되며(2019년 10.25억 톤 배출) 이는 전 세계 CO_2 배출량의 3~5% 정도이다. Quantis International에 따르면(표 12.1) 의류 산업에서 배출되는 온실가스의 양은 2016년 기준 32억 9000만 톤으로 전 세계 온실가스 배출량의 6.7%이다(만약 신발 산업에 의한 발생량 7억 톤을 더하면 총 8.1%의 비율을 점한다). 중국 및 인도 등 인구가 많은 국가의 경제 성장에 맞춰 의류 소비도 늘어나는 데다 자주 디자인을 바꾸는 '패스트패션'의 기여로 2016년의 32억 9000만 톤의 온실가스는 2030년에는 49억 1000만 톤으로, 배출량이 거의 50% 가까이 늘어날 것으로 예상되었다. 의류를 포함한 패션 산업의 온실가스 배출은 이미 막대한 양이지만, 앞으로 더욱 가파르게 증가할 것으로 예측되므로 더욱 특별한 주의를 기울여야 한다.

UN(2018) 자료 등 많은 정보에 따르면, 패션 산업의 전 과정은 전 세계 탄소 배출량의 약 8~10%를 차지한다고 한다. 특히, UN 지속 가능한 패션 연합(UN Alliance for Sustainable Fashion) 같은 단체 혹은 맥킨지 & 컴퍼니(McKinsey & Company)의 보고서(Fashion

표 12.1 의류 산업에서의 온실가스 발생 정도

항목 \ 연도	2005	2010	2016	2020	2030
발생량(억 톤 CO_2eq)	24.4	28.4	32.9	37.8	49.1
2016년 대비 비율(%)	74	86	100	115	149
전체 온실가스 대비 비율(%)			6.7*		

*전체 493억 톤 대비. 만약 신발 산업에 의한 발생량 7억 톤을 더하면 총 8.1%의 비율을 점함.

on Climate)에서는 패션 산업이 전 세계 탄소 배출량의 10%를 점한다고 흔히 언급한다. 패션 산업은 CO_2 배출 측면에서 늘 비난을 받고 있는 산업인 항공과 해운을 합친 것보다 더 많은 온실가스를 배출하는 것으로 그 악영향을 지적받고 있다.

12.4 물 오염

패션 산업에서는 물 사용량이 농업 다음으로 많을 정도로 막대한 양의 물이 필요다. 예를 들어, 면 셔츠와 청바지 한 벌을 만드는 데 각각 2,700 L 및 7,000 L의 물이 사용된다고 한다(참고문헌 2). 패션 산업은 산업용으로 사용되는 전체 담수의 약 11%를 사용하고, 섬유 가공과 염색 등 의류 산업에서 나오는 폐수는 전체 산업용 폐수의 20%를 점한다. 그 이유는 의류 생산 과정에서 한 해에 4300만 톤의 화학 물질(염료 등)이 쓰이기 때문이다. 따라서 소요되는 물의 양과 발생하는 폐수의 양을 고려하면 패션 산업은 물의 소비와 오염 측면에서 매우 심각한 영향을 주는 상황이다.

비록 면섬유는 합성 섬유에 비해 온실가스 배출이 약 1/3 수준이지만, 물 오염에는 매우 나쁜 영향을 준다. 예로, 면에 쓰이는 목화는 세계 농지의 약 3%를 점하고 있지만 전 세계 농약 사용량의 25%가 목화 재배에 사용되고 있다. 그리고 목화 1 kg를 얻는 데 약 2만 L의 많은 물이 필요하다(참고문헌 2). 그만큼 물이나 토양의 오염에 목화 혹은 면섬유가 미치는 영향이 커진다. 표 12.2에 티셔츠와 청바지 1개의 생산을 위해 필요한 물과 에너지 소비량과 탄소 배출량을 정리하였다.

표 12.2 티셔츠와 청바지를 생산하는 데 물 및 에너지 소비량과 탄소 배출량

구분	물 소비량	에너지 소비량	온실가스 배출량
	2,700 L	54 MJ(15.1 kWh)	2.6 kg CO_2 eq
	7,000 L	247 MJ(69.2 KWh)	11.5 kg CO_2 eq

12.5 쓰레기

옷은 많은 경우 합성 섬유를 포함하므로 잘 썩지 않고 발생하는 쓰레기의 절대량이 매우 많다. 전 세계적으로 한 해 버려지는 의류 폐기물의 양은 1억 톤에 육박하며, 2.6톤 분량의 옷이 매 1초당 소각되거나 매립된다고 한다. 패션 산업은 세계에서 가장 심한 오염을 일으키는 산업 중 2위(1위는 석유화학)이다. 또한 세계자연보호연맹은 바다의 미세 플라스틱의 35%는 옷에서(주로 세탁으로) 발생하는 것이라고 발표하였다(그림 12.2 참고). 근본적인 문제는 옷을 매우 빨리 생산, 소비하고 폐기하는 패스트패션 나아가 울트라패스트패션(패스트패션과 울트라패스트패션의 경우 디자인에서 판매까지 각각 평균 4~5주 및 1~2주 걸림) 시스템 때문이다.

환경부에 따르면, 우리나라의 경우 2020년 기준 연간 약 8만 2천 톤의 폐의류와 약 40만 톤의 폐섬유류가 배출되고 있다. 또한 우리가 버리는 옷 중에서 약 5%만 재활용되고 15%는 쓰레기로 소각되며, 나머지 80%는 인도, 캄보디아, 필리핀 등으로 수출된다. 수출된 옷의 약 60%만이 현지에서 재사용되거나 판매되고 40%는 쓰레기로 버려진다고 한다. 표 12.3에서 알 수 있듯이 우리나라는 2018년 기준 미국, 영국, 독일에 이어 세계 4위의 헌 옷 및 헌 섬유 제품 수출국일 정도로 옷 소비량이 많으며, 짧게 입거나 입지 않고 버리는 옷이 많다(참고문헌 2). 대부분이 화학섬유인 의복 폐기물은 오염 물질을 방출하면서 분해되는 데 수십 년에서 수백 년이 걸리므로 더욱 문제가 된다. 옷을 국내에서 폐기해도 문제지만, 수출해도 상당수는 바로 폐기물이 되므로, 옷가지를 의류 수거함에 버리는 것은 쓰레기를 수출하여 자신의 숙제를 남에게 떠넘기는 꼴이다. 또한 화학 섬유는 다양한 경로와

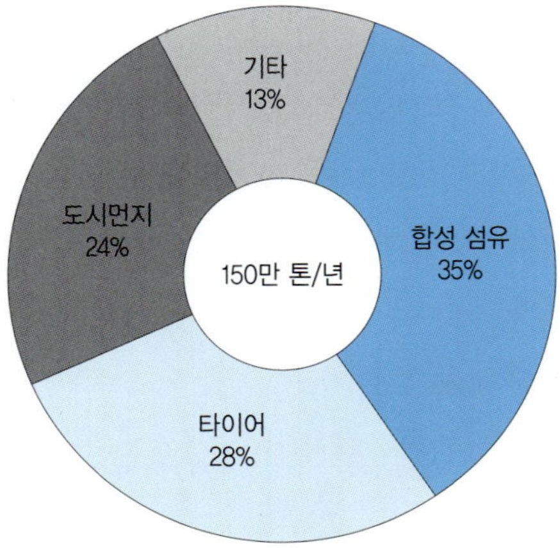

그림 12.2 미세 플라스틱(바다)의 발생 요인

표 12.3 국가별 헌 옷 및 헌 섬유 제품의 수출 비중(2018년 기준)

국가	비중(%)	국가	비중(%)
미국	15.4	네덜란드	4.38
영국	11.6	아랍에미리트연합	4.06
독일	9.05	벨기에	3.71
한국	6.94	이탈리아	3.39
중국	6.28	캐나다	3.21
폴란드	4.49	그 외	27.5

다양한 환경에 수많은 미세섬유를 발생시킨다는 문제도 있다.

12.6 의류 산업의 미래

의류 산업은 현시대의 '총체적 기후 악당'이라고 불리며 오늘날 지구 환경에 막대한 영향을 끼치는 가장 '더러운 산업'으로 지목받고 있다. 옷을 자주 사고 폐기하는 것은 지구 환경에 큰 악영향을 끼치므로 이제는 멋과 개성보다는 환경을 중시하는 패션에 신경 쓸 때라고 일부에서는 강하게 얘기하고 있다. 가장 좋은 방법은 의류 소비를 줄이고, 되도록 고쳐 입으며, 의류의 수명을 연장하여 활용하는 것이 좋다. 만약 우리가 새 옷을 사는 주기를 두 배로 늘릴 수만 있다면 전 지구의 탄소 배출을 최대 5%나 감축할 수 있고 매년 의류 쓰레기도 최대 5천만 톤을 줄일 수 있다고 한다.

지구와 환경을 고려한 의류 산업에 대한 최근의 여러 노력을 소개한다. 우리나라에서는 사단법인 다시입다연구소가 '21% 파티 위크(Week)'(사 놓고 입지 않는 멀쩡한 옷을 바꿔 입고 나누어 입는 지속 가능한 의생활 실천 환경 캠페인. '21%'는 자신의 옷 중 안 입는 옷의 평균 비율 21%이라는 설문 조사에서 따옴)을 통해 '전 국민 옷 바꿔 입기' 운동을 하고 있다.

유럽에서는 중고 옷 입기 운동을 하고 있다. 특히, 프랑스는 패스트패션을 사회 전체의 건강에 대한 위협으로 간주하면서 이에 대항하는 규제를 실시하고자 노력하고 있다. 지난 2022년 1월, 제조업자, 수입업자, 유통업자들은 판매되지 않은 패션 재고상품을 파손하거나 폐기하지 못하도록 하는 법률을 시행했다. 또한 유럽연합은 판매되지 않은 제품을 폐기할 때는 양과 사유를 공개해야 한다. 독일도 폐기되는 분량을 정부에 보고해야 하는 의무를 부여했다고 한다. 프랑스는 2023년 말에는 수선제도를 시행했는데, 옷과 신발을 버리기보다는 수선하여 입는 것을 고무하는 정책으로, 프랑스 국민은 옷을 수선하여 입으면 의복 한 점당 25유로를 정부에 요청할 수 있다고 한다.

2024년 3월 프랑스 의회는 패스트패션 및 울트라패스트패션 상품에 대해 환경적 피해를 상쇄하기 위해 벌칙금을 부과하는 법안을 만장일치로 통과시켰다. 이 법안은 패스트패션 의류에 대해 2025년부터 제품당 벌칙금 5유로를 부과하고(2030년까지는 이를 10유로로 인상할 예정) 패스트패션과 연계된 상품 및 회사의 광고를 금지하는 것이 골자이다.

12.7 일반 대중이 할 수 있는 일

환경오염에 영향을 주는 다른 분야(발전, 철강, 시멘트 산업 등)에 비해 패션 산업 분야는 일반 대중이 비교적 쉽게 기여할 방안이 많다. 우선 옷을 덜 사고 오래 입는 것만으로도 아주 크게 기여할 수 있다. 예를 들어 티셔츠 3벌 대신에 1벌로 지낸다면, 세탁 등의 기여를 고려하여도 온실가스를 최대 64% 줄일 수 있다고 한다. 옷을 덜 사고 오래 입으면 물 소모도 그만큼 줄게 되고 당연히 쓰레기 배출도 줄어들 것이다.

다음과 같이 일반 대중이 옷 관련하여 탄소 배출을 줄이는 요령을 정리하였다.

- ☑ 세탁물은 건조기를 사용하는 대신에 공기 중에서 자연 건조시킨다(탄소 배출 75% 감소).
- ☑ 세탁에 더운물 대신 찬물을 사용한다(탄소 배출 10% 감소).
- ☑ 매장 방문보다는 온라인으로 옷을 산다.
- ☑ 새 제품보다 중고 제품을 입는다.
- ☑ 자주 입지 않는 종류의 옷은 사서 입기보다는 빌려 입는다.
- ☑ 친환경 패션 브랜드(예로, 재활용 폴리에스터를 이용해 옷을 만드는)의 옷을 이용한다.

12.8 요약

의류 산업이 환경에 미치는 악영향은 생각보다 매우 크다. 이제는 멋과 개성보다는 환경을 중시하는 패션을 추구할 때라는 것을 상기해야 한다. 프랑스 싱크탱크 퓌튀리블의 세실 데조네 소장은 "이미 지구상에 존재하는 옷의 양을 고려하면 앞으로 옷을 만들지 않더라도 전 인류가 100년은 더 입을 수 있다"라고 프랑스24를 통해 강조하였다. 옷을 사기 전에는 한 번 더 구입할 필요성을 생각해 보는 자세가 필요하다. 무엇보다도 적게 생산하고, 적게 사고, 오래 입고, 폐기까지 고려한 소비가 매우 필요한 시대가 되었다. 가장 쉬우면서 좋은 방법은 의류 소비를 줄이고, 되도록 고쳐 입고, 서로 교환해 입고, 의류의 수명을 연장하여 활용하는 것이다. 만약 우리가 새 옷을 사는 주기를 두 배로 늘릴 수만 있다면 전 지구의 탄소 배출을 최대 5%나 감축할 수 있고 매년 의류 쓰레기도 최대 5천만 톤을 줄일 수 있다는 점을 상기하자. 즉, 옷 구입을 모두 반으로만 줄여도 우리 인류의 악몽인 지구온난화 문제까지 크게 완화시킬 수 있는 것이다.

핵심어 옷, 울트라패스트패션, 탄소 배출, 패션 산업, 패스트패션

13장

골프장과 환경

13.1 개요

최근 골프는 우리나라에서도 꽤 대중적인 스포츠가 되었으며, 앞으로 당분간은 더욱 큰 인기를 끌 것으로 예상된다. 일례로 정부에서는 2026년까지 골프 인구 600만 명을 목표로 하고 있고 시장 규모도 22조 원으로 성장하길 기대하고 있다. 그러나 골프의 인기 상승은 필연적으로 더 많은 골프장 건설로 이어지고, 보다 적극적으로 골프장을 활용할 것이므로 그에 따른 환경 문제도 부각될 것이다. 이 장에서는 골프장과 골프로 인한 환경 문제 및 대처 방안을 기술한다.

13.2 골프장 건설에 따른 환경 피해

홀이 18개 있는 골프장 하나의 면적은 대략 100만 m^2(= 100 ha = 1 km^2)로 축구장 (< 1 ha)의 최소 100배에 달한다. 2020년 기준으로 우리나라의 골프장은 514개(2021년 기준 545개)이며, 514개의 골프장 면적을 다 합치면 무려 5.1억 m^2(51,000 ha, 510 km^2)로 서울 면적의 80%가 넘는다.

골프장 건설을 위해서는 우선 넓은 땅이 필요하며, 대상지의 나무나 화초를 베어내고 잔디를 깐다. 이때 자연 그대로 존재하던 흙은 사용할 수 없다. 보통 비옥한 토양의 흙 1 g에는 미생물 약 1억 마리가 살고 있어 풀과 나무 종자들의 어린싹이 쉽게 자라지만, 옮겨 심는 골프장의 잔디는 잘 살아남을 수 없게 된다. 따라서 비옥한 기존의 흙을 40~70 cm 깊이까지 파내고, 모래, 마사토, 인공 흙으로 덮은 후에 골프장 잔디를 심게 된다. 이러한 과정을 통해 나무와 화초는 물론이고, 1,000여 종의 생물들도 서식지를 잃는다.

골프장 건설 전에 사업주는 기존의 서식지가 사라질 가능성, 숲의 훼손, 엄청난 물의 사용에 따른 지하수에의 영향, 농약 오염 문제 등을 포함한 환경영향평가[1]를 받아야 한다. 많은 경우 골프장을 짓는 사업자들은 환경영향을 최소화하도록 대책을 마련해야 하는데 이 약속을 지키지 않는 골프장이 많다. 최근 5년간 새로 생긴 골프장 26곳 중에 환경 보호 약속을 지킨 골프장은 단 9곳뿐이다. 약속을 지키지 않아도 과태료를 내면 영업을 할 수 있기 때문에 환경영향평가 후 약속의 실효성이 떨어지고 있다.

1 환경영향평가를 통과하기 위해 골프장 건설 전에 일부 자연을 일부러 훼손하는 경우도 있다고 한다. 너무 자연이 잘 가꾸어진 경우 골프장 건설 허가가 나지 않을 수 있기 때문이다.

골프장 건설 예정지에서 희귀종, 보호종, 천연기념물 등이 자주 발견되고 있다. 멸종위기종인 맹꽁이, 물장군, 소쩍새, 하늘다람쥐, 수달, 담비, 삵 등이 발견되어 보고되고 있는데, 골프장 건설을 강행하면 이러한 멸종위기종의 서식지가 파괴되어 더욱 보기 어려워질 수 있다.

정리하면 새로운 골프장 건설은 산림 훼손, 생태계 파괴, 멸종위기종 등의 귀중한 생물체의 서식지 파괴 등이 일어날 수 있으므로 골프장의 건설은 환경영향의 면밀한 검토 후 진행되어야 한다. 특히 영향평가 후 마련한 대책을 꼭 지키도록 해야 할 것이다.

13.3 골프장에 필요한 물

우리나라 골프장에서 사용하는 물의 양은 기후에 따라 편차가 있지만 18홀 기준으로 하루 평균 약 800톤 정도라고 한다. 한 홀당 44.4톤의 물을 쓰는 셈이며, 2020년 기준으로 전국의 골프장은 하루에만 약 45만 톤의 물을 사용하였다고 한다. 가수 싸이의 흠뻑쇼가 하루 공연에 약 300톤의 물을 사용한다고 비판을 받았었는데, 전국 골프장에서 하루에 사용되는 물만으로도 싸이의 흠뻑쇼를 약 1500일간 쉬지 않고 할 수 있는 셈이다.

뿐만 아니라 잔디밭에 물을 주기 위해 지하수를 개발하게 되고, 골프장에서 지하수를 끌어다 사용함으로써, 주변 농경지에 필요한 물이 고갈될 수 있다. 특히 가뭄이 심한 시기에 농사에도 부족한 물을 골프장의 잔디에 뿌리는 것은 어불성설이다. 이에 따라 잔디에 물 주는 것이 금지되기도 한다. 실제로 2022년 미국 로스앤젤레스를 비롯한 남부 캘리포니아에서는 3년간 이어진 가뭄 때문에 잔디밭 물주기 등을 엄격히 제한하는 조치가 도입된 바도 있다. 절수 지침 위반자는 최대 600달러의 과태료를 물었다.

또한 언급한 바와 같이 골프장 건설은 반드시라고 해도 좋을 만큼 산림파괴를 수반하고, 이로 인해 숲이 가지고 있는 저수지 역할도 사라진다. 잔디는 나무에 비해 25% 정도의 수분 보유 능력만을 갖추고 있기 때문이다. 결과적으로 우리는 홍수의 위험에 노출되기 쉽다. 또한 골프장 건설을 위한 산림 벌채 과정에서의 지표 노출로 인해 토사 침식이 일어나 큰 피해가 발생할 수도 있다.

결국 지나친 골프장 건설과 현재 방식대로의 운용은 지하수 고갈 및 물 부족을 유발할 수 있으므로 수자원 보호 및 물을 적게 사용하는 지혜가 필요하다.

13.4 골프장에 뿌리는 농약

골프장 관리를 위해 많은 양의 농약이 사용되고 있으며, 그림 13.1에서 보듯이 최근까지도 그 사용량은 꾸준히 늘어나고 있다. 농약은 2021년 한해 213톤이 사용되었는데, 이는 전년 대비 5.4%(11톤) 늘어난 것이다.

최근에는 기후 변화로 장마가 길어지고 비가 잦아지면서 농약이 빨리 씻겨나가므로, 잔디 상태를 유지하기 위해 더 많은 농약을 뿌린다고 한다. 이에 따라 4~6월의 건기보다 7~9월 우기 때 잔류 농약 검출 건수가 크게 늘었다. 검출 건수는 건기에는 2019년 76건에서 2022년 84건으로 8건 증가한 데 비해 우기의 경우에는 2019년 59건에서 2022년 168건으로 109건이 크게 늘어났다. 골프장 이용 시 건기보다는 우기에 더욱 주의를 기울여야 함을 보여 준다.

우리나라 골프장에서 가장 많이 사용된 농약은 2021년과 2020년 기준으로 클로로탈로닐(Chlorothalonil)인데, 총사용량이 18.1톤과 13.7톤으로 전체 농약 사용량의 각각 8.5% 및 6.8%를 차지한다. 클로로탈로닐은 생태계에 미치는 영향이 크고 독성이 강하다는 이유로 EU는 이 농약의 사용을 2020년 5월부터 금지시켰다. 이 농약은 꿀벌 개체 수 감소에도 영향을 미친다는 게 밝혀졌고 발암물질 2B군으로도 분류된다. 그러나 우리나라 골프장에서는 여전히 가장 많이 사용되는 농약이다.

2021년 잔류 농약 분석 결과 잔디에 사용하면 안 되는 농약이나 맹·고독성 농약은 나오지 않았지만, 골프장 대부분인 522곳의 그린, 페어웨이, 연못에서 20종의 잔류 농약이 검출되었다고 한다. 최근에는 불법 농약 문제는 더 이상 발생하지 않지만 여전히 많은 농약이 골프장에 사용되고 있는 것이다.

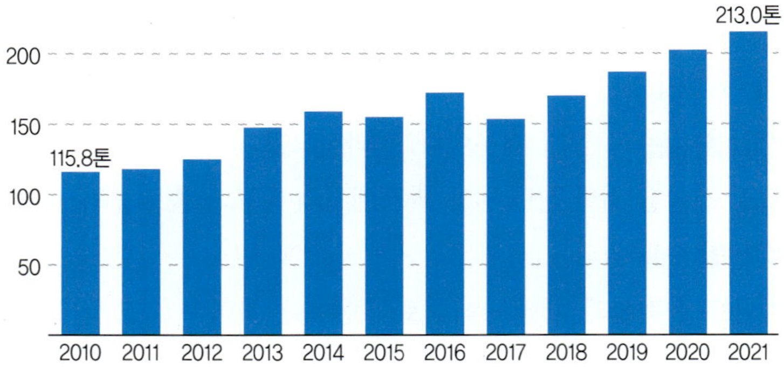

(자료: 환경부)

그림 13.1 전국 골프장의 연간 평균 농약 사용량

다행인 것은 농약을 쓰지 않거나 상대적으로 적게 사용하는 골프장도 있다는 점이다. 이런 골프장의 사례를 통해 농약을 줄일 가능성을 볼 수 있었다. 환경부는 50곳의 골프장(농약을 사용하지 않은 3곳 포함)을 2021년 기준 '농약 사용 저감 우수골프장'으로 선정한 바 있다(참고문헌 1). 선정된 골프장들은 골프장 잔디를 병원균에 저항성이 강한 품종으로 교체하고, 화학농약이 아닌 미생물제제를 이용해 방제하는 등 다양한 노력을 하였다.

2024년 '신경과학저널(Journal of Neurological Sciences)'에 실린 연구 결과에 따르면, 골프를 치는 남성은 그렇지 않은 남성에 비해 5년 후 루게릭병[2] 발병 위험이 약 3.8배 더 높은 것으로 보고되었다. 골프를 칠 때 살충제에 노출되면서 루게릭병 발병 위험이 높아진 것으로 추정했다. 한편, 골퍼 톰 왓슨의 캐디 브루스 에드워즈도 2004년 루게릭병으로 숨졌으며 그의 이름을 딴 루게릭병 치료 재단 '브루스 에드워즈 파운데이션'이 설립되기도 하였다. 에드워즈의 루게릭병은 우연의 일치일 수도 있지만, 골프장의 농약은 건강에 나쁜 영향을 줄 수 있다는 점은 늘 신경을 써야 한다.

골프장에 뿌린 농약은 빗물에 흘러내려 가 주변 농경지와 계곡물을 오염시켜 농사와 환경에 악영향을 끼칠 수 있다. 즉, 골프장이 현재 추세대로 확대 운영된다면 농약에 의한 토양과 수질 오염 가능성은 계속 높아질 것이다. 잔류 농약은 건강에도 악영향을 줄 수 있으므로 농약의 사용량을 줄이거나 친환경 농약을 사용하고, 가능하다면 농약을 사용하지 않도록 해야 할 것이다.

13.5 골프 없는 날

1992년 태국 푸껫의 '제3세계 관광포럼'에서 골프장으로 훼손되는 산림을 지키기 위해 '세계 골프 없는 날(No Golf Day)'이 제안되었다. 이에 따라 해마다 4월 29일은 1993년에 정식으로 지정된 '세계 골프 없는 날'이 되었다.

한 사람이 운동하기 위해 골프는 축구에 비해 땅이 최소 30배는 많이 필요한 운동이다. 그리고 1인당 전력소비량 측면에서 야간 골프 경기는 야구의 390배, 축구의 570배에 이를 정도로 에너지 소모도 매우 크다. 골프장은 '녹색 사막'이라고 불릴 정도로 생태계 파괴가 심각하고 여러 가지 오염 문제를 낳는 공간으로, 1년에 하루만이라도 골프 없이 지내자는

2 운동 신경세포가 퇴행성 변화에 의해 점차 소실돼 근력 약화와 위축으로 언어 장애, 사지 위약, 체중 감소, 폐렴 등의 증세가 나타나다가 결국 호흡 기능 마비로 사망에 이르는 질환

의미를 가진 '세계 골프 없는 날'이 지정된 것이다.

그러나 환경실천연합회에 따르면 우리나라의 경우 지난 2022년 기준, '세계 골프 없는 날'에 전국 골프장은 100% 정상 영업이 이루어졌다. 결국 일 년 중 단 하루, 산림과 생태환경 보전의 의미를 되살리고자 하는 취지가 아쉽게도 우리나라에서는 적용되지 않은 것이다.

사실 하루 동안 골프장 영업을 멈춘다고 해서 골프장이 안고 있는 많은 문제가 해결되지는 않는다. 그렇더라도 세계 골프 없는 날의 취지에 맞춰 골프장 건설 및 운영에서 건강, 환경과 생태계를 고려하는 지혜를 발휘하기를 기대해 본다.

13.6 요약

골프장 건설은 넓은 산야의 훼손과 많은 생물들의 서식지 파괴를 유발한다. 운영에도 매우 많은 물이 필요하여 주위의 지하수 고갈 및 농사에 방해를 줄 수 있고, 과도한 농약의 사용으로 토양과 수자원 등의 주위 환경에 악영향을 미침은 물론이고 골프장에 출입하는 사람의 건강에 악영향을 줄 수 있다.

따라서 신규 골프장 건설은 꼭 필요한 경우에 면밀한 환경영향평가를 실시한 후 추진하고 특히 약속한 대책을 꼭 실천하게 해야 한다. 운영 시에는 농약을 사용하지 않거나 최소화하고, 물의 사용도 최대한 줄이도록 해야 한다. 그렇지 않으면 건강, 환경, 생태 보호 등의 다양한 측면에서 지속성에 큰 악영향을 줄 수 있기 때문이다.

핵심어 골프장, 농약, 물 사용, 보호종, 산림, 잔디, 환경영향평가

14장

발암물질

많은 발암물질은 공해 물질 및 화학 물질과 연관되며, 일부는 자연 및 우리의 일상과도 관련이 있다. 이 장에서는 누구나 멀리하고 싶은, 암을 유발하는 발암물질에 대해 기술하고자 한다.

14.1 개요

2020년 국가암등록통계에 따르면 우리나라 국민의 기대 수명은 83.5세로, 기대 수명 기간 암에 걸릴 확률은 36.9%라고 한다. 암은 누구나 멀리하고 싶지만, 생애 중 1/3은 걸리는 이제는 너무나 흔한 질병이 되었다. 2020년 기준 남성의 경우 폐암, 위암, 전립선암, 대장암, 간암, 갑상샘암 순으로 많이 걸리고, 여성의 경우 유방암, 갑상샘암, 대장암, 폐암, 위암, 췌장암 순으로 많이 발병한다고 한다. 한편, 암을 진단받은 환자들 가운데 10명 중 7명은 5년 이상 생존한다고 한다.

암은 흔한 질병이 되었지만, 그로 인한 큰 고통을 고려하면 암을 유발하는 발암물질을 가능한 멀리해야 한다. 이 장에서는 다양한 발암물질 및 암을 예방하는 좋은 생활 습관을 살펴 본다.

참고

발암물질(carcinogen)

암 발생에 직접적인 원인이 되는 물질, 세균, 바이러스를 뜻한다. 주로 인체에서 유전체나 세포대사에 손상을 주거나 다른 반응을 통해 암세포 발생을 유발한다. 인공물이나 합성물에만 발암물질이 존재하는 것으로 오해하는 경우가 있으나, 자연 물질에서도 발암성을 띠는 물질은 쉽게 찾아볼 수 있다. 예를 들면, 1군 발암물질인 아플라톡신(aflatoxin, 누룩곰팡이의 버섯 종에 의해 생성되는 진균독)은 제대로 보관되지 않은 호두, 땅콩, 잣 등에 존재할 수 있다.

14.2 발암물질의 분류

발암물질의 목록은 우리나라의 고용노동부, 국제 암 연구소 IARC(International Agency for Research on Cancer), 미국 EPA(환경 보호청) 등 다양한 기관에서 제공되고 있다. 그중 IARC는 WHO의 산하 기구로서 가장 널리 통용되는 발암성 물질 분류 시스템을 개발하여 제공하고 있다. IARC의 기준에 따르면 다음과 같이 발암물질이 분류된다.

1군(Group 1)[1] 발암물질의 지정조건은 사람에게 암을 일으키는 분명하고 충분한(sufficient) 역학 자료가 있는 경우다. 역학 증거가 부족하더라도 동물실험 증거가 충분하고, 암을 일으키는 기전(mechanism)이 확인되면서 인체 노출 증거가 확실한 물질이면 1군으로 분류된다. 2014년 기준 1군 발암물질은 모두 113개로 석면, 비소, 벤젠, 폼알데하이드 등이 있고 흡연, 알코올, 전리방사선(방사능물질), 햇빛(자외선)도 포함된다. 가장 최근에 포함된 물질로는 디젤 매연, 대기 오염, 미세먼지가 있다.

2군 발암물질(Group 2)은 인체 역학 증거와 동물 실험 결과의 정도에 따라 인체 역학 증거가 거의 확실한 경우에서부터 인체 역학 증거는 없지만 동물실험 증거가 있는 경우까지 다양하다. 이 때문에 2군은 다시 2A와 2B로 나눈다. 2A군에는 66개 물질, 2B군에는 285개 물질이 분류되어 모두 351개 물질이 속해 있다.

2A군 발암물질은 제한된(limited) 인체 역학 증거와 충분한(sufficient) 동물 실험 증거가 있는 경우다. 일부 인체 역학 증거가 불충분한 경우가 포함되기도 하는데, 발암 기전이 분명한 경우로 제한된다. 해당 물질로는 납 화합물, 아크릴아마이드가 포함되고 직업으로서 석유정제업, 이발업, 미용업이 포함되며 생물체로서 말라리아 감염도 여기에 속한다.

음식 관련 물질로는 질소겨자와 고온의 튀김(frying)도 여기에 속한다. 최근에는 수면장애를 일으키는 교대근무도 이에 포함되었다. 삼성전자에서 교대근무가 일상적으로 이루어지는 직종에서 일하다 유방암에 걸린 여성 노동자가 국제암연구소의 발암물질 분류를 근거로 산업재해로 인정된 사례가 있다.

2B군 발암물질은 제한된(limited) 인체 역학 증거와 동물 실험 증거의 충분 정도가 낮은(less than sufficient) 경우로 2A군보다 발암 증거가 낮은 경우들이다. 해당 물질로는 DDT, 선박용 디젤 연료, 휘발유 연료와 휘발유 매연, 납, 나프탈렌, 메틸수은 화합물 등이 있고, 직업으로서 소방관과 드라이클리닝 세탁업이 포함된다.

이 그룹에는 사회적으로 건강 유해 논쟁이 큰 물질이 여럿 포함되어 있다. 고압송전선로의 극저주파 전자파와 핸드폰에서 나오는 라디오파 전자파, 음식으로 야채 절임(pickled vegetable, 식도암 부위)과 커피(방광 부위)가 있다. 커피의 경우 최근 '오히려 건강에 좋다는 연구 결과도 있다'는 내용이 적시되어 있다.

2A군과 2B군은 발암 가능성을 영어로는 각각 'Probable'과 'Possible'로 표현한다. 한글로 옮길 경우 2A군은 '발암 가능성 높음'으로 2B군은 '발암 가능성 있음'으로 표현할 수 있다.

1 발암물질을 분류할 때 1급, 2A급 등으로 지칭하기도 하나, 1군, 2A군 등으로 지칭하는 것이 정확한 표현이다.

3군 발암물질(Group 3)은 미분류 군으로 염소 소독 음용수(수돗물), 머리 염색약, 형광빛, 비행기 연료, 페놀, 톨루엔 등 505개 물질이 이 분류에 속한다. 이 물질들은 발암 여부를 판단할 충분한 정보가 없는 경우인데 사실상 발암물질이 아니라고 여겨진다.

4군 발암물질(Group 4)은 암 관련성이 없다는 것이 확인된 경우로 '카프로락탐'이라는 화학 물질 1개만 분류되어 있다. 그러나 암을 일으키지 않는다고 해서 독성 자체가 없다는 뜻은 아니다.

표 14.1은 IARC의 발암물질 분류와 그룹별 물질의 예를 보여 주고 있다. 이 표를 참고하여 1군 발암물질은 가능한 멀리하는 것이 좋겠다. 전반적으로 발암 관련 연구조사를 통한

표 14.1 IARC의 발암물질 분류와 그룹별 물질의 예

1군 발암물질(113개) 발암 물질 확실	2A군 발암물질(66개) 발암 가능성 높음(Probably)	2B군 발암물질(285개) 발암 가능성 있음(Possibly)
• 아플라톡신 • 베릴륨 • 비소 • 카드뮴 • 크로뮴(VI) 화합물 • 석탄(실내 석탄 연소) • 코크스 • 에스트로젠 테라피 • 에탄올, 아세트알데하이드(술) • 가죽 먼지 • 가죽 산업 • 니켈 화합물 • 석면 • PCB • 플루토늄 • 라듐, 라돈 • 염장 생선(중국식) • 검댕(공장 굴뚝) • 흡연(씹는 담배, 간접흡연 포함) • TCE(트라이클로로에틸렌) • X-선, 감마선, 햇빛 • 페인트공 • 목재 먼지 • 디젤 매연 • 대기 오염 • 미세먼지	• 아크릴아마이드 • 튀김(frying, 고온) • 이발, 미용직 • 납 화합물 • 말라리아 • 석유 정제(직업 노출) • 질소겨자 • 교대근무(수면 장애) • 코발트(with 텅스텐 화합물)	• 아세트알데하이드 • 벤조퓨란 • 카본블랙(검댕) • 코발트(without 텅스텐 화합물) • 커피(방광 부위, 반대 증거도 있음) • DDT • 디젤 연료(선박용) • 가솔린 매연 • 가솔린 • 소방관 • 세탁업(드라이클리닝) • 퓨란 • 납 • 전자장(극저주파, 고압 송전 선로) • 전자기장(라디오파, 핸드폰) • 메틸수은 화합물 • 나프탈렌 • 야채 절임(pickled vegetable, Asia) • 스타이렌 • 임플란트 외과수술(얇은 필름 형태, 금속 자재) • 톨루엔(diisocyanates) • 용접 흄

정보가 축적되면서 발암성이 확인되어 등급이 올라가거나 새롭게 추가되는 경향이 있고, 등급이 낮아지는 경우는 드물다.

14.3 몇 가지 흥미로운 발암물질

흡연

흡연의 나쁜 영향은 다양하게 알려져 있으며, 1군 발암물질로 매우 유명하다. 담배에 많이 들어있는 성분인 니코틴의 중독성은 인간에게 가장 심각한 중독 중의 하나로 여겨진다. 흡연 시 담배 한 개비당 약 2 mg의 니코틴이 체내로 흡수되어 각성 효과를 나타내며, 50~100 mg 정도가 되면 인체에 위험하다. 니코틴은 직접적인 발암물질은 아니지만 다른 물질과 반응하여 니트로사민이라는 1군 발암물질을 유도할 수 있다. 니코틴 외에 담배, 특히 담배 연기에는 매우 많은 위험한 성분이 포함되어 있다. 따라서 담배는 "선진국에서는 인간 건강의 위협 요인 중 방지 가능한 가장 중요한 하나"라고 할 정도이다. 뉴질랜드에서는 2009년 이후 출생자는 앞으로 평생 담배를 살 수 없도록 하는 초강력 흡연 규제 법률이 2022년 말 의회를 통과했다. 이 법률에 따르면 2009년 이후 출생한 사람에 대해 담배를 판매할 경우 15만 뉴질랜드 달러(약 1억 2,523만 원)의 벌금을 물릴 수 있도록 했다.

우리가 익히 아는 흡연의 폐해는 직접 담배를 피우는 1차 흡연을 하지 않는다고 방지할 수 있는 것이 아니다. 즉 담배 피우는 사람 옆에 있으면서 담배 연기를 마시는 '2차(간접) 흡연'은 물론 담배의 화학적 잔류물에 노출되는 것을 의미하는 '3차 흡연'까지 모두 우리에게 악영향을 끼칠 수 있다. 1~3차 흡연의 구분은 그림 14.1을 참조하면 이해하기 쉽다.

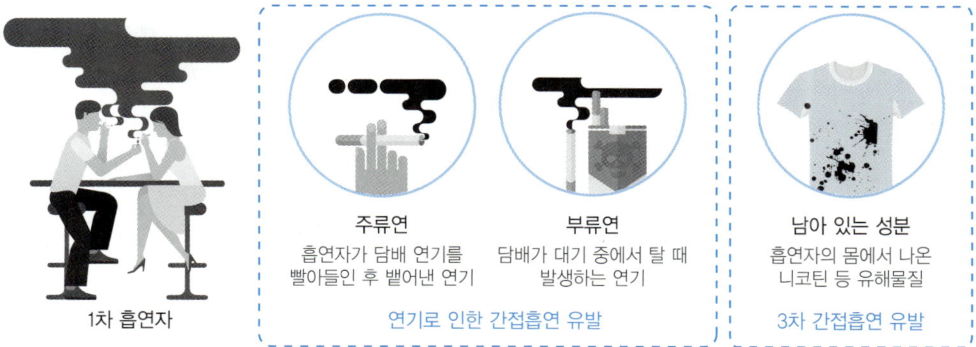

그림 14.1 **흡연의 구분** 왼쪽부터 1차, 2차, 3차 흡연을 보여 주고 있다.

특히 2차 흡연은 매우 위험하다. 흡연자가 직접 마시는 연기는 필터를 통과한 것이지만 간접흡연자들은 생연기에 포함된 물질들과 접촉하기 때문이다. 실제 흡연자가 마신 후 나오는 주류연(필터를 통과한 연기) 대비, 부류연이라고 하는 담배가 대기 중에서 탈 때 발생하는 생연기에는 독성 화학물질이 최대 수십 배 정도로 훨씬 많이 들어 있다. 따라서 간접흡연을 통해 마시는 연기의 양은 적어도 건강에는 더 안 좋을 수 있게 된다.

흡연자의 옷, 머리카락, 피부 등에 묻은 유해 물질이나 방치된 꽁초 등은 주위 사람의 3차 흡연을 유도한다. 이처럼 비록 어떤 사람이 실내에서 담배를 피지 않더라도 여러 경로로 피해를 줄 수 있음이 계속하여 알려지고 있다. 흡연 후 아무리 잘 정리하여도 흡연자의 몸 속에 있던 담배 성분이 호흡을 통해 14분 정도는 배출된다고 하며(비록 1분 후에는 그 양이 매우 적지만), 흡연자가 살고 있던 집은 그 흡연자가 집을 비우더라도 담배 관련 물질이 2개월 이상 남아있다고 한다.

3차 흡연은 어린아이에게 특히 위험한데, 그 이유는 어린이들은 실내에 머무는 시간이 길고, 카펫 등을 기어 다니면서 호흡하며, 몸무게에 비해 체표면적이 크기 때문이다. 비흡연자 가정과 아버지가 흡연자인 가정에서 부인 및 12세 이하 자녀의 모발 속 니코틴 농도를 각각 비교한 결과 후자의 경우 2배 정도 높게 나왔고, 특히 만 6세 이하는 4배나 높았으며, 생후 6개월의 어떤 아기는 하루 1~2개비의 담배를 피우는 성인 흡연자보다도 높은 니코틴 농도를 보였다고 한다. 3차 흡연이 단순히 기분이 나쁜 정도가 아니라 실제적인 피해(예로, 세포의 유전적인 손상 등)를 일으킬 수 있다는 결과도 계속 발표되고 있다. 본인은 물론이고, 가족과 동료 등 주위의 사람들이 2차, 3차 흡연의 피해를 당하지 않기를 원한다면, 금연하는 것이 중요하다.

인공 감미료 아스파탐

아스파탐은 설탕보다 감미도가 약 200배 높아 소량만 사용해도 단맛을 낼 수 있으므로, 제로칼로리 음료는 물론 빵류, 과자류, 음료류 등에 다양하게 활용되고 있다. 2023년 7월에 IARC에서 제로 음료와 막걸리 등 다수의 식품에 들어가는 인공 감미료 아스파탐을 2B군 발암물질로 분류하여 식품업계는 물론이고 소비자들도 관심과 염려를 표하였다. 그러나 아스파탐의 일일섭취허용량이 체중 1 kg당 40 mg으로 설정되었으므로 염려할 정도는 아니다. 이는 체중 60 kg인 성인이 평생 매일 2400 mg을 먹어야 문제가 있을 정도인데, 750 mL 막걸리 한 병에 아스파탐이 약 70 mg 정도 함유된 것으로 계산하면 하루에 30병 이상을 마셔야 충족되는 양이다.

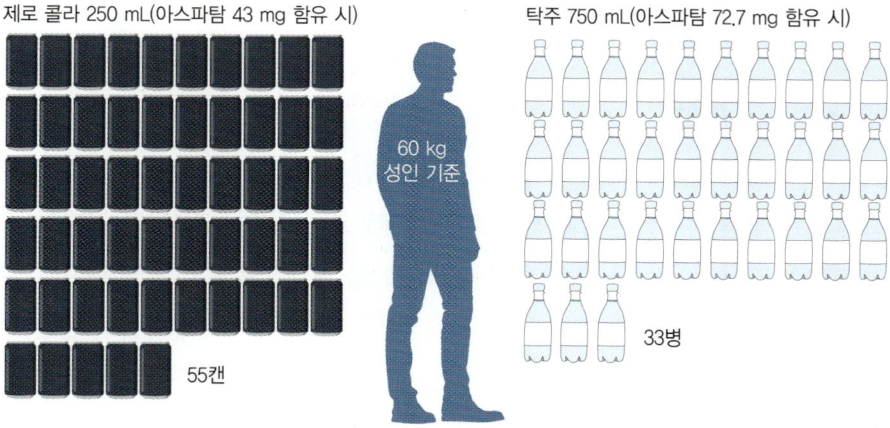

그림 14.2 콜라와 막걸리에 들어가는 아스파탐의 함량

국내 아스파탐 평균 섭취량은 일일섭취허용량의 0.12%로 매우 낮은 수준이다. 그림 14.2는 아스파탐의 일일섭취허용량과 콜라와 막걸리에 들어가는 아스파탐의 함량을 고려했을 때, 60 kg 성인에게 문제가 되는 양을 보여 주고 있다. 하루에 콜라 55캔 혹은 막걸리 33병을 마셔야 문제가 될 수 있으니 크게 염려할 점은 아니다.

아스파탐이 2B군 발암물질에 포함된다는 소식을 듣고 아스파탐이 들어가지 않은 막걸리를 찾는 사람들이 늘었다고 한다. 이는 '발암물질'이라는 단어가 지나치게 겁을 주기 때문이다. 술 속의 에탄올 자체가 1군 발암물질인데, 훨씬 위험성이 낮은 2B군 발암물질 아스파탐이 걱정되어 다른 막걸리를 찾는다는 것은 비논리적이다. 아스파탐이 들어간 막걸리를 마시면서 암을 걱정한다면, 아스파탐을 염려할 것이 아니라 술을 끊어야 한다.

아플라톡신

아플라톡신은 누룩곰팡이의 버섯 종에 의해 생성되는 진균독으로 자연 생성되는 생화학 물질이다. 호두, 땅콩, 잣, 아몬드, 캐슈너트, 피스타치오와 같은 견과류나 참깨, 옥수수, 밀 등을 제대로 보관하지 않아 공기나 습기와 접촉하면서 썩으며 변질되어 생성되는 물질로 1군 발암물질이다. 2023년 10월 31일, 식품의약품안전처는 시중에 유통 중인 '볶음땅콩' 제품에서 발암물질인 아플라톡신이 기준치를 넘어 검출돼 판매 중단 및 회수에 나서기도 했다.

아플라톡신은 덥고 습도가 높은 지역에서 곡류나 견과류에서 많이 발생하는 곰팡이 독소이다. 따라서 견과류나 해당 식품을 냉동, 냉장 보관하여 섭취하는 것이 좋으며, 실내에 두고 한 줌씩 먹는 습관은 좋지 못하다고 볼 수 있다.

빈랑과 빈랑자

빈랑(areca nut)은 빈랑나무의 열매로 카페인처럼 각성효과와 중독성이 있다. 빈랑 열매에 함유된 아레콜린 성분은 2004년 IARC에 의해 2B군 발암물질(특히 구강암)로 등록되었고 2021년 11월 빈랑은 1군, 아레콜린은 2B군으로 개정등록되었다(**참고문헌 1**). 원산지인 인도, 중국, 대만, 사이판, 인도네시아 등 동남아시아 각국의 여러 사람이 빈랑(주로 생과)을 많이 씹는데 중독성 때문에 담배처럼 틈만 나면 씹기도 하고 식사 후에 입을 개운하게 하기 위해 섭취하기도 한다. 구강암에 걸리는 사람들이 늘어나자, 최근에는 금지되기도 하였다.

한약재로 사용하기 위해 지난 5년간 우리나라가 중국에서 수입한 빈랑 약 103톤에 대해 2022년에 크게 이슈가 되기도 하였다. 아레콜린 성분 혹은 빈랑 자체로 인해 구강암 유발·중독·각성 증세 등을 일으킨다는 사실에 대중들이 염려를 표했으나, 그 당시 관세청과 식약처가 마땅한 대책을 마련하지 못했다.

반면, 한의사 협회의 의견은 빈랑과 빈랑자는 서로 다르며, 빈랑과 빈랑자를 구분하지 않아서 생긴 오해라고 하였다. 한의사 협회에 따르면 빈랑자는 빈랑의 잘 익은 씨로, 열매를 채취해 물에 삶아 열매껍질을 벗긴 한약재이기 때문에 빈랑과는 다르다는 입장이다. 다만 빈랑자의 효능을 대체할 한약재가 없는 것이 아니므로 정확한 연구 결과가 나올 때까지 빈랑자 역시 수입 및 섭취를 하지 않는 것이 안전할 것이다.

14.4 발암물질과 건강에의 위험성 비교

발암물질이 매우 건강에 좋지 못한 것은 명확하나, 일반적으로 많이 통용되는 NFPA 704 기준(5장 참조)에서 푸른색으로 정의되는 건강에의 위험성과는 일관된 관계가 없다. 즉, 1군 발암물질이라도 NFPA 704 기준에 따르면 건강에 위험성이 낮을 수 있으며, 발암물질은 아니지만 건강 위험성은 상당히 높다고 분류될 수 있다.

예를 들어 암과 관련성이 없는 4군 발암물질 카프로락탐은 NFPA 704 기준의 건강 위험성이 2등급이다. 반면 페놀은 위험하다고 알고 있고, NFPA 704 기준의 건강 위험성도 3등급으로 분류되어 상당히 조심해야 하는 화학 물질의 하나인데 3군 발암물질로 분류되어 사실상 발암물질이 아니라고 볼 수 있다. 1군 발암물질인 트라이클로로에틸렌과 벤젠은 NFPA 704 기준의 건강 위험성이 2등급으로 아주 우려할 정도의 위험성이 있다고 보지는 않는다.

즉, 암 이외의 또 다른 질병의 가능성, 흡입량, 접촉 가능성 등의 다양한 지표에 따라 건강 위험성은 발암성과 다르게 평가될 수 있다. 따라서 일반 대중은 발암물질은 물론이고 건강에 위험하다고 알려진 물질을 잘 기억하여 함께 멀리하거나 조심하는 것이 필요하다.

14.5 요약

발암물질은 시기에 따라 분류가 달라지기도 하며, 정의에 따라서도 매우 다른 결과로 평가되기도 한다. 그리고 어떤 물질은 발암물질로 분류되지 않아도 건강에 매우 위험할 수 있다. 또 낮은 등급의 발암물질이 높은 등급으로 올라갈 수 있으므로 연구자들은 자신이 주로 다루는 물질에 대해 항상 관심을 가져야 한다. 우리 주위의 많은 물질, 특히 공해물질과 화학 물질은 발암의 원인이 될 수 있다. 그러한 가능성을 고려하여 회피하거나, 사용량을 최소화하거나, 대체품을 찾도록 노력해야 한다.

핵심어 1군 발암물질, 발암물질, IARC, 석면, 비소, 벤젠, 폼알데하이드, 흡연, 알코올, 전리방사선(방사능 물질), 햇빛(자외선), 디젤 매연, 미세먼지

PART

5

환경과 우리의 미래

15장

기후 악당, 대멸종, 인류세

15.1 개요

이 장에서는 '기후 악당'이라고 불리는 우리나라의 현황, 지구상에서 생물종의 다양성이 짧은 시간 동안 광범위한 지역에서 감소하는 것을 의미하는 '대멸종', 새로운 지질시대의 개념으로 인류의 자연환경 파괴로 인해 지구의 환경체계가 급격하게 변화되어 지구환경과 맞서 싸우게 된 시대를 뜻하는 '인류세'에 대해 간략히 기술한다.

15.2 기후 악당

2016년 독립적인 국제 기후 변화 전문 평가기관으로부터 우리나라는 사우디아라비아, 호주, 뉴질랜드와 함께 4대 '기후 악당(Climate Villain)'이라는 평가를 받았다. 주요 이유는 첫째, 2015년 6월 30일 제출한 '국가 온실가스 감축 목표(Nationally Determined Contribution, NDC)'가 우리나라의 기후 변화에 대한 책임과 역량을 고려했을 때 매우 불충분한 목표였기 때문이다. 우리나라의 목표는 산업화 이전 대비 세계 평균 기온의 상승 폭을 1.5~2도 이내로 제한한다는 파리협정의 목표를 전혀 맞출 수 없는 3~4도 상승에 기여하는 수준으로 평가를 받았다.

둘째, 우리나라의 1인당 온실가스 배출량의 가파른 증가 때문이다. 1990년 약 5.8톤이었던 우리나라의 1인당 배출량은 가파르게 늘어나면서 2016년 12.1톤으로 두 배 이상 증가했다. 영국과 독일이 1990년 대비하여 2016년 각각 −43%, −27%의 1인당 배출량을 감축하고, 일본의 배출량이 거의 동일하게 유지되는 동안 우리나라의 1인당 이산화 탄소 배출량은 약 110% 증가했다. 1990년 대비하여 2018년까지 꾸준히 1인당 온실가스 배출량이 증가하는 국가는 주요 OECD 국가 중 우리나라와 튀르키예가 유이한데, 튀르키예는 2018년에도 약 5톤/인으로 절대량이 낮은 국가에 속한다.

셋째, 석탄 화력 발전소 수출 때문이다. 주요 선진국의 경우 기후 변화의 악화를 막기 위해 자국 내 신규 석탄 화력 발전을 단계적으로 퇴출시키면서 동시에 해외 석탄 화력 발전 건설 지원도 중단하고 있다. 우리나라는 2016년 당시 중국 및 일본과 함께 공적 금융기관이 해외 석탄 화력 발전 투자와 건설을 적극적으로 지원하는 세계 3위 국가였다.

넷째, 2020년 온실가스 감축목표 폐기 때문이다. 2009년 11월 정부는 2020년까지 온실가스 감축 목표를 설정했고 이 목표는 2010년 저탄소 녹색성장 기본법 시행령에도 명시가 되었었다. 그러나 이명박·박근혜 정부 시절 우리나라의 연간 온실가스 배출량은 줄어들기는커녕 오히려 꾸준히 증가하였고, 결국 2016년 5월 정부는 목표 달성이 어려워 보이자 법에 명시되어 있던 2020년 온실가스 감축목표(배출전망치 대비 30% 감축)를 슬그머니 삭제하고 2030년 목표치로 대체했다.

또한 독일의 민간 연구단체, GermanWatch가 발표한 '기후 변화 대응 지수(CCPI) 2020'에 따르면 우리나라는 세계 61개국 중 58위를 기록하였다. 이 평가 기준에서 우리나라는 재생에너지와 기후 정책 부문에서는 보통 수준이지만, 온실가스 배출량은 59위, 에너지 소비량은 61위로 거의 꼴찌를 기록했다. 실제로 우리나라는 2016년 기준 이산화 탄소 배출량 세계 7위를 기록했다. 뿐만 아니라 높은 석탄 발전 비중(40.4%), 신규 석탄 발전소 건설(2020년 당시 7기), 해외(베트남) 석탄 발전 공적 금융 지원 등의 이유로 국제사회에서 기후 악당이라는 비판을 꾸준히 받고 있다.

반기문 전 유엔 사무총장은 2020년 10월에 기후와 환경변화의 심각한 영향들을 거론하며, "기후 악당 한국에 남은 시간이 없다… 대통령 왜 미적대나"라고 일갈하기도 했다. 그는 제6차 대멸종이 진행됨에 따라, 동식물이 살 수 없는 지구에서는 인간도 예외가 아니며, 경제적인 측면(농작물 피해 등은)에서도 막대한 손실이 있을 것이라 경고했다. 그리고 국민 건강에 엄청난 악영향을 초래할 것이며, 기후 변화와 미세먼지 문제는 동전의 양면 관계로 인간을 조기 사망에 이르게 하고 코로나19와 같은 전염병을 심화시킬 것으로 예측하였다. 결국 기후 변화에 대응하는 적절한 노력이 없이는 건강, 경제적인 문제 외에 인류 존망이 걸린 문제라고 강조하였다.

2023년 11월 30일부터 12월 13일, 아랍에미리트(UAE) 두바이에서 열린 제28차 유엔 기후 변화 협약 당사국 총회(COP28)에서 우리나라는 화석 연료 확대, '손실과 피해 기금' 불참 등의 이유로 기후 위기 해결을 방해하는 국가에 수여하는 '오늘의 화석상(fossil of the day prize)' 3등을 수상하였다. 캐나다 앨버타주와 노르웨이가 각각 1, 2위를 차지했다. 그리고 기후 변화에 따른 개발도상국의 손실과 피해 대응을 지원하기 위한 기금, '손실과 피해 기금(목표: 초안 기준 5억 달러)'의 기여는 의장국인 아랍에미리트가 1억 달러, 독일 1억 달러, 이탈리아 1억 유로, 유럽연합(EU) 1억 4,539만 달러, 영국 5,100만 달러, 미국 1,750만 달러, 일본 1,000만 달러 등으로 이루어졌다. 총 7억 달러를 넘는 기금을 모았지만 우리나라의 기여는 없었다.

기후 대응 지표도 최악에 가깝다. 국제 평가기관 GermanWatch, 뉴클라이밋연구소, 클라이밋액션네트워크(CAN) 인터내셔널이 2023년 12월 8일 발표한 기후 변화 대응 지수

(CCPI)에 따르면, 우리나라는 지난해보다 4순위 하락한 64위(매우 저조함)를 기록했다. 우리나라보다 낮은 순위인 국가는 화석 연료와 이해관계가 깊게 얽힌 산유국 3국(아랍에미레이트, 이란, 사우디아라비아)으로, 사실상 우리나라보다 기후 위기 대응을 못한 국가는 없는 셈이다.

또한 탄소 배출의 주범으로 꼽히는 석탄 화력 발전소를 신속히 퇴출하자며 2017년 영국과 캐나다 주도로 탈석탄 동맹(PPCA)이 결성되었는데, 2024년 2월 현재 OECD 국가 중에서 우리나라와 일본, 호주, 튀르키예 등 4개 나라만 탈석탄 동맹에 가입하지 않고 있다. 즉, 2023년 말 기준으로 우리나라는 국제적인 기후 분석 기관이나 단체에서 보는 기후 위기 대응에 불성실한 국가, 즉 기후 악당으로 계속 치부되고 있다.

우리나라는 제조업 비율과 수출 의존도가 높은데, 국내 기업에 주요 수출 대상국들의 탄소 배출 규제는 이제 무시 못 할 현실이 되고 있다. 실제로 유럽연합(EU)의 '탄소 국경 조정 제도(Carbon Border Adjustment Mechanism, CBAM)'가 전환 기간을 거쳐 오는 2026년부터 본격적으로 시행되면 철강·알루미늄 등 국내 산업계가 일종의 탄소 관세로 연간 약 5천억 원 이상을 부담해야 할 것이라고 한다. 우리나라가 기후 위기 대응에 불성실하다는 부정적 인식이 강해질수록 수출이나 국가 간 경제 협력에 차질을 빚을 수 있다는 점을 고려해야 한다. 우리나라는 미래의 존폐가 걸린 가장 중요한 과제인 기후 위기 대응에 적극적으로 나서 기후 악당이라는 꼬리표를 하루빨리 떼야 할 것이다.

15.3 대멸종

대멸종은 지구상에서 생물종의 다양성이 짧은 시간 동안 광범위한 지역에서 감소하는 것을 의미한다. 지구상에 생물이 출현한 이후 약 5억 년 동안 총 5차례 발생한 것으로 추정하고 있다. 표 15.1은 과거 발생했던 대멸종의 시기, 주요 멸종 생물, 멸종 비율, 추정 원인 등을 보여 주고 있다.

- 1차: 4억 4,300만 년 전(고생대 오르도비스기/고생대 실루리아기 경계)
- 2차: 3억 7,000만 년 전(고생대 데본기/고생대 석탄기 경계)
- 3차: 2억 4,500만 년 전(고생대 페름기/중생대 트라이아스기 경계)
- 4차: 2억 1,500만 년 전(중생대 트라이아스기/중생대 쥐라기 경계)
- 5차: 6,500만 년 전(중생대 백악기/신생대 제3기 경계)

표 15.1 과거 발생했던 지구 생물대멸종

구분	시기(년 전)	주요 멸종 생물	멸종 비율(%)	추정 원인
오르도비스기	4.5~4.4억	완족동물, 조개류	85	해수면 저하, 우주 방사선
데본기	3.59억	산호	82	급격한 기후 변화
페름기	2.52억	삼엽충, 곤충	95	화산 폭발
트라이아스기	2억	암모나이트, 어룡	76	저산소화
백악기	0.65억	공룡	70	소행성 충돌

고생물학자들은 대멸종의 주요 원인으로 소행성 충돌, 화산 폭발, 기후 변화, 해수면의 변화를 꼽고 있으며, 이러한 원인의 조합일 것으로 추정한다. 그러나 6차 대멸종은 자연이 아닌 인간 활동으로 도래할 수 있다는 우려가 이어지고 있다. 사이언스지에 보고된 하나의 연구는 최악의 페름기 대멸종은 온난화·산소 부족이 그 원인으로 해석하였다(참고문헌 1). 그 논문 연구자들은 기후 모델로 시베리아에서 발생한 대규모 화산 분출로 인한 영향을 계산했다. 분출 직전의 지구 온도와 산소 농도는 현재와 비슷했는데, 시베리아 화산 분출 결과 지구의 온도는 극적으로 올라 적도의 바닷물 온도가 10~15도 상승한 것으로 나타났다. 화산 분출물이 석탄기 동안 쌓인 석탄층을 뚫고 올라와, 석탄이 타면서 발생한 많은 이산화 탄소 등의 온실가스가 대기로 방출되어 극심한 온난화를 일으켰기 때문이다. 대부분 심해저인 바다 밑바닥의 절반에 무산소 상태가 빚어졌고 전체적으로 바다의 산소 농도는 약 80% 감소했다. 적도보다 극지방 쪽으로 갈수록 생물의 멸종률이 높았는데, 이는 열대 바다 생물은 이미 꽤 덥고 낮은 산소 환경에 적응한 상태여서 다른 곳으로 이주해 나갈 수 있었지만 차갑고 산소가 풍부한 바다에 적응한 생물은 도망갈 데가 없었다고 해석할 수 있었다. 또한 **그림 15.1**과 같이 해양 생물이 대량 멸종하면서 공기 중에 독가스인 황화 수소[1]가 많이 배출되어 육지 생물의 70%도 멸종하였다고 추론하였다.

문제는 페름기 대멸종의 상황이 현재의 기후 변화와 유사하다는 점이다. 논문의 저자들은 "지구온난화가 특별한 대책 없이 현재대로 진행된다면 2100년에 해수 온도는 페름기 말 온난화의 20% 수준에 이를 것이고, 2300년이면 35~50% 수준에 이를 것"이라며 (자연에 의한 것이 아니고) 인류가 일으킨 기후 변화 아래서 대규모 멸종이 비슷한 메커니즘으로 일어날 수 있다는 것이 연구의 핵심이라고 하였다.

지구온난화 및 기후 변화에 대한 전 지구적인 신속한 대처의 필요성은 이처럼 거듭 강조해도 지나치지 않는다.

1 황화 수소는 용존 산소가 낮고 온도가 높을수록 잘 발생한다(4장 참조).

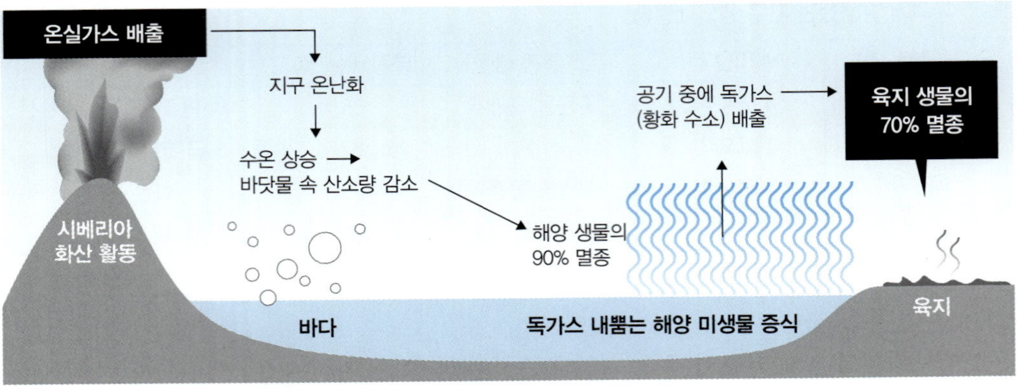

그림 15.1 시베리아 화산 활동에 따른 페름기 대멸종 개요도

15.4 인류세

지구의 연대기 분류는 대(代), 기(紀), 세(世) 등으로 이루어진다. 즉, 매우 긴 시기는 신생대, 중생대, 고생대 등으로 구분되고, 중간 정도의 시기는 백악기, 쥐라기, 트라이스기(모두 중생대의 시기) 등으로 구분되며, 비교적 짧은 시기는 홀로세 및 플라이스토세(신생대 제4기의 시기) 등으로 구분된다. 지금부터 약 200만 년 전까지는 다음에서 설명되는 홀로세와 플라이스토세의 시대이다.

홀로세(충적세)

지금 우리가 사는 시대는 충적세(alluvium)라고 한다. 약 1만 년 전부터 현재까지의 지질시대를 말하며 하천의 퇴적물이 층층이 충적된 때라는 뜻이다. 영어로는 홀로세(Holocene)라고 하는데 홀로(Holo)는 그리스어에서 전체(Whole)를 뜻하는 말이다. 일본에서는 완신세(完新世)라고도 하며 중국에서는 흔히 전신세(全新世)라고도 한다. 현세(現世)(19세기에 쓰던 'recent epoch'를 옮긴 말)라고도 하나 홀로세 혹은 충적세가 일반적으로 사용된다.

플라이스토세(홍적세)

충적세 이전의 약 200만 년간의 시기를 홍적세(diluvium)라고 한다. 노아의 홍수가 있었던 시기라는 뜻이다. 갱신세(更新世) 혹은 최신세(最新世)라고도 불리며, 영어로는 플라이스토세(Pleistocene)라고 한다.

인류세

인류세(Anthropocene)는 파울 크뤼천이 2000년에 처음 제안한 용어[2]로, 새로운 지질 시대 개념이다. 인류의 자연환경 파괴로 인해 지구의 환경체계는 급격하게 변하게 되었고, 그로 인해 지구환경과 맞서 싸우게 된 시대를 뜻한다. 인류세의 가장 큰 특징은 인류에 의한 자연환경 파괴이다. 인류세 도입에 대한 찬반이 있으며, 어느 시점에서 인류세가 시작되었는가 하는 논의도 다양하다. 생물군이 대규모로 이동하고 멸종한 신대륙 발견, 화석 연료를 사용하기 시작한 산업혁명, 핵실험과 인구 폭발로 지구 환경이 급속도로 나빠지기 시작한 20세기 중반 등이 고려되고 있다. 약 6000년 전 농경과 산림 벌채를 시작점으로 보는 시각도 있다.

세(世)는 보통 몇백만 년에서 몇천만 년의 시간을 가지는데 인간의 활동으로 인한 자연 파괴 및 그로 인한 인류세가 도입되면 홀로세는 1만 년도 안 되는 짧은 시기에 밀려날 상황이 될 수 있다. 그만큼 인간에 의한 자연 및 환경의 파괴는 전례가 없는 큰 영향을 빠른 속도, 여러 방면으로 끼치는 것이다.

15.5 요약

인류가 현재의 생활을 포기하지 못한다면 지구 환경 역시 더 이상 견디지 못하고, 인류의 생존에 적합하지 않도록 변화될 것이다. 대멸종, 인류세 같은 단어가 최근 자주 언급되는 배경도 결국 환경오염과 기후 변화 및 인간이 지구에 미치는 악영향 때문이다. 우리나라는 국가의 위상이나 국제적으로 평가받는 능력에 비해 기후 변화에 대한 책임감이나 대처가 너무나 미약하여 기후 악당이란 평가를 받고 있고, 최근까지도 큰 변화가 없다. 이제는 단순히 졸부 취급받고 손가락질받는 것을 넘어 탄소 관세 같은 실제적인 불이익이 눈앞에 와 있다. 지금부터라도 적극적으로 기후 변화와 지구온난화에 대처하는 국가적 노력이 절실하다고 하겠다.

핵심어 기후 변화, 기후 악당, 대멸종, 인류세, 충적세, 홍적세

2 미국의 생태학자 유진 F. 스토머가 1980년대 처음 사용한 것으로 알려져 있으며 네덜란드의 대기학자 파울 크뤼천이 대중화시켰다.

16장

녹색화학과 지속 가능성

이 장에서는 우리뿐만 아니라 미래 세대의 지속 가능한 삶을 고려한 지속 가능성 및 이를 위한 녹색화학의 개념과 현황에 대하여 정리하였다.

16.1 개요

현재와 같은 속도로 기술개발이 이루어지고 대량소비를 지속하여 자연과 환경을 오염시키면 지구는 언제까지 지탱할 수 있을까? 혹은 우리의 다음 세대들은 어떻게 살아갈 수 있을까? 현대 문명을 살아가다 보면 이와 같은 의문을 가질 수 있다. 현대 과학기술 발전의 첨단에 있는 화학이라는 학문은 기술개발과 대량생산 및 대량소비로 인한 환경오염의 원인을 제공하기도 하지만 오염된 환경을 되돌리는 일에도 큰 역할을 할 것으로 기대되고 있다. 이러한 화학의 관점에서 위의 질문에 답하고, 특히 미래 세대의 삶까지 생각하는 개념으로 녹색화학이 도입되었다.

IUPAC(국제순수·응용화학연합)는 녹색화학을 "인간, 동물, 식물 및 환경에 유해한 물질의 사용 혹은 생성을 감소 혹은 없앨 수 있도록 화학제품 및 공정을 설계하는 것"이라고 정의하였다. 비슷하게 화학산업 및 화학제품의 부작용에 대응하여 화학 폐기물의 양을 줄이고 에너지를 절약하며 유해한 물질의 사용 및 배출을 최소화하는 새로운 화학제품 및 공정 개발을 위한 다양한 노력을 녹색화학이라고 한다. 그리고 녹색화학은 환경에 미치는 악영향이 적은 화학기술이나 화학산업을 총칭한다.

또한 녹색화학은 화학물질과 화학제품의 원료·생산·사용·폐기·재활용의 전 과정에서 이들이 사람의 건강과 환경에 미칠 수 있는 부담을 최대한 줄이기 위한 기술이다. 녹색화학은 생체촉매(효소·세포·미생물 등)에 의한 물질합성과 자원절약, 에너지 절약형의 생산 공정, 미생물 분해성의 계면활성제, 플라스틱의 개발 등 그 적용 범위가 아주 넓다. 녹색화학의 과제들 가운데 현재 특히 활발히 추진되고 있는 것으로는 폐기된 뒤에 분해되는 분해성 플라스틱의 개발 및 생산, 유해 물질로 오염된 토양이나 대기를 식물에 의해서 정화하려는 파이토레메디에이션(phytoremediation) 등이 있다.

미국에서는 1995년 무렵에 대통령 클린턴의 제창으로 'Green Chemistry Challenge Program'이 마련되었다. 이 프로그램에는 미국환경보호청(EPA), 미국화학제조업자협회(CMA)와 미국화학학회(ACS) 등이 참가하고 있다. 같은 취지의 기획으로는 OECD가 주최하는 'sustainable chemistry(지속 가능한 화학)'가 있다. 또한 일본에서도 2000년에 화학산업계가 중심이 되어 'Green Sustainable Chemistry Network(GSCN)'가 발족하여 2003년 3월에는 국제회의를 주최하는 등 전 세계적으로 녹색화학 및 지속 가능성을 위한 일들이 진행되고 있다.

16.2 녹색화학의 12원칙

P. T. Anastas 등은 여러 경로를 통해 **표 16.1**과 같은 녹색화학의 12가지 원칙(**참고문헌 1**)을 제시하였고, 이것은 녹색화학을 연구하거나 지속 가능성을 고려할 때 자주 활용되는 개념이 되었다. **표 16.1**처럼 녹색화학의 12원칙은 합성 방법, 공정조건, 사고가능성, 독성, 폐기물 등을 포함하여 '우리뿐만 아니라 미래를 위한 개념'으로 볼 수 있다.

표 16.1 녹색화학의 12원칙

1	폐기물은 만들어지고 나서 처리하는 것보다, 발생을 막는 것이 더 좋다.
2	사용하는 모든 원료가 전부 최종 생성물에 들어가도록 합성 방법을 개발해야 한다.
3	건강과 환경에 덜 해로운 물질을 사용하거나 제조하도록 합성법을 개발해야 한다.
4	물질의 기능은 유지하면서 독성이 적은 물질을 개발해야 한다.
5	용매 등 보조 물질은 가능하면 사용하지 않아야 하며, 사용 시는 무해한 것이어야 한다.
6	가능하다면 물질 합성은 실온과 대기압에서 실시하여 에너지 소비를 줄여야 한다.
7	기술적, 경제적으로 허용된다면, 항상 재생 가능한 원료를 사용해야 한다.
8	합성과정에서 불필요한 유도체는 피하거나 최소화되어야 한다.
9	화학량론적 시약보다는 가능한 한 촉매(될 수 있으면 선택적인 촉매)를 사용하는 것이 바람직하다.
10	화학 물질은 기능을 다한 후에는 해가 없고 분해되는 것으로 고안되어야 한다.
11	실시간으로 화학공정을 감시하고 유해 물질의 생성을 통제할 수 있는 분석법의 개발이 필요하다.
12	화학공정에 사용되는 물질은 여러 사고 가능성이 최소화되도록 선택해야 한다.

16.3 오염 방지의 우선순위

우리는 환경을 보호하고 자원의 효율성을 높이기 위해 많은 노력을 한다. **그림 16.1**은 그러한 노력 중 어디에 더 주안점을 두어야 하는지 잘 보여 주는 개념도이다. 위해물을 폐기 처리할 수는 있지만 이는 가장 바람직하지 못한 방법이다. 자원의 활용도도 매우 낮고 환경오염이 필히 수반될 수 있기 때문이다. 다음으로는 위해물을 덜 위험하게 처리하는 것

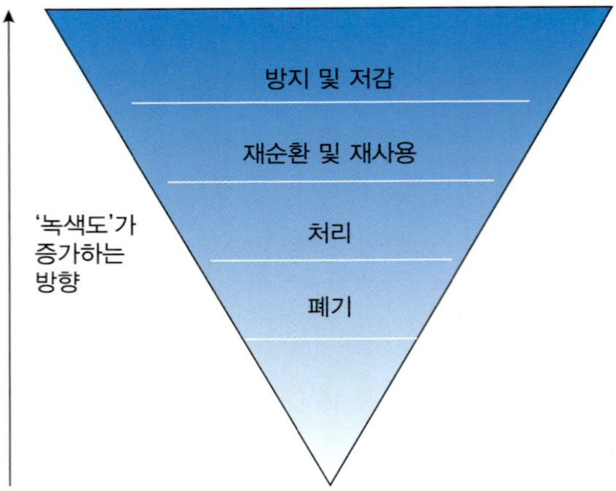

그림 16.1 오염 방지 우선순위

인데 이 방법도 바람직하지 않다. 비록 위험성은 감소할지라도 자원의 재활용도가 낮기 때문이다. 그 다음이 재순환 및 재사용하는 것인데 이때도 필히 에너지와 자원이 소모되고 또 다른 위험물이 발생할 수 있다. 가장 바람직하며 '녹색도'가 높은 방법은 오염 물질의 발생을 미연에 방지하고 가능한 발생량을 최소화하는 것이다. 이러한 노력을 통해 환경에 위험한 물질로의 오염을 방지할 수 있을 뿐만 아니라 자원의 활용도도 높일 수 있다.

16.4 화학 반응의 표현

녹색화학의 이해를 위해 화학 반응을 녹색화학 관점에서 어떻게 표현하는가를 정리하였다.

화학 반응의 표현: 수율

수율(yield)은 다음의 식과 같이 표현된다. 즉, 수율은 이론적으로 최대로 얻을 수 있는 양(몰이나 무게)의 몇 %를 실제 화학 반응 후 얻었는가를 보여 주는 수치이다.

$$\text{수율(\%)} = \frac{\text{분리된 생성물의 몰(혹은 g)}}{\text{이론적으로 얻을 수 있는 생성물의 최대의 몰(혹은 g)}} \times 100\%$$

이 식에서 알 수 있는 바와 같이 수율은 0~100%의 값을 가질 수 있고[1] 일반적으로 수율이 높을수록 바람직하다. 화학 실험에서는 수율이 중요하게 사용된 지표이다. 그러나 녹색화학의 개념이 도입되면서 다른 지표들과 같이 표기되고 있다.

예를 들어 다음 반응에서 78 g의 원료 벤젠으로부터 최대로 얻을 수 있는 제품(무수말레산, maleic anhydride)의 무게는 98 g이다. 제품을 최대로 얻기 위해서는 또 다른 반응물인 산소가 충분히 공급되어야 한다. 즉, 최소 32 g의 산소가 필요하다. 다음에서 보이는 78, 32, 98과 같은 숫자는 각 화합물, 즉 벤젠, 산소, 무수말레산의 화학식량(formula weight, g/mol)이다. 또한 각 화합물 앞의 숫자는 각 반응물 혹은 생성물의 반응계수이며 그만큼 많이 사용되거나 생산된다는 뜻이다.

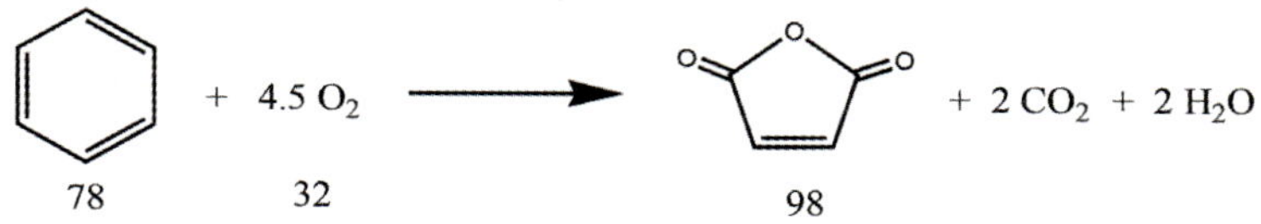

만약 이 반응에 따른 실험에서 생성물 무수말레산 88 g을 얻었다면 수득 백분율은 88 g/98 g × 100 = 90%로 표기된다. 개략적으로 보면 반응은 꽤 잘 진행되었지만 좀 더 조건을 잘 잡고 실험하면 수율을 100%까지 올릴 가능성이 있다는 점을 알 수 있다.

수득 백분율은 가장 널리 그리고 가장 일반적으로 사용되지만 환경 혹은 비용을 고려한 경우에는 적용하는 데 한계가 있기 때문에 다른 지표와 함께 사용된다.

화학 반응의 표현: E-인자

E-인자(E-factor)는 다음 식으로 계산되는 인자이다(참고문헌 2). 즉, 폐기물의 생성량이 높아질수록 E-인자는 일반적으로 증가한다.

$$\text{E-factor} = \frac{\text{생성된 폐기물량(kg)}}{\text{얻어진 바람직한 생성물(kg)}}$$

일반적으로 화학 공장에서 생산량이 증가할수록 생산 기술은 고도화되고 부산물도 재활용되거나 다른 제품으로 변환되어 폐기물 생성량이 원료 사용량 혹은 얻고자 하는 생성물의 양보다 상대적으로 매우 적다. 표 16.2에서 보는 바와 같이 일반적으로 정유공장이나 석유화학공장의 E-인자가 매우 낮다. 반면, 생산 규모가 벌크케미컬, 정밀화학, 제약으

1 실험 결과 100%를 초과한 수율이 나왔다면 용매가 남아 있거나 분석이 잘못되어 오류가 있는 실험이므로 제대로 확인해야 한다.

표 16.2 산업 분야에 따른 생산량, 폐기물 총량 및 E-인자

산업 분야	생산량(톤/년)	폐기물 총량(톤)	E-인자
정유	10^6~10^8	10^6	<0.1
벌크케미컬	10^4~10^6	10^5	<1~5
정밀화학	10^2~10^4	10^4	5~50
제약	10~10^3	10^3	25~100

로 갈수록 적어지고 폐기물 생성량은 생성물의 양에 비해 상당히 크게 증가한다. 따라서 제약 산업으로 갈수록 E-인자가 매우 높게 얻어진다. E-인자를 고려하면, 작은 규모의 생산 시설에서도 부산물 및 폐기물의 관리 및 저감을 위한 노력이 필요함을 알 수 있다.

화학 반응의 표현: 원자경제

원자경제(Atom Economy, AE)는 다음 식에 의해 얻어지는 지표이며 100 g의 전체 반응물로부터 몇 g의 바람직한 생성물이 얻어지는가를 보여 주는 개념이다.

$$원자경제 = \frac{바람직한\ 생성물(들)의\ 화학식량(g/mol)}{반응물들의\ 화학식량의\ 합(g/mol)} \times 100\%$$

다음의 2가지 화학 반응식들은 무수말레산을 제조하는 경우를 보여 주고 있다.

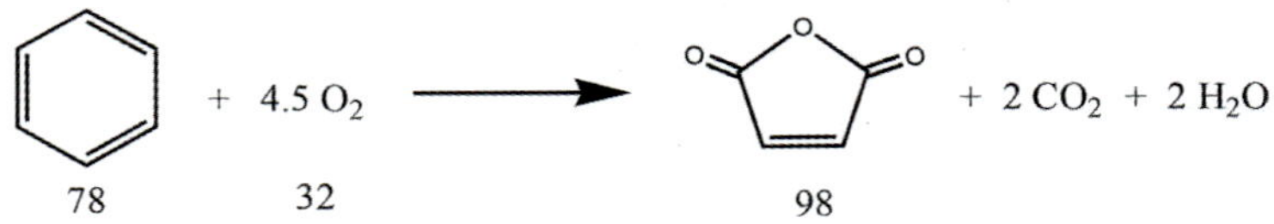

AE = 98/(78+4.5*32)*100 = 44%

AE = 98/(56+3*32)*100 = 64%

즉, 반응물로 각각 벤젠 및 1-뷰테인을 사용하고 있으며 바람직한 생성물은 무수말레산이다. 각각의 반응식과 각 원료의 화학식량(formula weight, g/mol)을 나타내었다. 무수말

레산을 벤젠의 산화로 얻을 때에는 원자경제가 44%이지만 1-뷰테인을 산화하여 얻을 시에 원자경제는 64%이다. 상대적으로 1-뷰테인을 사용하는 경우가 벤젠을 산화하는 경우보다 유리함을 알 수 있으며 이러한 사실은 벤젠을 사용하는 반응에서는 이산화탄소로 소모되는 반응물이 있다는 점을 고려하면 쉽게 이해할 수 있다.

화학 반응의 표현: 원자효율과 탄소효율

원자효율(atom efficiency)과 탄소효율(carbon efficiency)의 두 가지 지표는 각각 다음과 같이 정의된다(참고문헌 2).

$$\text{원자효율} = \text{원자경제} \times \text{수율}$$

$$\text{탄소효율} = \frac{\text{생성물에 들어가는 탄소 몰}}{\text{반응물들에 들어있는 탄소 몰}} \times 100\,\%$$

원자효율은 원자경제와 수율을 고려한 지표로 원자경제는 이론적인 개념이고 수율은 실제 실험에서 혹은 생산에서 얻는 측정되는 개념으로 두 가지 개념을 모두 포함하는 개념으로 볼 수 있다. 즉, 원자경제와 수율이 모두 높아야만 원자효율이 높아질 수 있다. 탄소효율은 현재 화학공업 또는 많은 반응에서 탄소를 함유한 반응물을 많이 다루는 데 배경을 두고 있다. 여기서 생성물에 얼마나 탄소가 남느냐가 매우 중요하다. 왜냐하면 탄소가 부산물로 사라지는 경우 대부분의 부산물들은 이산화 탄소, 일산화 탄소 혹은 메테인 등 환경에 문제가 있거나 상대적으로 경제성이 낮은 물질들이기 때문이다. 즉, 탄소효율이 100%라면 어떤 반응에서 반응물 속의 탄소가 적어도 무의미한 이산화 탄소나 일산화 탄소 등으로 전환되는 일은 없다고 볼 수 있는 것이다.

화학 반응의 표현: 유효 질량수율

유효 질량수율(Effective Mass Yield, EMY)은 다음 식과 같이 계산되는 지표이다(참고문헌 3). 식에서 보는 바와 같이 바람직하지 않은 원료를 적게 사용할수록 그리고 바람직한 생성물이 많이 얻어질수록 유효 질량수율은 증가하고 경우에 따라서는 유효 질량수율은 100%를 초과할 수도 있다.

$$EMY = \frac{\text{바람직한 생성물의 무게(g)}}{\text{환경친화적이지 않은 반응물들의 무게(g)}} \times 100\%$$

다음 화학 반응식은 *n*-뷰탄올과 초산 사이의 에스터화 반응식을 보여 주고 있으며 각 물질의 화학식량과 사용된 반응물과 얻어진 생성물의 무게 등을 보여 주고 있다. 생성물은 에스터이고 *n*-뷰탄올이 환경친화적이지 않은 반응물이라면 유효 질량수율은 다음과 같이 108%이다. 유효 질량수율은 얼마나 환경친화적이지 못한 반응물을 이용하여 바람직한 생성물을 얻었는가의 좋은 척도가 될 수 있으나 반응물이 환경친화적인지 아닌지를 어떻게 판단하는가가 문제가 될 수 있다. 관점에 따라서 다르게 해석될 소지가 있기 때문이다.

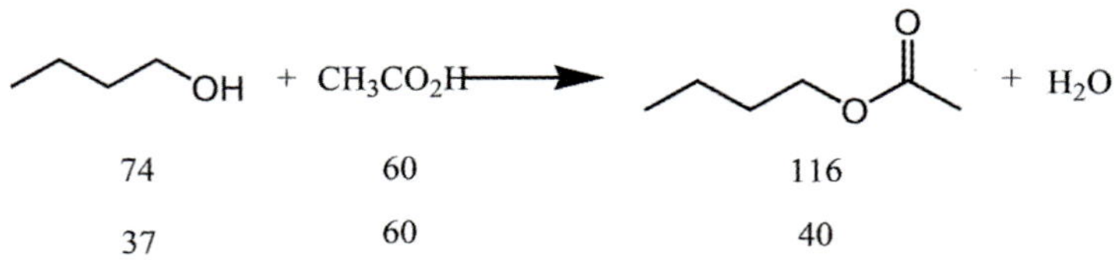

EMY = (40/37)*100% = 108%

원자경제와 E-인자의 비교

메틸페닐케톤이라고 하는 생성물은 메틸페닐메탄올이라는 알코올을 산화하여 얻을 수 있으며 반응식에 보인 바와 같이 2가지 경로를 통해 얻을 수 있다.[2] 촉매적 산화 반응에서는 산화제로 산소를 활용하고 촉매를 적용한다. 부산물로는 물만 얻어지고 따라서 원자경제는 87%이고 E-인자는 약 0.1로 낮다. 반면, 촉매를 사용하지 않고 산화제로 삼산화 크로뮴을 사용하는 당량적 산화 반응의 경우 물 이외에 부산물 황산 크로뮴(III)이 매우 다량 얻어진다(실제 황산 크로뮴(III)의 화학식량이 매우 크기 때문이다). 따라서 원자경제는 42%로 낮은데 E-인자는 약 1.5로 매우 높다.

즉, 촉매적 산화 반응은 당량적 산화 반응에 비해 원자경제는 물론이고 E-인자 측면에서도 바람직한 반응임을 알 수 있다. 이는 녹색화학의 12원칙의 9번 "화학량론적 시약보다는 가능한 한 촉매(될 수 있으면 선택적인 촉매)를 사용하는 것이 바람직하다"라는 원칙과도 잘 일치함을 알 수 있다.

2 반응식 아래의 숫자는 각 화학물질의 화학식량(g/mol)을 나타낸다.

1. 촉매적 산화 반응

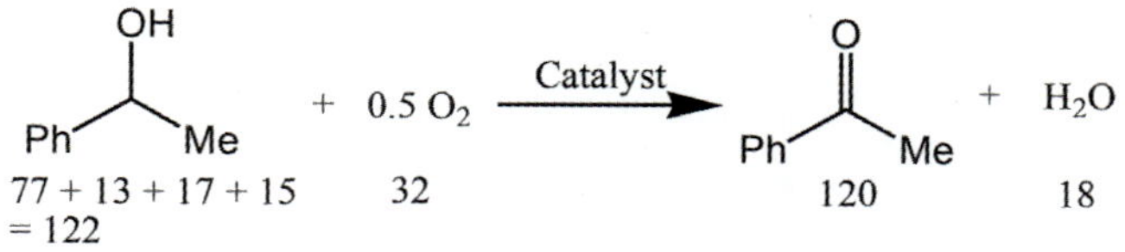

2. 당량적 산화 반응

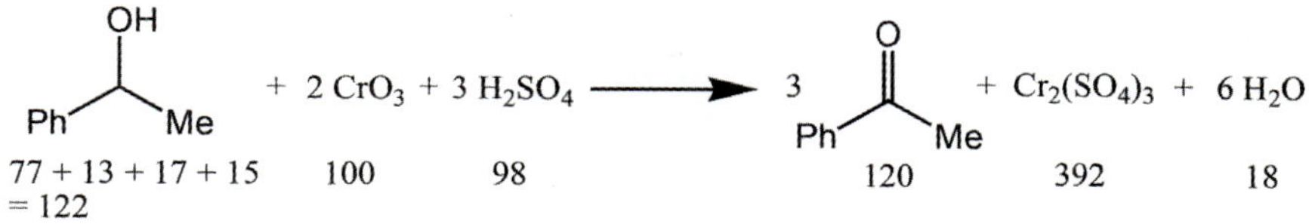

* Ph: phenyl or $C_6H_5^-$

! 중요

화학 반응의 표현 중 헷갈리기 쉬운 점

- 수율, 원자경제, 원자효율, 탄소효율은 높으면 높을수록 바람직하나 100%를 초과할 수는 없다.
- E-인자는 유일하게 낮으면 낮을수록 바람직한 지표이다.
- E-인자와 '유효 질량수율'은, 지표 중 유이하게 100% 혹은 1을 넘을 수 있는 지표들이다.

16.5 신화학 혹은 이상적 합성

그림 16.2는 이상적 합성을 위해 요구되는 8가지 조건이다. 우선 반응은 1단계 반응으로 진행되고 안전해야 하며 원자효율은 높고 단순해야 한다. 그리고 수율은 100%여야 하고 주위에서 쉽게 구할 수 있는 재료나 원료를 활용할 수 있어야 하며 환경적으로 허용 가능한 반응이어야 하고 반응물의 손실은 없어야 하는 등의 특징이 있다. 물론 어느 것 하나 쉬운 조건은 없지만 미래의 화학 기술 개발은 이러한 관점에서 이루어져야 할 것이다. 이러한 관점에서 이러한 개념들에 바탕을 둔 화학을 '신화학'이라고도 한다(**참고문헌 4**).

비슷한 개념으로 미래에는 1단계 반응을 추구하고 녹색화학에 기반한 반응을 추구하되 촉매를 이용하며 생물 모방, 소형화, 고속 스크리닝 등을 통해 보다 이상적인 화학 및 반응이 가능할 것으로 기대된다. 특히 미국 버클리 대학의 Somorjai 교수는 녹색화학, 신화학 혹은 미래의 화학을 위해 "촉매가 아주 중요한 역할을 할 것이다"라고 강조하였다. 이러한 개념은 녹색화학의 12가지 원칙에서 9번과 잘 일치한다.

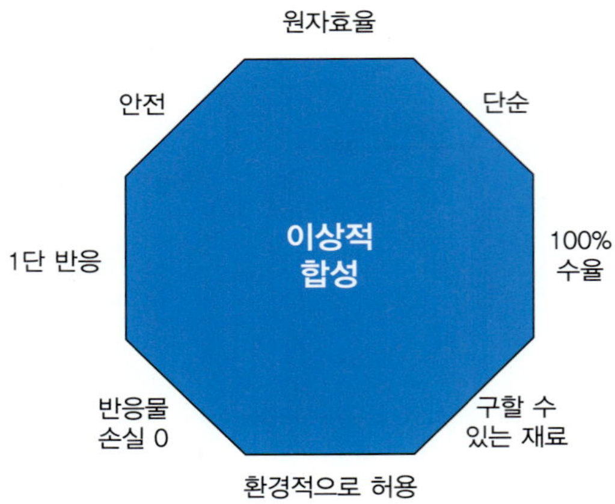

그림 16.2 이상적 합성의 8가지 조건

16.6 청정 기술을 위한 6가지 항목

신화학 혹은 이상적 합성과 유사하게 영국 요크 대학의 J. Clark 교수는 청정기술(clean technology)을 위한 중요 항목으로 그림 16.3에서와 같이 6가지를 제시하였다. 이 항목들이 다음과 같이 서로 연계되어 청정 기술로 이어진다.

- 재생 가능한 자원을 이용하여 초임계 유체나 이온성 액체를 용매나 공정에 활용
- 전기 이외의 마이크로파나 초음파 및 플라스마 같은 새로운 에너지를 이용

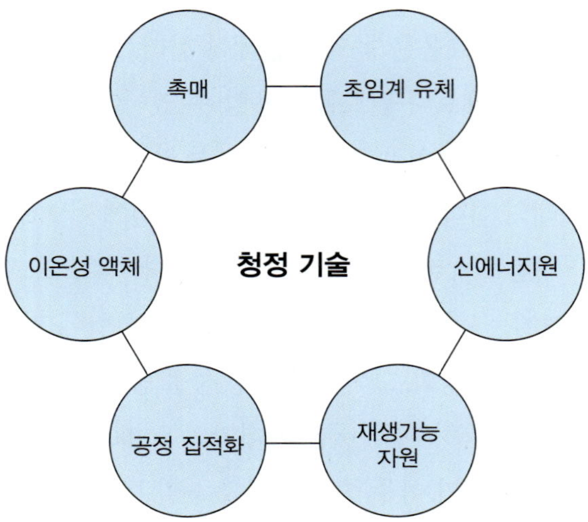

그림 16.3 청정 기술을 위한 6가지 항목

• 공정을 집적화하여 가능한 작은 단계의 반응으로 생성물을 획득

한편, 이러한 과정에서 촉매가 아주 중요한 역할을 한다고 강조하였다.

16.7 녹색화학의 예시

카프로락탐

나일론과 플라스틱의 원료로 주로 사용되는 카프로락탐(참고문헌 5)은 전통적으로 매우 많은 양의 폐기물을 발생하는 공정으로 악명이 높았다. 그림 9.4에서 보인 바와 같이 전통적 공정에서는 1톤의 카프로락탐을 만들 때 폐기물(주로 염이다)이 약 2.5~8톤 얻어졌다. 대량 생산되는 카프로락탐의 특성을 고려하면 폐기물 처리가 생산공정의 가장 큰 애로사항이 될 정도였다. 개선된 공정의 하나의 예는 **그림 16.4**의 "2) 개선된 공정"으로 표기된 기술이며 황산 등의 강산 대신에 과산화 수소를 산화제로 활용하고 TS-1과 고실리카 MFI라고 하는 산성의 고체를 촉매로 사용하여 폐기물 발생을 크게 줄일 수 있었다.

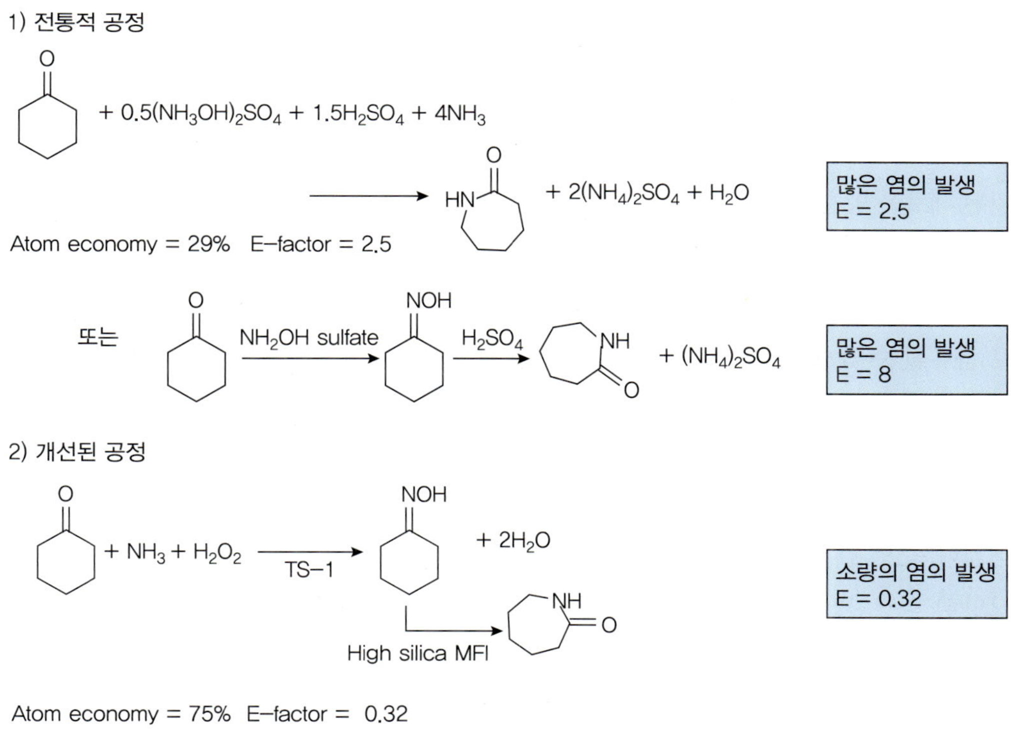

그림 16.4 카프로락탐 제조 공정 및 E-인자 비교

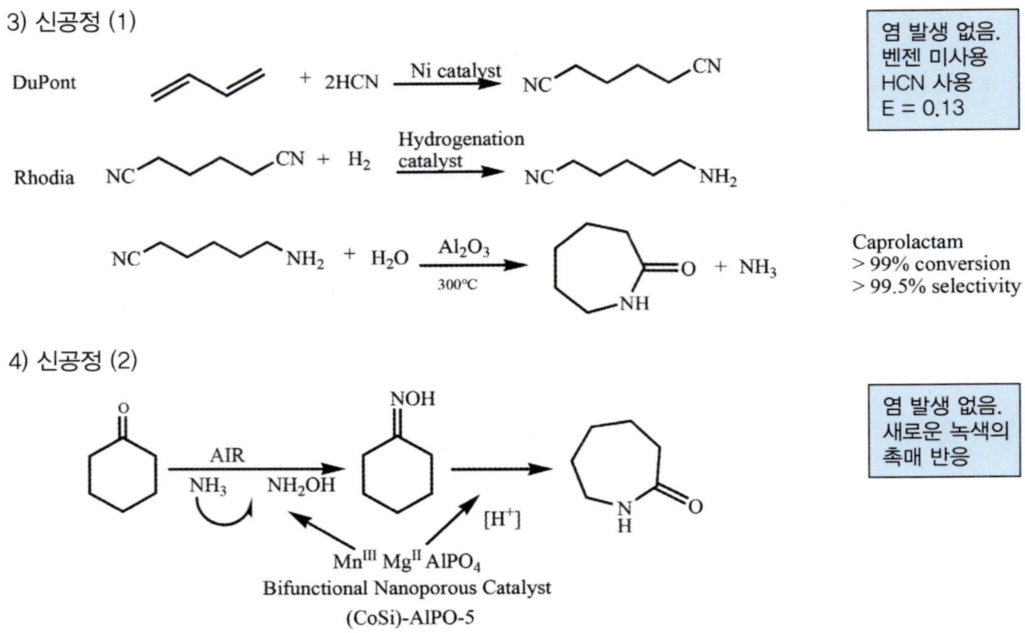

그림 16.5 카프로락탐의 새로운 제조 공정 및 특징

카프로락탐을 생산하는 더욱 개선된 신공정도 소개되었는데 그림 16.5의 신공정 (1)로 표기된 공정은 듀폰 사와 로디아 사가 공동으로 개발한 것이다(참고문헌 5). 염의 발생도 무시할 만하고 벤젠을 사용하지 않고 E=0.13으로 폐기물 발생도 아주 적다. 그러나 듀폰 공정에서는 매우 위험한 사이안화 수소(HCN)를 사용하는 문제점이 있다. 신공정 (2)로 표기된 새로운 방법은 J. M. Thomas 등이 제안한 공정으로, 역시 염의 발생은 무시할 만하고 (CoSi)-AlPO-5라고 하는 다공성 고체 촉매, 즉 코발트와 실리콘이 들어간 알루미노포스페이트-5를 사용한 새로운 기술이다(참고문헌 6). 이러한 기술은 녹색화학의 촉매 반응으로 분류될 수 있으나 상업화를 위해서는 해결해야 할 숙제가 남아 있다.

아디프산

나일론의 원료로 주로 사용되는 아디프산(참고문헌 7)은 사이클로헥세인의 산화로 얻어지나 공정 조건이 고온 및 고압이고 2단계로 진행될 뿐만 아니라 질산을 사용하는 등 상당히 환경친화적이지 못하였다. 그림 16.6과 같이 오존과 자외선을 이용하여 상온 및 1기압에서 아디프산과 같은 다이카복실산을 얻는 공정이 보고되었으며, 새로운 공정개발을 위한 노력이 계속되고 있다. 상업화를 위해서는 많은 기술개발이 필요하지만 온화한 반응조건 및 질산을 사용하지 않는 점 등이 녹색화학의 개념과 잘 맞는다.

(A) Industrial nitric acid process

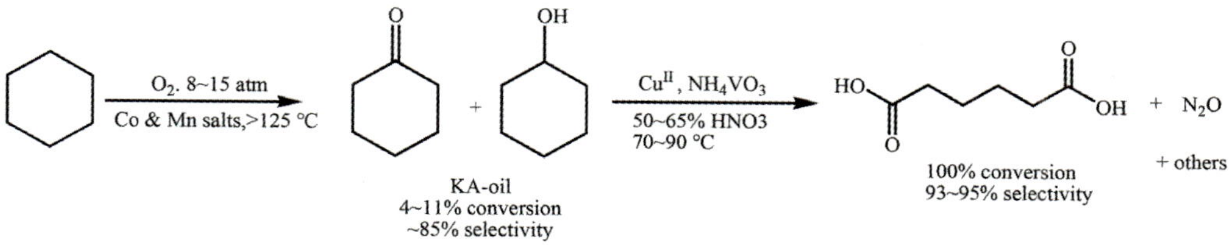

전통적 공정: 염, 강산 사용으로 폐기물 많이 발생

(B) O_3–UV method

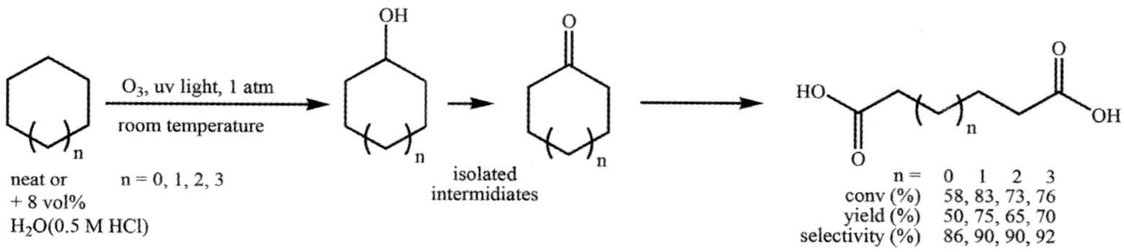

신공정으로 폐기물 소량 발생

그림 16.6 아디프산을 제조하는 전통적 공정 및 신공정 대비

폴리카보네이트

폴리카보네이트(참고문헌 8)는 유연성 및 가공성이 우수한 고분자로 아크릴이나 유리의 대체품 혹은 보완재로 많이 쓰인다. **그림 16.7**은 폴리카보네이트를 얻는 2가지의 공정을 보여 주고 있다. 지금까지 폴리카보네이트는 전통적으로 매우 위험한 반응물인 포스젠을 사용하여 제조되었다. 그 외에도 전통적 공정에서는 위험한 일산화 탄소, 비스페놀-A 및 다이클로로메테인 등도 사용되었다. 그러나 **그림 16.7**의 아랫부분과 같이 위험한 포스젠과 일산화 탄소를 사용하지 않고 산화 에틸렌과 이산화 탄소로부터 폴리카보네이트를 얻는 공정이 2003년에 소개되었다. 이 공정에서는 중간체들이 생성물까지 사이클을 그리면서 변환되는 특징을 가진다. 이 공정은 비록 비스페놀-A를 사용하지만 상업화된다면 이산화 탄소를 유용한 화합물로 바꾸어 지구온난화 가스를 줄이는 또 다른 효과도 기대된다.

용매

많은 화학 반응은 용매(참고문헌 9)를 사용하여 진행되며, 용매는 다른 원료에 비해 그 사용량이 일반적으로 매우 크다. 따라서 용매를 잘 선택하는 것은 다양한 측면에서 중요하다. 다음은 환경, 안전 등의 측면에서 용매의 선택에 대한 설명이다.

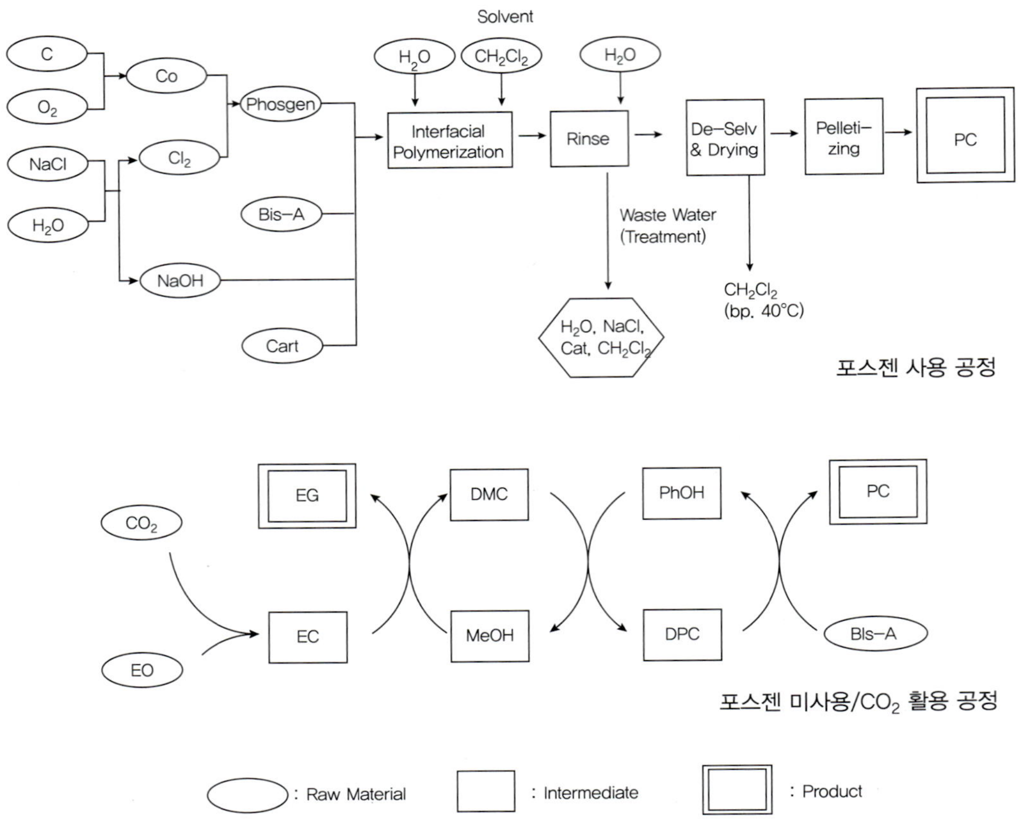

약어 설명	
Bis–A: 비스페놀–A	DMC: 다이메틸카보네이트
EG: 에틸렌글라이콜	DPC: 다이페닐카보네이트
EC: 에틸렌카보네이트	PC: 폴리카보네이트
EO: 산화에틸렌	

그림 16.7 폴리카보네이트를 얻는 두 가지 공정

다양한 용매 중 큰 문제 없이 편하게 사용할 수 있는 것으로는 물, 아세톤, 에탄올, 2–프로판올, 1–프로판올, 에틸아세테이트, 아이소프로필아세테이트, 메탄올, 메틸에틸케톤, 1–뷰테인올, t–뷰테인올 등이 있다. 반면, 사용하지 않는 것이 권고되는 용매로는 펜테인, 헥세인류, 다이아이소프로필에터, 다이에틸에터, 다이클로로메테인, 다이클로로에테인, 클로로폼, 다이메틸폼아마이드, N–메틸필롤리돈, 피리딘, 다이메틸아세테이트, 다이옥세인, 다이메톡시에테인, 벤젠, 사염화 탄소 등이 있다. 사용하지 말라고 하는 이유는 펜테인, 헥세인류, 다이에틸에터는 너무 쉽게 불이 붙기 때문이고 다이아이소프로필에터는 쉽게 과산화물을 형성하기 때문이다. 또한 다이클로로메테인은 유해 물질이며 다이클로로에테

표 16.3 바람직하지 못한 용매와 대체 가능한 용매

바람직하지 못한 용매	대체 용매
펜테인	헵테인
헥세인류	헵테인
다이아이소프로필에터 혹 다이에틸에터	2-메틸테트라하이드로퓨란 혹 메틸 t-뷰틸에터
다이옥세인 혹 다이메톡시에테인	2-메틸테트라하이드로퓨란 혹 메틸 t-뷰틸에터
클로로폼, 다이클로로에테인, 사염화 탄소	다이클로로메테인
다이메틸폼아마이드, 다이메틸아세트아마이드 혹 N-메틸피롤리돈	아세토나이트릴
피리딘	트라이에틸아민 (피리딘이 염기로 사용될 때)
다이클로로메테인(추출용)	에틸아세테이트, 메틸 t-뷰틸에터, 톨루엔, 2-메틸테트라하이드로퓨란
다이클로로메테인(크로마토그래피용)	에틸아세테이트/헵테인
벤젠	톨루엔

인과 클로로폼은 발암 물질이고 다이메틸폼아마이드와 N-메틸필롤리돈은 독성 물질이다. 피리딘(3군), 다이옥세인(3군), 다이메톡시에테인(2군), 벤젠(1군)과 사염화 탄소(3군)는 각각 발암물질이다.

표 16.3은 바람직하지 못한 용매와 그들의 가능한 대체 용매를 보여 주고 있다. 위험하거나 건강에 해로운 용매보다는 대체 가능한 덜 위험하고 건강에 덜 해로운 용매를 사용해야 한다.

16.8 지속 가능성

지속 가능성(sustainability)이란 우리의 미래 세대가 그들의 수요를 충족시킬 능력을 훼손하지 않으면서 현재 세대의 수요를 충족하는 것으로 정의된다(참고문헌 10). 또한 자원의 개발, 투자, 기술개발, 제도적 변화 등을 할 때 인간의 필요와 염원을 만족시키기 위해 현재는 물론이고 미래까지 고려하여 변화를 균형 잡히게 하는 과정(process)이다. 그리고 생태계가 "미래에도 유지할 수 있는 제반 환경"이란 의미로 한마디로 '미래 유지 가능성'으로 요약된다. 지속 가능성은 인간과 자원의 공생, 개발과 보전의 조화, 현 세대와 미래 세대 간의 형평성 등을 추구한다. 지속 가능성을 위해 생물 다양성과 생태계를 보존하는 등 미래의 사람과 환경 모두를 위해 최선을 다해 노력하는 것이 필요하다.

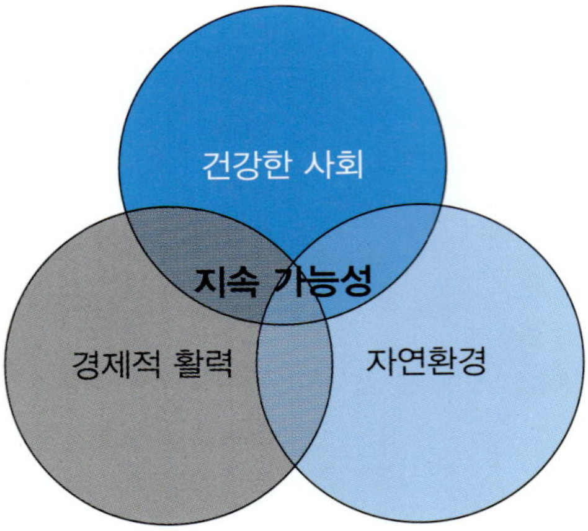

그림 16.8 지속 가능성의 3가지 주요한 구성요소

그림 16.8은 지속 가능성의 3가지 주요한 구성요소, 즉 건강한 사회, 자연환경, 경제적 활력 등을 보여 주고 있다. 즉, 지속 가능성은 건강한 사회, 경제적 활력, 그리고 건강한 자연환경에 의해 얻어질 수 있다고 요약할 수 있다.

지속 가능성이라는 용어는 인간활동, 경제나 경영, 기후와 환경, 국가정책 등에 광범위하게 사용되고 있다. 또한 지속 가능성은 기업 경영에도 화두가 되고 있다. 기업의 사회적 책임 경영이 확산되고 사회책임투자펀드가 늘어나는 것은 이러한 지속 가능성 때문이다.

한편, 예전에 흔히 사용된 용어인 '지속 가능한 발전'은 표현에 있어 '끊임없는 발전'의 의미를 연상시킨다는 일부의 비판을 받았다. '발전'을 위해 자원의 무분별한 낭비가 발생할 수 있고 모든 사람이 '발전'을 염두에 두는 스트레스 등을 고려하여 최근에는 '지속 가능한 발전'은 잘 사용되지 않고 '지속 가능성'을 주로 사용한다.

16.9 요약

환경은 오염된 후 정제하는 것보다 오염을 미연에 방지하는 것이 매우 바람직하며 이를 위하여 화학 반응 및 공정에서 화학 폐기물의 양을 줄이고 에너지를 절약하며 유해 물질의 사용 및 배출을 최소화하는 새로운 화학제품 및 공정 개발을 위한 다양한 노력이 요구되며, 이를 녹색화학이라고 한다.

어떤 반응, 공정 및 제품 등이 녹색화학에 부합한지 여부는 E-인자, 원자경제 및 유효질량수율(effective mass yield, EMY), 원자(혹 탄소)효율 등으로 검토할 수 있으며 전통적이며 단순한 수율(yield) 혹은 수득 백분율(yield %)은 적합하지 못한 척도이다.

우리 세대뿐만 아니라 미래를 위해서도 지속가능성을 항상 고려해야 하며 녹색화학은 지속가능성의 가장 우수한 척도 중 하나이다. 그러나 녹색화학은 환경화학과 많은 차이가 있다는 점을 알고 녹색화학을 실천하도록 해야 한다.

핵심어 녹색화학, 신화학, 지속 가능성, 원자경제, 원자효율, 유효 질량수율, 이상적 합성, 탄소효율, E-인자

부록

A1 “기술, 에너지 및 생활과 환경” 관련 기초 및 과학 용어

A2 “기술, 에너지 및 생활과 환경” 관련 용어 정리

A1 "기술, 에너지 및 생활과 환경" 관련 기초 및 과학 용어

이 책과 관련하여 자주 사용되는, 그리고 기초적이며 과학적인 용어들을 정리하였다. 또한 이 책의 내용을 이해하는 데 도움이 될 과학적 기초도 정리하였다. 여기에 소개된 과학 용어 외에 중요한 용어는 "A2. 기술 에너지 및 생활과 환경" 관련에 정리되어 있다.

- **A1.1 원자** 물질을 구성하는 기본 입자를 원자라고 하며, 화학 원소로서의 특성을 잃지 않는 범위에서 도달할 수 있는 물질의 기본적인 최소 입자를 말한다. 원자는 원자핵과 전자로 이루어져 있고 또한 원자핵은 양성자와 중성자로 구성된다. 원자는 지름이 10^{-10} m 정도로 매우 작아서 맨 눈으로 볼 수 없다.
- **A1.2 분자** 두 개 이상의 원자들이 결합하여 특정한 모양을 이룬 것을 분자라고 하며, 주로 화학의 대상 물질이며 자연 상태로 존재할 수 있는 순수한 물체(예를 들어 물, 산소, 오존 등)의 최소 단위를 이룬다. 보통 고체, 액체, 기체 상태로 존재할 수 있으며 분자 간의 거리가 변화하면서 고체, 액체, 기체의 3가지 상태로 변한다. 분자는 쪼개져서 다시 원자가 될 수 있으며 원자의 종류 및 결합 형태에 따라 수많은 종류의 분자가 얻어질 수 있다.
- **A1.3 이온** 원자나 분자가 전자를 얻거나 잃게 되면 각각 음의 전하 및 양의 전하를 띤 입자가 만들어지며, 양전하를 띤 이온은 양이온(cation), 음전하를 띤 이온은 음이온(anion)이라고 한다.
- **A1.4 원소** 예로, 이산화 탄소를 분해하면 산소와 탄소로 나누어지나, 산소와 탄소는 더 이상 다른 물질로 분해되지 않는다. 이처럼 다른 물질로 분해되지 않는, 물질을 이루는 기본 성분을 원소라고 한다. 지금까지 알려진 원소는 약 110개이고 일부는 인공으로 만들어진 것이다. 몇 가지 원소를 예로 들면, 1번 수소(H)는 가장 작고 가벼운 원소이자 우주에 가장 풍부한 원소이다. 6번 탄소(C)는 유기물의 근간이 되는 생명의 원소로, 결합력이 좋아 다른 원소는 물론이고 자신과도 결합하여 수많은 분자가 될 수 있다. 플라스틱과 같은 고분자 물질, 석유와 석탄 같은 에너지 물질, DNA와 같은 복잡한 유전물질도 탄소를 기초로 만들어지거나 구성되어 있다. 화학, 특히 유기화학이라는 학문은 탄소 기반의 분자를 주로 연구하고 다루므로 화학 관련된 분야에 탄소란 말이 자주 등장하기도 한다. 일례로 대한화학회 산하에 탄소문화원이라는 기관이 있고 탄소문화상을 수상하기도 하였다. 산소(O)는 8번 원소이며 지구 표면에 있는 원소 중 무게로 양이 가장 많은 원소이고 우주에서도 수소와 헬륨 다음으로 많은 원소이다. 철(Fe), 금(Au) 및 우라늄(U)은 각각 26, 79 및 92번 원소이며 금속이다.

참고로 원자와 원소는 유사한 용어이지만, 의미는 다르다. 원소는 물질을 이루는 기본적인 성분을 나타내는 말로 추상적인 의미이고, 반면 원자는 분자 같은 물질을 이루는 가장 작은 입자라는 개념으로 셀 수 있고 구체적이다. 예를 들면, 물(H_2O)을 구성하는 원소는 수소와 산소이며, 물(H_2O)을 구성하는 원자는 '수소 원자 2개와 산소 원자 1개이다'(여기서 원자를 원소로 바꾸면 어색하다)라고 말할 수 있다. 또한 동위 원소는 자주 듣는 용어이지만, 동위 원자라고는 하지 않는다. 원소 기호와 원소 주기율표(periodic table of the elements)라고 흔히들 말하지만, 원자 기호와 원자 주기율표라고는 잘 쓰지 않는다.

- **A1.5 원자 기호** 물질은 원자로 구성되며 각각의 원자는 원자 기호로 표기할 수 있다. 위에서 본 것처럼 수소는 H, 산소는 O, 철은 Fe로 표기하는데 H, O, Fe가 각각 원자 기호이다. **그림 A1.1**은 원자 번호 19번인 포타슘(혹은 칼륨)의 원자 기호이다. **그림 A1.1**에서 보는 바와 같이 K는 원자 기호이고 K의 왼쪽 아래와 위의 숫자 19와 39는 각각 원자 번호 및 질량수(양성자와 중성자 숫자를 합친 숫자)를 의미한다. 39는 다음에서 설명하는 것처럼 39 g/mol을 의미한다.

그림 A1.1 **원자 번호 19인 포타슘(K)의 원자 기호.** 양성자 수 및 질량수 등의 다양한 정보를 보여 주고 있다.

또한 **그림 A1.2**와 같이 3가지의 수소를 볼 수 있다.

$${}^{1}_{1}\mathrm{H} = \text{수소}$$

$${}^{2}_{1}\mathrm{H} = \text{중수소}$$

$${}^{3}_{1}\mathrm{H} = \text{삼중수소}$$

그림 A1.2 **1번 원소인 수소(H)의 3가지 원자 기호**

마지막으로 염소 원소도 질량수 35 혹은 37을 가질 수 있는 두 종류의 동위 원소가 있으며(**그림 A1.3** 참조), 자연계에 존재하는 비율을 고려하면 염소는 $35 \times 0.75 + 37 \times 0.25 = 35.5$의 원자량을 가짐을 알 수 있다. 또한 원자로 이루어진 분자도 원자처럼 원자 기호를 이용하여 표기할 수 있고 화학 반응을 간편하게 나타낼 수 있다. 예로 물과 소금은 각각 H_2O 및 NaCl로 표기되고 물이 분해되어 수소와 산소로 되는 것은 $2H_2O \longrightarrow 2H_2 + O_2$로 표기된다.

주기율표 Periodic Table of the Elements

원소 기호 → C ← 원자 번호 6
영어명 → Carbon
한글명 → 탄소
원자량 → 12.011

금속 (Metal)
준금속 (Semimetal)
비금속 (Nonmetal)

주기＼족	1	2	3	4	5	6	7	8	9	10	11	12	13	14	15	16	17	18
1	H 1 Hydrogen 수소 1.007																	He 2 Helium 헬륨 4.0026
2	Li 3 Lithium 리튬 6.941	Be 4 Beryllium 베릴륨 9.0122											B 5 Boron 붕소 10.811	C 6 Carbon 탄소 12.011	N 7 Nitrogen 질소 14.0067	O 8 Oxygen 산소 15.9994	F 9 Fluorine 플루오린 18.9984	Ne 10 Neon 네온 20.1797
3	Na 11 Sodium 소듐(나트륨) 22.9898	Mg 12 Magnesium 마그네슘 24.305											Al 13 Aluminium 알루미늄 26.9815	Si 14 Silicon 규소 28.0855	P 15 Phosphorus 인 30.9738	S 16 Sulfur 황 32.0650	Cl 17 Chlorine 염소 35.4533	Ar 18 Argon 아르곤 39.948
4	K 19 Potassium 포타슘(칼륨) 39.0983	Ca 20 Calcium 칼슘 40.078	Sc 21 Scandium 스칸듐 44.9559	Ti 22 Titanium 타이타늄 47.867	V 23 Vanadium 바나듐 50.9415	Cr 24 Chromium 크로뮴 51.9961	Mn 25 Manganese 망가니즈 54.938	Fe 26 Iron 철 55.845	Co 27 Cobalt 코발트 58.9332	Ni 28 Nickel 니켈 58.6934	Cu 29 Copper 구리 63.546	Zn 30 Zinc 아연 65.409	Ga 31 Gallium 갈륨 69.723	Ge 32 Germanium 저마늄 72.64	As 33 Arsenic 비소 74.9216	Se 34 Selenium 셀레늄 78.96	Br 35 Bromine 브로민 79.904	Kr 36 Krypton 크립톤 83.798
5	Rb 37 Rubidium 루비듐 85.4678	Sr 38 Strontium 스트론튬 87.62	Y 39 Yttrium 이트륨 88.9059	Zr 40 Zirconium 지르코늄 91.224	Nb 41 Niobium 나이오븀 92.9064	Mo 42 Molybdenum 몰리브데넘 95.94	Tc 43 Technetium 테크네튬 98.9063	Ru 44 Ruthenium 루테늄 101.07	Rh 45 Rhodium 로듐 102.9055	Pd 46 Palladium 팔라듐 06.421	Ag 47 Silver 은 107.8682	Cd 48 Cadmium 카드뮴 112.411	In 49 Indium 인듐 114.818	Sn 50 Tin 주석 118.71	Sb 51 Antimony 안티모니 121.76	Te 52 Tellurium 텔루륨 127.6	I 53 Iodine 아이오딘 126.9045	Xe 54 Xenon 제논 131.293
6	Cs 55 Cesium 세슘 132.9055	Ba 56 Barium 바륨 137.327		Hf 72 Hafnium 하프늄 178.49	Ta 73 Tantalum 탄탈럼 180.9479	W 74 Tungsten 텅스텐 183.84	Re 75 Rhenium 레늄 186.207	Os 76 Osmium 오스뮴 190.23	Ir 77 Iridium 이리듐 192.217	Pt 78 Platinum 백금 95.078	Au 79 Gold 금 196.9666	Hg 80 Mercury 수은 200.59	Tl 81 Thallium 탈륨 204.3833	Pb 82 Lead 납 207.2	Bi 83 Bismuth 비스무트 208.9804	Po 84 Polonium 폴로늄 208.9824	At 85 Astatine 아스타틴 209.9871	Rn 86 Radon 라돈 222.0176
7	Fr 87 Francium 프랑슘 223.0197	Ra 88 Radium 라듐 226.0254		Rf 104 Rutherfordium 러더포듐 261.1088	Db 105 Dubnium 더브늄 262.1142	Sg 106 Seaborgium 시보귬 266.1219	Bh 107 Bohrium 보륨 264.1247	Hs 108 Hassium 하슘 269.13	Mt 109 Meitnerium 마이트너륨 268.1388	Ds 110 Darmstadtium 다름스타튬 271.15	Rg 111 Roentgenium 뢴트게늄 272.1535	Cn 112 Copernicium 코페르니슘 (277)	Nh 113 Nihonium 니호늄 (284.18)	Fl 114 Flerovium 플레로븀 (289.19)	Mc 115 Moscovium 모스코븀 (288.19)	Lv 116 Livermorium 리버모륨 (293)	Ts 117 Tennessine 테네신 (294)	Og 118 Oganesson 오가네손 (294)

란타넘족 (Lanthanides)	6	La 57 Lanthanum 란타넘 138.9055	Ce 58 Cerium 세륨 140.116	Pr 59 Praseodymium 프라세오디뮴 140.9077	Nd 60 Neodymium 네오디뮴 144.24	Pm 61 Promethium 프로메튬 146.9151	Sm 62 Samarium 사마륨 150.36	Eu 63 Europium 유로퓸 51.964	Gd 64 Gadolinium 가돌리늄 157.25	Tb 65 Terbium 터븀 22.9898	Dy 66 Dysprosium 디스프로슘 162.5	Ho 67 Holmium 홀뮴 164.93	Er 68 Erbium 어븀 167.259	Tm 69 Thulium 툴륨 168.9342	Yb 70 Ytterbium 이터븀 173.04	Lu 71 Lutetium 루테튬 174.967
악티늄족 (Actinides)	7	Ac 89 Actinium 악티늄 227.0278	Th 90 Thorium 토륨 232.0381	Pa 91 Protactinium 프로트악티늄 231.0359	U 92 Uranium 우라늄 238.0289	Np 93 Neptunium 넵투늄 237.0482	Pu 94 Plutonium 플루토늄 244.0642	Am 95 Americium 아메리슘 243.0614	Cm 96 Curium 퀴륨 247.0703	Bk 97 Berkelium 버클륨 247.0703	Cf 98 Californium 캘리포늄 251.0796	Es 99 Einsteinium 아인슈타이늄 252.083	Fm 100 Fermium 페르뮴 257.0951	Md 101 Mendelevium 멘델레븀 258.0984	No 102 Nobelium 노벨륨 259.101	Lr 103 Lawrencium 로렌슘 262.1097

그림 A1.4 현대의 주기율표

$$^{35}_{17}Cl \quad ^{37}_{17}Cl$$
$$(75\,\%) \quad (25\,\%)$$

그림 A1.3 원자 번호 17번인 염소(Cl)의 2가지 원자 기호 및 자연계의 존재 비율

- A1.6 주기율표 원소들을 원자 번호순으로 배열하여 비슷한 성질의 원소들이 수직으로 배열되게 만든 것을 말하며, 주기율표는 러시아 화학자인 멘델레예프가 1869년 처음 만든 것으로 인정되고 있다. 물질을 다루는 실험실이나 교수연구실에는 거의 모두 주기율표를 게시해 둔 것을 볼 수 있는데, 그 이유는 어떤 원소의 성질을 주기율표에 있는 그 원소의 위치로부터 거의 정확하게 알 수 있기 때문이다. 2019년 현재, 주기율표에는 최대 118개 원소가 번호별로 특성에 맞춰 정리되어 있다. 그림 A1.4는 현대의 주기율표를 보여 주고 있다.

- A1.7 몰(mole 혹은 mol) 원자나 분자 같은 물질은 너무나 작고 우리가 보통 보거나 다루는 물질은 엄청나게 많은 수의 원자, 이온 혹은 분자를 포함한다. 따라서 원자, 이온과 분자들을 다루는 사람들의 편리성을 위해서 사용되는, 그러한 물질들의 양을 나타내기 위해 사용하는 단위의 하나가 몰이다. 연필 한 다스는 12자리를 의미하고 계란 한 판은 30개를 의미하는 것처럼 분자와 원자 등이 6.02×10^{23}개로 구성된 것을 몰(mole 혹은 mol)이라고 부른다. 즉, 어떤 물질 1 mole은 그 물질 6.02×10^{23} 단위로 구성되어 있다. 보다 정확한 의미로는 몰은 정확히 12 g의 순수한 ^{12}C 중에 들어 있는 탄소 원자의 수와 같은 수를 뜻하며, 그 값은 아보가드로수[1]라고 하며 대략 6.02×10^{23}이다.

  보통 사람은 실제 원자나 분자의 숫자를 헤아려 본 적이 없고 쉽게 셀 수도 없으므로 물 1몰을 약 18 g이라고 생각하고 18 g의 물속에는 물 분자가 6.02×10^{23}개 있다고 생각하면 된다. 유사하게 산소(O_2)와 이산화 탄소(CO_2) 1몰은 각각 대략 32 g 및 44 g에 해당되는 양이다.

  주기율표에서 보면 H, O, C는 대략 1, 16, 12 g/mol의 원자량을 가지므로, H_2O는 $1 \times 2 + 16 = 18$ g/mol로 계산될 수 있고 그 의미는 물 1몰은 18 g이라는 뜻이다. CO_2는 $12 + 16 \times 2 = 44$ g/mol로 계산될 수 있고 그 의미는 유사하게 이산화 탄소 1몰은 44 g임을 의미한다. 또한 O_2는 $16 \times 2 = 32$ g/mol이고 CH_4는 $12 + 1 \times 4 = 16$ g/mol이다.

  아래의 반응에서 반응 아래에 표기된 숫자(16, 64, 44, 36 등의 화학식량, g/mol)들을 보면

$$CH_4(g) + 2O_2(g) \longrightarrow CO_2(g) + 2H_2O(g) \text{ (괄호 안의 g는 가스를 의미함)}$$
$$16 \qquad 64 \longrightarrow 44 \qquad 36$$

  메테인 16 g을 연소시키는 데에는 산소 64 g이 필요하고 메테인이 완전히 연소되면 44 g의

1 아보가드로수의 측정: X선 결정학을 기초로 하여 규소의 결정을 측정하여 구할 수 있고 간단히 화학전지 실험을 통하거나 기체 분자 운동론과 브라운 운동 등을 통해서도 측정 가능하다.

이산화 탄소와 36 g의 물이 얻어진다는 것을 보여 주고 있다. 이를 다른 말로 표현하면 반응의 계수를 참조, 메테인 1몰은 산소 2몰과 반응하여 이산화 탄소 1몰 및 물 2몰을 발생할 수 있다고 정리할 수 있다.

- A1.8 농도 표기 자연과학에는 다양한 농도의 단위가 사용되고 있으며, 다음은 주로 환경 분야의 자료에 많이 언급되는 농도들이다.

  - %(백분율): 기준량을 100으로 할 때 비교하는 양.
  - ‰(per mille, 퍼밀): 기준량을 1000으로 할 때 비교하는 양. 해양 화학에서 중요하며, 예를 들면 해수 1 kg 중에 염분 35.0 g을 포함하는 것을 표준 해수라고 하며 35.0퍼밀이라고 표현한다. 바닷물 농도를 논할 때 요즘은 ‰가 아닌 psu(practical salinity unit)라는 단위를 사용한다. 1 ‰ = 1.004715 psu로 둘 사이에 큰 차이는 없다.
  - bp(만분율, basis point): 기준량을 10,000으로 할 때 비교하는 양. 금융 분야에 많이 사용된다.
  - ppm(parts-per-million, 10^{-6}): 백만분율. 예로 물 1 kg 중에 다른 물질 'A'가 10 mg 함유되어 있는 경우, 그 물은 10 ppm의 'A'를 함유한다고 한다.
  - ppb(parts-per-billion, 10^{-9}): 10억분율. ppm의 1/1000.
  - ppt(parts-per-trillion, 10^{-12}): 1조분율. ppb의 1/1000.
  - ppq(parts-per-quadrillion, 10^{-15}): 1000조분율. ppt의 1/1000.

참고로 용액의 농도를 나타내는 데 자주 사용되는 단위인 몰농도(M)는 용액 1리터에 1몰의 용질이 존재할 때 1 M의 농도라고 한다. (즉, M = mole/L이다. mole과 M은 서로 다르므로 헷갈리지 않도록 유의한다.)

- A1.9 온도 물체의 차고 뜨거운 정도를 수량으로 나타낸 물리량을 말하며 과학적 측정에서 주로 사용되는 온도 단위는 섭씨(Celsius)와 켈빈(Kelvin) 온도, 혹은 절대 온도이며 다음과 같은 특성을 가진다.

  - 섭씨(Celcius) 온도(°C): 물의 성질에 기초하여 측정한 온도이다. 즉, 0 °C는 물의 어는점, 100 °C는 물의 끓는점으로 정의하여 나타내는 온도이다.
  - 절대 온도(K): 기체의 성질에 기초한 온도이며 음의 절대 온도는 없다. K와 °C는 다음과 같은 관계를 가진다.

$$K = {}^{\circ}C + 273.15 \text{ (일반적으로는 } {}^{\circ}C + 273\text{라고 해도 무방하다)}$$

  - 화씨(Fahrenheit) 온도(°F): 얼음이 녹는점을 32 °F, 물이 끓는점을 212 °F로 하여 그 사이를

180등분한 온도이다. 과학적 측정에서는 거의 사용되지 않으며 화씨 온도는 미국, 미얀마, 라이베리아, 벨리즈 등 아주 일부 국가에서만 사용된다. 화씨와 섭씨 온도의 관계는 다음과 같이 표현된다.

$$°F = 9/5(°C) + 32$$
$$°C = 5/9(°F - 32)$$

위의 관계식에서 확인할 수 있는 바와 같이 −40 °C와 −40 °F는 같다. 즉, 화씨와 섭씨 온도가 같은 점은 −40도이다. 참고로 화씨 온도는 꽤 인간적인 온도라고도 한다. 그 이유는 0 °F는 인간을 동사시킬 수 있는 온도이고 100 °F는 인간을 열로 죽일 수 있는 온도라고 하며, 따라서 인간이 살 수 있는 온도 범위가 대략 0~100 °F(−17.8~37.8 °C) 정도라고 보기 때문이다. **그림 A1.5**는 3가지 온도를 서로 비교한 것으로 물이 얼고 끓는 온도 및 정상 체온(37 °C)을 3가지 온도 기준으로 비교하여 보여 주고 있다.

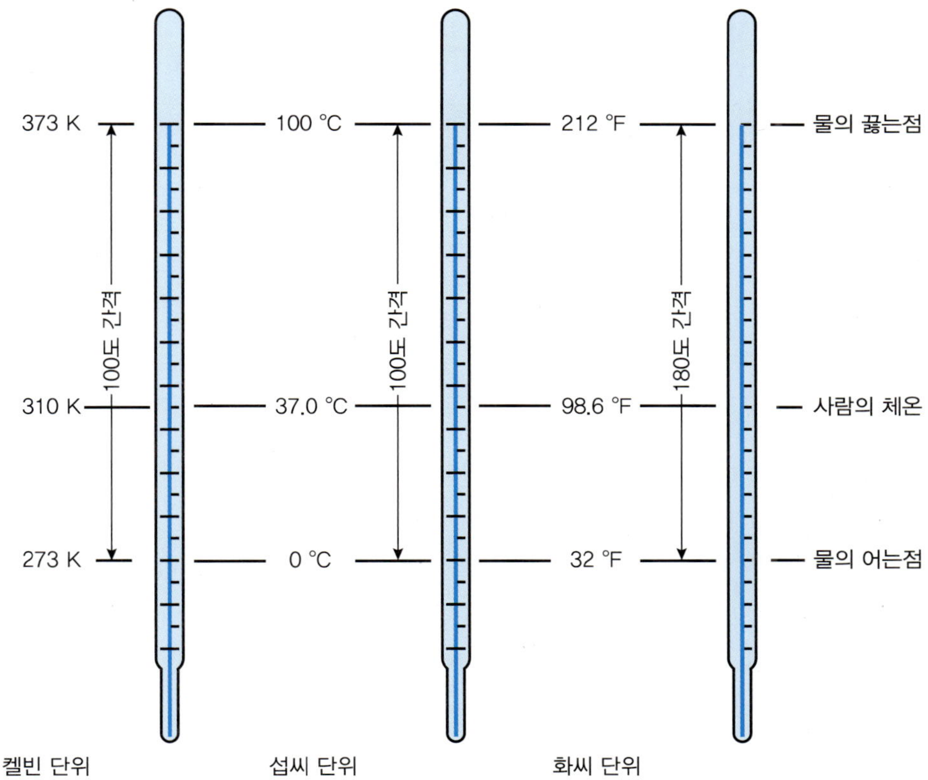

그림 A1.5 섭씨(°C), 화씨(°F), 켈빈(Kelvin, K) 온도의 관계

• **A1.10 자연과학에서 자주 사용되는 접두어** 빛의 이동 속도 및 전자의 무게 등 표기하는 양의 차이가 워낙 크므로 자연과학에서는 **표 A1.1**과 같이 다양한 접두어를 사용하며 그 기호,

의미 및 지수로 표기한 의미 등을 정리할 수 있다.

예로, 진공 속에서의 빛의 속도 c는 약 3.0×10^8 m/s로 보통 표기되며, 8개의 0을 적는 수고를 덜 수 있다.

표 A1.1 자연과학에서 흔히 사용되는 접두어, 기호 및 그 의미

접두어	기호	의미	지수 표기
exa	E	1,000,000,000,000,000,000	10^{18}
peta	P	1,000,000,000,000,000	10^{15}
tera	T	1,000,000,000,000	10^{12}
giga	G	1,000,000,000	10^{9}
mega	M	1,000,000	10^{6}
kilo	k	1,000	10^{3}
hecto	h	100	10^{2}
deka	da	10	10^{1}
-	-	1	10^{0}
deci	d	0.1	10^{-1}
centi	c	0.01	10^{-2}
milli	m	0.001	10^{-3}
micro	μ	0.000001	10^{-6}
nano	n	0.000000001	10^{-9}
pico	p	0.000000000001	10^{-12}
femto	f	0.000000000000001	10^{-15}
atto	a	0.000000000000000001	10^{-18}

• **A1.11 pH와 pOH** pH =−log [H^+]; pOH = −log [OH^-]로 각각 정의되며 [ ]는 어떤 물질의 몰농도(M 혹은 mol/L)를 의미한다. 따라서 위 식들의 의미는 H^+(양성자) 및 OH^-의 몰농도를 각각 로그를 취한 후 부호를 바꾼 (혹은 −1을 곱한) 값이 pH 및 pOH 값이다. pH와 pOH는 로그 스케일이므로 1 차이가 날 때 실제 농도는 10배 차이가 난다. 예로 pH 2와 pH 3인 용액은 양성자 농도가 각각 0.01 M 및 0.001 M이며, pH 2가 pH 3보다 10배 더 높은 양성자 농도를 가진다.

또한 pH + pOH = 14.00의 관계가 25 °C의 용액에서는 항상 성립하고 25 °C에서 pH가 7.00이면 중성, 7을 초과하면 염기성, 7 미만이면 산성이라고 한다. 다음 그림 A1.6은 주위에 흔히 보이는 물질의 pH와 pOH 값들을 보여 주고 있다. 예를 들어 위산은 매우 강산이고 반대로 가정용 표백제는 매우 강한 염기성이다.

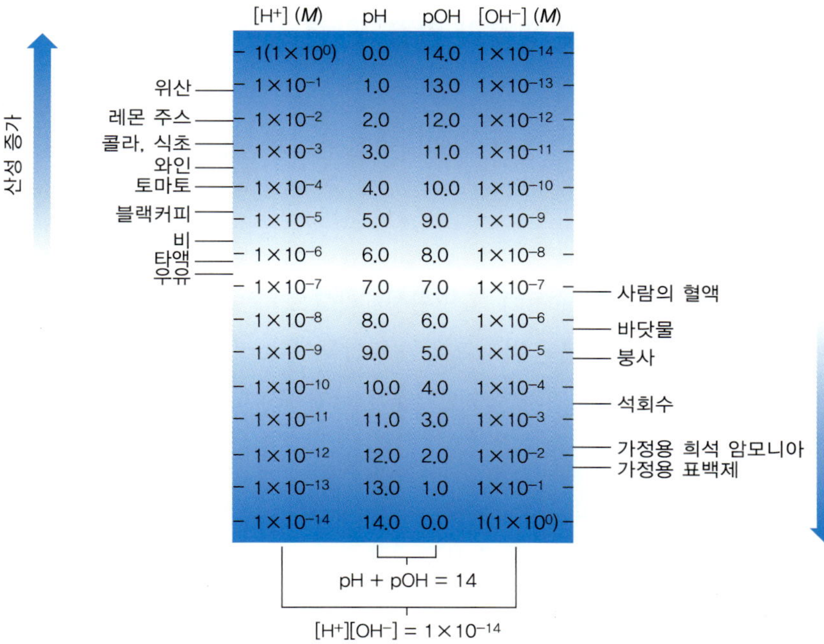

그림 A1.6 pH와 pOH의 의미 및 25 ℃에서의 상호 관계

- **A1.12 전자기 복사선(electromagnetic radiation, 전자기파 혹 전자파)** 전기장과 자기장의 두 가지 성분으로 구성된 파동을 의미하며, 공간을 광속으로 전파한다. 전자기파는 광자를 매개로 전달되며 파장에 따라 구분된다. 모든 전자기 복사선의 속도는 동일하며, 빛(우리 눈에 보이는 전자기 복사선)의 속력, 3.00×10^8 m/s와 같다. 즉, $c = \lambda\nu$의 관계가 성립한다.[2] 한편, 전파(radiowave)는 전자기파의 일종으로서 적외선보다 파장이 긴 것(파장이 0.1 mm 이상)을 의미한다.

  또한 적외선과 자외선은 가시광선보다 파장이 각각 길거나 짧은 전자기 복사선을 의미하며 자외선은 보통 10~400 nm 사이의 빛을 의미한다. 가장 파장이 긴 것부터 UVA, UVB 및 UVC로 구분된다. 즉, UVC는 가장 파장이 짧은 UV로 가장 높은 에너지를 가지며 혹시라도 인체에 UVC가 조사되면 위험하다.

- **A1.13 반감기** 반응물 혹은 방사선 동위 원소 등의 농도가 초기 농도의 절반에 도달하는 데 걸리는 시간을 의미하며, 반응 혹은 붕괴 속도에 따라 매우 넓은 범위를 가진다. 예로, ^{15}C는 2.4초의 반감기를 가지나 ^{14}C는 5,730년의 반감기를 가져 오래된 유물의 나이를 측정하는 데 활용할 수 있다. 원자력 발전에서 나오는 핵물질은 대부분 반감기가 매우 길어 오랫동안 방사선이 발생하고 우리와 환경에 계속 나쁜 영향을 끼치므로 그 효과가 심각하다고 볼 수 있다.

2 λ는 파장(단위: m)을, ν는 주파수(단위: s^{-1})를 의미한다.

A2 "기술, 에너지 및 생활과 환경" 관련 용어 정리

이 책을 읽는 데 도움이 되고 환경 관련 이해의 깊이를 높이기 위해서 자주 사용되는 중요한 용어들을 정리하였다.

- **계면활성제(surface active agent)** 표면활성제라고도 하며, 물에 녹기 쉬운 친수성 부분과 기름에 녹기 쉬운 소수성 부분을 가지고 있는 화합물이다. 비누와 합성세제의 주성분으로 탄화수소계 화합물로서 친수성기와 소수성기를 동시에 포함하고 있어 옷의 때를 제거하는 역할을 주로 한다.
- **과플루오린화 화합물(perfluorinated compounds, PFCs)** 탄소(C)와 플루오린(F)으로 이루어진 화합물(C-F 결합을 가지되 C-H 결합은 없음)로 화학적, 열역학적으로 안정하여 식품 포장제, 필름, 의류 등 다양한 생활용품에 사용된다. 그러나 과플루오린화 화합물은 쉽게 분해되지 않아 환경 및 사람 몸 안에 오래 잔류함으로써 위해가 우려되고 있다. 환경 중에 높은 빈도로 검출되는 종류로는 PFOS(perfluorooctane sulfonate)와 PFOA(perfluorooctanoic acid) 등이 있으며, 스톡홀름 협약을 통해 PFOS 물질을 잔류성 유기오염 물질(persistent organic pollutants, POPs)로 지정하여 국제적 관리가 이루어지고 있다.
- **그레이 수소** 주로 천연가스를 개질하여 얻는 수소를 말하며, 특히 CO_2 등의 온실가스를 제거하지 않으며 생산되는 수소를 의미한다. 2023년 현재 생산되는 수소의 약 96%를 차지한다.
- **그린 수소** 신재생 에너지를 이용해 물을 전기분해하여 얻어지는 수소를 의미한다.
- **나프타(naphtha)** 원유를 분별증류하여 여러 종류의 석유제품을 만드는 공정에서 얻어지는 중요한 제품의 하나이다. 원유를 증류할 때 대략 30~200 °C의 온도 구간에서 증류되어 증류탑 밖으로 나오는 유분을 나프타라고 한다. 나프타는 원유의 15~30% 정도이며, 탄소수가 5~12개인 탄화수소로 이루어져 있다. 나프타로부터 휘발유는 물론이고 열분해를 통해 에틸렌, 프로필렌, 뷰타다이엔 등의 중요한 석유화학 원료들을 생산할 수 있다.
- **내분비계(endocrine system)** 생체의 항상성 유지, 생식, 발생, 행동 등에 관여하는 각종 호르몬을 생산, 분비하는 기관으로서 선, 호르몬, 표적세포로 구성된다. 호르몬계라고도 한다.
- **내분비계 장애물질(endocrine disruptors)** 생물체 내의 정상적인 내분비계 기능을 방해하는 화학물질로서 환경 중에 배출되거나 잔류해 있다가 체내로 유입되어 마치 호르몬처럼 작용하여 일명 환경 호르몬으로 불리기도 한다. 추가적인 내용은 환경호르몬을 참고하라.

- 녹색화학(그린 케미스트리, green chemistry) 국제순수·응용화학연합에서 "인간, 동물, 식물 및 환경에 유해한 물질의 사용 혹은 생성을 감소 혹은 없앨 수 있도록 화학제품 및 공정을 설계하는 것"이라고 정의한 화학을 의미한다. 비슷하게 화학산업 및 화학제품의 부작용에 대응하여 화학 폐기물의 양을 줄이고, 에너지를 절약하며, 유해한 물질의 사용 및 배출을 최소화하는 새로운 화학제품 및 공정 개발을 위한 다양한 노력을 녹색화학이라고 한다. 그리고 녹색화학은 환경에 미치는 마이너스 효과가 적은 화학기술이나 화학산업을 총칭한다. 또한 녹색화학은 화학물질과 화학제품의 원료·생산·사용·폐기·재활용의 전 과정에서 이들이 사람의 건강과 환경에 미칠 수 있는 부담을 최대한 줄이기 위한 기술이다.
- 녹조 부영양화된 호소(湖沼) 또는 유속이 느린 하천에서 녹조류와 남조류가 크게 늘어나 물빛이 녹색이 되는 현상이다. 녹조 발생 시 수중생물이 죽어 생태계를 파괴하며, 유독남조류가 독소를 생산할 경우에는 동물에도 피해가 있다. 예방을 위해서 영양염류를 제거해야 한다.
- 다이옥신(dioxin) 두 개의 벤젠고리에 염소가 여러 개 붙어 있는 화합물로 산소가 두 개인 다이옥신류와 산소가 한 개인 퓨란류을 합하여 말하며 210종의 이성체가 존재한다. 도시 쓰레기의 소각, 염소를 사용한 펄프 표백 등의 작업에서 비의도적으로 발생하며, 독성이 매우 강한 것으로 알려져 있다.
- 디지털 탄소발자국 디지털 기기와 서비스의 생산과 소비, 폐기에 이르는 모든 과정에서 발생하는 온실가스의 발생량을 뜻한다. 다양한 온라인 서비스 이용이 지속적으로 늘어남에 따라 디지털 탄소 발자국도 급증하고 있다. 예를 들어 환경부는 전체 탄소발자국 총량 중 디지털 탄소발자국 발생량은 2018년 약 3%에 불과했지만, 2040년이 되면 14% 이상을 차지할 것으로 추정하고 있다.
- 라돈(Radon) 라돈은 원자 번호 86번의 강한 방사선을 내는 무색, 무미, 무취의 비활성 기체 원소이다. 우라늄과 토륨의 방사성 붕괴 사슬에서 라듐(radium, Ra)을 거쳐 라돈이 생성될 수 있다. 실내 오염 물질이며 장기적으로 노출 시 폐암을 유발할 수 있는 것으로 알려져 있다. 미국환경보호국은 라돈 흡입이 흡연 다음 가는 주요 폐암 원인이라고 경고하고 있다.
- 매연(煤煙, soot and smoke) 연료가 탈 때 혹은 원자재를 열처리하는 과정에서 나오는 그을음이 섞인 고체·기체·휘발성 증기 등과 같이 주로 눈에 보이는 연기를 의미한다. 특히 석탄 같은 탄소 화합물의 불완전 연소로 생기는 오염 물질과 자동차 배기 가스의 보이는 성분을 의미한다.
- 메테인 하이드레이트(methane hydrate, methane clathrate) '불타는 얼음(Burning Ice)'이라고도 불리는 메테인이 결정 구조의 물(얼음) 안에 갇혀 있는 상태의 물질을 일컫는다. 얼

음과 비슷한 고체이며 고체 클라스레이트(clathrate) 화합물의 하나이다. 육지에서는 고위도 지역의 툰드라 지하, 바다에서는 수심이 깊은 해역에서 해저 아래 수백 m 깊이의 모래층(沙層, 사층)에 주로 분포한다. 메테인 하이드레이트는 잘 개발하면 새로운 에너지 자원이 될 것이다(매장량은 학설에 따라 매우 다름). 반면, 지구온난화 등으로 인해 기온이 상승 시 대기로 급격히 분출될 확률이 있고 그 경우엔 폭발, 자연재해 및 지구온난화를 급격히 유발할 수 있는 가능성을 가진 물질이다.

- **물 발자국(water footprint)** 물 발자국은 "개인 혹은 국가에 대하여 상품과 서비스를 지탱하는 데 필요한 추산된 물(담수)의 양"을 의미한다. 최근 물의 소비가 급격히 늘고 수자원의 고갈이 염려되는 상황이므로 물 발자국이란 개념이 도입되고 있다. 참고로 전 세계의 물 발자국은 7.45×10^{15} L/년(혹은 1.24×10^{6} L/년/인이고) 미국인의 물 발자국은 2.48×10^{6} L/년y/인으로 인도인의 약 2.5배를 사용한다고 한다.

- **물질 안전 보건 자료(material safety data sheet, MSDS)** 화학물질을 안전하게 사용하고 관리하기 위하여 필요한 정보를 기재한 Sheet. 제조자명, 제품명, 성분과 성질, 취급상의 주의, 적용법규, 사고 시의 응급처치방법 등이 기입되어 있다. 화학물질 등 안전 Data Sheet라고도 한다.

- **미세먼지(fine particles, particulate matters)** 주요 대기 오염 물질 가운데 하나로, 자동차, 발전소, 화재 등 다양한 곳에서 발생하여 대기 중에 장시간 떠다니는 크기가 작은 먼지. 입자가 10 μm 이하의 것을 PM10이라고 하고, 입자가 2.5 μm 이하인 경우는 초미세먼지(PM2.5)라고 부른다. 기관지와 폐에 쌓인 미세먼지는 각종 호흡기 질환의 직접 원인이 되며, 몸의 면역기능을 떨어뜨린다.

- **미세 플라스틱(microplastics)** 5 mm 미만의 작은 플라스틱으로 처음부터 미세 플라스틱으로 제조되거나, 플라스틱 제품이 부서지면서 생성된다. 과거에는 미세 플라스틱이 일상생활에서 쉽게 접할 수 있는 치약, 세정제, 세안제 등에도 포함되어 있었는데, 150 ml 제품에 대략 280만 개의 미세 플라스틱이 함유되어 있던 것으로 알려져 있다(현재는 대부분의 제품에서 퇴출되었다). 미세 플라스틱은 너무 작아 하수처리시설에 걸러지지 않고, 바다와 강으로 그대로 유입되어 환경을 파괴할 뿐만 아니라 인간의 건강을 위협한다. 미세 플라스틱 중 크기가 0.1 혹은 1 μm보다 작을 경우 나노 플라스틱이라고도 한다.

- **바이오매스(biomass)** 에너지원(源) 또는 화학·공업 원료로 이용되는 식물 및 동물 등의 생물체를 총칭한다. 나무, 풀, 숯은 물론이고 유기물 함량이 높은 쓰레기 등을 예로 들 수 있다. 생물은 전부 바이오매스라고 할 수 있지만 밀이나 쌀처럼 식량으로 이용하는 경우는 바이오매스라 하지 않고, 연료나 화학원료로 사용되는 생물체 및 그 일부였거나 부생되어 얻어진

유기물들을 가리킬 때 바이오매스라는 용어를 사용한다. 지구상에서 1년간 생산되는 바이오매스는 석유의 전체 매장량과 맞먹는 정도라고 하며 잘 이용하면 고갈될 염려가 없는 이점이 있다. 바이오매스를 활용하는 방법으로는 간단히 연소하여 에너지를 얻는 아주 기초적인 방법에서부터 생물체를 발효 혹은 전환시켜 메탄올, 에탄올, 수소와 같은 연료와 자원을 얻는 고도화된 방법까지 다양하다. 특히 고유가가 지속되면 바이오매스의 활용에 대한 관심이 높다.

- **바이오정유(바이오리파이너리, biorefinery)** 정유공장에서 원유를 이용하여 납사, 휘발유, 경유 등의 다양한 제품을 얻는 것과 유사하게 바이오매스를 원료로 사용하고 생물공학적·화학적 기술을 이용하여 바이오 기반의 화학제품·바이오연료 등의 물질을 생산하는 기술을 일컫는다. 바이오정유는 이산화 탄소의 재순환이 가능하고 자원 고갈의 문제를 대비할 가능성이 있는 개념이다.
- **방사능(radioactivity)** 특정 원소가 자발적으로, 알파선, 베타선, 감마선 등의 방사선을 방출하는 현상을 말한다.
- **방사성 원소** 방사능을 지닌 원소를 말하며, 원자 번호 84 (Po, 폴로늄) 이상의 모든 원소의 모든 동위 원소는 방사성 원소이며, 우라늄(92), 플로토늄(94), 라듐(88), 라돈(86번) 등이 대표적이다. 가벼운 원소는 대부분 방사성 원소가 아니지만 일부 동위 원소는 자연적인 방사능을 가진 (예, C-14, H-3(삼중수소), K-40 등) 방사성 원소이다.
- **병든집 증후군** 주로 헌집 증후군을 의미하나 새집 증후군과 헌집 증후군을 모두 포함하여 병든집 증후군이라고도 한다.
- **부영양화(富榮養化, eutrophication)** 질소와 인과 같은 영양물질이 풍부하게 공급되었다는 뜻이다. 강이나 호수, 바다 등에 생활하수나 가축분뇨 등의 유입으로 질소와 인 같은 성분들이 크게 증가한 것을 의미한다. 식물플랑크톤이 과다 증식하게 되어 해수의 경우 붉은색으로 바닷물이 변하게 되고, 하천의 경우에는 녹색으로 물이 변하게 된다.
- **블루 수소** 그레이 수소 생산 과정에서 나오는 CO_2 등의 온실가스를 포집/저장하면서 생산되는 수소를 의미한다.
- **비산재(비산회, fly ash)** 연소 과정이나 파쇄 과정에서 날리게 되는 회분, 재. 주성분은 SiO_2와 Al_2O_3이고 구형에 가까운 입자이다. 석탄이나 중유 등을 연소하였을 때에 생성되는 미세한 입자의 재를 말한다. 비산재는 연도 가스 속에 부유하며, 대부분은 굴뚝으로부터 대기 속으로 배출된다. 대기 오염 공해의 원인 물질 중의 하나이기 때문에 집진기 등으로 포집하여 대기 속으로 배출되지 않도록 해야 한다.

• 산성비(acid rain) 빗물의 정상 수소 이온 농도(pH)인 5.6보다 낮은 상태의 강산성의 비를 말한다. 산성비는 공장이나 자동차 배기가스에서 배출되는 아황산 가스와 질소산화물이 대기 중의 습기와 작용해 황산과 질산으로 변하고, 이 물질이 공중에 떠 있다가 비에 섞여 내리는 것이 주요 원인이다.

• 석유환산톤(ton of oil Equivalent, TOE) 모든 에너지에 공통적으로 적용될 수 있는 에너지단위로 석유 1미터릭톤(1,000 kg)을 연소할 때 발생하는 에너지로 석유 1톤의 발열량 10^7 Kcal을 1 TOE로 정의한다.

• 새집 증후군(sick house syndrome) 새집으로 이사한 뒤 두통, 피로, 호흡곤란, 천식, 비염, 피부염 등의 증상이 나타나는 것을 의미하며, 영어로는 SHS(sick house syndrome) 또는 SBS(sick building syndrome)로 불린다. 이는 신축 건물의 마감재나 건축자재에서 배출되는 휘발성 유기 화합물(VOCs)로 인해 거주자들이 일시적 또는 만성적인 각종 질환을 호소하는 것이다. 새집 증후군의 예방을 위해서는 '베이킹 아웃(baking out)'을 해 주어야 한다. 즉, 이사하기 전 충분한 시간 동안 고온의 난방을 해서 벽지나 바닥재, 가구 등에 배어 있는 휘발성 화학물질을 뽑아내는 것이 좋다. 또한 거주하는 동안 자주 환기를 해 주어야 한다. 새집 증후군은 병든집 증후군이라고도 불린다.

• 생물농축(biomagnification) 먹이사슬을 따라 높은 단계로 올라갈수록 분해가 잘 되지 않는 어떤 화학물질의 농도가 증가하는 현상을 일컫는다. 예로, 살충제 DDT(비극성으로 몸의 지방에 저장된다)의 농도가 먹이사슬을 따라 올라갈수록 아주 심각하게 증가하여 물고기를 먹는 새는 물에 비해 DDT 농도가 약 천만 배로 증가하는 것으로 알려져 있다. 또한 일반적으로 몸집이 큰 생선은 매우 높은 수은 함량을 가지고 있음이 알려져 있고, 이러한 생선의 섭취를 제한할 필요가 있다.

• 생물 다양성(biodiversity) 생물이 계통, 분류학적으로 많은 종으로 분화하고 그 비슷함의 정도가 동일하지 않은 현상을 말한다. 즉, 유전자 수준, 종 수준, 생활 장소 수준 등에서 여러 가지 생물종이 존재하는 것을 말한다.

• 생태 발자국(生態 발자국, ecological footprint, EF) 인간이 지구에서 삶을 영위하는 데 필요한 의식주 등을 제공하기 위한 자원의 생산과 폐기에 드는 비용을 토지로 환산한 지수를 말한다. 인간이 자연에 남긴 영향을 발자국으로 표현하였다. 생태 발자국은 1996년 캐나다 경제학자 마티스 웨커네이걸과 윌리엄 리스가 개발한 개념이다. 지구가 기본적으로 감당해 낼 수 있는 면적 기준은 1인당 1.8 ha이고 면적이 넓을수록 환경문제가 심각하다는 의미가 된다. 선진국으로 갈수록 이 면적이 넓은 것으로 나타났으며, 선진국에 살고 있는 사람들 가운데 20%가 세계 자원의 86%를 소비하고 있을 정도로 자원의 소비도 편중되어 있다. 한국

인은 1995년을 기준으로 이 기준점(1.8 ha)을 넘기 시작하였고, 2005년에는 3.0 ha에 이르렀다. 생태 발자국을 줄이기 위해서는 가지고 있는 자원의 낭비를 최대한 줄이고, 대체 에너지를 개발하여 환경오염의 가속화와 자원의 고갈을 막아야 한다. 녹색연합이 2004년 조사한 바에 따르면 한국인의 생태 발자국은 4.05 ha로 이 방식대로 생활한다면 지구가 2.2개 이상이 있어야 한다.

- **생화학적 산소 요구량(biochemical oxygen demand, BOD)** 물이 오염된 정도를 나타내는 지표로, 호기성(好氣性) 박테리아가 일정 기간(보통 섭씨 20도에서 5일간) 동안 수중의 유기물을 산화·분해시켜 정화하는 데 들어가는 산소량을 ppm(백만분율)으로 나타낸 것이다. 물의 오염이 많이 진행될수록 유기물의 양이 많기 때문에 그만큼 박테리아 분해에 소비되는 산소량도 증가한다. 즉, BOD가 높을수록 오염이 많이 진행된 물이다. 1 ℓ의 물에 1 mg의 산소가 필요한 것을 1 ppm이라고 하는데 일반적인 하천에서는 5 ppm이 되면 자정(自淨)능력을 잃으며 10 ppm을 넘으면 악취가 난다.

- **소형 모듈 원전(Small Modular Reactor, SMR)** 하나의 용기에 원전을 가동하는 데 필요한 원자로 등 설비를 모두 담은 일체형 원전을 의미한다. 대형 원전의 약 150분의 1 크기로 원하는 곳에 설치하기 쉽고 방사선 누출 위험을 줄여 안전성을 높인 차세대 원전으로 꼽힌다. 공장에서 대량 생산이 가능해 건설비용도 기존 원전보다 저렴하다.

- **신·재생에너지(혹 신재생에너지)** 신에너지와 재생에너지를 합쳐 부르는 말이다. 신에너지에는 예전에 알려지지 않았던 에너지인 연료 전지와 수소 에너지 등이 있고(기존의 화석연료를 변환시켜 활용하는 것을 포함한다) 재생에너지는 햇빛, 물, 강수, 바이오매스(biomass, 생물 유기체) 등을 포함하여 재생이 가능한 에너지이다. 즉, 재생에너지로 잘 알려진 에너지원으로는 태양광, 태양열, 수력, 바이오매스, 풍력, 지열, 해양에너지 등이 있다.

- **스모그(smog)** 도시의 매연을 비롯하여 대기 속의 오염 물질이 안개 모양의 기체가 된 것을 말하며, 영어의 'smoke'(연기)와 'fog'(안개)의 합성어이다. 스모그가 발생하면 시계가 감소하고, 동물은 호흡기 질환에 걸리기 쉽고, 식물은 말라 죽을 수도 있다. 스모그는 런던형과 로스앤젤레스형으로 구분된다. '산업 스모그'라고도 하는 런던형 스모그는 공장이나 가정의 난방 시설에서 나오는 오염 물질로 만들어지며 주로 검은색을 띄고 주로 겨울철에 나타난다. 로스앤젤레스형 스모그는 '광화학 스모그'라고도 하는데, 자동차 배기가스 때문에 생기며 주로 여름철에 발생하며 황갈색을 띤다. 자동차 배기가스에서 나오는 이산화 질소와 탄화수소가 자외선과 반응해 유독한 화합물인 오존을 만드는데, 이 오존이 로스앤젤레스형 스모그를 일으키는 주요한 원인이다.

- **에어로졸(aerosol)** 통상 0.1 mm 이하의 크기로 공중에 부유하는 다수의 고체나 액체 입자이다. 분화 중의 화산재나 공장의 굴뚝에서 나오는 그을음, 바닷물이 증발한 뒤 공중을 떠도는 소금가루, 화분 및 박테리아, 대기 중에 부유하는 안개 상태의 황산 등이 있다.
- **연료 전지(fuel cell)** 연료 전지는 수소, 메탄올 같은 통상적 연료를 이용하여 화학 에너지로부터 전기 에너지를 직접 생산하는 볼타 전지로, 연료만 공급되면 계속 전기를 생산하는 3차 전지이다. 신에너지의 대표적 개념의 하나이다. 참고로 1차 전지는 한 번 사용하고 버리는 건전지를 의미하고 2차 전지는 충전하여 계속 쓸 수 있는 리튬 이온 전지 및 납 축전지 등을 의미한다.
- **염화플루오린화 탄소(chlorofluorocarbons, CFCs)** 염소, 플루오린 및 탄소로 이루어진 독성이 없고 불이 붙지 않는 화합물로, 에어로졸의 분사제와 냉매로 수년간 사용되어 왔다. 물에 녹지 않는 성질을 갖고 있고(따라서 대기에서 비로 씻겨나가지 않는다), 반응성이 작아 자연적으로 잘 분해되지 않는다.
- **오일샌드(oil sand)** 원래 오일샌드는 '원유를 함유한 모래'를 의미하였으나, 요즘에는 '원유를 함유한 모든 암석'에 대해 쓰인다. 즉, 암석이 10% 정도 이상의 원유를 포함하고 있으면 오일 샌드라고 부른다.
- **오존(ozone, O_3)** 유독하며 폭발성을 갖는 연한 푸른빛의 기체이다. 오존은 우리들이 숨쉬는 공기 중에도 대략 0.03 ppm정도 들어 있으며, 대기 오염이 심각한 대도시와 공업단지들에서는 1.0 ppm에 이르기도 하고 3 ppm 이상에 노출시키면 폐에 출혈과 폐수종이 생긴다. 광화학 스모그의 주성분(약 90 %는 오존)이다. 성층권에는 약 5 ppm 정도의 오존이 존재한다. 성층권 오존은 자외선, 특히 UV-B를 거의 흡수하여 지구의 생명체를 보호한다.
- **옥테인값(octane number)** 가솔린이 연소할 때 이상(異常) 폭발(녹킹, knocking)을 일으키지 않는 정도를 나타내는 수치를 말한다. 옥테인값이 높은 휘발유일수록 이상폭발을 일으키지 않고 안정적으로 잘 연소하기 때문에 고급 휘발유로 평가된다.
- **온실효과(greenhouse effect)** 대기를 가지고 있는 행성 표면에서 나오는 복사에너지가 대기를 빠져나가기 전에 흡수되어 그 에너지가 대기에 남아 기온이 상승하는 현상이다. 좀 더 구체적으로는 대기 중의 이산화 탄소, 수증기, 메테인 등의 분자가 적외선을 흡수, 대기를 따뜻하게 만드는 현상을 일컫는다.
- **이산화 질소(nitrogen dioxide)** 질소와 산소로 이루어진 화합물(분자식은 NO_2). 장기간 노출 시 호흡기 질환을 유발할 수 있으며, 점막 등에 자극성을 나타낸다. 실내에서는 가스 레인지, 난방연료, 흡연 등에서 발생하며, 실외에서는 자동차 배기가스와 공장 등의 연소 과정에

서 주로 배출된다. 이산화 질소는 그 자체로도 독성이 있지만, 자외선, 분진 등과 반응함으로써 스모그 발생의 원인이 되기도 한다.

- 인류세 파울 크뤼천이 2000년에 처음 제안한 용어로, 새로운 지질시대 개념이다. 인류의 자연환경 파괴로 인해 지구의 환경 체계는 급격하게 변하게 되었고, 그로 인해 지구 환경과 맞서 싸우게 된 시대를 뜻한다. 인류세의 가장 큰 특징은 인류에 의한 자연환경 파괴이다.

- 잔류성 유기오염 물질(persistent organic pollutants, POPs) 자연환경에서 분해되지 않고 먹이사슬을 통해 동식물, 체내에 축적되어 면역체계 교란, 중추신경계 손상 등을 초래하는 물질이다. 주요 물질로는 DDT, 알드린 등 농약류와 PCB, 헥사클로로벤젠 등 산업용 화학물질, 다이옥신, 퓨란 등이 있다. 2001년 5월 12개 POPs를 규제하기 위한 스톡홀름 협약이 채택되었다.

- 적조 플랑크톤이 이상 증식하면서 바다나 강 등의 색이 바뀌는 현상이다. 생태계에 문제를 일으키며 인간의 생활에도 여러 가지 피해를 준다. 적조가 일어나는 가장 큰 요인은 물의 부영양화(비누나 세제에 포함된 인 성분 등의 양분이 너무 많음)이며 갯벌의 감소도 큰 요인으로 생각된다. 수온 상승(온난화 및 엘니뇨 같은 지구 환경 변화에 따른)도 또 다른 요인으로 생각된다. 참고로, 적조는 붉은 색 외에 플랑크톤의 색깔에 따라서 다양한 색을 가질 수 있다.

- 중금속 비중 4 이상의 무거운 금속 원소를 지칭하며 비소·안티모니·납·수은·카드뮴·크로뮴·주석·아연·바륨·비스무트·니켈·코발트·망가니즈·바나듐·셀레늄 등을 포함하는 주기율표 상의 아래쪽에 주로 위치하고 있는 금속을 의미한다. 중금속은 미량이라도 체내에 축적되면 잘 배설되지 않고 우리 몸속의 단백질에 쌓여 장기간에 걸쳐 부작용을 나타내기 때문에 매우 위험하다.

- 중수로/경수로 감속재로 각각 중수(D_2O)와 경수(H_2O)를 쓰는 원자로. 전 세계 발전용 원자로의 80%가 경수로이며 우리나라도 월성발전소(1~4호기)만이 중수로이며 1호기는 가동 중단되었다.

- 지구공학(地球工學, geoengineering) 혹은 기후공학 지구온난화를 막기 위해 인위적으로 기후시스템을 조절 및 통제하는 과학기술을 말하며, 대표적인 예로는 해양 비옥화, 인공구름, 인공 나무(화학반응으로 대기의 이산화 탄소를 없애는), 우주 거울(우주에 거울을 설치하여 지구로 오는 태양 빛을 반사하여 온도를 낮추겠다는 개념) 등을 들 수 있다. 지구공학에는 예기치 못한 위험도 도사린다는 반대 의견도 많다.

- 지구 생태 용량 초과의 날(Earth Overshoot Day) 물, 공기, 토양 등 자원에 대한 인류의 수요가 지구의 생산/정화 능력을 초과하게 되는 각 연도의 날짜를 의미한다. 이날 인류는 한 해

에 주어진 생태 자원을 모두 소진하게 되고, 그 이후는 미래 세대를 위한 자원을 빌려 사용하는 셈이다. 2023년의 지구 생태 용량 초과의 날은 8월 2일(우리나라는 4월 2일)이었다. 지구 생태 용량 초과의 날은 인류가 필요로 하는 지구의 개수로도 표현할 수 있다(6월 30일이 지구 생태 용량 초과의 날이라면 지구는 2개가 필요하다). 2023년의 지구 생태 용량 초과의 날을 달리 표현하면, 세계 평균으로는 약 1.7개의 지구, 우리나라 기준으로는 약 3.9개의 지구가 필요하다고 할 수 있다.

- 지구온난화(global warming) 지구의 평균 기온이 점점 높아지는 현상으로, 대표적인 전 지구적 차원의 환경 문제이다. 산업 혁명 이후 인구 증가와 산업화에 따라 화석 연료의 사용이 늘어나 온실가스(이산화 탄소, 메테인, 염화플루오린화 탄소 등) 배출량이 증가하고, 무분별한 삼림 벌채로 대기 중의 온실가스 농도가 높아지면서 지구의 평균 기온이 상승하고 있다. 지구온난화의 정확한 과학적 표현은 기후 변화이다.

- 지구온난화 지수(global warming potentials, GWP) 온실가스의 상대적 기여 정도를 나타내는 숫자. 이산화 탄소를 기준으로 하며, 기체의 적외선을 흡수 효율성 및 평균 수명을 고려하여 나타내는 수치이며 온실인자라고도 한다. 메테인, 아산화 질소 및 오존은 각각 약 30, 160 및 2,000 정도의 지구온난화 지수를 가진다. 따라서 지구온난화를 방지하기 위해 이산화 탄소 외에도 관심을 기울여야 할 화합물이 더 많이 존재함을 알 수 있다.

- 지속 가능성 우리의 미래 세대가 그들의 수요를 충족시킬 능력을 훼손하지 않으면서 현재 세대의 수요를 충족하는 것으로 정의된다. 또한 자원의 개발, 투자, 기술 개발, 제도적 변화 등을 할 때 인간의 필요와 염원을 만족시키기 위해 현재는 물론이고 미래까지 고려하여 변화를 균형 잡히게 하는 과정(process)이다. 또한 생태계가 "미래에도 유지할 수 있는 제반 환경"이란 의미로 한마디로 '미래 유지 가능성'으로 요약된다. 지속 가능성은 인간과 자원의 공생, 개발과 보전의 조화, 현 세대와 미래 세대 간의 형평 등을 추구한다. 한편, 예전에 흔히 사용된 용어인 '지속 가능한 발전'이란 용어는 표현에 있어 '끊임없는 발전'의 의미를 연상시킨다는 일부의 비판을 받았다. '발전'을 위해 자원의 무분별한 낭비가 발생할 수 있고 모든 사람이 '발전'을 염두에 두는 스트레스 등을 고려하여 최근에는 '지속 가능한 발전'이란 용어는 잘 사용되지 않고 지속 가능성이란 용어가 주로 사용된다.

- 집진기(集塵機, dust collector) 기체 속에 부유(浮遊)하고 있는 고체나 액체의 미립자를 모아서 제거하는 장치. 집진의 방법은 중력에 의한 것, 여과한 것, 관성·원심력에 의한 것, 음파를 이용한 것, 세정에 의한 것 등 종류가 많고 비교적 큰 미립자(1 mm 정도~1 μm이하까지)는 제거하기 쉬우나 인체에 악영향이 미치는 정도의 작은 미립자를 제거하기는 어렵다. 가장 효율이 좋은 것은 전기식이며, 전기식 집진기의 대표적인 것은 코트렐 집진기이다.

- **초우라늄 원소** 우라늄(92)보다 원자 번호가 큰 원소로 넵튜늄(93), 플루토늄(94), 아메리슘(95), 큐리움(96) 등을 말한다.
- **총석유계탄화수소(total Petroleum hydrocarbon, TPH)** 석유제품이 환경에 미치는 영향을 고려하여 그 양과 농도(특히 위험하다고 알려진 벤조피렌, 톨루엔, 에틸벤젠, 자일렌 등의 방향족화합물)를 분석하여야 하나 각각의 성분을 분석, 관리하기에는 비용과 시간이 많이 소요되므로 대신에 탄화수소의 총량으로 토양의 유류에 의한 오염 정도를 분석 관리한다. 즉, TPH는 토양의 유류 오염 정도를 측정하는 지표이며 탄화수소의 총량으로 측정한다.
- **클린주유소** 유류 저장탱크, 배관 등의 주유시설을 이중벽 탱크, 이중배관, 흘림 및 넘침 방지시설 등을 일반 주유소보다 강화된 기준으로 설치하여 기름유출을 사전에 예방하고, 유류누출을 감지하는 경보장치를 설치하여 토양 오염과 확산을 예방하는 친환경 주유소를 말한다.
- **탄소 발자국(炭素 발자국, carbon footprint)** 개인 또는 단체가 직접·간접적으로 발생시키는 온실가스의 총량을 의미한다. 여기에는 이들이 일상생활에서 사용하는 연료, 전기, 용품 등이 모두 포함된다.
- **탄소 중립화(carbon neutrality)** 개인이나 회사, 단체가 이산화 탄소를 배출한 만큼 이산화 탄소를 흡수하는 대책을 세워 이산화 탄소의 실질적인 배출량을 '0 (Zero)'으로 만든다는 개념이다. 탄소제로(Carbon Zero)라고도 한다. 이를 위해 온실가스의 배출량을 계산하고 배출량에 해당하는 양 만큼 상쇄하기 위한 활동이 필요하다.
- **탄소 포집 및 저장(carbon capture and storage, CCS)** 화석 연료를 사용하는 발전소나 제철소, 시멘트 공장과 같이 CO_2를 대량 발생하는 지점에서 이산화 탄소(CO_2)를 포집하고 저장고로 이송하여 보관하는 것을 의미한다.
- **푸른 하늘의 날(International Day of Clean Air for Blue Skies)** 매년 9월 7일. 유엔 지정 기념일로, 우리나라가 제안해 지정된 첫 유엔 공식 기념일이다. 대기 오염에 대한 경각심을 높이는 한편 오염 저감과 청정대기를 위한 노력과 국제적 협력을 강화하자는 취지로 지정된 날이다.
- **퍼옥시(과산소)아실질산염(peroxyacyl nitrates, PANs)** 로스앤젤레스 혹은 광화학 스모그에 나타나는 강력한 호흡기 및 눈의 자극 물질 및 독성물질로, 물에 비교적 잘 녹아(오존보다 잘 녹음) 이동도 용이하다. 피부암을 일으킬 수 있다고도 알려져 있다. PAN은 VOC가 중요한 원인이며 NO_2 존재 하에 복잡한 광화학 반응으로 얻어진다. 예로 Hydrocarbons (탄화수소) + O_2 + NO_2 + $h\nu \longrightarrow CH_3COOONO_2$의 반응이 PAN 발생이 가능한 하나의 예이며,

일반적으로 $C_xH_yO_3 + NO_2 \longrightarrow C_xH_yO_3NO_2$의 반응으로 PAN이 발생할 수 있다.

- **합성수지, 플라스틱(plastic or synthetic resin)** 열 또는 압력 등을 사용하여 변형시켜 성형할 수 있는 고분자 화합물을 말한다. 폴리에틸렌 등과 같은 플라스틱이 열가소성 수지이며, 반면 한번 성형되면 변형할 수 없는 수지를 열경화성수지라고 하는 데 멜라민 등이 있다.
- **헌집 증후군** 새집과 유사하게 지은 지 오래된 집이 그 집에 사는 사람들의 건강에 나쁜 영향을 끼치는 현상을 가리킨다. 새집 증후군과 같이 병든집 증후군이라고도 한다. 습기가 많은 곳에서 생기는 곰팡이는 기관지염이나 천식, 알레르기 등을 유발하기 때문에 환풍 장치를 설치하여 습기를 제거할 필요가 있다. 오래된 배수관이나 가스관에서 새는 메테인 가스와 암모니아, 일산화 탄소, 이산화 질소, 이산화 황 등은 두통 또는 현기증을 유발할 수 있다. 이를 해결하려면 문제가 있는 관을 바꾸거나 자주 환기를 시켜야 한다. 그리고 벽지와 장판, 가구 등을 새것으로 바꿀 경우 새집 증후군에서처럼 아세톤, 벤젠, 폼알데하이드 등 각종 유기 화합물이 발생하여 두통이나 알레르기와 같은 만성질환을 일으킬 가능성이 크므로 환기에 신경을 써야 한다.
- **핵분열** 커다란 핵이 더 작은 핵들로 분리되는 것을 의미하며, 소량의 질량 감소 및 에너지 방출이 수반된다. 반면, 핵분열 시 양성자 수와 중성자 수(혹은 질량수)는 보존된다.
- **핵융합** 1억 ℃ 이상의 고온에서 가벼운 원자핵이 융합하여 더 무거운 원자핵이 되는 과정 및 그에 따라 에너지를 창출해 내는 방법을 의미한다. 핵분열의 반대 개념으로 태양이 불타면서 큰 에너지를 내는 원리이다. 태양에서는 실제 수소 원자 4개가 합쳐져 1개의 헬륨을 만드는데, 이러한 핵융합을 통해 무한히 큰 에너지를 방출한다.
- **화학적 산소요구량(chemical oxygen demand, COD)** 물의 오염 정도를 나타내는 기준. 하천이나 바다 등에 폐수가 방류되면 유기 물질에 의하여 물이 오염된다. 산화제(과망가니즈산 포타슘)를 이용하여 일정 조건(산화제 농도, 접촉시간 및 온도)에서 환원성 물질을 분해시켜 소비한 산소량을 ppm으로 표시한 것으로, BOD가 보급되고 나서는 참고지표로 사용된다.
- **환경 호르몬(내분비계 장애물질, endocrine disruptors)** 환경 호르몬이란 동물이나 사람 몸속에 들어가게 되면, 호르몬의 분비나 작용을 방해하는 물질로, 전문용어로는 '내분비계 교란물질' 또는 '내분비계 장애물질'이라고 부른다. 몸에서 정상적으로 만들어지는 물질이 아니고 산업 활동이나 환경오염 등으로 인해 외부에서 유입되는 물질이다. 환경 호르몬으로 추정되는 물질로는 각종 산업용 물질, 살충제, 농약, 유기 중금속류, 다이옥신류, 의약품으로 사용되는 합성 에스트로겐류 등을 들 수 있다. 그 외 컵라면 용기로 쓰이는 스티로폼의 주성

분인 스틸렌 등이 환경 호르몬으로 의심받고 있다. 이러한 환경 호르몬은 인간의 생식 기능 저하, 기형, 성장 장애, 암 등을 유발하는 물질로 추정되고 있는 등 생태계의 교란 물질이다. 이에 따라 환경 호르몬은 전 세계적으로 생물종에 위협이 될 수 있다는 경각심이 생겼으며, 오존층 파괴, 지구온난화 문제와 함께 환경 호르몬은 세계 3대 환경 문제로 등장하였다. 세계 야생 동물 보호 기금 목록에서 67종, 일본 후생성에서 143종, 미국에서 73종의 화학 물질을 환경 호르몬으로 규정하고 있지만 얼마나 더 늘어날지는 아직 예측할 수 없는 상태이다.

- 휘발성 유기 화합물(volatile organic compounds, VOCs) 휘발성 유기 화합물은 상온, 상압에서 기체 상태로 존재하는 모든 유기성 물질을 통칭하는 의미로 사용되고 있다. 대기환경보전법시행령 제39조 제1항에서는 석유화학제품·유기용제 기타물질로서 환경부장관이 관계중앙행정기관의 장과 협의하여 고시하는 물질로 정의하고 있으며, 환경부고시 제2001-36호(2001.3.8)에 따라 벤젠, 뷰타다이엔, 휘발유 등 37개 물질 및 제품을 규제대상으로 하고 있다. 대기 오염 물질이며 발암성을 지닌 독성 화학물질이다. 증기압이 높아 대기 중으로 쉽게 증발되는 액체 또는 기체상 유기 화합물을 총칭하며, 대기 중에서 광화학 반응을 일으켜 오존 등 광화학 산화성 물질을 생성시켜 광화학스모그를 유발하는 물질이다. 지구온난화의 원인 물질이므로 국가마다 배출을 줄이기 위해 정책적으로 관리하고 있다.
- BOD 생화학적 산소요구량(biochemical oxygen demand)을 참고하라.
- CFCs 염화플루오린화 탄소(chlorofluorocarbons)를 참고하라.
- CCS 탄소 포집 및 저장(carbon capture and storage)을 참조하라.
- COD 화학적 산소요구량(chemical oxygen demand)을 참고하라.
- CO_2e 혹은 CO_2eq Carbon dioxide equivalent의 약자로 CO_2 환산량을 의미한다. 즉, 온실가스 배출량을 대표 온실가스인 이산화 탄소로 환산한 양을 의미한다. 각 가스의 배출량을 기준으로 계산하되 그 가스의 온실인자 혹은 지구온난화 지수도 고려하여 계산된다.
- CO_x CO, CO_2 등의 탄소의 산화물을 의미한다.
- GWP 지구온난화지수(global warming potentials)를 참고하라.
- LD50(Lethal Dose 50, 반수 치사량) 피실험 동물에 실험 대상 물질을 투여할 때 피실험 동물의 절반이 죽게 되는 양을 말한다. 해당 약물의 LD50은 보통 체중 kg당 mg으로 나타낸다. 예를 들어 니코틴의 경우 LD50은 50 mg/kg이며, 아스피린의 경우 LD50은 200 mg/kg이다. 대체로 설치류 등의 동물에 실험 물질을 한 번 투여하고 2주일 동안의 사망률을 관찰해 반수 치사량을 얻는다.

- MSDS 물질 안전 보건 자료(material safety data sheet)를 참조하라.
- NFPA 704(National Fire Protection Association 704) 기준 미국 방화협회가 제시한 '응급 처치를 위한 물질의 표준 유해성 지표(Standard System for the Identification of the Hazards of Materials for Emergency Response)'이다. 일반적으로 청색은 "건강에 유해한 정도", 적색은 "인화성", 황색은 "불안정성/반응성", 백색은 특별한 성질(있을 때)을 나타내는 데 사용된다. 각 분야는 0(위험하지 않음)에서 4(매우 위험)의 5가지 등급으로 구분된다.
- NO_x 질소의 7~9가지 산화물로 NO, NO_2, NO_3, N_2O, N_2O_3, N_2O_4, N_2O_5 등이 있다.
- PANs 퍼옥시(과산소)아실질산염(peroxyacyl nitrates)을 참고하라.
- PFCs 과플루오린화 화합물(perfluorinated compounds)을 참조하라.
- POPs 잔류성 유기오염 물질(persistent organic pollutants)을 참조하라.
- RON 옥테인값(research octane number)을 참조하라.
- SO_x 황의 산화물. 주로 SO_2(이산화 황)와 SO_3(삼산화 황) 등이 있다.
- TOE 석유환산톤(ton of oil equivalent)을 참고하라.
- TPH 총석유계탄화수소(total petroleum hydrocarbon)를 참고하라.
- VOCs 휘발성 유기 화합물(volatile organic compounds)을 참고하라.

참고문헌

❖ 1장

1. 질소 비료와 암모니아 합성기술이 현재의 인구에 미친 영향, https://ourworldindata.org/grapher/world-population-with-and-without-fertilizer?time=1900..2015
2. 이미화, "세계경제포럼(WEF) Global Risks 2024 주요 내용 및 시사점", KISTEP 과학기술정책센터, 2024. 1. 25.
3. 환경 위기 시계, https://www.af-info.or.jp/en/ed_clock/

❖ 2장

1. https://cleansys.or.kr/index.do
2. '오존주의보' 폭발적 증가, 한삼희의 환경칼럼, 조선일보, 2019. 7. 3.
3. M. I. Khoder, *Environ. Monit. Assess.*, 149, 349-362, 2009
4. P. Pancholi 등, *Sustainable Environ.* Res., 28, 79-89, 2018
5. "Air quality in Europe-2017 report" EEA Report No 13/2017.
6. 김동석, 반기성, 『미세먼지에 관한 거의 모든 것』, 프리스마, 30쪽, 2019. 11. 8.
7. 공장·교통량 많은 경기 CO 배출 최다 충남은 초미세 1위, 서울신문, 2017. 10. 13.
8. 미세먼지 공포, 봄·겨울엔 수도권 여름엔 영남, 세계일보, 2019. 01. 22.
9. 도시 전체가 가스실"… 미세먼지 지옥 그 예언이 적중했다, 중앙일보, 2019. 11. 8.
10. 정진상 등, *Atmospheric Environment*, 178, 223-230, 2018

❖ 3장

1. Henk A. Dijkstra 등, Earth Syst. Dynam., 9, 1085-1095, 2018
2. 화학교재연구회, 『생활과 화학 제7판』, 4.2절, 드림플러스, 2014
3. Our World in Data
4. 화학교재연구회, 『생활과 화학 제7판』, 7.5절, 드림플러스, 2014
5. 화학교재연구회, 『생활속의 화학 제2판』, 4.5절, 사이플러스, 2015
6. https://www.climate.gov/.
7. 시베리아에 갑자기 생긴 미스터리 '거대 구덩이'… 원인은 지구 온난화?, 서울신문, 2020. 9. 5.
8. 북극해에 기후변화 '시한폭탄' 있다… 메탄가스 방출구 확인, 조선비즈, 2023. 10. 10.

9. https://earthobservatory.nasa.gov
10. IPCC(기후 변화에 관한 정부간 협의체) 특별보고서 2018
11. Environmental Working Group (Meat Eaters Guide: Methodology 2011)
12. 기후변화행동연구소, https://climateaction.re.kr/news01/178987
13. (사) 한국환경과학회, 『교양환경과학 제14판』, 15장, 북스힐, 2013

❖ 4장

1. 산소 부족하면 '행복 호르몬' 뚝↓ 산소 샤워하면 우울·불안감 싹~, 중앙일보, 2018. 10. 03.
2. (사) 한국환경과학회 역, 『교양 환경과학 제14판』, 북스힐, 401, 2013
3. 한국원자력산업회의, 『원자력용어사전』, 모나자이트, 2011
4. R, Hudson 등, J. Chem. Educ, 94, 480–482, 2017
5. 모기기피제, 유효성분 표시 의무 없어?…안전성 '논란', 뉴스인, 2015. 8. 18.
6. 가습기 살균제, 현재 1449명 사망 계속 증가 중, 중앙일보, 2019. 10. 14.
7. (사) 한국환경과학회 역, 『교양 환경과학 제14판』, 북스힐, 406, 2013

❖ 5장

1. 페놀에 놀라고 불신에 덧나고 30여년간 9건 대구지역 식수수난사, 국민일보, 2018. 7. 18.
2. 화학교재연구회, 『생활 속의 화학』, 사이플러스, 134, 2015
3. 물 발자국, www.waterfootprint.org
4. 오염된 물을 정화하기 위해 필요한 물의 양, http://www.chemistory.go.kr/kor
5. A. B. A. Boxall 등, *Environ. Health Perspect.*, 120, 1221–1229, 2012
6. George D Bittner 등, *Environmental Health*, 13, 41, 2014
7. 바다에 물고기보다 플라스틱이 더 많아진다면, 한겨레신문, 2018. 9. 9.
8. J. R. Jambeck 등, *Science*, 347, 768–771, 2015
9. R. Geyer 등, *Science Advances*, 3, e1700782, 2017
10. J. Gigault 등, *Environmental Pollution*, 235, 1030–1036, 2018
11. 김승규 외, *Environ. Sci. Technol.*, 52, 12819–12828, 2018 및 그린피스 보도자료(https://www.greenpeace.org/korea/press/5962/presslease-plastic-ocean-to-table/)
12. 메디컬투데이 2018. 10. 16.
13. K. D. Cox 등, *Environ. Sci. Technol*, 53, 7068–7074, 2019
14. L. M. Hernandez 등, *Environ. Sci. Technol*, 53, 21, 12300–12310, 2019
15. 미세플라스틱의 역습... '인체 유입' 공포 확산, 아시아경제, 2018. 10. 25.
16. Christopher D. Zangmeister 등, *Environ. Sci. Technol.* 56, 9, 5448–5455, 2022
17. Raffaele Marfella 등, *The New England Journal of Medicine*, 390:900–10, 2024

❖ 6장

1. J. E. M. Watson 등, *Nature*, 563, 27–30, 2018
2. 토양 오염 실태 조사 결과, 그린포스트코리아 보도자료, 2012. 11. 05.
3. 합성비료의 기여, https://ourworldindata.org/grapher/world-population-with-and-without-fertilizer?time=1900..2015
4. 계양구, 2024년 클린주유소 5개소 선정, 계양구청 보도자료, 2024. 04. 18.

❖ 7장

1. '전기 먹는 하마' AI·전기차 폭증… 세계가 電力확보 전쟁, 조선경제, 2024. 5. 13.
2. 정진철, 『생활 속의 화학과 고분자』, 2.4절, 자유아카데미, 2010
3. A. J. Ragauskas 등, *Science*, 311, 484, 2006

❖ 8장

1. Qusay Hassan, *Sustainability* 2023, 15, 11501.
2. Joakim Andersson 등, *International Journal of Hydrogen Energy*, 44, 23, 11901–11919, 2019
3. '생산부터 활용까지' 수소 시범도시 12월 3곳 선정, Bizwatch, 2019. 10. 10.
4. 여수 탄소중립 산업정책 포럼, 창원·울산 선진지 견학, 노컷뉴스, 2024. 4. 19.

❖ 9장

1. 연료당 동일 전력을 생산할 때 배출되는 이산화 탄소의 양, https://www.eiic.or.kr/info/sub3_23 (자료: 국제원자력기구(IAEA))
2. 화학교재연구회 역, 『생활과 화학 제7판』, 드림플러스, 329, 2014
3. S. W. Morsy 등. Res. Appl. Sci. 8, 493–497, 2015
4. 두산重도, 빌 게이츠 회사도 뛰어든 소형원전…"더 작고 안전하고 저렴하게", 조선비즈, 2020. 9. 3.
5. 한국수력원자력, SMR 활용 '스마트 넷제로시티'로…친환경 무탄소도시 모델 만든다, 한국경제, 2024. 4. 29.
6. 바보야! 원자력이 '수소경제'의 핵심이야, 주간조선, 2020. 10. 25.
7. 원전이 미세먼지와 기후변화 막는다, 조선일보, 2018. 11. 14.

❖ 11장

1. 송한호, *Auto Journal*, 17–22, 2021
2. California Fuel Cell Partnership, Air Climate Energy Water Security

3. 희성촉매 실험 결과, 2020. 11. 27 제공
4. 모든 차량을 대기오염 배출량에 따라 5개 등급으로 분류, 환경부 보도자료, 2018. 4. 25.
5. 승용차탄소포인트
6. 미세먼지의 대안 LPG트럭 수요 증가 예상…가격경쟁력도 우수, 가스신문, 2020. 1. 2.
7. BEIS/Defra greenhouse gas conversion factors 2019

❖ 12장

1. Kirsi Niinimäki 등, *Nature Reviews Earth & Environment*, 1, 189–200, 2020
2. 김보미 등, *J. Korean Soc. Environ. Eng.*, 45, 11, 506–518, 2023

❖ 13장

1. 농약 사용 저감에 앞장선 우수 골프장 선정, 환경부 보도자료, 2023. 4. 13.

❖ 14장

1. IARC Monographs Volume 128, https://www.iarc.who.int/news-events/iarc-monographs-volume-128-acrolein-crotonaldehyde-and-arecoline

❖ 15장

1. J. L. Penn 등, *Science* 362, 1130, 2018

❖ 16장

1. P. T. Anastas, 등, *Acc. Chem. Res*, 35, 686–697, 2002
2. R. A. Sheldon 등, *Green Chemistry*, 9, 1261–1384, 2007
3. D.J.C. Constable 등, *Green Chemistry*, 4, 521–527, 2002
4. J. H. Clark 등, *Green Chemistry*, 1, 1, 1999
5. Doble, 등, 「Green Chemistry and Processes」, 269, Academic Press, 2007
6. J. M. Thomas 등, *Proceedings of the National Academy of Sciences*, 102, 13732–13736, 2005
7. Kuo Chu Hwang, *Science* 346, 1495–1498, 2014
8. S. Fukuoka 등, *Green Chemistry*, 5, 497–507, 2003
9. K. Alfonsi 등, *Green Chemistry*, 10, 31–36, 2008
10. 화학교재연구회, 『생활과 화학 제7판』, 6, 드림플러스, 2014

찾아보기

ㅈ

ㅊ

저자 소개

정성화(鄭成和)

서울대학교에서 화학교육으로 학사를 받고, 한국과학기술원에서 청정화학으로 석사, 박사를 받았다. 1990~1992년 ETRI 선임연구원을 지냈으며, 1992~2002년 삼성그룹(석유화학, 종합화학, 종합기술원)의 선임/수석연구원을 거쳐, 2002~2007년 한국화학연구원 책임연구원을 역임하였다. 2007년부터 경북대학교 화학과 교수를 거쳐 2024년 3월부터는 석좌교수로 재직 중이다. 2011~2015년 청정나노소재연구소를 설립, 소장을 역임하였다. 2022년부터는 국내 과학기술 최고 석학기관인 한국과학기술한림원 정회원으로 활동하고 있다.

석유류의 황과 질소의 제거(흡착/촉매 반응) 및 물에서 유해한 유기물의 흡착 제거, 대기에서 이산화 탄소와 미세먼지의 흡착 제거를 연구하고 있으며, 현재까지 350편 이상의 SCI 논문 게재, 한국 특허 60건 및 미국 특허 11건 등록, 총피인용 35,000회, H-index 96의 업적이 있다. 관련 저술로 『환경과 촉매』(번역), 『과학기술, 자연과 환경』 등을 출간하였다.

상훈으로는 2007년에 제40회 과학의날 국무총리 표창, 2018년부터 2022년까지 5년 연속 세계에서 가장 영향력 있는 연구자(Highly Cited Researcher, HCR)에 선정되었고, 2023년 제56회 과학의날 과학기술훈장 웅비장을 수훈하였다.

기술, 에너지 및 생활과 환경

저　　자　정성화
발 행 인　김지영
발 행 처　자유아카데미
주　　소　경기도 파주시 회동길 37-42
　　　　　파주출판도시
전　　화　031-955-1321
팩　　스　031-955-1322
홈페이지　www.freeaca.com
전자우편　main@freeaca.com (대표)
　　　　　editor@freeaca.com (편집)
　　　　　crm@freeaca.com (영업)
등　　록　제406-2003-017호, 1980. 7. 12
제1판1쇄　2024년 8월 16일 발행

저자와의 협의하에 인지생략

ISBN 979-11-5808-624-4 93430